Der Gebrauch von Farbindicatoren

Ihre Anwendung in der Neutralisationsanalyse
und bei der colorimetrischen Bestimmung
der Wasserstoffionenkonzentration

von

Dr. I. M. Kolthoff

Konservator am Pharmazeutischen Laboratorium
der Reichs-Universität Utrecht

Dritte Auflage

Mit 25 Textabbildungen
und einer Tafel

Springer-Verlag Berlin Heidelberg GmbH 1926

ISBN 978-3-662-27675-4   ISBN 978-3-662-29165-8 (eBook)
DOI 10.1007/978-3-662-29165-8
Softcover reprint of the hardcover 3rd edition 1926

werden ihre Eigenschaften und ihre Verwendungsmöglichkeiten zur quantitativen p_H-Bestimmung diskutiert. Endlich habe ich im siebenten Kapitel einen kurzen theoretischen Überblick über die Ursachen des Farbumschlages gegeben. Hantzsch hat aus seinen zahlreichen, wichtigen Versuchen gefolgert, daß die alte Theorie von Wilhelm Ostwald bestimmt unrichtig ist. Da aber die Ostwaldsche Theorie vom didaktischen Standpunkt aus so viele Vorteile bietet, habe ich seine Definition so weit abgeändert, daß sie nicht mehr der Ansicht von Hantzsch widerspricht. Die Auffassung von Julius Stieglitz kam hier sehr gelegen.

Diese Arbeit erhebt keinen Anspruch darauf, lückenlos alles aufzuzählen, was von den Farbindicatoren bekannt ist. Besonders habe ich das organisch-chemische Gebiet völlig außer Betracht gelassen, da die ausgezeichnete Monographie von Thiel, „Der Stand der Indicatorenfrage (1912)", fast ausschließlich diesem Gegenstande gewidmet ist. Vom physikalisch-chemischen Standpunkte aus sind die Indicatoren durch Niels Bjerrum in seinem ausgezeichneten Werke „Die Theorie der alkalimetrischen und acidimetrischen Titrierungen (1914)" eingehend behandelt. Dieser Arbeit im besonderen hat Verfasser viel zu verdanken. Die ausgezeichneten Arbeiten von E. B. R. Prideaux, „The rese and Application of Indicators (1918)", und von W. Mansfield Clark, „The Determination of Hydrogen Ions (1920)" kam erst in meine Hände, als das Manuskript bereits druckfertig war. Wo es nötig war, sind jedoch die Auffassungen dieser letzteren Autoren berücksichtigt. Besonders in der Literaturübersicht des fünften Kapitels wurde die vollständige Liste von Clark dankbar benutzt.

Ich habe mich in der vorliegenden Arbeit bemüht, die praktische Anwendung der Farbindicatoren in den Vordergrund zu stellen, ohne dabei jedoch die theoretischen Begründungen zu vergessen. Hoffentlich habe ich hiermit mein Ziel erreicht, allen denjenigen, die häufiger Farbindicatoren bei Titrationen oder colorimetrischen Bestimmungen der Wasserstoffionenkonzentration benutzen, einen praktischen Leitfaden zu geben, ohne sie allzuviel mit schwierigen physikalisch-chemischen Ableitungen zu plagen.

Utrecht, im September 1921.

Der Verfasser.

Vorwort zur zweiten Auflage.

Das stets zunehmende Interesse für die Untersuchung der Bedeutung der Wasserstoffionenkonzentration sowohl in Fragen der wissenschaftlichen wie auch der angewandten Chemie, zumal in der Biochemie und Bakteriologie, ließ annehmen, daß die erste Auflage dieses Büchleins einem Bedürfnis entgegenkam, weil darin u. a. das einfache colorimetrische Verfahren zur Bestimmung der H-Ionenkonzentration ausführlich behandelt war. Aus der günstigen Aufnahme in den verschiedenen Fachblättern und dem raschen Absatz der ersten Auflage geht hervor, daß das Büchlein in der Tat sich vielen als nützlich erwiesen hat.

Da die Einteilung des Stoffes in der Praxis zu genügen schien, habe ich dieselbe bei der Bearbeitung der zweiten Auflage unverändert gelassen. Im übrigen sind im Text nur wenige Änderungen, dafür aber um so mehr Ergänzungen angebracht worden, von denen die wichtigsten hier aufgezählt seien:

Im ersten Kapitel wird eine graphische Darstellung angegeben, aus der man ohne weiteres [H˙] aus p_H und umgekehrt ableiten kann. Ferner wurde eine andere graphische Darstellung von Schoorl übernommen, auf der der Dissoziationsgrad einer Säuren- oder Basenlösung bei bekannter Dissoziationskonstante und Konzentration abzulesen ist.

Bei der Hydrolyse wird auch die der sauren Salze behandelt, während bei den Säuren auch die Berechnung der Wasserstoffionenkonzentration von zweibasischen Säuren angegeben wird. Bei der Besprechung der Pufferwirkung habe ich die wichtigen Betrachtungen von Donald D. van Slyke verarbeitet und die Stärke der Pufferwirkung quantitativ in der Pufferkapazität ausgedrückt.

Schließlich ist am Ende bei der Behandlung der Neutralisationskurven auch die eines Gemisches zweier Säuren mit abweichenden Dissoziationskonstanten besprochen worden.

Im zweiten Kapitel ist eine besonders ausführliche Besprechung der wichtigsten Eigenschaften von Farbindicatoren vorgenommen worden, wobei, soweit möglich, auf die bekannten

Tabellen von Schulz und Julius verwiesen ist. Wiederholt findet man nämlich, daß ein Farbstoff, der gleichzeitig als Indicator gebraucht wird, unter verschiedenen Bezeichnungen in den Verkehr gebracht wird. Es schien daher wünschenswert, eine kurze Beschreibung der Indicatoren zu besitzen, so daß man feststellen kann, ob man ein gutes Erzeugnis in den Händen hat. Ferner wird die Veränderung in der Empfindlichkeit der Indicatoren bei höheren Temperaturen ausführlich behandelt, während in einem besonderen Abschnitt das Verhalten der Indicatoren in alkoholischer Lösung besprochen wird.

Im dritten Kapitel ist besonders auf die Anwendung der Sulfophthaleine von Clark und Lubs Bezug genommen, während in einem besonderen Abschnitt die Titration eines Gemisches zweier Säuren bzw. Basen mit sehr abweichenden Dissoziationskonstanten behandelt wird.

Das vierte Kapitel, in dem die colorimetrische Bestimmung der Wasserstoffionenkonzentration auseinandergesetzt ist, ist in allen Unterteilen ausführlich durchgearbeitet.

Auch im fünften Kapitel sind verschiedene Zusätze über die Bedeutung der Wasserstoffionenkonzentration auf den verschiedenen Gebieten der Chemie gemacht worden. An Hand einzelner Beispiele ist die Bedeutung auf den verschiedenen Gebieten erläutert, während sonst auf das Schrifttum verwiesen ist.

Bei dem Kapitel über Indicatorpapiere habe ich einige neue Papiere hinzugefügt.

Am Schluß wurde das Verzeichnis der Dissoziationskonstanten von Säuren und Basen ergänzt. Im besonderen mache ich darauf aufmerksam, daß die Werte für die Dissoziationskonstanten vieler Alkaloide, die in der ersten Auflage angegeben waren, durch neue ersetzt sind. Bei einer vorgenommenen Untersuchung zeigte sich nämlich, daß die meisten in der Literatur angegebenen Werte fehlerhaft sind, selbst in bezug auf die Größenordnung.

Auch jetzt bin ich gern wieder bereit, aufbauende Kritik und Äußerungen von Wünschen über weitere Ergänzungen mit Dank entgegenzunehmen.

Utrecht, im Juli 1923.

Der Verfasser.

Vorwort zur dritten Auflage.

Die Bedeutung der Wasserstoffionenkonzentration in der reinen und angewandten Chemie wird jetzt wohl allgemein anerkannt (und zum Teil übertrieben!). Weil die colorimetrische Methode die einfachste p_H-Bestimmung ist, so nimmt es nicht wunder, daß sie für praktische Zwecke ganz allgemein angewendet wird. Eine Folge davon ist, daß auch dauernd wieder neue Arbeiten auf diesem Gebiete erscheinen, in denen man die Technik verbessert, nach neuen Indicatoren sucht, Fehlerquellen aufspürt usw. Es war daher nötig, die seit 1923 erschienenen Abhandlungen auf diesem Gebiete anzuführen und, soweit nötig, kritisch zu besprechen. Ich bin dabei auf möglichste Kürze bedacht gewesen, damit das Buch nicht zu viel an Umfang zunimmt und dadurch an praktischer Brauchbarkeit verliert.

Ich habe daran gedacht, die modernen Anschauungen über die Dissoziation von starken Elektrolyten aufzunehmen und die Aktivität der Ionen eingehend zu besprechen, habe es jedoch unterlassen, weil der Ausbau der Theorie noch nicht ganz abgeschlossen ist, und so wertvoll sie auch sein mag, für unsere praktischen Ableitungen doch keine ausschlaggebende Rolle spielt. Im Anfang des ersten Kapitels habe ich eine kurzgefaßte Zusammenstellung der neuen Theorie unter Hinweis auf das Schrifttum gegeben.

Ich habe es für erwünscht gehalten, ein neues Kapitel über „Ampholyte" hinzuzufügen (2 Kap.). Da sich ergeben hat, daß dieses Büchlein besonders von Physiologen und Bakteriologen verwendet wird, und weil diese Untersucher immer mit amphoteren Substanzen zu arbeiten haben, so schien mir eine Besprechung der Eigenschaften dieser Substanzen vom physikalisch-chemischen Standpunkte aus erwünscht. Übrigens sind in den verschiedenen Kapiteln wieder verschiedene Änderungen angebracht worden. Im Kapitel über den Farbumschlag von Indicatoren sind auch die neuen Indicatoren von Barnett Cohen besprochen. Das Kapitel über „Die colorimetrische Bestimmung der Wasserstoffionenkonzentration" ist bedeutend erweitert worden (u. a. ist eine neue Reihe von Puffermischungen aufgenommen worden, welche ohne eingestellte Säure oder Lauge hergestellt werden können; die Keilmethode ist eingehender besprochen; die Erweiterung der Methode von Michaelis durch Bresslau ist angegeben; die spektrophotometrische Methode zur p_H-Bestimmung ist kurz beschrieben [u. a. Thiel]; der Säurefehler, Hydrolysefehler und besonders der Salzfehler sind sehr eingehend besprochen [auch bei geringem Elektrolytgehalt]; bei der Behandlung des Alkoholfehlers sind die Ergebnisse der neueren Untersuchungen von Michaelis und Mizutani erwähnt usw.).

Gern hätte ich ferner das Kapitel „Praktische Anwendung der colorimetrischen Bestimmung der Wasserstoffionenkonzentration" ausführlicher behandelt, habe jedoch davon abgesehen, um das Buch nicht zu umfangreich werden zu lassen. Die Literaturübersicht indes ist bis jetzt vervollständigt worden.

Am Schlusse ist ein Autoren- und Sachverzeichnis neu hinzugefügt worden.

Auch jetzt wird es mir wieder angenehm sein, aufbauende Kritik und Äußerungen von Wünschen über weitere Ergänzungen mit Dank entgegen nehmen zu können.

Utrecht, im August 1926.

Der Verfasser.

Inhaltsverzeichnis.

Erstes Kapitel.
Die Neutralisationsanalyse. 1
1. Die Grundlage der Neutralisationsanalyse 1
2. Die Reaktion einer Flüssigkeit 3
3. Säuren und Basen 6
4. Die Hydrolyse von Salzen 14
5. Die Berechnung der Wasserstoffionenkonzentration und des Hydrolysierungsgrades 15
6. Die Hydrolyse bei höheren Temperaturen 22
7. Die Reaktion in einem Gemisch einer schwachen Säure mit ihrem Salze. Die Puffergemische oder Regulatoren 23
8. Die Pufferkapazität und der Pufferindex 25
9. Die Neutralisationskurven 32
Literaturverzeichnis zum ersten Kapitel 40

Zweites Kapitel.
Die amphoteren Substanzen. Ampholyte 41
1. Allgemeine Eigenschaften von amphoteren Substanzen ... 41
2. Die Reaktion einer Ampholytlösung 42
3. Der isoelektrische Punkt einer Ampholytlösung 45
4. Die Neutralisationskurven von Ampholyten 49
5. Die Zwitterionen. Die Theorie von N. Bjerrum 50
6. Die Vorteile der Annahme von Zwitterionen 54
7. Das Gleichgewicht zwischen Aminosäuren und Zwitterionen . 55
Literaturverzeichnis zum zweiten Kapitel 56

Drittes Kapitel.
Der Farbumschlag der Indicatoren 56
1. Begriffserklärung 56
2. Farbumschlag und Intervall der Indicatoren 57
3. Die wichtigsten Eigenschaften der Indicatoren 63
4. Die Einteilung der Indicatoren 76
5. Der Einfluß der Indicatorenkonzentration auf das Umschlagsgebiet 78
6. Der Einfluß der Temperatur auf das Umschlagsgebiet der Indicatoren 85
7. Der Einfluß von Alkohol auf die Empfindlichkeit der Indicatoren 92
Literaturverzeichnis zum dritten Kapitel 104

Viertes Kapitel.

Anwendung der Indicatoren in der Neutralisationsanalyse
1. Die praktisch brauchbaren Indicatoren 105
2. Der Titrierexponent 106
3. Die Neutralisation starker Säuren mit starken Basen 110
4. Die Neutralisation schwacher Säuren mit starken Basen .. 113
5. Der Titrierfehler 114
6. Die Neutralisation einer schwachen Base mit einer starken Säure 117
7. Die Neutralisation von mehrbasischen Säuren oder mehrsäurigen Basen 118
8. Die Titration eines Gemisches einer mittelstarken Säure mit einer schwachen Säure oder eines entsprechenden Basengemisches 122
9. Die Neutralisation schwacher Säuren mit schwachen Basen . 126
10. Die Titration von gebundenem Alkali in dem Salze einer schwachen Säure und Titration einer gebundenen Säure in dem Salze einer schwachen Base 127
11. Die Titration von normalen Säuren oder normalen Basen . 130
Literaturverzeichnis zum vierten Kapitel 131
Anhang zum vierten Kapitel 132

Fünftes Kapitel.

Die colorimetrische Bestimmung der Wasserstoffionenkonzentration 135
1. Die Grundlage des Verfahrens 135
2. Die Vergleichslösungen 135
3. Die Ausführung der Bestimmung 151
4. Die Messung ohne Puffergemische 155
5. Die spektrophotometrische p_H-Bestimmung 171
6. Gefärbte Lösungen 174
7. Die Fehlerquellen bei der colorimetrischen Bestimmung .. 177
8. Der Einfluß neutraler Salze 181
9. Der Einfluß von Proteinstoffen und ihren Abbauprodukten 191
10. Der Einfluß der Temperatur 194
11. Der Alkoholfehler 195
Literaturverzeichnis zum fünften Kapitel 200

Sechstes Kapitel.

Die praktische Anwendung der colorimetrischen Bestimmung der Wasserstoffionenkonzentration 202
1. Wasser 202
   a) Destilliertes Wasser 202
   b) Trinkwasser 203
   c) Meerwasser 209
   d) Mineralwässer 209
   e) Abwasser 210

Inhaltsverzeichnis. XI

2. Die Bestimmung der Dissoziationskonstante von Säuren und Basen und Prüfung von Säuren auf saure oder basische Verunreinigungen ... 211
3. Die Hydrolysekonstante ... 215
4. Die Untersuchung von Salzen auf sauer oder basisch reagierende Verunreinigungen ... 216
5. Die Höchstbeständigkeit von Carbonsäureresten ... 219
6. Die geringste Löslichkeit von Ampholyten ... 220
7. Die geringste Löslichkeit von schwer löslichen Elektrolyten ... 220
8. Der Gerbevorgang ... 221
9. Die Bodenuntersuchung ... 222
10. Die Untersuchung von Nahrungs- und Genußmitteln ... 222
11. Die Zuckerindustrie ... 226
12. Die Pharmazie ... 227
Literaturverzeichnis zum sechsten Kapitel ... 229

Siebentes Kapitel.

Die Indicatorpapiere ... 236
1. Die Anwendung der Indicatorpapiere ... 236
2. Die Empfindlichkeit der Papiere ... 237
3. Die Bestimmung der H-Ionenkonzentration mit Indicatorpapieren ... 243
4. Die Capillarerscheinungen bei Reagenspapieren ... 245
5. Die Bereitung der Papiere ... 246
6. Die Empfindlichkeitsgrenze von Indicatorpapieren ... 249
Literaturverzeichnis zum siebenten Kapitel ... 249

Achtes Kapitel.

Die Theorie der Indicatoren ... 250
1. Die Theorien über den Farbumschlag ... 250
2. Chromophore Theorie ... 253
3. Der Farbumschlag der Indicatoren nach der chromophoren Theorie ... 256
4. Eine neue Definition der Indicatoren ... 257
Literaturverzeichnis zum achten Kapitel ... 265
Tabelle I. Das Ionenprodukt (Dissoziationskonstante) von Wasser bei verschiedenen Temperaturen ... 267
„ II. Der mittlere Dissoziationsgrad von Salzen bei 18° (für die Berechnung des Hydrolysierungsgrades) ... 267
„ III. Die Dissoziationskonstanten der wichtigsten Säuren und Basen ... 268
„ IV. Das Umschlagsgebiet von Indicatoren ... 274
Namenverzeichnis ... 276
Sachverzeichnis ... 279

Erstes Kapitel.
Die Neutralisationsanalyse.

1. Die Grundlage der Neutralisationsanalyse. Bei dem Neutralisationsverfahren bestimmt man die Konzentration einer Säure durch Titration mit einer Base bis zum neutralen Salze. Umgekehrt wird in gleicher Weise die Stärke einer Base bestimmt. Wenn man die Säure durch den Ausdruck HA und die Base durch die Formel BOH darstellt, wird der Verlauf der Umsetzung durch folgende Gleichung versinnbildet:

$$HA + BOH \rightarrow BA + H_2O \quad \ldots \ldots \quad (1)$$

Nach der elektrolytischen Dissoziationstheorie sind Elektrolyte in ihren wässerigen Lösungen teilweise in ihre Ionen zerfallen. So ist die Säure HA also teilweise in H-Ionen und A-Ionen, BOH in B-Ionen und OH-Ionen, das Salz BA in gleicher Weise in B-Ionen und A-Ionen gespalten. Man kann also die Gleichung (1) besser in folgender Form schreiben:

$$H^{\cdot} + A' + B^{\cdot} + OH' \leftarrow A' + B^{\cdot} + H_2O \quad \ldots \quad (2)$$

Mit anderen Worten, A' und B˙ werden durch die Reaktion nicht berührt, da sie vorher und nachher unverändert in der Lösung vorhanden sind. Die Umsetzung besteht also allein in der Vereinigung von H-Ionen und OH-Ionen zu Wasser, also:

$$H^{\cdot} + OH' \rightleftarrows H_2O \quad \ldots \ldots \ldots \quad (3)$$

Nun ist aber auch das reinste Wasser zu einem — freilich sehr kleinen — Teile in H˙ und OH′ dissoziiert, so daß die Gleichung (3) als eine umkehrbare Reaktion geschrieben werden muß. Wenn beide Seiten dieser Gleichung im Gleichgewicht sind, können wir unter Anwendung des Massenwirkungsgesetzes schreiben:

$$\frac{[H^{\cdot}] \times [OH']}{[H_2O]} = K \quad \ldots \ldots \ldots \quad (4)$$

Die Klammern bedeuten die Molarkonzentrationen der Komponenten.

Wenn man mit verdünnten wässerigen Lösungen arbeitet, kann man die Konzentration des Wassers als Konstante ansehen. Dann wird aus Gleichung (4):

$$[H^\cdot] \times [OH'] = K' = K_W \quad \ldots \ldots \quad (5)$$

Diese Gleichung (5) ist die Grundlage der Neutralisationsanalyse. K_W ist die **Dissoziationskonstante** oder, besser gesagt, die **Ionisationskonstante** oder das **Ionenprodukt des Wassers**. Das Wasser spaltet gleichzeitig — freilich nur bis zu einem geringen Betrage — Hydroxyl- und Wasserstoffionen ab. Das Ionenprodukt des Wassers ist nur sehr klein und ist durch verschiedene Forscher mit guter Übereinstimmung bestimmt worden. Die Konstante ändert sich sehr stark mit der Temperatur. Nachstehende Tabelle gibt die Werte für die Dissoziationskonstanten des Wassers für verschiedene Wärmegrade nach Kohlrausch und Heydweiller (1) wieder[1]).

Ionenprodukt des Wassers bei verschiedenen Temperaturen.

Temperatur	K_W	p_W
0°	$0{,}12 \times 10^{-14}$	14,93
18°	$0{,}59 \times \;\;-$	14,23
25°	$1{,}04 \times \;\;-$	13,98
50°	$5{,}66 \times \;\;-$	13,25
100°	$58{,}2 \times \;\;-$	12,24

Elektrolytische Dissoziation von starken Elektrolyten.

Bekanntlich unterscheidet man die Elektrolyte in starke und schwache.

Die starken Elektrolyte sind in wässeriger Lösung praktisch vollständig in die Ionen gespalten. Nach der Theorie von Arrhenius nimmt der „Dissoziationsgrad" mit steigender Elektrolytkonzentration ab. Nach den heutigen Anschauungen (Bjerrum, Debye und Hückel, A. A. Noyes u. a.) nimmt man an, daß die starken Elektrolyte vollständig in die Ionen gespalten sind; jedoch nimmt die Aktivität der Ionen mit steigender Konzentration ab, weil die interionischen Kräfte die osmotischen und andere Erscheinungen beeinflussen. Obgleich die heutigen Anschauungen über die Aktivität der Ionen von der größten Bedeutung für die Entwicklung der Theorie der

---

[1]) Vgl. auch S. 266, Tabelle I.

starken Elektrolyte sind, wollen wir uns hier mit der angeführten allgemeinen Bemerkung begnügen. Die starken Säuren (wie die Halogenwasserstoffsäuren, die Halogensäuren, Salpetersäure) und die starken Basen (Alkali- und Erdalkalihydroxyde) und die meisten Salze (mit Ausnahme von vielen Quecksilber- und einigen Cadmiumsalzen) gehören zu den starken Elektrolyten. Wir wollen nun bei unseren Ableitungen annehmen, daß die starken Elektrolytlösungen vollständig in die Ionen gespalten sind; mit anderen Worten, daß der elektrolytische Dissoziationsgrad (ARRHENIUS) unabhängig von der Verdünnung gleich eins ist — oder der Aktivitätskoeffizient (moderne Anschauung) gleich eins ist. Zwar machen wir dadurch ganz bewußt einen Fehler, der jedoch klein und bei unseren Betrachtungen von untergeordneter Bedeutung ist.

Bei genauen Berechnungen muß man allerdings den Aktivitätskoeffizienten f_a berücksichtigen. Durch Multiplikation der gesamten Ionenkonzentration mit f_a findet man die **Aktivität** der Ionen.

Das Verhalten der schwachen Elektrolyte werden wir ausführlicher besprechen.

Literatur über Aktivität der Ionen und die modernen Anschauungen über elektrolytische Dissoziation: Besonders die Zusammenstellung von FR. AUERBACH: Ergebnisse der exakten Naturwissenschaften Bd. 1, S. 228. 1922; „Die neuen Wandlungen der Theorie der elektrolytischen Dissoziation"; HÜCKL: Ergebnisse der exakten Naturwissenschaften 1925, bezüglich der thermodynamischen Zusammenfassung sei verwiesen auf H. S. HARNED: Die Thermodynamik der Lösungen einiger einfacher Elektrolyte, Zeitschr. f. physikal. Chem. Bd. 117, S. 1. 1925.

2. Die Reaktion einer Flüssigkeit. In reinem Wasser ist die Menge der Wasserstoffionen gleich der Menge der Hydroxylionen. Setzen wir der Einfachheit halber $K_W = 10^{-14}$, so finden wir für reines Wasser:
$$[H^\cdot]^2 = [OH']^2 = 10^{-14},$$
oder:
$$[H^\cdot] = [OH'] = 10^{-7}.$$

In 10 000 000 l Wasser sind also 1 g Wasserstoff und 17 g Hydroxyl in Ionenform vorhanden. In sauren Lösungen ist die Menge von $[H^\cdot]$ größer als die von $[OH']$, in alkalischen Lösungen verhalten sich die Werte umgekehrt. Das Produkt der beiden Größen bleibt aber immer konstant.

Wenn also der Wert für $[H^\cdot]$ größer als 10^{-7} ist, so sprechen wir von einer **sauren Reaktion**. Ist aber $[OH']$ größer als 10^{-7}, so liegt eine **alkalische Reaktion** vor; ist $[H^\cdot] = [OH'] = 10^{-7}$, so haben wir die **neutrale Reaktion**.

Hierbei ist immer vorausgesetzt, daß die Temperatur etwa 23° ist, so daß immer $K_W = 10^{-14}$ bleibt.

Aus der Gleichung (5) folgt

$$[\text{H}^\cdot] = \frac{K_W}{[\text{OH}']} \qquad \ldots \ldots \ldots (6)$$

und

$$[\text{OH}'] = \frac{K_W}{[\text{H}^\cdot]} \qquad \ldots \ldots \ldots (7)$$

Wenn wir nun [H·] kennen, können wir [OH'] berechnen und umgekehrt. FRIEDENTHAL (2) hat empfohlen, die Reaktion einer Flüssigkeit, auch wenn sie alkalisch ist, nur durch die [H·]-Konzentration auszudrücken. Durch Anwendung der Gleichung (6) kann man dann stets [OH'] berechnen.

Für verschiedene Fälle hat es sich als praktischer erwiesen, die Konzentration der Wasserstoffionen nicht als solche auszudrücken, sondern durch den negativen dekadischen Logarithmus der Konzentration oder durch den Logarithmus ihres reziproken Wertes. Dieser Vorschlag stammt von SÖRENSEN (3), der den Wert den **Wasserstoffexponenten** nennt und durch das Zeichen p_H ausdrückt. Es ist dann:

$$p_H = -\log[\text{H}^\cdot] = \log\frac{1}{[\text{H}^\cdot]},$$

$$[\text{H}^\cdot] = 10^{-p_H}.$$

Beispiel: $\quad [\text{H}^\cdot] = 10^{-5,0}, \qquad p_H = 5,0$

$[\text{H}^\cdot] = 3 \times 10^{-5} = 10^{(\log 3)-5} = 10^{-4,52} \quad p_H = 4,52.$

Umgekehrt entspricht z. B. $p_H = 4,3$ einer $[\text{H}^\cdot] = 10^{-4,3} = 10^{-5+0,7} = 5,0 \times 10^{-5}$.

Auf einfache Weise kann man [H·] aus p_H oder umgekehrt graphisch ableiten, wie dies in Abb. 1 dargestellt ist. Die p_H-Skala ist von 0,0 bis 1,0 in zehn gleiche Teile geteilt, die entsprechende [H·]-Skala ist logarithmisch abgeleitet. Jede Dezimale des Wasserstoffexponenten entspricht der auf der unteren Reihe angegebenen Zahl für die Wasserstoffionenkonzentration (Abb. 1).

Wenn wir in entsprechender Weise den Hydroxylexponenten wie den Wasserstoffexponenten definieren und den negativen Logarithmus von K_W p_W nennen, so folgt aus Gleichung (5):

$$p_H + p_{OH} = p_W \qquad \ldots \ldots \ldots (8)$$

Im Falle, daß $K_W = 10^{-14}$ ist, ist $p_W = 14$. Es wird also aus der Gleichung (8):
$$p_H + p_{OH} = 14 \qquad (9)$$

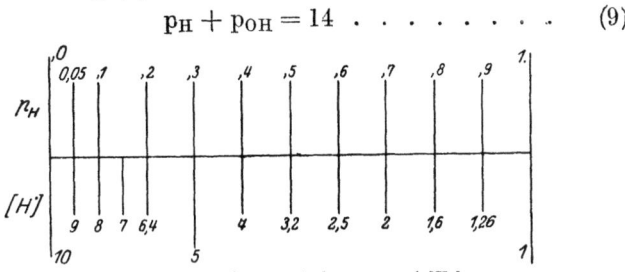

Abb. 1. Zusammenhang zwischen p_H und $[H^\cdot]$.

In reinem Wasser ist $p_H = p_{OH} = 7$. Nun können wir die Reaktion auch auf folgende Weise kennzeichnen:

$p_H = p_{OH} = 7$: neutrale Reaktion,
$p_H < 7 < p_{OH}$: saure Reaktion,
$p_H > 7 > p_{OH}$: alkalische Reaktion.

Je kleiner also der Wasserstoffexponent ist, um so saurer ist die Flüssigkeit, und je kleiner der Hydroxylexponent ist, um so stärker alkalisch ist sie. Wenn der Wasserstoffexponent um eins kleiner wird, so wird die Wasserstoffionenkonzentration zehnmal größer. Besonders bei graphischen Darstellungen bietet der Gebrauch des Wasserstoffexponenten statt der Konzentration Vorteile.

Von verschiedenen Seiten hat man gegen die Ausdrucksweise der Reaktion nach SÖRENSEN Einwände gemacht. Obgleich es natürlich für Anfänger ziemlich schwer ist, zu verstehen, daß bei zunehmendem p_H die Acidität abnimmt und bei abnehmendem p_H die Acidität zunimmt, so hat die Ausdrucksweise sich doch ganz allgemein, und mit Recht, eingebürgert. Meiner Ansicht nach ist es auch nicht möglich, sie durch eine gleichwertige Ausdrucksweise zu ersetzen; denn nur der p_H gibt ein direktes Maß für die herrschende Acidität.

D. GIRIBALDO[1]) schlug neuerdings vor, die Reaktion durch das Verhältnis $\log \frac{[H^+]}{[OH^-]}$ (also durch den Wert von $p_H - p_{OH}$) zu bezeichnen. Auf diese Weise erhält man positive Werte bei saurer Reaktion, negative Werte bei alkalischer Reaktion. Wenn auch dieser Ausdruck für die Reaktion in bestimmten Fällen von Vorteil sein kann, ist ihre allgemeine Anwendung doch nicht zu empfehlen. In dieser Hinsicht sei auf eine Bemerkung des Verfassers[2]) verwiesen, eine Stelle, an der auch weitere Literatur angegeben ist.

---

[1]) GIRIBALDO, D.: Biochem. Zeitschr. Bd. 163, S. 8. 1925.
[2]) KOLTHOFF, J. M.: Ebendort. Bd. 169, 490 (1926).

3. Säuren und Basen. Wie bekannt, nennt man Säuren solche Stoffe, die in wässeriger Lösung Wasserstoffionen abspalten. Basen sind Körper, die Hydroxylionen abspalten. Zwischen den verschiedenen Säuren und verschiedenen Basen bestehen aber quantitative Unterschiede in der Stärke des sauren oder basischen Charakters. Je größer der Dissoziationsgrad ist, um so stärker ist die betreffende Säure oder Base.

Drücken wir wieder die Säure durch HA aus, so ist sie folgendermaßen dissoziiert:

$$HA \leftrightarrows H^{\cdot} + A' \qquad (10)$$

Nach dem Massenwirkungsgesetz ist dann:

$$\frac{[H^{\cdot}] \times [A']}{[HA]} = K_{HA} \qquad (11)$$

K_{HA} bedeutet die **Dissoziationskonstante** der Säure, und [HA] ist die Konzentration der nicht ionisierten Säure. In einer reinen wässerigen Lösung einer Säure ist $[H^{\cdot}] = [A']$, in einer solchen Lösung ist also

$$\frac{[H^{\cdot}]^2}{[HA]} = \frac{[A']^2}{[HA]} = K_{HA} \text{ oder}$$

$$[H^{\cdot}] = \sqrt{K_{HA}[HA]} \qquad (12)$$

Diese Gleichung gilt aber nicht für sehr starke, sondern nur für mittelstarke und schwache Säuren. Wenn wir nun für eine schwache Säure mit Hilfe der Gleichung (11) den Dissoziationsgrad α berechnen, finden wir oft, daß αc (welches in der reinen Säurelösung der Wasserstoffionenkonzentration entspricht) meistens gegenüber der Gesamtkonzentration c klein ist, so daß wir es in Bezug auf [HA] ohne großen Fehler vernachlässigen und also für [HA] die Gesamtkonzentration der Säure c einsetzen können. Die Gleichung (12) geht dann über in:

$$[H^{\cdot}] = \sqrt{K_{HA} \times c} \qquad (13)$$

Wenn wir nun p_H berechnen wollen und den negativen Logarithmus von K_{HA} den **Säureexponenten** p_{HA} nennen, so finden wir:

$$p_H = \tfrac{1}{2} p_{HA} - \tfrac{1}{2} \log c \qquad (14)$$

Daß wir [HA] in vielen Fällen gleich c setzen können, ergibt sich aus folgendem Beispiel:

Die Dissoziationskonstante von Essigsäure beträgt bei 18° $1{,}8 \times 10^{-5}$. Das Verdünnungsgesetz von OSTWALD, das sich ohne Schwierigkeiten ableiten läßt, heißt:

$$\frac{\alpha^2 c}{1-\alpha} = \frac{\alpha^2}{(1-\alpha)V} = K_{HA} \quad \ldots \ldots \quad (15)$$

Hierin bedeutet also c die Gesamtkonzentration der Säure,

α den Dissoziationsgrad,

V ist die Verdünnung oder der reziproke Wert der Konzentration c,

und K_{HA} ist die Dissoziationskonstante.

In der nachstehenden Tabelle ist nun α für verschiedene Konzentrationen (c) berechnet und in Prozenten von c ausgedrückt.

$$K_{HA} = 1{,}8 \times 10^{-5}.$$

c	100 α	[H⋅] berechnet nach Gleichung (15)	[H⋅] berechnet nach Gleichung (13)	Δ in %
1/8	1,2	$1{,}50 \times 10^{-3}$	$1{,}50 \times 10^{-3}$	0 %
1/16	1,7	$1{,}06 \times\ -$	$1{,}06 \times\ -$	0 %
1/32	2,4	$0{,}75 \times\ -$	$0{,}75 \times\ -$	0 %
1/128	4,7	$0{,}37 \times\ -$	$0{,}376 \times\ -$	1,5%
1/1024	12,7	$0{,}12 \times\ -$	$0{,}135 \times\ -$	10 %

Wenn α bekannt ist, ist [H⋅] gleich αc und kann so schnell berechnet werden.

Aus dieser Tabelle folgt u. a., daß 0,1 n-Essigsäure zu etwa 1% in Ionen zerfallen ist. Wir können nun bei der Berechnung der Wasserstoffionenkonzentration in dieser Lösung ohne merklichen Fehler annehmen, daß die Konzentration der nicht ionisierten Säure gleich der Gesamtkonzentration ist. Durch vereinfachte Berechnung unter Vernachlässigung von α (Gleichung 13) und durch genaue Berechnung unter Berücksichtigung von α (Gleichung 15) erhält man in der 0,1 n-Lösung den gleichen Betrag [H⋅] $= 1{,}35 \times 10^{-3}$.

Die Gleichung (13) behält also ihre Gültigkeit nur für die Fälle, in denen K_{HA} klein und die Verdünnung nicht allzu groß ist. Wenn aber der Dissoziationsgrad nicht mehr vernachlässigt werden darf, müssen wir zur Berechnung von [H˙] die Gleichung (12) benutzen, die wir auch schreiben können:

$$[\text{H}^{\cdot}] = \sqrt{K_{HA}(c - [\text{H}^{\cdot}])} \quad \ldots \ldots \quad (16)$$

oder:
$$[\text{H}^{\cdot}] = -\frac{K_{HA}}{2} + \sqrt{\frac{K_{HA}^2}{4} + K_{HA} \cdot c} \quad \ldots \quad (17)$$

Es ist von Bedeutung, zu wissen, unter welchen Umständen wir die einfache Gleichung (13) noch zur Berechnung der Dissoziationskonstante einer Lösung anwenden können, wenn wir bei der Ableitung keinen größeren relativen Fehler als 1% zulassen wollen.

Bei der folgenden Ableitung mache ich von einer Bemerkung von M. J. E. VERSCHAFFELT (4) in einer „Fußnote" einer Veröffentlichung von N. SCHOORL (4) Gebrauch.

Nach dem Verdünnungsgesetz von OSTWALD ist:

$$\frac{\alpha^2}{(1-\alpha)V} = K_{HA} \quad \ldots \ldots \quad (15)$$

also
$$\alpha^2 = K_{HA}V(1-\alpha).$$

In erster Annäherung ist also

$$\alpha^2 = K_{HA}V$$

und in zweiter Annäherung

$$\alpha^2 = K_{HA}V\left(1 - \sqrt{K_{HA}V}\right)$$

oder
$$\alpha = \left(1 - \tfrac{1}{2}\sqrt{K_{HA}V}\right)\sqrt{K_{HA}V}.$$

Wenn der Fehler also kleiner als 1% sein soll, muß

$$\tfrac{1}{2}\sqrt{K_{HA}V} < 0{,}01$$

oder
$$K_{HA}V = \frac{K_{HA}}{c} < 0{,}0004 < 4 \times 10^{-4} \quad \text{sein.}$$

Die Anwendungsgrenze der einfachen Gleichung (13) ist also abhängig von der Größe des Quotienten der Dissoziationskonstante und der Konzentration. Ist dieser kleiner als 4×10^{-4}, dann weicht der berechnete Wert nach Gleichung (13) nicht mehr als 1% von dem richtigen Werte ab. Ist der Quotient größer, so müssen wir von der Gesamtkonzentration der Säure den abgespaltenen Teil in Abzug bringen und die Wasserstoffionenkonzentration aus der quadratischen Gleichung (17) ableiten.

N. SCHOORL (7) hat nun eine graphische Darstellung angegeben, mit deren Hilfe man bei bekanntem Werte von $K_{HA}V$ den Dissoziationsgrad der Lösung einer beliebigen Säure (die dem Verdünnungsgesetz von OSTWALD folgt) ablesen kann.

Aus der Gleichung (15) kann man ableiten, daß

$$\alpha = \tfrac{1}{2} K_{HA}V + \sqrt{\tfrac{1}{4} K_{HA}^2 V^2 + K_{HA}V}.$$

Nach dieser Gleichung ist α eine Funktion von KV allein geworden. Man kann also für verschiedene Werte von KV berechnen, wie groß der zugehörige Dissoziationsgrad α ist und die so erhaltenen Werte in einer graphischen Darstellung vereinigen. Dies ist in Abb. 2 dargestellt. An Stelle der Werte von $K_{HA}V$ oder K_{HA} selbst ist auf der wagerechten Achse deren negativer Logarithmus, also $p_{K_{HA}} + p_V$ oder $p_{K_{HA}} - p_c$ angebracht. Auf der linken Ordinate liest man dann ohne weiteres den zugehörigen Dissoziationsgrad in Prozenten ab.

Auf der rechten Ordinate ist der zugehörige negative Logarithmus von α, nämlich p_α angegeben. Die Punkte von Kurve 1 sind mit Hilfe der genauen Gleichung, die der punktierten Kurve 2 nach der einfachen Gleichung (13) berechnet. Man sieht, daß die beiden Kurven zusammenfallen, wenn $p_K + p_V$ größer als 3 ist. Mittels der Kurve 3 kann man die Werte von $-\log \alpha = p_\alpha$ finden.

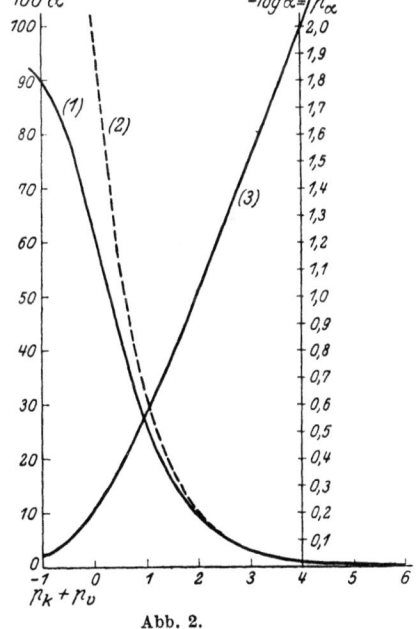

Abb. 2.

Beispiel: Wenn $p_{K_{HA}} + p_V$ gleich 3,0 ist (wie es bei 0,02 n-Essigsäure der Fall ist), dann ist $100\,\alpha$ gleich 3.

Wenn man die Werte von α neben dem zugehörigen Werte von $p_{K_{HA}} + p_V$ abgeleitet hat, kann man daraus den Wasserstoffexponenten der Lösung berechnen. Stets ist

$$\frac{\alpha}{V} = [\text{H}^\cdot],$$

$$p_H = -\log \alpha + \log V = p_\alpha - p_V = p_\alpha + p_c.$$

In dieser Gleichung ist p_α der negative Logarithmus des Dissoziationsgrades und p_c der negative Logarithmus der Konzentration. So ist in 0,02 n-Essigsäure $p_\alpha = 1{,}52$ und $p_c = 1{,}70$, also

$$p_H = 1{,}52 + 1{,}70 = 3{,}22.$$

Wenn eine zweibasische Säure vorliegt, hat man zwei Dissoziationskonstanten:

$$\text{H}_2\text{A} \rightleftarrows \text{H}^\cdot + \text{HA}',$$
$$\text{HA}' \rightleftarrows \text{H}^\cdot + \text{A}'',$$

$$K_1 = \frac{[\text{H}^\cdot] \times [\text{HA}']}{[\text{H}_2\text{A}]} \quad \ldots \ldots \quad (19)$$

$$K_2 = \frac{[\text{H}^\cdot] \times [\text{A}'']}{[\text{HA}']} \quad \ldots \ldots \quad (20)$$

Für die Berechnung von $[\text{H}^\cdot]$ in der Lösung einer freien Säure muß man den Wert von K_1 anwenden, so daß hier alles gilt, was von der einbasischen Säure gesagt worden ist. Dies trifft besonders für den meist vorkommenden Fall zu, daß die beiden Konstanten erheblich verschieden sind, weil dann die Dissoziation der zweiten Stufe stark erniedrigt wird.

Auch wenn die Verhältnisse so sind, daß wir die zweite Stufe der Dissoziation der Säure nicht vernachlässigen dürfen, können wir dennoch mittels einer verwickelteren Gleichung die Wasserstoffionenkonzentration einer derartigen Säurelösung berechnen.

Weil die Lösung elektrisch neutral reagiert, ist die Summe der positiven Ionen der der negativen Ionen gleich. Hieraus ergibt sich, daß

$$[\text{H}^\cdot] = [\text{HA}'] + 2[\text{A}''] \quad \ldots \ldots \quad (21)$$

weiter ist

$$[\text{H}_2\text{A}] = c - [\text{H}^\cdot] + [\text{A}''] \quad \ldots \ldots \quad (22)$$

wenn c die gesamte Konzentration der Säure darstellt.

Säuren und Basen. 11

Aus den Gleichungen (19) und (20) folgt:

$$[H^\cdot] = \frac{[H_2A]}{[HA']} K_1 = \frac{[HA']}{[A'']} K_2$$

oder
$$\frac{[H_2A][A'']}{[HA']^2} = \frac{K_2}{K_1} \quad \ldots \ldots \quad (23)$$

Wie wir abgeleitet haben, ist

$$[H_2A] = c - [H^\cdot] + [A''],$$

$$[A''] = [H^\cdot] - [HA'],$$

$$[HA'] = \frac{(c - [H^\cdot] + [A''])}{[H^\cdot]} K_1.$$

Mit Hilfe der letzten vier Gleichungen leiten wir ab, daß

$$[H^\cdot]^3 + [H^\cdot]^2 K_1 - [H^\cdot](K_1 c - K_1 K_2) = 2 K_1 K_2 c. \quad (24)$$

Die Anwendung dieser Gleichung kann verschieden sein. Wenn man [H$^\cdot$] in zwei Säurelösungen von verschiedener Konzentration bestimmt, so erhält man zwei Gleichungen, in denen K_1 und K_2 die Unbekannten sind, die einfach gelöst werden können.

Umgekehrt kann man natürlich auch die Wasserstoffionenkonzentration einer zweibasischen Säurelösung berechnen, wenn die beiden Konstanten bekannt sind. Die Lösung der Gleichung dritten Grades ist jedoch nicht einfach, doch kann man natürlich den richtigen Wert durch Ausprobieren finden. Einfacher verfährt man in folgender Weise:

In erster Annäherung ist auch in einer Lösung einer zweibasischen Säure

$$[H^\cdot] = [HA'],$$

weil die erste Dissoziation immer zu einem viel größeren Betrage stattfindet als die zweite. Dann ergibt sich aus Gleichung (19), daß angenähert gilt:

$$[A''] = K_2.$$

Wenn man also [H$^\cdot$] in der Annahme berechnet hat, daß die Säure sich in reiner Lösung wie eine einbasische Säure verhält und K_2 bekannt ist, so sieht man sofort, ob es erlaubt ist, die zweite Dissoziation zu vernachlässigen. Berechnet man z. B. eine

[H˙] zu 10^{-3} und ist K_2 gleich 10^{-6}, so braucht man die zweite Dissoziation nicht zu berücksichtigen. Berechnet man dagegen eine [H˙] zu 10^{-4} und ist K_2 gleich 10^{-5}, so ist [A″] ebenfalls ungefähr 10^{-5}, und so wird dann der abgerundet korrigierte Wert von [H˙]:

$$[H˙] = 10^{-4} + 10^{-5} = 1{,}1 \times 10^{-4}.$$

In Wirklichkeit ist die Korrektur geringer, weil wir bei der Berechnung angenommen haben, daß [H˙] gleich [HA′] ist, was nicht der Fall ist.

Wenn man jedoch den angenäherten Wert von [H˙] auf die oben angegebene Weise berechnet hat, kann man den genauen Wert mittels der Gleichung (24) schnell finden.

Beispiele: Phthalsäure:

$$K_1 = 10^{-3}, \qquad K_2 = 3 \times 10^{-6}.$$

$$c = 0{,}1: \qquad [H˙] = 9{,}5 \times 10^{-3}$$

(angenommen ist, daß die Phthalsäure sich wie eine einbasische Säure verhält),

$$[A″] = 3 \times 10^{-6}.$$

Die zweite Dissoziation kann vernachlässigt werden.

$$c = 0{,}001: \qquad [H˙] = 6{,}2 \times 10^{-4}, \qquad [A″] = 3 \times 10^{-6}.$$

Auch hier kann die zweite Dissoziation vernachlässigt werden.

Weinsäure: $\quad K_1 = 10^{-3}: \quad K_2 = 9 \times 10^{-5}.$

$$c = 0{,}1: \qquad [H˙] = 0{,}5 \times 10^{-3}, \qquad [A″] = 9 \times 10^{-5}.$$

Die zweite Dissoziation ist zu vernachlässigen:

$c = 0{,}001:\quad$ [H˙] $= 6{,}2 \times 10^{-4}$ (wie eine einbasische Säure),

$$[A″] = 9 \times 10^{-5}.$$

Angenähert für die zweite Dissoziation korrigiert wird [H˙] also:

$$[H˙] = 6{,}2 \times 10^{-4} + 9 \times 10^{-5} = 7{,}1 \times 10^{-4}.$$

Nach Gleichung (24) ist der genaue Wert von

$$[H˙] = 6{,}9 \times 10^{-4}.$$

Säuren und Basen. 13

Die Bernsteinsäure ($K_1 = 6{,}55 \times 10^{-5}$; $K_2 = 6 \times 10^{-6}$) verhält sich ungefähr wie Phthalsäure, obgleich die erste Konstante der Bernsteinsäure nur zehnmal größer ist als die zweite.

Was hier von den Säuren gesagt ist, trifft genau so für die Basen zu, nur berechnet man in diesem Falle zunächst [OH']. Aus Gleichung (5) (S. 2) ist dann [H'] direkt abzuleiten.

Zunächst werden hier nun die Dissoziationskonstanten einiger vielverwendeter Säuren und Basen angeführt, dabei ist berechnet, wie groß die Wasserstoffionenkonzentration und der Exponent p_H in 0,1 n-Lösung ist. K_{H_2O} ist bei 18° gleich $10^{-14,23}$ angenommen[1]).

Aus untenstehender Tabelle ist deutlich der große Unterschied zwischen der **wirklichen** oder **reellen** Acidität, die der

Dissoziationskonstanten
einiger Säuren und Basen bei 18°. [H'] in 0,1 n.-Lösung (4).

Gegenstand	K_1	K_2	K_3	[H'] in 0,1 mol Lösung	p_H
Starke Säuren	nicht anzugeben	—	—	9×10^{-2}	1,05
Kohlensäure	$3{,}04 \times 10^{-7}$ $= 10^{-6,52}$	6×10^{-11} $= 10^{-10,22}$	—	$1{,}23 \times 10^{-4}$ (gesättigt)	3,91
Phosphorsäure	9×10^{-3} $= 10^{-2,05}$	$1{,}95 \times 10^{-7}$ $= 10^{-6,7}$	$3{,}6 \times 10^{-13}$ $= 10^{-12,44}$	$3{,}04 \times 10^{-2}$	1,52
Borsäure	$5{,}5 \times 10^{-10}$ $= 10^{-9,26}$	—	—	$7{,}41 \times 10^{-2}$	5,13
Schwefelwasserstoff	6×10^{-8} $= 10^{-7,22}$	8×10^{-15} $= 10^{-14,1}$	—	$7{,}76 \times 10^{-5}$	4,11
Essigsäure	$1{,}8 \times 10^{-5}$ $= 10^{-4,75}$	—	—	$1{,}35 \times 10^{-3}$	2,87
Oxalsäure	$3{,}8 \times 10^{-2}$ $= 10^{-1,42}$	$4{,}9 \times 10^{-5}$ $= 10^{-4,31}$	—	$6{,}55 \times 10^{-2}$	1,18
Phenol	$1{,}0 \times 10^{-10}$ $= 10^{-10}$	—	—	$3{,}16 \times 10^{-6}$	5,50
Starke Basen	nicht anzugeben	—	—	$6{,}6 \times 10^{-14}$	13,18
Ammoniak	$1{,}7 \times 10^{-5}$ $= 10^{-4,77}$	—	—	$4{,}42 \times 10^{-12}$	11,35
Pyridin	$1{,}6 \times 10^{-9}$ $= 10^{-8,80}$	—	—	$4{,}68 \times 10^{-10}$	9,33
Anilin	$3{,}5 \times 10^{-10}$ $= 10^{-9,46}$	—	—	$1{,}0 \times 10^{-9}$	9,00

[1]) Vgl. auch Tabelle III, S. 268.

Wasserstoffionenkonzentration entspricht und der Titrieracidität, die gleich der Gesamtkonzentration der Säure und also auch gleich der Menge Lauge ist, die erforderlich ist zur Neutralisation bis zum Äquivalenzpunkt, zu ersehen. In umstehender Tabelle ist die Titrieracidität oder Alkalität aller Lösungen gleich, während die wirkliche Acidität sehr verschieden ist.

4. Die Hydrolyse von Salzen. Ist ein Salz in Wasser gelöst, so ist es zum Teil durch das Wasser in Säure und Base gespalten. Dies veranschaulichte man früher durch die Gleichung:

$$BA + H_2O \rightleftarrows BOH + HA.$$

In dieser Gleichung bedeutet BA das Salz, BOH die entstandene Base und HA die Säure. Da nun BOH und HA sich miteinander unter Bildung von BA und H_2O vereinigen, so ist die Reaktion, wie auch angegeben, umkehrbar.

Besser ist es, sich die Hydrolyse durch die Annahme zu erklären, daß die Ionen des Salzes BA mit Wasser reagieren. Dies wird folgendermaßen dargestellt:

$$B^{\cdot} + H_2O \rightleftarrows BOH + H^{\cdot} \quad \ldots \ldots \quad (25)$$

$$A' + H_2O \rightleftarrows HA + OH' \quad \ldots \ldots \quad (26)$$

Wenn wir nun ein Salz einer sehr starken Säure mit einer ebensolchen Base betrachten, so können wir die Hydrolyse völlig vernachlässigen, weil BOH und HA in großen Verdünnungen völlig dissoziiert sind. Das Gleichgewicht ist dann in den Gleichungen (25) und (26) völlig nach links verschoben. Die Lösung reagiert also neutral.

Haben wir es dagegen mit einem Salze einer starken Säure und einer schwachen Base oder einer schwachen Säure mit einer starken Base zu tun, dann ist dieses Salz in Wasser zu einem merklichen Betrage hydrolysiert. Im ersten Falle kann die Umsetzung nach der Gleichung (26) vernachlässigt werden, so daß man aus der Gleichung (25) folgern kann, daß die Lösung eines solchen Salzes sauer reagiert und eine gewisse Menge nichtdissoziierte Base enthält, die mit der Wasserstoffionenkonzentration übereinstimmt. Im zweiten Fall reagiert die wässerige Salzlösung alkalisch und enthält neben einem Überschuß von Hydroxylionen die gleiche Menge nichtdissoziierter Säure HA.

Betrachten wir endlich noch ein Salz einer schwachen Säure mit einer schwachen Base, so verlaufen in wässeriger Lösung die beiden Reaktionen nach den Gleichungen (25) und (26) nebeneinander. Obgleich die Lösung eines solchen Salzes, wie beispielsweise von essigsaurem Ammoniak, völlig neutral reagieren kann, enthält sie doch eine gewisse Konzentration nichtdissoziierter, freier Säure und Base.

5. Die Berechnung der Wasserstoffionenkonzentration und des Hydrolysierungsgrades.

a) Wenn wir die Lösung eines Salzes ins Auge fassen, das aus einer starken Säure und einer starken Base besteht, so ist es nicht merklich hydrolysiert. Die Wasserstoffionenkonzentration einer solchen Lösung ist also dieselbe wie die von reinem Wasser, sie beträgt also bei 23° 10^{-7}; $p_H = 7$. In Wirklichkeit wäre dies natürlich nur der Fall, wenn wir das Salz in völlig neutralem Wasser auflösen. Wir können daher praktisch besser sagen, daß ein „neutrales Salz" die Reaktion von Wasser nicht ändert.

b) **Hydrolyse eines Salzes aus einer schwachen Säure mit einer starken Base bei Zimmertemperatur.** Wie bereits besprochen, reagiert die Lösung eines solchen Salzes alkalisch, sie enthält also einen Überschuß von Hydroxylionen. Wenn wir nun die Gleichung (26) ansehen, zeigt sich, daß bei der Hydrolyse gleiche Mengen HA und OH' gebildet sind. Dies trifft natürlich nur bei der Annahme zu, daß die Base so stark ist, daß sie völlig dissoziiert ist. Auf das nach Gleichung (26) eingetretene Gleichgewicht können wir das Massenwirkungsgesetz anwenden und finden dann:

$$\frac{[HA] \times [OH']}{[A'] \times [H_2O]} = K' \quad \ldots \ldots (27)$$

Wenn wir die Konzentration des Wassers als konstant einsetzen, erhalten wir hieraus:

$$\frac{[HA] \times [OH']}{[A']} = K_{hydr.} \quad \ldots \ldots (28)$$

Diesen Wert K nennt man **Hydrolysekonstante**, $K_{hydr.}$ Nun wurde bereits früher gefunden, daß:

$$\frac{[H'] \times [A']}{[HA]} = K_{HA} \quad \ldots \ldots (11)$$

und

$$[H'] \times [OH'] = K_W \quad \ldots \ldots (5)$$

Aus (11) und (28) folgt nun:

$$\frac{[OH'] \times [H^\cdot]}{K_{HA}} = K_{hydr.}$$

und da

$$[H^\cdot] \times [OH'] = K_W$$

ist, wird

$$K_{hydr.} = \frac{K_W}{K_{HA}} \quad \ldots \ldots \quad (29)$$

Oben ist bereits gesagt, daß in der Salzlösung [HA] gleich [OH'] ist. Wenn nun die Salzlösung völlig elektrolytisch dissoziiert ist, wird [A'] = c, wenn c die Salzkonzentration bedeutet. Aus (28) und (29) folgt dann:

$$\frac{[OH']^2}{c} = \frac{K_W}{K_{HA}}$$

$$[OH'] = \sqrt{\frac{K_W \times c}{K_{HA}}} \quad \ldots \ldots \quad (30)$$

und

$$[H^\cdot] = \sqrt{\frac{K_W \times K_{HA}}{c}} \quad \ldots \ldots \quad (31)$$

$$p_{OH} = 7 - \tfrac{1}{2} p_{HA} - \tfrac{1}{2} \log c\,^1) \quad \ldots \quad (32)$$

Da nun $p_H = 14 - p_{OH}$ ist, finden wir für eine solche Lösung:

$$p_H = 7 + \tfrac{1}{2} p_{HA} + \tfrac{1}{2} \log c \quad \ldots \quad (33)$$

---

[1]) Wenn nur die Annahme zulässig ist, daß das Salz teilweise dissoziiert sei, so ist [A'] = α c, wenn α der Dissoziationsgrad ist. Gleichung (33) geht dann über in:

$$p_H = 7 + \tfrac{1}{2} p_{HA} + \log \alpha + \tfrac{1}{2} \log c \quad (33a),$$

und Gleichung (35) in:

$$p_H = 7 - \tfrac{1}{2} p_{BOH} - \tfrac{1}{2} \log \alpha - \tfrac{1}{2} \log c \quad (35a)$$

oder nach den heutigen Anschauungen:

$$p_H = 7 + \tfrac{1}{2} p_{HA} + \tfrac{1}{2} \log c + \tfrac{1}{2} \log f_a \quad (33b),$$
$$p_H = 7 - \tfrac{1}{2} p_{BOH} - \tfrac{1}{2} \log c - \tfrac{1}{2} \log f_a \quad (35b),$$

wobei f_a den Aktivitätskoeffizienten des Anions bzw. Kations bedeutet.

Bei der Berechnung der Hydrolyse einer Lösung eines Salzes einer starken Säure mit einer schwachen Base erhalten wir statt (30) folgende Gleichung:

$$[H^\cdot] = \sqrt{\frac{K_W}{K_{BOH}} \times c} \quad \ldots \ldots (34)$$

$$p_H = 7 - \tfrac{1}{2} p_{BOH} - \tfrac{1}{2} \log c \quad \ldots \quad (35)$$

Beispiel: Gesucht wird die Wasserstoffionenkonzentration einer n-Lösung von Ammoniumchlorid. Wir rechnen hier mit $c = 1$ und $p_{BOH} = 4{,}75$.

$$p_H = 7 - 2{,}37 = 4{,}62,$$

das heißt $[H^\cdot]$ liegt zwischen 10^{-4} und 10^{-5} und ist $2{,}37 \times 10^{-5}$, was durch Messungen bestätigt worden ist.

Der Hydrolysierungsgrad β eines Salzes, ausgedrückt in Prozenten seiner Konzentration, beträgt bei Salzen aus einer starken Säure und einer schwachen Base:

$$\beta = \frac{100 \, [H^\cdot]}{c} \quad \ldots \ldots \ldots (36)$$

Wenn aber der Hydrolysierungsgrad sehr gering ist ($\beta < 0{,}01\%$), dürfen wir nicht annehmen, daß $[BOH] = [H^\cdot]$ (oder im umgekehrten Falle $[HA] = [OH']$) ist, da in diesem Falle auch die Konzentration der Wasserstoffionen und der Hydroxylionen des Wassers in Betracht gezogen werden müssen. Die Gleichung, aus der man in jedem Falle p_H berechnen kann, wird jedoch verwickelter, so daß sie hier besser nicht berücksichtigt wird (vgl. BJERRUM 1914).

c) **Hydrolyse von Salzen schwacher Säuren und schwacher Basen.**

In diesem Falle sind die Umsetzungen nach den Gleichungen (25) und (26) beide zu berücksichtigen. Durch die Hydrolyse bilden sich gleiche Mengen von unzersetztem BOH und HA, wenn die Reaktion des Wassers nicht geändert wird.

$$B^\cdot + H_2O \rightleftarrows BOH + H^\cdot \quad \ldots \ldots (25)$$

$$A' + H_2O \rightleftarrows HA + OH' \quad \ldots \ldots (26)$$

$$H^\cdot + OH' \rightleftarrows H_2O \quad \ldots \ldots \ldots (3)$$

Aus (25) läßt sich dann wieder ableiten, daß

$$K_{1 \text{ hydr.}} = \frac{K_W}{K_{BOH}} \qquad \ldots \ldots \quad (29)$$

Aus (26) folgt ebenso:

$$K_{2 \text{ hydr.}} = \frac{K_W}{K_{HA}} \qquad \ldots \ldots \quad (29)$$

Die Hydrolysekonstanten sind also den Dissoziationskonstanten der Säure und der Base umgekehrt proportional.

Betrachten wir nun ein Salz aus einer solchen Säure und Base, bei dem K_{HA} viel größer als K_{BOH} ist, so muß seine wässerige Lösung sauer reagieren. Aus der Gleichung (25) dürfen wir aber nicht den Schluß ziehen, daß $[H^\cdot] = [BOH]$ ist, da der größte Teil der Wasserstoffionen durch die A-Ionen in Anspruch genommen wird, die damit HA bilden. Nur wenn die Wasserstoffionenkonzentration nicht allzusehr von 10^{-7} abweicht, d. h. wenn sie nicht größer als 10^{-6} ist, dürfen wir die Annahme machen, daß $[BOH] = [HA]$ ist. Nach Gleichung (25) sollten ja stets $[H^\cdot]$ und $[BOH]$ gleich groß sein, was aber nicht der Fall ist, da die entstandenen H-Ionen, wie erwähnt, zur Bildung von HA gebunden werden. Wenn hierdurch die anfängliche Wasserstoffionenkonzentration ungeändert bleibt, wird $[BOH]$ genau so groß wie $[HA]$, denn auch die durch Hydrolyse entstandenen Hydroxylionen werden unter Bildung von BOH fortgenommen. Da nun die Wasserstoffionenkonzentration am Ende meist klein ist (zwischen 10^{-6} und 10^{-8}), dürfen wir ohne großen Fehler annehmen, daß die entstandenen Säure- und Basemengen gleich groß sind, daß also $[BOH] = [HA]$ ist. Wir sind nun in der Lage, aus den bekannten Gleichungen die Wasserstoffionenkonzentration, den Wasserstoffexponenten und den Hydrolysegrad zu berechnen. Wie oben gezeigt wurde, ist:

$$\frac{[BOH] \times [H^\cdot]}{[B^\cdot]} = \frac{K_W}{K_{BOH}} \qquad \ldots \ldots \quad (34)$$

$$\frac{[HA] \times [OH']}{[A']} = \frac{K_W}{K_{HA}} \qquad \ldots \ldots \quad (29)$$

Durch Multiplikation von (29) und (34) ergibt sich

$$\frac{[BOH] \times [HA]}{[B^\cdot] \times [A']} = \frac{K_W}{K_{HA} \times K_{BOH}}.$$

Die Berechnung der Wasserstoffionenkonzentration.

In der Annahme, daß das Salz völlig dissoziiert und die Konzentration gleich c sei, ist $[B^\cdot] = [A'] = c$. Ferner wurde vorher bewiesen, daß $[BOH] = [HA]$ ist. Dann ist

$$\frac{[BOH]^2}{c^2} = \frac{[HA]^2}{c^2} = \frac{K_W}{K_{HA} \times K_{BOH}} \quad \ldots \quad (37)$$

$$[BOH] = [HA] = c\sqrt{\frac{K_W}{K_{HA} \times K_{BOH}}} \quad \ldots \quad (38)$$

$$-\log[BOH] = -\log[HA] = -\log c + 7 - \tfrac{1}{2}p_{HA} - \tfrac{1}{2}p_{POH}. \quad (39)$$

Wenn wir nun den Hydrolysegrad, wieder in Prozenten ausgedrückt, β nennen, ist

$$\beta = \frac{100\,[BOH]}{c} = 100\sqrt{\frac{K_W}{K_{HA} \times K_{BOH}}} \quad \ldots \quad (40)$$

Da [BOH] bekannt ist, kann man aus (34) $[H^\cdot]$ einfach berechnen. Es ist:

$$[H^\cdot] = \frac{c}{[BOH]} \times \frac{K_W}{K_{BOH}} = \frac{c}{c\sqrt{\dfrac{K_W}{K_{HA} \times K_{BOH}}}} \times \frac{K_W}{K_{BOH}}.$$

Durch Umrechnung ergibt sich hieraus:

$$[H^\cdot] = \sqrt{\frac{K_W \times K_{HA}}{K_{BOH}}} \quad \ldots \quad (41)$$

$$p_H = 7 + \tfrac{1}{2}p_{HA} - \tfrac{1}{2}p_{BOH} \quad \ldots \quad (42)$$

In gleicher Weise läßt sich [OH'] und p_{OH} ableiten. Aus (40) und (41) folgt, daß der Hydrolysierungsgrad und der Wasserstoffexponent unabhängig von der Konzentration des Salzes sind, wenn die Dissoziation vollständig ist. Ist dies nicht der Fall und α der Dissoziationsgrad, so läßt sich ableiten, daß

$$[BOH] = [HA] = \alpha\, c\sqrt{\frac{K_W}{K_{HA} \times K_{BOH}}} \quad \ldots \quad (38a)$$

$$\beta = 100\,\alpha \sqrt{\frac{K_W}{K_{HA} \times K_{BOH}}} \quad \ldots \quad (40a)$$

Beispiele: Als einfachstes Beispiel ist Ammoniumacetat anzuführen. Die Dissoziationskonstante von Essigsäure ist $10^{-4,75}$.

Auch die Dissoziationskonstante von Ammoniak ist gleich $10^{-4,75}$. Aus (42) folgt nun, daß in einer Lösung von essigsaurem Ammonium

$$p_H = 7,0 - 2,37 + 2,37 = 7,0$$

ist. Eine Lösung von Ammoniumacetat reagiert also völlig neutral. Der Hydrolysierungsgrad von Ammoniumacetat in wässeriger Lösung ist in Hundertsteln der Konzentration:

$$\beta = 100 \sqrt{\frac{10^{-14}}{10^{-9,5}}} = 10^{-0,25} = 0,563\%.$$

In einer 0,1 n-Ammoniumacetatlösung ist der Gehalt an unzersetzter Essigsäure und an Ammoniak also ungefähr

0,0006 n.

Die Hydrolyse von Ammoniumformiat: Da Ameisensäure stärker sauer als Ammoniak basisch reagiert, reagiert die Lösung des Salzes dieser beiden Komponenten sauer:

$$K_{\text{Ameisensäure}} = 10^{-3,67}; \quad K_{NH_3} = 10^{-4,75}.$$

Der Wasserstoffexponent einer wässerigen Lösung von ameisensaurem Ammonium ist

$$p_H = 7 + 1,83 - 2,37 = 6,46.$$

Indem wir den Wasserstoffexponenten einer solchen Salzlösung bestimmen (wie wir später sehen werden, läßt sich das mit Hilfe von Indicatoren leicht ausführen, S. 215), können wir schnell feststellen, ob das Salz einen Überschuß an freier Säure oder Base enthält. Die Hydrolyse von Ammoniumcarbonat ist viel verwickelter [vgl. WEGSCHEIDER (6)].

d) **Hydrolyse von sauren Salzen.** Wenn wir das saure Salz BHA einer zweibasischen Säure betrachten, so ist es in wässeriger Lösung elektrolytisch fast vollständig nach folgender Gleichung dissoziiert:

$$BHA \leftrightarrows B^{\cdot} + HA'.$$

Das Ion HA verhält sich jedoch noch wie eine Säure:

$$HA' \leftrightarrows H^{\cdot} + A'' \quad \ldots \ldots \ldots \quad (43)$$

Hier ist jedoch [H·] nicht gleich [A″] zu setzen, wie dies bei einer gewöhnlichen Säurelösung der Fall ist. Ein Teil der Wasserstoffionen wird nämlich bei der folgenden Reaktion verbraucht:

$$HA' + H^{\cdot} \leftrightarrows H_2A \quad \ldots \ldots \ldots \quad (44)$$

Aus den letzten zwei Gleichungen ergibt sich sofort, daß
$$[A''] = [H^{\cdot}] + [H_2A] \quad \ldots \ldots \quad (45)$$
Nach den Gleichungen (19) und (20) ist:
$$[A''] = \frac{[HA']}{[H^{\cdot}]} K_2 \quad \ldots \ldots \quad (19)$$
und
$$[H_2A] = \frac{[H^{\cdot}][HA']}{K_1} \quad \ldots \ldots \quad (20)$$

Wenn wir nun annehmen, daß die elektrolytische Dissoziation des Salzes BHA vollständig ist, so ist [HA'] gleich der gesamten Salzkonzentration c zu setzen. (Wenn es nicht erlaubt ist, eine vollständige elektrolytische Dissoziation anzunehmen, so wird $[HA'] = \alpha c$.)

Aus den Gleichungen (45), (19) und (20) läßt sich ableiten, daß
$$[H^{\cdot}] = \sqrt{\frac{K_1 K_2 c}{K_1 + c}} \quad \ldots \ldots \quad (46)$$

Eine derartige Gleichung ist zuerst von NOYES (7) abgeleitet worden.

Aus der letzten Gleichung ergibt sich, daß die Konzentration einer Lösung eines sauren Salzes nur einen geringen Einfluß auf die Wasserstoffionenkonzentration derselben hat. Besonders gilt dies, wenn K_1 gegenüber c sehr klein ist. Statt $K_1 + c$ können wir dann c schreiben und Gleichung (46) wird
$$[H^{\cdot}] = \sqrt{K_1 K_2} \quad \ldots \ldots \quad (47)$$

Mit Hilfe der letzten Gleichung kann man immer angenähert die Wasserstoffionenkonzentration einer Lösung eines sauren Salzes berechnen. Man findet mit ihr den richtigen Wert, wenn c mehr als 100 mal größer ist als K_2, in besonderen Fällen muß man Gleichung (46) benutzen.

Beispiel. Natriumbicarbonat:
$$K_1 = 3 \times 10^{-7}, \quad K_2 = 6 \times 10^{-11}.$$
c = 0,1 molar:
$$[H^{\cdot}] = \sqrt{K_1 K_2} = 4{,}35 \times 10^{-9}, \quad p_H = 8{,}37.$$

In 0,001 molarer Lösung berechnet man denselben Wert.

Natriumbitartrat:

$$K_2 = 1 \times 10^{-3}, \quad K_2 = 9 \times 10^{-5}.$$

$c = 0{,}1$ molar:

$$[\text{H}^\cdot] = \sqrt{K_1 K_2} = 3 \times 10^{-4}, \quad p_H = 3{,}52.$$

$c = 0{,}001$ molar:

$$[\text{H}^\cdot] = \sqrt{\frac{K_1 K_2 c}{K_1 + c}} = 2{,}1 \times 10^{-4} \quad p_H = 3{,}68.$$

Im letzteren Falle hat die Konzentration also einen merklichen Einfluß auf die Wasserstoffionenkonzentration der Lösung.

6. Die Hydrolyse bei höheren Temperaturen.

Die Gleichungen für das Gleichgewicht der Hydrolyseprodukte gelten unverändert auch bei höheren Temperaturen. Wie gezeigt wurde, ist der Hydrolysierungsgrad und hiermit p_H abhängig von K_W und K_{HA} oder K_{BOH}. Der Einfluß der Wärme auf die Dissoziationskonstanten vieler Säuren und Basen ist gering. So hat NOYES (8) die Veränderung der Dissoziationskonstante von Essigsäure und Ammoniak für verschiedene Temperaturen bestimmt.

t	0°	18°	25°	50°	100°
Essigsäure K_{HA} ...	—	$18{,}2 \times 10^{-6}$	—	—	$11{,}1 \times 10^{-6}$
Ammoniumhydroxyd K_{BOH} ..	$13{,}9 \times 10^{-6}$	$17{,}2 \times 10^{-6}$	$18{,}0 \times 10^{-6}$	$18{,}1 \times 10^{-6}$	$13{,}5 \times 10^{-6}$

Wenn wir nun die Veränderung der Dissoziationskonstanten von den Säuren und Basen unter dem Einfluß einer Temperatursteigerung vernachlässigen dürfen, dann ändert der Hydrolysierungsgrad sich nur infolge der Dissoziationskonstante oder, besser gesagt, des Ionenproduktes des Wassers, das bei einer Temperatursteigerung zunimmt.

Das Ionenprodukt von Wasser ist bei 100° etwa 100 mal so groß wie bei Zimmertemperatur.

Wie gezeigt wurde, können wir p_H in der Lösung eines Salzes einer starken Säure mit einer schwachen Base folgendermaßen berechnen (S. 16):

$$p_H = \tfrac{1}{2} p_W - \tfrac{1}{2} p_{BOH} - \tfrac{1}{2} \log c \quad \ldots \quad (35)$$

$\frac{1}{2}$ p_W ist bei gewöhnlicher Temperatur gleich 7, bei 100° etwa gleich 6, mit andern Worten, bei 100° ist p_H um 1 kleiner. Die Reaktion der Flüssigkeit ist also bei 100° um soviel saurer.

Umgekehrt wird in Salzlösungen von starken Basen und schwachen Säuren bei 100°, übereinstimmend mit der Konzentration, der Hydroxylionenexponent um den gleichen Betrag abnehmen.

In Salzlösungen von schwachen Säuren und schwachen Basen nehmen bei Temperatursteigerung p_H und p_{OH} um den gleichen Betrag ab.

7. Die Reaktion in einem Gemisch einer schwachen Säure mit ihrem Salze oder einer schwachen Base mit ihrem Salze. Die Puffergemische oder Regulatoren. Eine schwache Säure ist nur zu einem geringen Betrage in Ionen gespalten. Wenn sie in Berührung mit ihrem Salze ist, wird die Dissoziation durch die gleichartigen Anionen noch zurückgedrängt. Umgekehrt ist der Dissoziationsgrad des Salzes groß, so daß wir, ohne einen großen Fehler zu begehen, annehmen können, daß in einem Gemisch einer schwachen Säure mit ihrem Salze die Konzentration von [HA] gleich der gesamten Säuremenge ist und daß das Salz völlig dissoziiert ist. Nun ist nach der Gleichung (11):

Hieraus folgt:
$$\frac{[H^\cdot] \times [A']}{[HA]} = K_{HA} \quad \ldots \ldots \quad (11)$$

$$[H^\cdot] = \frac{[HA]}{[A']} \times K_{HA} \quad \ldots \ldots \quad (48)$$

Wenn [HA] = [A'], was der Fall ist, wenn das Gemisch äquivalente Mengen Säure und Salz enthält, ist die Wasserstoffionenkonzentration gleich der Dissoziationskonstante der Säure. Aus (48) folgt, daß

$$p_H = \log C_S - \log C_{\text{Säure}} + p_{HA} \quad \ldots \quad (49)$$

Hierin bedeutet C_S die Salzkonzentration und $C_{\text{Säure}}$ die Säurekonzentration. p_{HA} ist wieder der negative Logarithmus der Dissoziationskonstante.

In gleicher Weise können wir p_{OH} und hiermit p_H in Gemischen berechnen, die eine Base und ihr Salz enthalten.

Wenn wir nun eine Lösung herstellen wollen, die stark sauer ist, so kann man einfach so verfahren, daß man die konzentrierte

Lösung einer starken Säure verdünnt. Aus Salzsäure erhält man z. B. noch Lösungen mit $p_H = 2$ (d. i. 0,01 n-HCl). Wenn man aber Lösungen erhalten will, in denen p_H zwischen 3 und 7 schwankt, so kann man auf diesem Wege das Ziel mit genügender Genauigkeit nicht mehr erreichen. Denn wenn ich beispielsweise eine Salzsäurelösung mit $p_H = 6$ herstellen will, müßte ich sie so weit verdünnen, bis die Konzentration etwa 10^{-6}, also etwa millionstel normal ist. Natürlich kann man für eine derartige Lösung nicht Gewähr bieten. Schon eine Spur Alkali, die vielleicht das Glas abgegeben hat, ist hinreichend, um p_H von 6 auf etwa 8 zu verändern. Andererseits verursacht schon die geringe Menge Kohlensäure, die das destillierte Wasser aus der Atmosphäre aufgenommen hat, daß die Flüssigkeit stärker sauer wird.

Ebenso können wir, indem wir konzentrierte Lösungen starker Basen verdünnen, nur stark alkalische Lösungen bereiten. Wollen wir aber Flüssigkeiten erhalten, die schwach alkalisch reagieren, in denen p_H also etwa zwischen 11 und 7 liegt, so müssen wir auch hier einen anderen Weg einschlagen.

Wie oben auseinandergesetzt ist, kann man nun Lösungen von beliebigem p_H herstellen, indem man eine schwache Säure oder Base mit ihrem Salze in verschiedenem Verhältnisse mischt. Wie aus Gleichung (48) folgt, haben selbst geringe Mengen starker Säuren und Basen nur wenig Einfluß auf den p_H solcher Gemische; geringe Mengen Alkali vom Glase und Kohlensäure aus der Atmosphäre werden also keinen merkbaren Einfluß ausüben. Solche Gemische, die selbst einer Änderung der Reaktion entgegenwirken, nannte S. P. L. SÖRENSEN (3) „Puffergemische". L. MICHAELIS (9) prägte den Ausdruck: „Regulatoren"; man kann auch sagen, daß solche Gemische „amphoter" reagieren, und sie Ampholyte nennen.

Alle Gemische von schwachen Säuren und ihren Salzen oder von schwachen Basen mit ihren Salzen sind also: Puffergemische oder Regulatoren oder Ampholyte.

FELS (10) war der erste, der solche Puffergemische benutzte. Durch SÖRENSEN (3) wurden sie sehr häufig angewendet, und wie wir sehen werden (Kap. 5), sind sie bei colorimetrischen Bestimmungen der Wasserstoffionenkonzentration fast unentbehrlich. Wir können die Beobachtung machen, daß die Wasserstoff- oder

Hydroxylionenkonzentration stets in der Nähe der Dissoziationskonstante der Säuren oder Basen liegt, von denen man ausgegangen ist. Wenn nämlich die Säure- und die Salzkonzentration gleich groß sind, ist
$$p_H = p_{HA}.$$

Wenn wir das Verhältnis von Säure und Salz gleich 100 machen, wird
$$p_H = p_{HA} - 2.$$

Ist dagegen das Verhältnis 1/100, dann wird
$$p_H = p_{HA} + 2.$$

Es ist aber nicht statthaft, dieses Verhältnis noch größer als 100 oder kleiner als 1/100 werden zu lassen, da dann keine Pufferwirkung mehr eintritt. Wir können ganz allgemein sagen, daß wir aus einem Salz und seiner Säure Puffergemische machen können, in denen p_H zwischen $p_{HA} - 1,7$ und $p_{HA} + 1,7$ liegt.

Die besten Puffergemische erhält man, wenn man gleichwertige Mengen Säure und Salz mischt. Auf die Anwendung der Puffergemische wird später bei der Besprechung der colorimetrischen Bestimmung der Wasserstoffionenkonzentration näher eingegangen werden (Kap. 5).

8. Die Pufferkapazität und der Pufferindex. Für verschiedene Zwecke ist es von Bedeutung, das Pufferungsvermögen einer Flüssigkeit quantitativ ausdrücken zu können. In einer wichtigen Veröffentlichung, genannt „On the measurements of Buffer-Values and on the Relationship of Buffer-Value to the Dissociation Constant of the Buffer and the Concentration and Reaction of the Buffer Solution", hat DONALD D. VAN SLYKE (11) seine Anschauungen veröffentlicht, die wir hier in sehr verkürzter Form wiedergeben.

Wie bereits besprochen worden ist, hat das Gemisch einer schwachen Säure mit ihrem Salze nicht überall dieselbe Fähigkeit in Bezug auf die Pufferwirkung — oder wie wir vielmehr sagen können: nicht dieselbe Pufferintensität. Das Optimum der Pufferwirkung liegt bei der Wasserstoffionenkonzentration, bei der die Säure zur Hälfte neutralisiert ist.

Wir können nun diese Pufferwirkung durch eine bestimmte Einheit ausdrücken, der wir die Benennung **Pufferkapazität** oder **Pufferindex** geben und mit dem Buchstaben π bezeichnen wollen.

$$\pi = \frac{dB}{dp_H} \qquad \ldots \ldots \ldots (50)$$

d. h. π **ist der Differentialquotient der Erhöhung der Menge von zugesetzter Base B, ausgedrückt in Äquivalenten für ein Liter und der dabei stattfindenden Änderung von** p_H. Eine Lösung hat also eine Pufferkapazität von 1, wenn ein Liter der Flüssigkeit bei Zu-

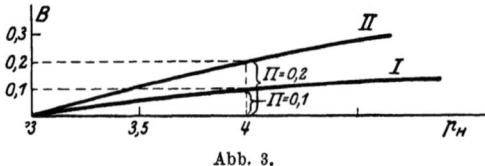

Abb. 3.

satz eines Äquivalentes Säure oder Lauge ihren p_H **um 1 verändert.**

So ist in Abb. 3 auf der Ordinate die Menge B ausgedrückt. Die Abszisse gibt den p_H an. Wie ohne weiteres aus der Abbildung hervorgeht, ist die Pufferkapazität bei $p_H = 4$ in Kurve $1 = 0,1$ und in Kurve $2 = 0,2$.

Wenn die Linie stark gekrümmt verläuft, finden wir die Werte des Pufferindex an einem bestimmten Punkt, indem wir bei diesem Punkt die Berührungslinie ziehen und die Tangente des Winkels bestimmen, den diese Berührungslinie mit der Abszisse bildet.

Es ist nun von Bedeutung, zu verfolgen, wie groß die Pufferkapazität verschiedener Arten von Flüssigkeiten ist.

a) **Die Pufferkapazität von Wasser, starken Säuren und starken Basen.** Wenn wir zu Wasser eine völlig dissoziierte Basenlösung zusetzen, dann ist dB gleich dOH; wir können also schreiben:

$$\pi = \frac{dB}{dp_H} = \frac{dOH'}{dp_H} \; .$$

Nun ist

also ist $\qquad p_H = p_W - p_{OH} \qquad \ldots \ldots \ldots (8)$

also $\qquad d\,p_H = d \log [OH'] \,;$

$$\pi = \frac{dB}{dp_H} = \frac{d[OH']}{d \log [OH']} = \frac{[OH']}{0,4343} = 2,3\,[OH'] \; . \; . \; (51)$$

Die Pufferkapazität und der Pufferindex.

Umgekehrt wird die Pufferkapazität von Wasser bei Zusatz einer sehr starken Säure:

$$\pi = \frac{dB}{dp_H} = 2{,}3\,[H^{\cdot}] \quad \ldots \ldots \quad (52)$$

Die gesamte Pufferkapazität von Wasser, dem eine starke Säure oder eine starke Base zugesetzt ist, ist also:

$$\pi = 2{,}3\,([H^{\cdot}] + [OH']) \quad \ldots \ldots \quad (53)$$

Wenn wir die unvollständige elektrolytische Dissoziation der starken Säure oder der starken Base in Rechnung setzen wollen, ist

$$\pi = 2{,}3 \left(\frac{[H^{\cdot}]}{\alpha_{HA}} + \frac{[OH']}{\alpha_{BOH}} \right). \quad \ldots \ldots \quad (53\mathrm{a})$$

Mit Hilfe von Gleichung (53) können wir also auf einfache Weise die Pufferkapazität von Lösungen starker Säuren und

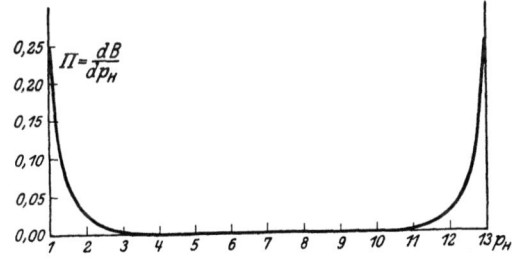

Abc. 4. Pufferkapazität von Wasser mit starken Säuren und Basen.

Basen bei verschiedenen p_H berechnen. Zwischen $p_H = 2{,}4$ und $p_{OH} = 2{,}4$ ist π kleiner als $0{,}01$, also im allgemeinen vernachlässigbar klein. In Abb. 4 ist die Pufferkapazität von Wasser und starken Säuren und Basen graphisch wiedergegeben. Die Abszisse gibt p_H; die Ordinate p_{OH}.

b) **Die Pufferkapazität einer Lösung einer schwachen Säure mit ihrem Salze.** Aus Gleichung (48) ergab sich, daß in einer Mischung einer schwachen Säure mit ihrem Salze

$$p_{HA} = p_H + \log \frac{[A']}{[HA]}. \quad \ldots \quad \ldots \ldots \quad (54)$$

ist.

Nun können wir [A'] im allgemeinen gleich der gesamten Salzkonzentration setzen, die wir C_S nennen[1]), dann wird

$$p_H = p_{HA} + \log \frac{C_S}{C_{HA}}, \quad \ldots \ldots \quad (55)$$

wenn C_{HA} die Konzentration der Säure darstellt.

Nun ist C_S gleich der Menge Base B, die wir der zu neutralisierenden Säure zusetzen, mit anderen Worten $[A'] = C_S = [B]$.

War nun die ursprüngliche Konzentration der Säure gleich c, dann ist diese nach Zusatz der Menge Base [B] gleich c — [B].

Aus der Gleichung der Dissoziationskonstanten der Säure leiten wir dann ab, daß

$$[B] = \frac{K_{HA} \times c}{K_{HA} + [H^\cdot]}$$

ist.

Hieraus folgt, daß

$$\pi = \frac{dB}{dp_H} = -\frac{dB}{d\log[H^\cdot]} = -\frac{[H^\cdot]}{0{,}4343} \times \frac{dB}{d[H^\cdot]}$$

$$= -2{,}3[H^\cdot]\frac{dB}{d[H^\cdot]}. \quad \ldots \ldots \ldots \quad (56)$$

Durch Differenzieren und weiteres Ausrechnen finden wir schließlich

$$\pi = \frac{dB}{dp_H} = \frac{2{,}3[B]\{c - [B]\}}{c} \quad \ldots \ldots \quad (57)$$

Wir können die Pufferkapazität auch als eine Funktion von c ausdrücken und finden dann, daß

$$\pi = \frac{2{,}3\,K_{HA}[H^\cdot]c}{\{K_{HA} + [H^\cdot]\}^2} \quad \ldots \ldots \ldots \quad (58)$$

---

[1]) Wenn wir den elektrolytischen Dissoziationsgrad in Rechnung bringen wollen, wird $[A'] = \alpha C_S$.

Wir können dann Gleichung (54) auch wie folgt schreiben:

$$p_H = p'_{HA} + \log \frac{C_S}{C_{HA}} \quad \ldots \ldots \ldots \quad (55a)$$

worin dann $\quad p'_{HA} = p_{HA} - \log \alpha$ ist

oder nach den heutigen Anschauungen

$$p'_{HA} = p_{HA} - \log f_a \quad \ldots \ldots \ldots \quad (55b)$$

in der f_a der Aktivitätskoeffizient des Anions ist.

Die Pufferkapazität und der Pufferindex.

Hieraus folgt, daß die Pufferkapazität mit der Konzentration c der Säure entsprechend zunimmt. So hat also ein 0,1 molares Acetatgemisch eine 10 mal größere Pufferkapazität als ein 0,01 molares Gemisch derselben Zusammensetzung. Durch Verbindung mit Gleichung (53) finden wir, daß die gesamte Pufferkapazität eines Gemisches einer schwachen Säure mit willkürlichen Mengen starker Säure oder starker Base wird

$$\pi = 2{,}3\left\{\frac{K_{HA}[H^{\cdot}]c}{(K_{HA} + H^{\cdot})^2} + [H^{\cdot}] + [OH']\right\}.$$

In Abb. 5 sind die Pufferkapazitäten von Gemischen von 0,1 n- bzw. 0,2 n-Essigsäure mit starker Säure oder mit Lauge angegeben. Wie wir sehen, erhalten wir zwischen dem p_H 2 und

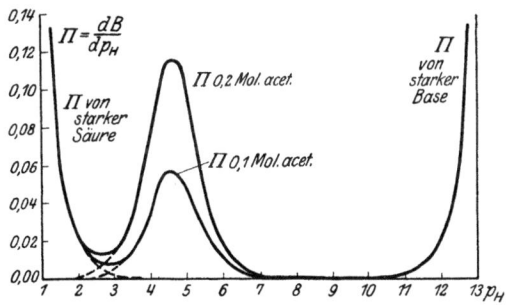

Abb. 5. Pufferkapazität von 0,1 n- bzw. 0,2 n-Essigsäure-Acetatgemischen.

3,5 durch Addition der zwei punktierten Kurven, die die Pufferkapazitäten der starken und schwachen Säure angeben, die gesamte Pufferkapazität. Außerhalb dieser Grenzen von p_H haben wir allein noch mit der Pufferkapazität der schwachen oder starken Säure bzw. Base zu rechnen, ohne daß der Einfluß der gegenseitigen Pufferwirkung weiter berücksichtigt zu werden braucht.

In einigen Fällen ist es vorteilhaft, die Pufferkapazität nicht als solche, sondern als molekulare Pufferkapazität π_M auszudrücken, wobei

$$\pi_M = \frac{\pi}{c} \quad \ldots \ldots \ldots \ldots \quad (60)$$

Wie aus den Kurven hervorgeht, haben beide Essigsäureacetatlösungen bei demselben p_H ihre größte Pufferkapazität, und zwar bei $p_H = p_{HA}$. Dies kann auch unmittelbar aus Gleichung (58) abgeleitet werden. Wenn $[H^.] = K_{HA}$ ist, dann ist

$$\pi = \frac{2{,}3}{4}c = 0{,}574 \times c$$

und $\pi_M = 0{,}575$.

Die Pufferwirkung von Säuregemischen oder mehrbasischen Säuren wird durch die folgende Gleichung bestimmt:

$$\sum \pi = 2{,}3\,[H^.]\left\{\frac{K_{H_1A_1}c_1}{(K_{H_1A_1}+[H^.])^2} + \frac{K_{H_2A_2}c_2}{(K_{H_2A_2}+[H^.])^2} + \ldots\right\} + 2{,}3\,\{[H^.]+[OH']\}\ldots [61]$$

Wenn wir annehmen, daß die Konzentration der verschiedenen Säuren dieselbe ist, folgt aus der letzten Gleichung, daß die Säuren wenig Einfluß auf ihre gegenseitige Pufferkapazität haben werden, wenn die Dissoziationskonstanten sehr voneinander abweichen. Werden die Unterschiede kleiner, so werden damit die gegenseitigen Beeinflussungen größer, wie deutlich aus Abb. 6, 7 und 8 und auch aus der untenstehenden Tabelle hervorgeht.

Bequemlichkeitshalber können wir anstatt der Gleichung (61) schreiben

$$\sum \pi = \pi_1 + \pi_2 + \pi_3 \ldots$$

Tabelle.

$p_{H_2A_2} - p_{H_1A_1}$	$\sum \pi_M$ bei $p_H = p_{H_1A_1}$	$\sum \pi_M$ bei $p_H = \dfrac{p_{H_1A_1}+p_{H_2A_2}}{2}$
3,0	0,577	0,138
2,0	0,598	0,384
1,6	0,684	0,552
1,4	0,749	0,673
1,3	0,784	0,738
1,2	0,848	0,81?
1,1	0,919	0,89᠊
1,0	1,003	0,998

Die oben wiedergegebenen Gedanken von v. SLYKE sind natürlich für verschiedene Zwecke von Bedeutung. An erster Stelle wohl zur rationellen Bereitung von Pufferflüssigkeiten (s. Kap. 5), d. h. für Flüssigkeiten mit großer Pufferkapazität. Die am besten puffernden Flüssigkeiten erhält man natürlich dann, wenn man

Die Pufferkapazität und der Pufferindex. 31

ein Gemisch einer Reihe Säuren nimmt, deren Dissoziationskonstanten untereinander nur wenig verschieden sind, so daß man bei Zusatz von Lauge Flüssigkeiten erhält, deren Pufferkapazität von der zugefügten Menge Base praktisch unabhängig ist (vgl. Abb. 6).

Ferner kann meiner Ansicht nach die Pufferkapazitätskurve, die man stets aus der Neutralisationskurve ableiten kann, bei

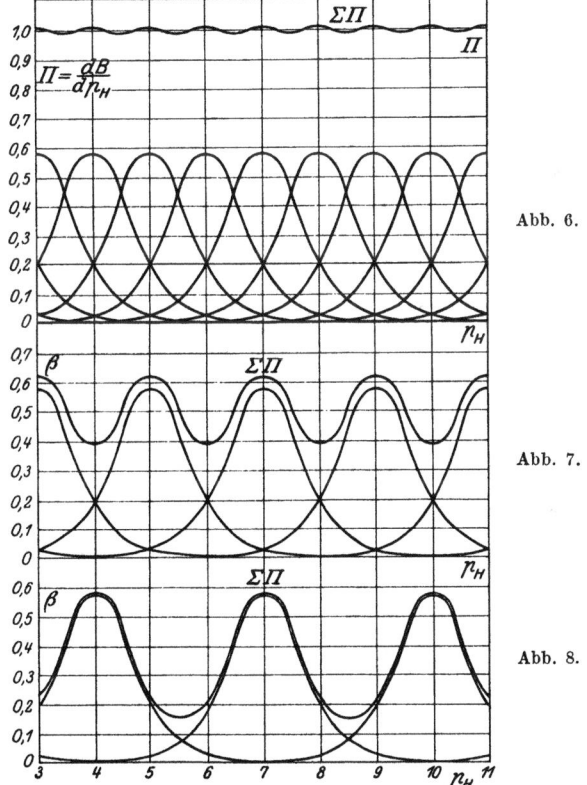

Abb. 6.

Abb. 7.

Abb. 8.

der Beurteilung der Zusammensetzung von Flüssigkeiten, worin sich Gemische verschiedener Arten von Säuren und Basen befinden, wie bei Bodenauszügen, Bier, Milch, Fruchtsäften, Nahrungsstoffen usw., von großer Bedeutung sein. Es ist hier aber nicht der Ort, darauf näher einzugehen.

Nach GÜNTHER LEHMANN[1]) wird die Pufferwirkung P_g quantitativ ausgedrückt durch die Gleichung:

$$p_g = \frac{b}{p_{H_1} - p_{H_2}} \text{ oder } \frac{c}{p_{H_1} - p_{H_2}}$$

in der b (bzw. e) die zugefügte Menge Salzsäure (bzw. Natronlauge) bedeuten, die nötig ist, um den p_{H_1} zu p_{H_2} zu ändern.

Diese Ausdrucksweise gibt nur angenäherte Werte und ist weniger exakt als die, welche die Gleichungen von DONALD D. VAN SLYKE uns lehren.

9. Neutralisationskurven. Wenn wir die Veränderung der Wasserstoffionenkonzentration bei der Neutralisation einer Säure oder einer Base bildlich darstellen, so erhalten wir die Neutralisationskurve. Da die Wasserstoffionenkonzentration in so sehr weiten Grenzen sich ändert (z. B. bei 0,1 n-Salzsäure mit Natronlauge zwischen 10^{-1} und 10^{-13}), kann man sie nicht auf gewöhnlichem Kurvenpapier zur Darstellung bringen; denn bei jeder Veränderung des Exponenten um 1 verändert sich die Wasserstoffionenkonzentration 10 mal. So könnte man also nur ein sehr kleines Gebiet der Neutralisationskurve auf das Papier bringen. Dies hat u. a. SCHOORL (12) getan, der auf sehr übersichtliche Weise die Veränderungen der Wasserstoffionenkonzentration in der Nähe des Äquivalenzpunktes schematisch dargestellt hat. Will man aber eine Übersicht über den gesamten Verlauf der Neutralisationskurve geben, so muß man an Stelle einer Darstellung der Veränderung der Wasserstoffionenkonzentration die des Wasserstoffexponenten aufzeichnen.

Ich will nun den Verlauf der Neutralisationskurve für einige Arten von Säuren und Basen ableiten.

a) **Neutralisationskurve einer starken Säure mit einer starken Base.**

Wir wollen 100 ccm 0,1 n-Salzsäure mit Lauge bei Zimmertemperatur neutralisieren. Um die Berechnung von p_H nicht allzu verwickelt zu gestalten, machen wir die Annahmen, daß das Gesamtvolumen bei der Neutralisation unverändert bleibe und daß die Säure völlig dissoziiert sei. Wir finden dann während der Neutralisation nachstehende Werte:

---

[1]) G. LEHMANN, Biochem Zeitschr. Bd. 130, S. 30. 1922.

100 ccm 0,1 n-Säure		
0 ,, 0,1 n-Lauge	$[H^\cdot] = 10^{-1}$,	$p_H = 1{,}0$
100 ,, 0,1 n-Säure		
90 ,, 0,1 n-Lauge	$[H^\cdot] = 10^{-2}$,	$p_H = 2{,}0$
100 ,, 0,1 n-Säure		
99 ,, 0,1 n-Lauge	$[H^\cdot] = 10^{-3}$,	$p_H = 3{,}0$
100 ,, 0,1 n-Säure		
99,9 ,, 0,1 n-Lauge	$[H^\cdot] = 10^{-4}$,	$p_H = 4{,}0$
100 ,, 0,1 n-Säure		
100 ,, 0,1 n-Lauge	$[H^\cdot] = 10^{-7}$,	$p_H = 7{,}0$
100 ,, 0,1 n-Säure		
101 ,, 0,1 n-Lauge	$[H^\cdot] = 10^{-11}$,	$p_H = 11{,}0$

Wir ersehen hieraus, daß bei der Neutralisation von 99% der Säure $p_H = 3$, bei 99,9% $p_H = 4$ und bei der vollständigen Neutralisation $p_H = 7$ ist. Um also das letzte 0,1% der Säure zu neutralisieren, erhält man einen p_H-Sprung von 4 auf 7; einen gleich großen Sprung macht der p_H-Wert von 7 auf 10, wenn wir nach Erreichung des Äquivalenzpunktes noch 0,1% Lauge hinzufügen. Man kann auch einfach berechnen, wie groß die genauen p_H-Werte in Wirklichkeit sind, wenn man die Verdünnung und den Dissoziationsgrad berücksichtigt. Wenn wir die Änderung des p_H zeichnerisch darstellen, erhalten wir die Kurve I, Abb. 9 (S. 35). Auf der Ordinatenachse sind die Werte für p_H aufgetragen, Punkt 7 entspricht hier also genau dem Äquivalenzpunkte. Auf der Abszissenachse ist aufgetragen, wieviel der Säure jeweils neutralisiert ist. Man sieht auf den ersten Blick den großen Sprung, den die Kurve in der Nähe des Äquivalenzpunktes (bei Säure 50) von 3 auf 11 macht.

b) Die Neutralisationskurve einer schwachen Säure mit einer starken Base[1]).

Als Beispiel einer schwachen Säure werden wir die Essigsäure wählen. Wie oben erwähnt, ist die Dissoziationskonstante bei 18° gleich $1{,}8 \times 10^{-5} = 10^{-4{,}75}$. Wir können nun annehmen, daß in einer 0,1 n.-essigsauren Lösung die Menge unzersetzter

---

[1]) Vgl. auch A. THIEL, Zeitschr. f. anorg. allgem. Chem. Bd. 135, S. 1. 1924, die eine andere Berechnungsweise angibt, und auch H. S. SIMMS, J. Amer. chem. Soc. Bd. 48, S. 1239—1251. 1926.

Säure gleich der Gesamtkonzentration ist (vgl. S. 6). Wir finden dann in dieser Lösung den Wert $p_H = 2{,}87^5$. Bei der Neutralisation wird die Essigsäure in das gut dissoziierte Acetat umgewandelt. Für die Berechnung der Neutralisationskurve können wir annehmen, daß das Salz völlig dissoziiert sei. Aus der Gleichung (48) folgt:

$$[H^\cdot] = \frac{[HA]}{[A']} \times K_{HA} \quad \ldots \ldots \quad (48)$$

und aus (49):

$$p_H = \log C_{Salz} - \log C_{Säure} + p_{HA} \quad \ldots \quad (49)$$

Die Menge zugefügter Lauge entspricht genau der Menge des gebildeten Salzes, also C_{Salz}. Wie im Abschnitt „Hydrolyse" gezeigt ist, reagiert das „neutrale Salz" in Wirklichkeit nicht neutral, sondern alkalisch, und zwar ist in 0,1 n-Lösung $p_H = 8{,}87^5$.

Nehmen wir wieder an, daß wir von 100 ccm 0,1 n-Essigsäure ausgehen und daß das Gesamtvolumen bei der Neutralisation unverändert bleibt, während das Salz völlig dissoziiert ist, so finden wir die folgenden p_H-Werte:

100 ccm 0,1 n-Essigsäure \
0 ,, 0,1 n-Lauge $\}$ $p_H = 2{,}87$

100 ,, 0,1 n-Essigsäure \
10 ,, 0,1 n-Lauge $\}$ $p_H = 3{,}80$

100 ,, 0,1 n-Essigsäure \
50 ,, 0,1 n-Lauge $\}$ $p_H = 4{,}75$ $(= p_{HA})$

100 ,, 0,1 n-Essigsäure \
90 ,, 0,1 n-Lauge $\}$ $p_H = 5{,}70$

100 ,, 0,1 n-Essigsäure \
95 ,, 0,1 n-Lauge $\}$ $p_H = 6{,}03$

100 ,, 0,1 n-Essigsäure \
100 ,, 0,1 n-Lauge $\}$ $p_H = 8{,}87$

100 ,, 0,1 n-Essigsäure \
101 ,, 0,1 n-Lauge $\}$ $p_H = 11{,}0$

Kurve II (Abb. 9) zeigt die p_H-Änderung während der Neutralisation. Wir sehen, daß sie nach Überschreitung des Äquivalenzpunktes mit der Laugenkurve (d. h. der Natronlaugekurve) zusammenfällt. Bei der Zugabe von Lauge zum essigsauren Natrium ändert sich der p_H fast so, wie wenn Natronlauge zur Kochsalzlösung zugegeben wird. In gleicher Weise, wie es hier für Essigsäure und Natronlauge gezeigt ist, können wir auch bei der Neutralisation einer starken Säure mit einer schwachen Base die Werte für p_H berechnen. Da diese Berechnung mutatis mutandis genau so ausfällt, erübrigt es sich, sie nochmals ausführlich hier vorzunehmen. Kurve III (Abb. 9) zeigt die Werte für die Neutralisation von Ammoniak mit Salzsäure. Man sieht wieder, daß sie nach Erreichung des Äquivalenzpunktes, bei dem alles Ammoniak in Ammoniumchlorid übergeführt ist, mit der Salzsäurekurve zusammenfällt. In Kapitel IV sind noch einige Neutralisationskurven von mehrbasischen Säuren angeführt.

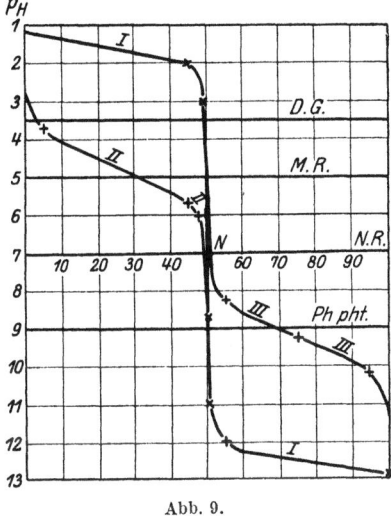

Abb. 9.

c) **Die Neutralisation einer schwachen Säure mit einer schwachen Base.**

Da auch die Salze von schwachen Säuren mit schwachen Basen im allgemeinen gut dissoziert sind, können wir auch hier die Annahme machen, daß die Menge der zu der Säure zugefügten Base gleich der Menge der gebildeten Anionen ist. Die Neutralisationskurve einer schwachen Säure mit einer schwachen Base wird also zu Anfang den gleichen Verlauf zeigen wie die entsprechende Kurve der Salzbildung aus einer schwachen Säure mit einer starken Base. Infolge der weitgehenden Dissoziation des gebildeten Salzes wird der Verlauf der Kurve in der Nähe des Äquivalenzpunktes anders sein. Als Beispiel für diesen Fall wollen wir die Veränderungen des p_H berechnen, die bei der Neutralisation von Essigsäure mit Ammoniak oder umgekehrt eintreten (13).

Die Dissoziationskonstanten für Essigsäure und Ammoniak sind einander fast gleich und haben bei 18° den Wert $1{,}8 \times 10^{-5} = 10^{-4{,}75}$. Wie früher berechnet wurde, ist das neutrale essigsaure Ammonium zu etwa 0,6% hydrolysiert. In 100 ccm 0,1 n-Ammoniumacetatlösung sind also 0,6 ccm 0,1 n unzersetzte Essigsäure und 0,6 ccm 0,1 n-Ammoniak vorhanden. Gibt man zu 99 ccm Ammoniumacetat 1 ccm Essigsäure, so hat man in dem Gemisch etwa 1,6 ccm Essigsäure und 98,4 ccm essigsaures Salz. Es ist hierbei, um die Berechnung nicht unnötig zu verwickeln, die Zurückdrängung der Hydrolyse zunächst außer acht gelassen. Die Wasserstoffionenkonzentration des Gemisches beträgt dann:

$$[H^{\cdot}] = \frac{1{,}6}{98{,}4} \times 10^{-4{,}75}, \quad p_H = 6{,}54.$$

Ebenso kann man den p_H für Gemische von Ammoniumacetat mit kleinen Mengen Ammoniak berechnen.

Wir können so die folgende Tabelle für die Neutralisation von Essigsäure mit Ammoniak aufstellen:

100 ccm	Essigsäure	$p_H = 2{,}87$
0 ,,	Ammoniak	
100 ,,	Essigsäure	$p_H = 4{,}75$
50 ,,	Ammoniak	
100 ,,	Essigsäure	$p_H = 5{,}70$
90 ,,	Ammoniak	
100 ,,	Essigsäure	$p_H = 5{,}98$
95 ,,	Ammoniak	
100 ,,	Essigsäure	$p_H = 6{,}32$
98 ,,	Ammoniak	
100. ,,	Essigsäure	$p_H = 6{,}54$
99 ,,	Ammoniak	
100 ,,	Essigsäure	$p_H = 7{,}10$
100 ,,	Ammoniak	
100 ,,	Essigsäure	$p_H = 7{,}66$
101 ,,	Ammoniak	
100 ,,	Essigsäure	$p_H = 7{,}88$
102 ,,	Ammoniak	
100 ,,	Essigsäure	$p_H = 8{,}22$
105 ,,	Ammoniak	

Die p_H-Änderung ist in der Kurve IV (Abb. 10) wiedergegeben. Wir sehen aus der Tabelle, daß das neutrale Salz hier genau neutral reagiert, nämlich $p_H = 7,1$.

p_W ist hier mit $14,2$ eingesetzt.

Auch hier sehen wir deutlich den Sprung in der Nähe des Äquivalenzpunktes, wenngleich er hier kleiner als in Abb. 9 ist.

Wir sehen, daß diese Neutralisationskurve von Essigsäure mit Ammoniak bis zu 5% vor dem Äquivalenzpunkte mit der gleichen Kurve für Essigsäure und Natronlauge zusammenfällt. Auch bei 5% nach Überschreitung des Äquivalenzpunktes deckt sie sich mit der Salzsäure-Ammoniakkurve. Nur in der Nähe des Äquivalenzpunktes weichen sie stark voneinander ab. Man kann also von Essigsäure und Ammoniak eine große Reihe von Puffergemischen herstellen.

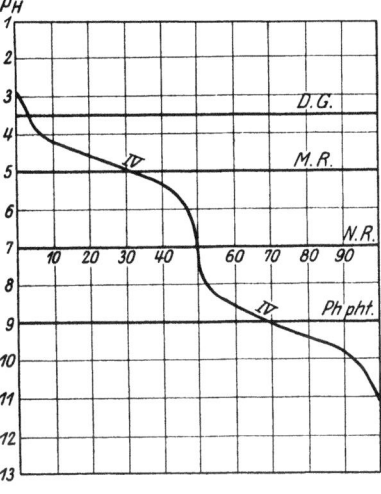

Abb. 10.

d) **Die Neutralisation von zwei Säuren nebeneinander.**

Die Berechnung der Werte der Neutralisationskurve eines Gemisches einer starken und einer schwachen Säure bringt im allgemeinen keine Schwierigkeiten mit sich. Beim Zufügen von Lauge wird zuerst die starke Säure neutralisiert (vgl. unter a), dann die schwache Säure (vgl. unter b).

Anders ist es, wenn wir ein Gemisch einer mittelstarken und einer schwachen Säure vor uns haben, wie z. B. ein Gemisch von Essigsäure und Borsäure. Auch die zweibasischen Säuren, bei denen die beiden Dissoziationskonstanten sehr voneinander abweichen, können wir hierher rechnen.

Wenn wir nun die mittelmäßig starke Säure H_1A_1, die sehr schwache Säure H_2A_2 nennen, mit den Dissoziationskonstanten K_1 bzw. K_2, dann folgt aus der Grundgleichung (11) ohne weiteres, daß in einem Gemisch der beiden Säuren mit einer bestimmten Menge Lauge:

$$[H^{\cdot}] = \frac{[H_1A_1]}{[A_1']} K_1 = \frac{[H_2A_2]}{[A_2']} K_2$$

und daß

$$\frac{[H_1A_1]}{[A_1']} : \frac{[H_2A_2]}{[A_2']} = K_2 : K_1.$$

Nun stellt $\frac{[HA]}{A'}$ nichts anderes dar als das Verhältnis der Konzentrationen der freien und neutralisierten Säure. Man wird dieses Verhältnis, das bei den meisten Berechnungen in der Neutralisationsanalyse eine Rolle spielt, das **reziproke Neutralisationsverhältnis** nennen können, in Gegenüberstellung mit dem Wert $\frac{[A']}{HA}$, den wir das Neutralisationsverhältnis nennen.

Wir wollen zunächst annehmen, daß die Säuren H_1A_1 und H_2A_2 dieselbe Konzentration besitzen. Da die reziproken Neutralisationsverhältnisse umgekehrt den Dissoziationskonstanten proportional sind, folgt hieraus sofort, daß bei Beginn des Laugenzusatzes allein die stärkere Säure neutralisiert wird, wenn der Unterschied zwischen den beiden Dissoziationskonstanten groß genug ist. In der Nähe des ersten Äquivalenzpunktes jedoch, d. h. des Punktes, bei dem so viel Lauge zugefügt ist, als mit der Säure H_1A_1 äquivalent ist, beginnt die laugenbindende Fähigkeit von H_2A_2 ebenfalls eine Rolle zu spielen. Beim ersten Äquivalenzpunkte ist noch nicht alle Säure H_1A_1 neutralisiert, während bereits ein kleiner Teil von H_2A_2 in die Salzform übergeführt ist. Den Quotienten der reziproken Neutralisationsverhältnisse kann man direkt aus der zuletzt angegebenen Gleichung berechnen. Wenn wir nun annehmen, daß beim ersten Äquivalenzpunkte die Säure H_1A_1 zu a% in die Salzform übergeführt ist, dann ist die Säure H_2A_2 zu (100 — a)% neutralisiert, da H_1A_1 und H_2A_2 ursprünglich dieselbe Konzentration hatten.

Hieraus folgt, daß $[A_1]$ a% der gesamten Menge H_1A_1 beträgt und $[A_2']$ (100 — a)% der gesamten Menge H_1A_1.

Aus den letzten Gleichungen geht nun ohne weiteres hervor, daß

$$[H^{\cdot}]^2 = \frac{[H_1A_1]}{[A_1']} K_1 \times \frac{[H_2A_2]}{[A_2']} K_2 \quad \ldots \quad (62)$$

Beim ersten Äquivalenzpunkt ist dann:

$$[H^\cdot]^2 = \frac{100-a}{a} \times \frac{a}{100-a} K_1 K_2,$$

$$[H^\cdot] = \sqrt{K_1 K_2} \quad \ldots \ldots \ldots \ldots \quad (63)$$

$$p_H = \tfrac{1}{2}(p_{K_1} + p_{K_2}) \quad \ldots \ldots \ldots \quad (64)$$

Wenn man ein Gemisch von zwei Basen hat, ist beim ersten Äquivalenzpunkte:

$$p_H = p_{H_2O} - \tfrac{1}{2}(p_{K_1} + p_{K_2}) \quad \ldots \ldots \quad (65)$$

Es zeigt sich also, daß eine sehr einfache Beziehung zwischen der Wasserstoffionenkonzentration und den beiden Dissoziationskonstanten beim ersten Äquivalenzpunkte besteht. TIZARD und BOCREE (14) hatten diese Beziehung bereits abgeleitet; übersichtlicher wird sie aber nach der obenstehenden Berechnung wiedergegeben.

Wir haben bis jetzt angenommen, daß die Konzentration der beiden Säuren H_1A_1 und H_2A_2 dieselbe sei. Wenn diese Voraussetzung annähernd erfüllt ist, ändert sich an den Ausführungen nichts, wenn z. B. die Konzentration von H_1A_1 10% größer ist als die von H_2A_2, ist die Änderung von p_H beim ersten Äquivalenzpunkt fast noch nicht merkbar. Wird der Unterschied in der Konzentration aber größer, dann tritt der Unterschied wohl hervor.

Nehmen wir z. B. an, daß die Konzentration von H_1A_1 doppelt so groß sei wie die von H_2A_2. Beim ersten Äquivalenzpunkte ist dann wieder $[A_1'] = a\%$ der gesamten Menge H_1A_1 und $[H_1A_1] = (100-a)\%$ der gesamten Menge der ersten Säure und $[H_2A_2]$ $(2a-100)\%$.

Bei der Anwendung von Gleichung (62) finden wir dann, daß beim ersten Äquivalenzpunkte

$$[H^\cdot] = \sqrt{\frac{K_1 K_2}{2}}$$

$$p_H = \tfrac{1}{2}(p_{K_1} + p_{K_2}) + \tfrac{1}{2}\log 2 = \tfrac{1}{2}(p_{K_1} + p_{K_2}) + 0{,}15. \quad (66)$$

In diesem Falle ändert sich p_H beim ersten Äquivalenzpunkte also nur zu einem Betrage von 0,15. Ist die Konzentration der ersten Säure dreimal größer, so wird beim ersten Äquivalenzpunkte

$$p_H = \tfrac{1}{2}(p_{K_1} + p_{K_2}) + \tfrac{1}{2}\log 3 = \tfrac{1}{2}(p_{K_1} + p_{K_2}) + 0{,}24.$$

Wenn die Konzentration von H_2A_2 größer ist als die von H_1A_1, wird p_H beim ersten Äquivalenzpunkte zu demselben Betrage kleiner, wie oben abgeleitet ist.

Im vierten Kapitel werden wir sehen, welche praktische Bedeutung die abgeleiteten Betrachtungen in der Titrieranalyse haben.

Im allgemeinen kann man die Neutralisationskurve einer beliebigen Säure mit einer beliebigen Base ableiten, wenn die Dissoziationskonstanten bekannt sind. Im Kapitel IV werden wir sehen, daß die Kenntnis der Neutralisationskurve für die Wahl des passenden Indicators bei der Titration nötig ist.

Literaturverzeichnis zum ersten Kapitel.

1. KOHLRAUSCH und HEYDWEILLER: Ann. d. Physik (4) Bd. 28, S. 512. 1909. — NERNST: Zeitschr. f. physikal. Chem. Bd. 14, S. 155. 1894. — Sv. ARRHENIUS: Zeitschr. f. physikal. Chem. Bd. 11, S. 827. 1893. — LORENZ und BÖHI: Zeitschr. f. physikal. Chem. Bd. 66, S. 733. 1909. — KANOLT: Journ. of the Americ. chem. soc. Bd. 29, S. 1414. 1907. — NOYES, KATO und SOSMAN: Zeitschr. f. physikal. Chem. Bd. 73, S. 20. 1910. — LUNDEN: Journ. de Chim. Phys. Bd. 5, S. 574. 1907. — WIJS: Zeitschr. f. physikal. Chem. Bd. 12, S. 514. 1893. — LÖWENHERZ: Zeitschr. f. physikal. Chem. Bd. 20, S. 283. 1896. — LUNDEN: Journ. de Chim. Phys. Bd. 5, S. 574. 1907. — FALES und NELSON: Journ. of the Americ. chem. soc. Bd. 37, S. 2769. 1915. — BEANS und OAKES: Journ. of the Americ. chem. soc. Bd. 42, S. 2116. 1920. — LEWIS, BRIGHTON und SEBASTIAN: Journ. of the Americ. chem. soc. Bd. 39, S. 2245. 1917.
2. FRIEDENTHAL: Zeitschr. f. Elektrochem. Bd. 10, S. 113. 1904.
3. SÖRENSEN: Cpt. rend. du Lab. Carlsberg Bd. 8, S. 28. 1909; Biochem. Zeitschr. Bd. 21, S. 131, 201. 1909.
4. SCHOORL, N.: Rec. Trav. chim. Bd. 40, S. 616. 1921; VERSCHAFFELT: Rec. Trav. chim. Bd. 40, S. 617. 1921.
5. Nach LANDOLT, BÖRNSTEIN und ROTH: 4. Aufl. 1912. Vgl. auch Tabelle I am Schlusse dieses Buches.
6. WEGSCHEIDER: Monatsh. f. Chem. Bd. 37, S. 425. 1916.
7. Literatur über die Hydrolyse von sauren Salzen: NOYES: Zeitschr. f. physikal. Chem. Bd. 11, S. 495. 1893. — TREVOR: Zeitschr. f. physikal. Chem. Bd. 10, S. 321. 1892. — WALKER: Journ. of the chem. soc. London Bd. 61, S. 696. 1892. — SMITH: Zeitschr. f. physikal. Chem. Bd. 25, S. 144. 1898. — TOWER: Zeitschr. f. physikal. Chem. Bd. 18, S. 17. 1895. — Mc COY: Journ. of the Americ. chem. soc. Bd. 30, S. 688. 1908. — CHANDLER: Journ. of the Americ. chem. soc. Bd. 30, S. 694. 1908. — ENKLAAR: Chem. Weekbl. Bd. 8, S. 824. 1911. — DHATTA und DHAR: Journ. of the chem. soc. London Bd. 107, S. 824. 1915. — THOMS und SABALITZSCHKA: Ber. d. Dtsch. Chem. Ges. Bd. 50, S. 1227. 1915; Bd. 52, S. 567, 1378. 1919.

8. NOYES: Journ. of the Americ. chem. soc. Bd. 30, S. 349. 1909.
9. MICHAELIS: Die Wasserstoffionenkonzentration. Berlin: Julius Springer 1914.
10. FELS: Zeitschr. f. Elektrochem. Bd. 10, S. 208. 1904.
11. DONALD, D. VAN SLYKE: Journ. Biol. Chem. Bd. 52, S. 525. 1922. Vgl. auch G. LEHMANN: Biochem. Zeitschr. Bd. 133, S. 30. 1922.
12. SCHOORL: Chem. Weekbl. Bd. 3, S. 719, 771, 807. 1904.
13. KOLTHOFF: Pharmac. Weekbl. Bd. 57, S. 787. 1920.
14. TIZARD und BOCREE: Journ. Chem. Soc. Bd. 119, S. 132. 1921. — KOLTHOFF: Pharmac. Weekbl. Bd. 59, S. 129. 1922.

Zweites Kapitel.

Die amphoteren Substanzen. Ampholyte.

1. Allgemeine Eigenschaften von amphoteren Substanzen. Wässerige Säurelösungen besitzen die Eigenschaft Wasserstoffionen abzuspalten oder, wenn man sich anders ausdrücken will, die Fähigkeit, Hydroxylionen zu binden. Umgekehrt können Basen Hydroxylionen abspalten oder Wasserstoffionen binden.

Es gibt aber auch zahlreiche Stoffe, die sowohl die Eigenschaften einer Säure als auch einer Base gleichzeitig besitzen, wenn auch manchmal die saure bzw. basische Funktion stark überwiegen kann.

Diese Stoffe, die sich sowohl als Säure wie auch als Base verhalten können, sind also imstande, sowohl Hydroxylionen als auch Wasserstoffionen zu binden und werden darum amphotere Stoffe oder Ampholyte genannt. Infolge des doppelten Charakters eines Ampholyten wird die Reaktion seiner Lösung in der Regel weder stark sauer noch stark basisch sein. — Arsentrioxyd, Zinnhydroxyd, Aluminiumhydroxyd, Zinkhydroxyd sind typische anorganische Ampholyte. Die organischen Ampholyte, zu denen Aminosäuren, Peptide und die Eiweißstoffe gehören, sind biologisch von viel größerer Bedeutung.

Allgemein können wir für einen Ampholyten das Zeichen HXOH verwenden. Die amphoteren Eigenschaften werden dann durch die Gleichungen:

$$HXOH \leftrightarrows H^{\cdot} + XOH' \text{ (saure Funktion)}$$
$$HXOH \leftrightarrows HX^{\cdot} + OH' \text{ (basische Funktion)}.$$

Wenn wir auf beide Reaktionen das Massenwirkungsgesetz anwenden, finden wir

$$\frac{[H^\cdot][XOH']}{[HXOH]} = k_s$$

$$\frac{[HX^\cdot][OH']}{[HXOH]} = k_b.$$

Außer dem nicht dissoziierten Anteile HXOH enthält die Lösung eines Ampholyten also auch: $H^\cdot$, OH'; Anionen des Ampholyten XOH' und Kationen $HX^\cdot$.

2. Die Reaktion einer Ampholytlösung. Wie wir im ersten Kapitel unter Hydrolyse (S. 17) gesehen haben, ist die Reaktion des Salzes einer schwachen Säure und einer schwachen Base niemals stark sauer oder stark alkalisch, wenigstens dann nicht, wenn das Verhältnis der sauren oder basischen Dissoziationskonstante nicht zu groß oder zu klein ist. Aus denselben Gründen reagiert auch die Lösung eines Ampholyten wegen der sauren oder basischen Funktion, die sie zeigt, niemals stark sauer oder stark alkalisch.

Wir wollen hier nicht den Fall betrachten, in dem der Ampholyt einen Überschuß an sauren oder basischen Gruppen enthält, weil wir diesen Fall wieder auf Fälle zurückführen können, die im ersten Kapitel besprochen worden sind.

Der Einfachheit halber wollen wir den undissoziierten Anteil des Ampholyten A nennen, die Kationen $A^\cdot$, die Anionen A', während das Zeichen für die Dissoziationskonstante der sauren Gruppe k_s, der basischen Gruppe k_b sei. Die Ionisationskonstante des Wassers sei k_w. Die gesamte Ampholytkonzentration nennen wir c. Dann erhalten wir:

$$\frac{[H^\cdot][A']}{[A]} = k_s \quad \ldots \ldots \quad (67)$$

$$\frac{[OH'][A^\cdot]}{[A]} = k_b \quad \ldots \ldots \quad (68)$$

$$[H^\cdot][OH'] = k_w \quad \ldots \ldots \quad (69)$$

$$[A^\cdot] + [H^\cdot] = [A'] + [OH'] \quad \ldots \quad (70)$$

$$[A] + [A'] + [A^\cdot] = c \quad \ldots \ldots \quad (71)$$

Aus (67) und (68) finden wir:

$$[A'] = k_s \frac{[A]}{[H^\cdot]} \qquad \ldots \ldots \ldots (72)$$

$$[A^\cdot] = k_b \frac{[A]}{[OH']} = \frac{k_b}{k_w}[A][H^\cdot] \quad \ldots \ldots (73)$$

Durch Substitution dieser Werte in (70):

$$\frac{k_b}{k_w}[A][H^\cdot] + [H^\cdot] = k_s \frac{[A]}{[H^\cdot]} + \frac{k_w}{[H^\cdot]}$$

und

$$[H^\cdot] = \sqrt{\frac{k_s[A] + k_w}{\frac{k_b}{k_w}[A] + 1}} \qquad \ldots \ldots (74)$$

In entsprechender Weise ist diese Gleichung von J. WALKER (1) abgeleitet worden. In Gleichung (74) sind [H$^\cdot$] und [A] unbekannt; sie kann daher nicht ohne weitere Angaben gelöst werden. S. P. L. SÖRENSEN (2) eliminierte die Unbekannte [A] und gelangte zu dem Ausdrucke:

$$[H^\cdot]^4 + [H^\cdot]^3 \left(\frac{k_w}{k_b} + c\right) + [H^\cdot]^2 \frac{k_w}{k_b}(k_s - k_b) -$$

$$- [H^\cdot]\frac{k_w}{k_b}(k_s\, c + k_w) - \frac{k_w}{k_b} k_s k_w = 0 \quad \ldots \ldots (75)$$

Diese Gleichung ist zum allgemeinen Gebrauche nicht sehr bequem. Eine allgemeine Lösung dafür kann man nicht geben.

Der Verfasser schlägt daher vor, bei der Berechnung die einfache Gleichung (74) zu gebrauchen und in erster Annäherung anzunehmen, daß die Konzentration des nichtdissoziierten Teiles des Ampholyten [A] gleich der gesamten Konzentration c sei. Wir vernachlässigen also die Dissoziation des Ampholyten in Kationen und Anionen. Wenn man durch eine solche Berechnung den angenäherten Wert von [H$^\cdot$] gefunden hat, können die entsprechenden Werte von [A$^\cdot$] und [A'] berechnet werden, worauf wir die folgende Korrektur anbringen:

$$[A] = c - [A^\cdot] - [A'].$$

Die Berechnung wird jetzt mit diesem neuen Werte für [A] wiederholt. Gewöhnlich findet man dann bereits den richtigen Wert für [H]. Andernfalls wiederholt man die Berechnung nochmals. Aus der Gleichung (74) läßt sich ableiten, daß

a) der Fehler bei der angenäherten Berechnung mit zunehmender Konzentration c kleiner wird,
b) der Fehler mit abnehmendem Werte für k_s und k_b kleiner wird (vgl. das Beispiel Phenylalanin),
c) der Ampholyt sich praktisch wie eine einbasische Säure verhält, wenn k_s mehr als 10^5 mal größer ist als k_b und c sehr klein ist.

Umgekehrt kann der Ampholyt als eine einsäurige Base angesehen werden, wenn k_b im gleichen Maße k_s übertrifft.

Beispiele: Phenylalanin $k_s = 2,5 \times 10^{-9}$; $k_b = 1,3 \times 10^{-12}$ $k_w = 10^{-14}$; $c = 10^{-2}$.

Nach (74) ist: $[H^\cdot] = 3,3 \times 10^{-6}$,

wenn wir [A] gleich c rechnen.

Die entsprechenden Werte von

$$[A'] = 7,3 \times 10^{-6}$$
$$[A^\cdot] = 4 \times 10^{-6}.$$

Daher ist die wahre Konzentration von [A] nicht gleich 1×10^{-2}, sondern $10^{-2} - 7,3 \times 10^{-6} - 4 \times 10^{-6}$, was praktisch gleich 10^{-2} ist.

In derselben Weise berechnen wir für $c = 10^{-4}$:

$$[K^\cdot] = 5,1 \times 10^{-7}$$
$$[A'] = 5 \times 10^{-7}$$
$$[A^\cdot] = 0,1 \times 10^{-7}$$

m-Aminobenzoesäure $k_s = 1,6 \times 10^{-5}$; $k_b = 1,2 \times 10^{-12}$; $k_w = 10^{-14}$; $c = 10^{-2}$.

In erster Annäherung ergibt (74):

$$[H^\cdot] = 2,7 \times 10^{-4}$$
$$[A'] = 6 \times 10^{-4}$$
$$[A^\cdot] = 3,3 \times 10^{-4}$$
$$[A'] + [A^\cdot] = 9,3 \times 10^{-4};$$

wobei wir angenommen haben, daß diese Summe in Bezug auf $c = 10^{-2}$ vernachlässigbar ist.

Wenn wir c um diesen Betrag korrigieren und aufs neue berechnen, finden wir:

$$[H^\cdot] = 2,5 \times 10^{-4}$$
$$[A'] = 5,3 \times 10^{-4}$$
$$[A^\cdot] = 2,8 \times 10^{-4}$$

$c = 10^{-4}$. Die erste Annäherung ergibt:
$$[H^\cdot] = 4 \times 10^{-5}$$
$$[A'] = 4 \times 10^{-5}$$
$$[A^\cdot] \text{ vernachlässigbar klein.}$$

Nach zwei korrigierten Berechnungen finden wir die richtigen Werte:
$$[H^\cdot] = 3,2 \times 10^{-5}$$
$$[A'] = 3,2 \times 10^{-5}.$$

Weil k_b so klein in Bezug auf k_s ist, können wir bei dieser Verdünnung die m-Aminobenzoesäure nur als eine einbasische Säure betrachten und auch die entsprechende einfache Gleichung für eine einbasische Säure bei der Berechnung anwenden.

In der folgenden Tabelle geben wir einige Werte von Wasserstoffionenexponenten für Asparaginsäure wieder. Die Berechnungen sind zunächst nach der einfachen Gleichung (74) erfolgt; darauf wurden die korrigierten Werte, schließlich in der letzten Reihe der p_H nach der komplizierten SÖRENSENschen Gleichung (75) berechnet, angegeben.

Asparaginsäure: $k_s = 1,5 \times 10^{-4}$; $k_b = 1,2 \times 10^{-12}$; $k_w = 10^{-14}$.

Konzentration	p_H nach (74) $[A] = c$	p_H korrigiert	p_H nach SÖRENSEN (75)
∞	2,952	2,952	2,952
1	2,953	2,953	2,954
10^{-1}	2,969	2,973	2,973
10^{-2}	3,083	3,110	3,110
10^{-3}	3,437	3,521	3,521
10^{-4}	3,914	4,165	4,166

Wir sehen, daß die Anwendung der einfachen Gleichung (74) mit darauffolgender Korrektur für den Wert von [A] immer genaue Ergebnisse liefert.

3. Der isoelektrische Punkt einer Ampholytlösung. Aus dem Obenstehenden ergibt sich, daß jede Ampholytlösung eine bestimmte Konzentration an A, A' und A$^\cdot$ enthält. In stark saurer Lösung ist [A'] in bezug auf [A$^\cdot$] vernachlässigbar klein, während in stark alkalischer Lösung [A$^\cdot$] in Bezug auf [A'] vernachlässigt werden kann.

Die rein wässerige Lösung des Ampholyten enthält, verglichen mit [A$^\cdot$] und [A'], einen großen Überschuß an [A]. Es muß nun eine

Werte von k_s und k_b von Ampholyten

Ampholyt	k_s	Temp.	Ermittelt von	k_b	Temp.	Ermittelt von
Alanin	$1,9 \times 10^{-10}$	25°	Winkelblech (5)	$5,1 \times 10^{-12}$	25°	Winkelblech
	$1,8 \times 10^{-10}$	—	L. J. Harris (6)	$2,5 \times 10^{-12}$	—	L. J. Harris
Alanylglycin	$1,8 \times 10^{-8}$	25°	H. v. Euler (7)	$2,0 \times 10^{-11}$	25	H. v. Euler
	$0,66 \times 10^{-8}$	—	L. J. Harris (6)	$1,3 \times 10^{-11}$	—	L. J. Harris
Alanylallanin	$0,66 \times 10^{-8}$	—	L. J. Harris (6)	$1,0 \times 10^{-11}$	—	L. J. Harris
Arginin 2. Stufe				$2,2 \times 10^{-12}$	—	L. J. Harris
1. Stufe	$<1,1 \times 10^{-14}$	25°	Kanitz (8)	$1,0 \times 10^{-7}$	25°	Kanitz (8)
2. Stufe				$1,3 \times 10^{-12}$	25°	
1. Stufe	4×10^{-13}	25°	Hunter und Borsook (9)	$1,07 \times 10^{-5}$		Hunter und Borsook
Asparagin	$8,8 \times 10^{-10}$	18°	Lunden (10)	$8,8 \times 10^{-13}$	18°	Lunden
	$1,35 \times 10^{-9}$	25°		$1,5 \times 10^{-12}$	25°	Lunden
	$3,2 \times 10^{-9}$	40°		$4,2 \times 10^{-12}$	40°	Lunden
				$1,9 \times 10^{-11}$	60°	Walker und Aston (11)
-Asparaginsäure	$1,5 \times 10^{-4}$	25°	Winkelblech (5)	$1,2 \times 10^{-12}$	25°	Winkelblech
1. Stufe	$2,35 \times 10^{-4}$	30°	Levene und Simms (12)	$1,5 \times 10^{-12}$	30°	Levene und Simens
2. Stufe	4×10^{-10}	30°				
Betain				$7,6 \times 10^{-13}$	25°	Winkelblech
Glykokoll	$3,4 \times 10^{-10}$	25°	Winkelblech (5)	$2,7 \times 10^{-12}$	25°	Winkelblech
	$1,2 \times 10^{-10}$	17.5°	Michaëlis und Rona (13)	$1,93 \times 10^{-12}$	17.5°	Michaëlis u Rona (13)
	$1,05 \times 10^{-10}$	18°	Dernby (14)	$1,7 \times 10^{-12}$	18°	Dernby (14)
	$1,8 \times 10^{-10}$	25°	Harris (6)	$2,6 \times 10^{-12}$	25°	Harris (6)
	$1,8 \times 10^{-10}$	18°	Tague (15)	$2,8 \times 10^{-11}$		Walker und Aston (11)
Glycylglycin	$1,8 \times 10^{-8}$	25°	Euler (7)	2×10^{-11}	25°	Euler
	$3,3 \times 10^{-9}$	18°	Dernby (14)	$0,95 \times 10^{-11}$	18°	Dernby
	$5,3 \times 10^{-9}$	25°	Harris (8)	$1,4 \times 10^{-11}$	25°	Harris
Glutaminsäure						
2. Stufe	$1,6 \times 10^{-10}$	25°	Harris (8)			
1. Stufe	$6,3 \times 10^{-5}$	25°	Harris (8)			
	$6,3 \times 10^{-5}$	25°	Holmberg (16)			
	6×10^{-5}	18°	Tague (15)			
Histidin 2. Stufe				$5,0 \times 10^{-13}$	25°	Kanitz (8)
1. Stufe	$2,2 \times 10^{-9}$	25°	Kanitz (8)	$5,7 \times 10^{-9}$	25°	Kanitz (8)
Leucin	$1,8 \times 10^{-10}$	25°	Winkelblech (5)	$2,3 \times 10^{-12}$	25°	Winkelblech
	$2,5 \times 10^{-10}$	25°	Harris (6)	$2,3 \times 10^{-12}$	25°	Harris
Leucylglycin	$1,5 \times 10^{-8}$	25°	Euler (7)	$3,0 \times 10^{-11}$	25°	Euler
Lysin 1. Stufe				$1,1 \times 10^{-12}$	25°	Kanitz (8)
2. Stufe	$1,2 \times 10^{-11}$	25°	Kanitz (8)	$>1,1 \times 10^{-7}$	25°	Kanitz (8)
2. Stufe				$1,0 \times 10^{-12}$	25°	Harris (6)
1. Stufe	2×10^{-11}	25°	Harris (6)	$3,2 \times 10^{-5}$	25°	Harris (6)

Werte von k_s und k_b von Ampholyten (Fortsetzung).

Ampholyt	k_s	Temp.	Ermittelt von	k_b	Temp.	Ermittelt von
henylalanin	$2,5 \times 10^{-9}$	25°	Kanitz (8)	$1,3 \times 10^{-12}$	25°	Kanitz (6)
	$7,5 \times 10^{-10}$	25°	Harris (6)			
	$7,5 \times 10^{-10}$	25°	Tague (15)			
Tyrosin	$4,0 \times 10^{-9}$	25°	Kanitz (8)	$2,6 \times 10^{-12}$	25°	Kanitz
2. Stufe	$4,0 \times 10^{-11}$	25°	Harris			
1. Stufe	$4,0 \times 10^{-10}$	25°	Harris			
	$7,0 \times 10^{-10}$	18°	Tague (15)			
Valin				$2,0 \times 10^{-12}$	25°	Harris (6)
senigesäure	6×10^{-10}	25°	Wood (17)	1×10^{-14}	25°	Wood
Caffein	$< 1 \times 10^{-14}$	25°	Wood (17)	$4,0 \times 10^{-14}$	25°	Wood
kodylsäure	$6,4 \times 10^{-7}$	25°	Johnston (18)	3×10^{-13}		Zawidski (19)
	$7,5 \times 10^{-7}$		Holmberg (16)	$3,6 \times 10^{-13}$	25°	Holmberg
heobromin	$1,3 \times 10^{-8}$	18°	Paul (20)	$1,3 \times 10^{-14}$	18°	Paul
	$1,1 \times 10^{-10}$	25°	Wood (17)	$4,8 \times 10^{-14}$	40°	Wood
heophyllin	$1,7 \times 10^{-9}$	25°	Wood (17)	$1,9 \times 10^{-14}$	20°	Wood
minobenzoe-	$1,6 \times 10^{-5}$	25°	Michaëlis und	$1,2 \times 10^{-11}$	25°	Michaëlis und
säure			Davidsohn (21)			Davidsohn
	$1,6 \times 10^{-5}$	18°	Winkelblech (5)	$1,2 \times 10^{-11}$	25°	Winkelblech
minobenzoe-	$1,06 \times 10^{-5}$	18°	Lunden (10)	$1,37 \times 10^{-12}$	18°	Lunden (10)
säure	$1,35 \times 10^{-5}$	40°	Lunden (10)	$3,15 \times 10^{-12}$	40°	Lunden (10)
minobenzoe-	$1,2 \times 10^{-5}$	25°	Winkelblech (5)	$2,3 \times 10^{-12}$	25°	Winkelblech
säure	$1,2 \times 10^{-5}$	25°	Michaëlis und	$2,3 \times 10^{-12}$	20°	Michaëlis und
			Davidsohn (21)			Davidsohn (21)

bestimmte Wasserstoffionenkonzentration bestehen, bei der der undissoziierte Teil A eine Maximalkonzentration hat, während die Summe von $[A'] + [A\dot{}]$ minimal ist. Dieser Punkt wird der **isoelektrische Punkt** genannt, weil bei der Durchleitung eines elektrischen Stromes gleich viel Kationen des Ampholyten sich nach der Kathode wie Anionen des Ampholyten nach der Anode bewegen.

Nach (71), (72) und (73) ist nun:

$$\frac{c}{[A]} = 1 + \frac{k_s}{[H\dot{}]} + \frac{k_b}{k_w}[H\dot{}] \quad \ldots \ldots \quad (76)$$

Nach L. Michaëlis (1) haben wir dann:

$$\frac{d\frac{1}{[A]}}{d\frac{1}{[H\dot{}]}} = -\frac{k_s}{[H\dot{}]^2} + \frac{k_b}{k_w}$$

48 Die amphoteren Substanzen. Ampholyte.

[A] ist maximal, wenn:
$$-\frac{k_s}{[H^\cdot]^2} + \frac{k_b}{k_w} = 0$$
ist, oder
$$[H^\cdot]_{\text{I.P.}} = \sqrt{\frac{k_s}{k_b} k_w} \qquad \ldots \ldots (77)$$

$[H^\cdot]_{\text{I.P.}}$ stellt die Wasserstoffionenkonzentration beim isoelektrischen Punkt dar. Es ergibt sich also ein einfaches Verhältnis zwischen $[H^\cdot]_{\text{I.P.}}$ und den verschiedenen Konstanten; vgl. auch H. ECKWEILLER, H. M. NOYES und K. G. FALK (2); P. A. LEVÈNE und H. S. SIMMS (2); Methoden zur Bestimmung von isoelektrischen Punkten vgl. L. MICHAËLIS (1); L. MICHAËLIS und I. NAKASHUNA (3); S. P. L. SÖRENSEN (4).

Wenn die Substanz m saure Gruppen und n basische Gruppen enthält, so ist nach LEVENE und SIMMS (2):

$$[H^\cdot]_{\text{I.P}} = \sqrt{\frac{k_{s_1} + k_{s_2} \ldots + k_{s_m}}{k_{b_1} + k_{b_2} \ldots + k_{b_n}} k_w}$$

Wenn wir die einfache Gleichung (74) zur Berechnung von $[H^\cdot]$ in einer reinen Ampholytlösung anwenden, in der [A] sehr groß ist, und k_s und k_b wenigstens 10 000 mal größer sind als k_w, so finden wir:

$$[H^\cdot] = \sqrt{\frac{k_s[A] + k_w}{\frac{k_b}{k_s}[A] + 1}} = \sqrt{\frac{k_s}{k_b} k_w} \quad \ldots \ (77)$$

Durch diese Vereinfachung finden wir also dieselbe Gleichung für $[H^\cdot]$ beim isoelektrischen Punkte, wie MICHAËLIS in einer mehr verwickelten Weise abgeleitet hat.

Beim isoelektrischen Punkte ist also:
a) [A] maximal und die Summe von [A˙] und [A'] minimal,
b) [A'] gleich [A˙].

Dies ist dann auch der Grund, warum der Ampholyt, vom elektrochemischen Standpunkt betrachtet, isoelektrisch ist. Mit Hilfe der Gleichung von MICHAËLIS läßt sich sehr einfach $[H^\cdot]$ beim isoelektrischen Punkt berechnen, wenn k_s und k_b bekannt sind.

Die Neutralisationskurven von Ampholyten.

In der vorstehenden Tabelle geben wir eine Zusammenstellung der Werte von k_s und k_b, die dem Schrifttum entnommen sind.

4. Die Neutralisationskurven von Ampholyten. Wenn zu einer Ampholytlösung eine starke Säure gegeben wird, nimmt die Konzentration der $A^{\cdot}$-Ionen zu, während $[A']$ abnimmt. Bei Anwesenheit eines genügenden Säureüberschusses wird $[A']$ so klein, daß sie gegenüber der Kationenkonzentration vernachlässigt werden kann. Wir können in diesem Falle den Ampholyten lediglich als schwache Base ansehen und daraufhin den Rest der Neutralisationskurve berechnen.

Auf dieselbe Weise kann der Ampholyt lediglich als schwache Säure angesehen werden, ohne daß man die basischen Eigenschaften zu berücksichtigen braucht, wenn der zugefügte Überschuß an Lauge so groß ist, daß die Konzentration der Kationen $[A^{\cdot}]$ gegenüber $[A']$ vernachlässigbar klein wird.

In der Nähe des isoelektrischen Punktes wird die Berechnung verwickelter, weil wir dann sowohl die sauren als auch die basischen Eigenschaften des Ampholyten in Rechnung setzen müssen.

Lassen wir uns nun einen Ampholyten betrachten, dessen k_s größer ist als k_b, wie es gewöhnlich der Fall ist. Wir wollen dabei die Gesamtkonzentration des Ampholyten c nennen und annehmen, daß so viel Salzsäure zugefügt wurde, wie der Konzentration a entspricht. Ferner rechnen wir damit, daß das entstandene Salz vollständig in seine Ionen dissoziiert ist.

Da in jeder Lösung die Summe der Kationen gleich der der Anionen ist, finden wir:

$$[H^{\cdot}] + [A^{\cdot}] = [A'] + [Cl'] + [OH'] = [A'] + [Cl'] = [A'] + a$$

oder

$$[A^{\cdot}] = [A'] + a - [H^{\cdot}] \quad \ldots \ldots \quad (78)$$

Ferner wissen wir, daß

$$[A^{\cdot}] = \frac{[A]}{[OH']} k_b = \frac{k_b}{k_w}[A][H^{\cdot}] \quad \ldots \quad (73)$$

und

$$[A'] = \frac{[A]}{[H^{\cdot}]} k_s \quad \ldots \ldots \quad (72)$$

Die amphoteren Substanzen. Ampholyte.

Durch Kombination dieser Gleichungen finden wir

$$\frac{k_b}{k_w}[A][H^\cdot] = a - [H^\cdot] + \frac{[A]}{[H^\cdot]}k_s.$$

$$[H^\cdot]^2 - [H^\cdot]\frac{a}{\frac{k_b}{k_w}([A]-a)+1} - \frac{([A]-a)k_s}{\frac{k_b}{k_w}([A]-a)+1} = 0.$$

$$[H^\cdot] = \frac{a}{2\frac{k_b}{k_w}([A]-a)+1} +$$

$$+ \sqrt{\left\{\frac{a}{2\frac{k_b}{k_w}([A]-a)+1}\right\}^2 + \frac{([A]-a)k_s}{\frac{k_b}{k_w}([A]-a)+1}} \quad \cdot \cdot \quad (79)$$

Wenn man diese Gleichung auflösen will, muß man in erster Annäherung wieder annehmen, daß [A] gleich c sei, ebenso wie wir dies bei der [H˙]-Berechnung in einer reinen Ampholytlösung angenommen haben. Wenn sich dann nachher ergibt, daß die Abweichung durch die Annäherung zu groß ist, wird die Berechnung wiederholt, indem man für [A] einen Wert von c — [A′] einsetzt.

Gleichung (79) ist ziemlich kompliziert; in vielen Fällen kann sie für den praktischen Gebrauch vereinfacht werden. Ein weiteres Eingehen hierauf geht jedoch über den Rahmen dieses Buches hinaus.

Eine der Gleichung (79) entsprechende Gleichung läßt sich ableiten, wenn man einem Ampholyten eine Base zusetzt.

Wir bemerken hier ausdrücklich, daß die verwickelte Gleichung (79) ausschließlich in der Nähe des isoelektrischen Punktes angewendet zu werden braucht. Bei anderen Wasserstoffionenkonzentrationen können wir die einfachen Gleichungen für monovalente Säuren und Basen anwenden. —

Gleichung (78) gibt uns einen einfachen Überblick über die Säure- (bzw. Base-) Menge, die nötig ist, um eine Ampholytlösung auf den isoelektrischen Punkt zu bringen. Diese Menge ist gleich dem Unterschiede der [H˙] beim isoelektrischen Punkte und dem der Lösung.

5. Die Zwitterionen. Die Theorie von N. Bjerrum. Bredig (22) war der erste, der annahm, daß ein amphoterer Stoff eigentlich ein inneres Salz ist und deswegen sowohl eine positive als auch eine negative Ladung in demselben Molekül enthält. F. W. KÜSTER (23) nahm bei der Erklärung der Eigenschaften von Methylorange an, daß die freie Indicatorsäure als ein „Zwitterion" anzusehen ist (vgl. S. 65). Gewöhnlich nahm man im Schrifttum an, daß die Bildung der Zwitterionen nur zu einem sehr geringen Betrage stattfinden konnte. So sagt u. a. MICHAËLIS über das Zwitterion der Aminosäuren: „Seine Menge ist zweifellos auch stets verschwindend klein."

N. BJERRUM (25) hat unseren Einblick in das Verhalten von Aminosäuren besonders durch die Annahme erweitert, daß diese Ampholyte in wässeriger Lösung größtenteils als Zwitterionen vorhanden sind. Hierdurch wurden verschiedene Eigenschaften der Aminosäuren klar verständlich, wie wir noch näher auseinandersetzen werden.

Um die Zwitterionentheorie zu erläutern, wollen wir Ammoniumacetat mit einer Aminosäure vergleichen, deren saure und basische Dissoziationskonstante dieselbe ist wie die von Essigsäure bzw. Ammoniak. Nun wissen wir, daß eine 0,1 molare Lösung von Ammoniumacetat zu 0,5% hydrolysiert ist, während das Salz zu 99,5% in Ionen gespalten ist. Wenn wir dieselben Gleichungen zur Berechnung der Hydrolyse der Aminosäure verwenden, finden wir in unserem Falle, daß diese ebenfalls zu 0,5% hydrolysiert ist, und folgerichtig können wir annehmen, daß der Rest in ionogener Form vorhanden ist.

Dieses innere Salz kann indes nicht in Ionen zerfallen, weil die Ladungen an besondere Gruppen des Moleküles gebunden sind.

Nach dieser Auffassung ist also ein kleiner Teil der Aminosäure NH_2RCOOH in die Kationen $\dot{N}H_3RCOOH$ und die Anionen NH_2RCOO' hydrolysiert; der größte Teil aber liegt als inneres Salz

$\dot{N}H_3RCOO'$ Zwitterion

vor, während nach der älteren Auffassung der nicht hydrolysierte Teil aus neutralen Molekülen NH_2RCOOH besteht. Die Berechnungen im vorigen Abschnitte beruhen auf dieser letzteren Annahme, obwohl dieselbe unrichtig ist. Wie wir nachher sehen werden, sind die Ergebnisse der Berechnungen gute, obwohl die Auslegung der Werte der sauren und basischen Dissoziationskonstanten unrichtig ist.

Wenn wir die nichtdissoziierte Aminosäure NH_2RCOOH A nennen, das Zwitterion $^+A^-$, das Kation A^+ und das Anion A^-, dann ist nach der alten Auffassung

$$\frac{[H^{\cdot}][A^-]}{[A]} = k_s \quad \ldots \ldots \quad (67)$$

$$\frac{[A^+][OH']}{[A]} = k_b \quad \ldots \ldots \quad (68)$$

Nach der heutigen Annahme haben wir es aber mit folgenden Gleichgewichten zu tun:

$$^+NH_3RCOOH \leftrightarrows {}^+NH_3RCOO^- + H^{\cdot}$$

$$A^+ \leftrightarrows {}^+A^- + H^+$$

also

$$\frac{[^+A^-][H^+]}{[A^+]} = K_S \quad \ldots \ldots \quad (80)$$

und

$$NH_2RCOO^- + H_2O \leftrightarrows {}^+NH_3RCOO^- + OH'$$

$$A^- + H_2O \leftrightarrows {}^+A^- + OH'$$

$$\frac{[^+A^-][OH']}{[A^-]} = K_b \quad \ldots \ldots \quad (81)$$

K_s und K_b sind die wahren sauren und basischen Dissoziationskonstanten, während k_s und k_b nur die scheinbaren Dissoziationskonstanten darstellen.

Es besteht eine einfache Beziehung zwischen k_s, k_b, K_s und K_b. Da [A] nach der älteren Auffassung gleich $[^+A^-]$ nach der neuen Annahme ist, finden wir durch Verbindung der Gleichungen (68) und (80)

$$K_s = \frac{k_w}{k_b}$$

und aus (67) und (81)

$$K_b = \frac{k_w}{k_s}$$

Die wahre saure Dissoziationskonstante der Aminosäure ist somit nichts anderes als die Hydrolysekonstante der scheinbaren basischen Konstante k_b; die wahre basische Dissoziationskonstante entspricht dem Werte der Hydrolysekonstante der sauren Gruppe nach der älteren Auffassung.

Der große Unterschied zwischen der klassischen und heutigen Anschauung liegt darin, daß der basische Charakter nach der alten Theorie in Wirklichkeit durch die wahre saure Dissoziationskonstante und umgekehrt beherrscht wird.

Wenn wir zu einer Aminosäure eine starke Säure zusetzen, wird die Reaktion nach der alten Auffassung wie folgt ausgedrückt:

$$NH_2RCOOH + H^+ \rightleftarrows {}^+NH_3RCOOH$$

Nach der Theorie von BJERRUM aber wie folgt:

$$^+NH_3RCOO^- + H^+ \rightleftarrows {}^+NH_3RCOOH$$

Nach der alten Auffassung wird also die basische NH_2-Gruppe durch die starke Säure neutralisiert, während nach der neuen Betrachtungsweise die schwache Säure $^+NH_2RCOOH$ durch die starke Säure aus dem „Salze" $^+NH_3RCOO^-$ in Freiheit gesetzt wird.

In dieser Hinsicht können wir die Aminosäure also wieder vollständig mit Ammoniumacetat vergleichen.

$$NH_4^+ + CH_3COO^- + H^+ \rightleftarrows NH_4^+ + CH_3COOH.$$

Wenn wir eine Aminosäure mit einer Base behandeln, so wird nicht die Carboxylgruppe neutralisiert, sondern die schwache Base NH_2RCOO^- frei gemacht, genau wie Natronlauge aus Ammoniumacetat Ammoniak frei macht.

$$^+NH_3RCOO^- + OH^- \rightleftarrows NH_2RCOO^- + H_2O.$$

Es besteht eine völlige Analogie zwischen dem Verhalten einer Aminosäure mit Säuren und Basen und dem eines Salzes vom Ammoniumacetat-Typus, mit der Einschränkung, daß das Zwitterion den elektrischen Strom nicht leitet, während die Ammonium- und Acetationen mit ihren freien Ladungen ihn leiten.

In der folgenden Tabelle geben wir die Werte von k_s und k_b, K_s und K_b von Aminosäuren bei 25° wieder, wie sie von BJERRUM berechnet worden sind.

Die amphoteren Substanzen. Ampholyte.

Dissoziationskonstanten von Aminosäuren (N. BJERRUM).

	k_s	k_b	K_s	K_b
Glykokoll	$10^{-9,75}$	$10^{-11,57}$	$10^{-2,33}$	$10^{-4,15}$
Methylglykokoll	$10^{-9,89}$	$10^{-11,75}$	$10^{-2,15}$	$10^{-4,01}$
Dimethylglykokoll . . .	$10^{-9,85}$	$10^{-11,97}$	$10^{-1,93}$	$10^{-4,05}$
Betain	ca. 10^{-14}	$10^{-12,66}$	$10^{-1,34}$	ca. 1
Alanin	$10^{-9,72}$	$10^{-11,29}$	$10^{-2,61}$	$10^{-4,18}$
Leucin	$10^{-9,75}$	$10^{-11,64}$	$10^{-2,26}$	$10^{-4,15}$
Phenylalanin	$10^{-8,60}$	$10^{-11,89}$	$10^{-2,01}$	$10^{-5,30}$
Tyrosin	$10^{-8,40}$	$10^{-11,39}$	$10^{-2,51}$	$10^{-5,50}$
Glycylglycin	$10^{-7,74}$	$10^{-10,70}$	$10^{-3,20}$	$10^{-6,16}$
Alanylglycin	$10^{-7,74}$	$10^{-10,70}$	$10^{-3,20}$	$10^{-6,16}$
Leucylglycin	$10^{-7,82}$	$10^{-10,52}$	$10^{-3,38}$	$10^{-6,08}$
Taurin	$10^{-8,8}$	ca. 10^{-14}	ca. 1	$10^{-5,1}$
Asparagin	$10^{-8,87}$	$10^{-11,82}$	$10^{-2,08}$	$10^{-5,03}$
Lysin 1. St.	10^{-12}	$<10^{-6,96}$	$10^{-1,94}$	$10^{-1,9}$
„ 2. St.	—	$10^{-11,96}$	—	$10^{-6,96}$
Arginin 1. St.	$<10^{-13,96}$	$10^{-7,0}$	$10^{-2,24}$	>1
„ 2. St.	—	$10^{-11,66}$	—	$10^{-6,9}$
Histidin 1. St.	$10^{-8,66}$	$10^{-8,24}$	$10^{-1,60}$	$10^{-5,24}$
„ 2. St.	—	$10^{-12,30}$	—	$10^{-8,24}$
Asparaginsäure 1. St. . .	$10^{-3,82}$	$10^{-11,92}$	$10^{-1,98}$	$10^{-1,8}$
„ 2. St. . .	$10^{-12,1}$	—	$10^{-3,82}$	—

6. Die Vorteile der Zwitterionenannahme. Nach der alten Auffassung hat k_s Werte, die gewöhnlich zwischen 10^{-8} und 10^{-10} liegen. Wahrscheinlich ist dies aber nicht, da alle Aminosäuren (außer Taurin) Carboxylsäuren sind, die selbst Dissoziationskonstanten von 10^{-5} bis 10^{-2} haben. Nun sollte nach der alten Auffassung die Dissoziationskonstante durch die Einführung einer NH_2-Gruppe stark vermindert werden. Dies ist aber im allgemeinen nicht zu erwarten, da die positiv geladene NH_2-Gruppe gerade günstig auf die Abspaltung von Wasserstoffionen durch die saure Gruppe wirken wird. Nach der Zwitterionenauffassung liegt die wahre Dissoziationskonstante der sauren Gruppe zwischen $10^{-1,5}$ bis $10^{-3,5}$, was viel wahrscheinlicher ist. Je mehr die Aminogruppe sich der Carboxylgruppe nähert, um so mehr wird sie den sauren Charakter der letzteren erhöhen. Im Glykokoll ist k_s z. B. $10^{-2,33}$, während sie im Glycylglycin, wo der Abstand zwischen der Amino- und Carboxylgruppe größer ist, nur $10^{-3,20}$ beträgt. Dieselben Betrachtungen können wir auch über die Größe der Konstante der basischen Gruppe anstellen, die bei Glykokoll $10^{-4,15}$, bei Glycylglycin $10^{-6,16}$ beträgt.

Das Verhalten der Sulfosäuren wird ebenfalls nach der neuen Theorie erklärt. Diese gehören zu den starken Säuren und können in dieser Hinsicht mit Schwefelsäure verglichen werden. Nun ist aber in Taurin k_s nur $10^{-8,8}$, was unverständlich ist. Nach der neuen Auffassung ist die wahre saure Dissoziationskonstante ungefähr 1, was vollständig mit dem Verhalten des Stoffes als Sulfosäure in Einklang steht.

Auch das Verhalten von Methylorange als Indicator läßt sich allein auf Grund der Theorie von BJERRUM erklären (vgl. S. 65).

In guter Übereinstimmung mit der Theorie von den Zwitterionen steht die Tatsache, daß WALBUM (4) bei Glykokoll einen großen Temperaturkoeffizienten für k_s fand.

Wir wissen, daß die Dissoziationskonstanten von Carboxylsäuren und von Ammoniak einen kleinen Temperaturkoeffizienten zeigen. Wenn wir nun aber WALBUMS Zahlen auf die wahre basische Dissoziationskonstante umrechnen, so ergibt sich, daß diese zwischen 10 und 70° nur auf das Doppelte steigt.

Das Verhalten von Aminosäuren in anderen Fällen, wie bei der Senfölreaktion, der Formaldehydtitration usw. ist ebenfalls nur nach den neuen Auffassungen gut verständlich.

7. Das Gleichgewicht zwischen Aminosäure und Zwitterionen.
Die Lösung einer Aminosäure enthält sowohl die restliche Aminosäure als auch das Zwitterion:

$$NH_2RCOOH \leftrightarrows {}^+NH_3RCOO^-$$

$$\frac{[{}^+A^-]}{[A]} = n$$

Der Wert von n kann nur angenähert ermittelt werden. Für Dimethylglycin, Glykokoll und Phenylalanin berechnet BJERRUM einen Wert von $n = 10^4$, für Glycylglycin 10^2. In diesen Fällen können wir also ruhig annehmen, daß alle nichtdissoziierte Aminosäure als Zwitterion vorhanden ist.

Dies verhält sich jedoch nicht mehr so, wenn wir die aromatischen Aminosäuren, wie die Derivate der Benzoesäure betrachten. Wir verweisen auf die Veröffentlichung von BJERRUM (25). Da wenig Sicheres über diese Frage bekannt ist, wollen wir nicht näher darauf eingehen.

Literaturverzeichnis zum zweiten Kapitel.

1. L. Michaëlis: Die Wasserstoffionenkonzentration. 2. Aufl. Berlin: Julius Springer 1922.
2. H. Eckweiler, H. M. Noyes und K. G. Falk: Journ. Gen. Physiol. Bd. 3, S. 291. 1921.
3. P. A. Levene und H. Simms: Journ. Biol. Chem. Bd. 55, S. 801. 1923.
4. S. P. L. Sörensen und Mitarbeitern: Cpt. rend. du Lab. d. Carlsberg Bd. 12. 1917.
5. Winkelblech: Zeitschr. f. physikal. Chem. Bd. 36, S. 546. 1901.
6. L. J. Harris: Proc. Roy. Soc. Bd. 95, S. 440. 1923.
7. H. von Euler: Zeitschr. f. physiol. Chem. Bd. 51, S. 213. 1907.
8. Kanitz: Archiv f. d. ges. Physiol. Bd. 118, S. 539. 1907.
9. A. Hunter und H. Borsook: Biochem. Journ. Bd. 18, S. 883. 1924.
10. H. Lunden: Zeitschr. f. physikal. Chem. Bd. 54, S. 532. 1906; Journ. de Chim. Phys. Bd. 5, S. 145. 1907; auch Affinitätsmessungen an schwachen Säuren und Basen, Samml. chem.-techn. Vorträge Vol. 14. 1908. Verl. F. Enke, Stuttgart.
11. Walker und Aston: Journ. Chem. Soc. Bd. 67, S. 576. 1895.
12. P. A. Levene und H. Simms: Journ. Gen. Physiol. Bd. 4, S. 801. 1923.
13. L. Michaëlis und P. Rona: Biochem. Zeitschr. Bd. 49, S. 248. 1913.
14. Dernby: Cpt. rend. du Lab. Carlsberg Bd. 11, S. 265. 1916.
15. Tague: Journ. of the Americ. chem. soc. Bd. 42, S. 173. 1920. (Von mir berechnet.)
16. Holmberg: Zeitschr. f. physikal. Chem. Bd. 70, S. 157. 1910.
17. Wood: Journ. Chem. Soc. Bd. 93, S. 411. 1908.
18. Johnston: Ber. Bd. 36, S. 1625. 1903.
19. Zawidski: Ber. Bd. 36, S. 3325. 1903; Bd. 37, S. 153, 2289. 1904.
20. Th. Paul: Arch. f. Pharm. Bd. 239, S. 48. 1901.
21. Michaëlis und Davidsohn: Biochem. Zeitschr. Bd. 47, S. 250. 1912.
22. Bredig: Zeitschr. f. physikal. Chem. Bd. 13, S. 323. 1894; Zeitschr. f. Elektrochem. Bd. 6, S. 35. 1894.
23. F. W. Küster: Zeitschr. f. anorg. allgem. Chem. Bd. 13, S. 135. 1897.
24. L. Michaëlis: Die Wasserstoffionenkonzentration. 2. Aufl. S. 62.
25. N. Bjerrum: Zeitschr. f. physikal. Chem. Bd. 104, S. 147. 1923; vgl. auch E. Q. Adams: Journ. of the Americ. chem. soc. Bd. 38, S. 1503. 1916.

Drittes Kapitel.

Der Farbumschlag der Indicatoren.

1. Begriffserklärung. Nach Wilhelm Ostwald sind Farbindicatoren schwache Säuren oder Basen, die im nichtdissoziierten Zustande eine andere Farbe besitzen als im Ionenzustande. Hantzsch u. a. haben gezeigt, daß die Farbänderung nicht

Begriffserklärung. Farbumschlag und Intervall der Indicatoren.

durch die Ionisierung, sondern durch die Konstitutionsänderung bedingt ist. Die Erklärung von OSTWALD ist jedoch am zweckmäßigsten, um sich das Verhalten der Indicatoren bei verschiedenen Wasserstoffionenkonzentrationen klarzumachen. Weiter unten (vgl. Kap. VIII, S. 251) werde ich noch auf einen Vergleich der Anschauungen von OSTWALD und HANTZSCH zurückkommen. Wir werden dann sehen, daß die Auffassung von HANTZSCH die OSTWALDschen Gedankengänge erweitert, sie aber nicht ersetzen kann. Weiter werden wir sehen, daß es ratsam ist, die OSTWALDsche Definition etwas abzuändern und zu sagen: **Indicatoren sind Säuren oder Basen, deren ionogene Form eine andere Farbe und Konstitution besitzt als die Pseudo- oder normale Form.**

2. Farbumschlag und Intervall der Indicatoren. Wenn wir den Indicator als eine Säure auffassen, so wird diese in wässeriger Lösung zu einem bestimmten Betrage in ihre Ionen gespalten sein. Nennen wir diese Indicatorsäure HJ, dann wird die Ionisierung durch folgende Gleichung veranschaulicht:

$$HJ = H^{\cdot} + J' \quad \ldots \ldots \ldots \quad (82)$$

Hierin stellt HJ die saure und J' die alkalische Form dar. Quantitativ wird das Verhältnis durch folgende Gleichung wiedergegeben:

$$\frac{[H^{\cdot}] \times [J']}{[HJ]} = K_{HJ} \quad \ldots \ldots \ldots \quad (83)$$

Hieraus folgt:

$$\frac{[J']}{[HJ]} = \frac{K_{HJ}}{[H^{\cdot}]} \quad \ldots \ldots \ldots \quad (84)$$

Wenn $K_{HJ} = [H^{\cdot}]$ ist, dann ist auch $[J'] = [HJ]$, und der Indicator ist zur Hälfte in seine alkalische Form übergegangen. Aus der Gleichung (84) geht hervor, daß das Verhältnis zwischen der alkalischen und der sauren Form eine Funktion von $[H^{\cdot}]$ ist. Wir können also bei einem Farbindicator nicht von einem Umschlagspunkt sprechen, da der Indicator nicht bei einer bestimmten Wasserstoffionenkonzentration plötzlich von der einen in die andere Form überspringt. Die Farbänderung findet, wie aus (84) hervorgeht, allmählich statt, wenn die Wasserstoffionenkonzentration ungefähr die gleiche Größenordnung besitzt wie die Dissoziationskonstante des Indicators. Bei jeder Wasserstoffionenkonzentration ist natürlich ein bestimmter Teil in saurer und alkalischer Form vorhanden. Da man aber nur gewisse Mengen der einen Form neben der anderen erkennen kann, ist der „Umschlag" des Indicators durch bestimmte Gehalte an Wasserstoffionen begrenzt. Drücken wir die beiden Grenzpunkte der Wahrnehmbarkeit des Umschlages in p_H aus, so bedeutet das Gebiet des Wasserstoffionenexponenten zwischen den beiden Grenzwerten das **Umschlagsintervall** oder **Umschlagsgebiet** des Indicators. Die Größe dieses Intervalls ist nicht für alle Indicatoren gleich, weil man bei dem einen Indicator die Färbung des sauren oder des alkalischen Anteils empfindlicher neben dem anderen Teil erkennen kann als bei einem anderen.

Nehmen wir nun an, daß in einem gegebenen Falle etwa 10% der alkalischen Form vorhanden sein muß, um neben der sauren Form sichtbar zu sein, so haben wir:

$$\frac{[J']}{[HJ]} = \frac{K_{HJ}}{[H^\cdot]} = \frac{1}{10}.$$

Dann ist: $\quad [H^\cdot] = 10 \times K_{HJ}$

und
$$p_H = p_{HJ} - 1 \quad \ldots \ldots \ldots \quad (85)$$

Hierin bedeutet p_{HJ} den negativen Logarithmus von K_{HJ}. Machen wir die weitere Annahme, daß der Indicator praktisch völlig in die alkalische Form umgesetzt ist, wenn etwa 91% in dieser Form anwesend sind, dann ist:

$$\frac{[J']}{[HJ]} = \frac{K_{HJ}}{[H^\cdot]} = 10.$$

Oder: $\quad [H^\cdot] = \frac{1}{10} K_{HJ}$

und
$$p_H = p_{HJ} + 1 \quad \ldots \ldots \ldots \quad (86)$$

Nach (85) beginnt das Umschlagen des Indicators bei einem p_H, der um 1 kleiner als p_{HJ} ist, und ist praktisch völlig beendet, wenn p_H um 1 größer als p_{HJ} ist. Das Umschlagsgebiet umfaßt dann bei diesem Indicator 2 Einheiten des Wasserstoffexponenten. Bei den meisten Indicatoren beträgt dies Grenzgebiet wirklich 2. Wenn nun die saure Form ebenso deutlich neben der alkalischen Form sichtbar ist wie umgekehrt, dann ändert sich die Farbe bei einer gleichen p_H-Änderung, gleichviel oberhalb und unterhalb von p_{HJ}. Wenn wir nun in einer Kurve die Menge der alkalischen Form aufzeichnen, die wir bei verschiedenen Wasserstoffexponenten erhalten, so erhalten wir eine bilogarithmische Linie, deren Zweige sich oberhalb und unterhalb von 50% symmetrisch zueinander verhalten. Abb. 11 gibt eine solche Kurve wieder, in der die Werte für p_H auf der Abszissenachse und die Gehalte an der alkalischen Form auf der Ordinatenachse aufgezeichnet sind. Die Kurve verläuft asymptotisch zur Ab-

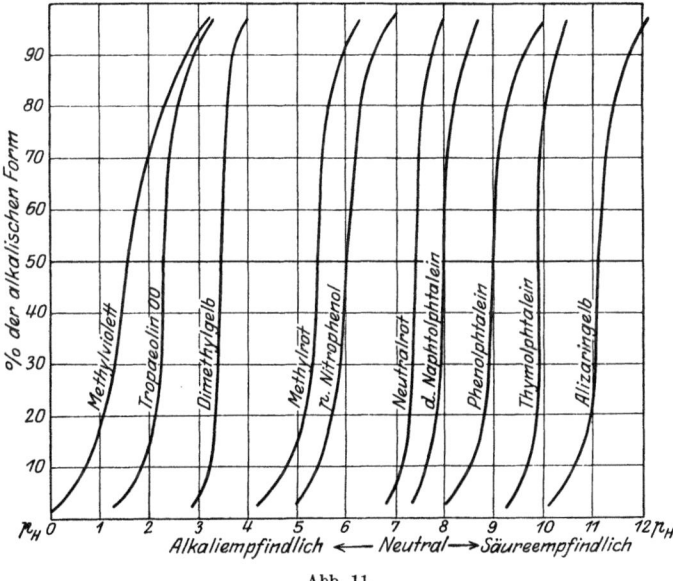

Abb. 11.

szissenachse, da bei jedem p_H eine gewisse Menge der sauren neben der alkalischen Form und umgekehrt anwesend ist (vgl. auch die Ausschlagtafel am Ende des Buches).

BJERRUM (1) benutzte zuerst eine solche Kurve, um den Umschlag eines bestimmten Indicators graphisch darzustellen. CLARK und LUBS (2) haben dann graphisch gezeigt, wie sich die Dissoziation (α) bei verschiedenen p_H-Werten ändert. Diese letztere Darstellung ist aber etwas weniger übersichtlich, denn diese Kurven verlaufen, je nachdem wir es mit einer Indicatorsäure oder einem basischen Indicator zu tun haben, von unten links nach rechts oben oder von rechts unten nach oben links. Die nach

Art der Abb. 11 gezeichneten Kurven haben alle den analogen Verlauf. Man kann auch aus einer solchen Kurve einfach die Werte für p_{HJ} ablesen, da diese gleich dem p_H werden, wenn je 50% des Indicators in saurer und alkalischer Form vorhanden sind.

J. F. Mc Clendon[1]) stellt das Intervall der Indicatoren graphisch durch eine Gerade dar.

Aus der Gleichung

$$[H^\cdot] = \frac{HJ}{[J']} K = \frac{1-\alpha}{\alpha} K$$

ergibt sich, daß:

$$p_H = p_K + \log \frac{\alpha}{1-\alpha}.$$

In Abb. 12 ist das Intervall in dieser Weise dargestellt.

Die Abszissenachse gibt den p_H $\left(= p_K + \log \frac{\alpha}{\alpha - 1}\right)$; die Ordinatenachse die Menge in Prozenten, die in die alkalische Form umgewandelt ist (von 10 bis 90%).

Der Punkt 50% entspricht einem $p_H = p_K$.

Salm (3) hat eine Tabelle für 70 Indicatoren ausgearbeitet, in der er für alle ganzzahligen p_H-Werte (1, 2, 3, 4 usw.) die Farbe der Indicatorlösung angibt. Hier wird also nicht das genaue Umschlagsgebiet angegeben. Erst S. P. L. Sörensen (4) hat letzteres für mehrere Indicatoren mit großer Genauigkeit bestimmt. Er beobachtete die Farben derselben in Puffergemischen, deren p_H mit Hilfe der Wasserstoffelektrode genau bestimmt wurde. Seine Ergebnisse sind bereits bei der Ausarbeitung der Abb. 11 benutzt worden und im einzelnen für verschiedene praktisch benutzte Indicatoren mit einzelnen Ergänzungen des Verfassers auf S. 62 angeführt. Am Ende dieses Buches findet man eine ausgedehntere Tabelle von mehreren Indicatoren und eine Ausschlagtafel, auf der das Umwandlungsintervall der wichtigsten Indicatoren graphisch wie in Abb. 11 angegeben ist.

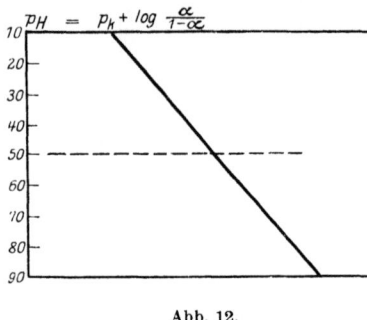

Abb. 12.

---

[1]) J. F. Mc Clendon: Journ. f. biol. Chem. Bd. 54, S. 647. 1922.

Von LUBS und CLARK (5) wurde in den Sulfophthaleinen eine neue Reihe von Indicatoren gefunden, die besonders schöne Umschlagsfarben ergeben.

Umschlagsintervalle einiger Indicatoren nach SÖRENSEN.

Indicator	Intervall in p_H	Indicatormenge in 10 ccm	Saure Farbe	Alkal. Farbe	Bemerkungen
Methylviolett . .	0,1— 3,2	3— 8 Tr. 0,5⁰/₀₀	gelb	violett	über grün
Methylgrün . .	0,3— 2	1— 4 „ 0,5⁰/₀₀	gelb	grünblau	
Tropäolin 00 .	1,3— 3,2	1— 5 „ 1 ⁰/₀₀	rot	gelb	scharf Umschl.
Benzopurpurin .	1,3— 5,0	1— 3 „ 0,5⁰/₀₀	blauviolett	orange	unscharf
Dimethylgelb (Dimethylaminoazobenzol). . . .	2,9— 4,0	5—10 „ 0,1⁰/₀₀	rot	gelb	scharf
Methylorange .	3,1— 4,4	3— 5 „ 0,1⁰/₀₀	rot	orangegelb	„
Lacmoid	4,4— 6,6		rot	blau	„
Methylrot . . .	4,2— 6,3	2— 4 „ 0,2⁰/₀₀	rot	gelb	„
p-Nitrophenol. .	5,0— 7,0	3—20 „ 0,4⁰/₀₀	farblos	gelb	„
Neutralrot . . .	6,8— 8,0	2— 5 „ 0,1⁰/₀₀	rot	gelb	„
Azolithmin . . .	5,0— 8,0	10—20 „ 0,5⁰/₀₀	rot	blau	ziemlich scharf
Phenolphthalein	8,2—10,0	3—20 „ 0,5⁰/₀₀	farblos	rot	scharf
Thymolphthalein. . .	9,3—10,5	3—10 „ 0,4⁰/₀₀	farblos	blau	„
Alizaringelb . .	10,1—11,1	5—10 „ 0,1⁰/₀₀	gelb	lila	„
Alizarinsulfosaures Natron, 2. Umschl. . . .	10,0—12,0	4—16 „ 0,1⁰/₀₀	braunrot	hellgelb	ziemlich scharf
Nitramin . . .	10,8—12,8	2— 5 „ 0,1⁰/₀₀	farblos	orangebraun	scharf
Tropäolin 0 . .	11,0—13,0	5—10 „ 0,1⁰/₀₀	gelb	orangebraun	ziemlich scharf

Später hat A. COHEN (5) das Xylenolblau und Bromxylenolblau eingeführt, während BARNETT COHEN (5) im Laboratorium von CLARK nach neuen Sulfophthaleinen gesucht und einige sehr wertvolle gefunden hat. Besonders zeichnen sich das Bromkresolblau (von B. COHEN Bromkresolgrün genannt) und das Chlorphenolrot durch ihre günstigen Eigenschaften aus.

Nach CLARK und LUBS fügt man zu 10 ccm der Flüssigkeit 5 Tropfen der Indicatorlösung. Untenstehende Tabelle gibt die Umschlagsintervalle der Indicatoren nach CLARK und LUBS und B. COHEN (5).

Umschlagsintervalle der Indicatoren nach CLARK und LUBS.

Bezeichnung des Indicators	Handelsbezeichnung	Konzentration	Intervall in p_H	Saure Farbe	Alkal. Farbe
m-Kresolsulfonphthalein	Metakresolpurpur	0,04%	0,5—2,5	rot	gelb
p-Xylenolsulfophthalein	Xylenolblau	0,02%	1,2—2,8	rot	gelb
Thymolsulfophthalein	Thymolblau	0,04%	1,2—2,8	rot	gelb
Tetrabromphenolsulfophthalein . .	Bromphenolblau	0,04%	3,0—4,6	gelb	blau
Dibromdichlorphenolsulfophthalein	Bromchlorphenolblau	0,04%	3,2—4,8	gelb	blau
Tetrabrom-m-Kresolsulfophthalein	Bromkresolblau	0,04%	4,0—5,6	gelb	blau
Dichlorphenolsulfophthalein	Chlorphenolrot	0,04%	5,0—6,6	gelb	rot
Dibromphenolsulfophthalein	Bromphenolrot	0,04%	5,4—7,0	gelb	rot
Dibromorthokresolsulfophthalein . .	Bromkresolpurpur	0,02%	5,2—6,8	gelb	purpur
Dibromthymolsulfophthalein . .	Bromthymolblau	0,04%	6,0—7,6	gelb	blau
Phenolsulfophthalein	Phenolrot	0,02%	6,8—8,4	gelb	rot
Orthokresolsulfophthalein	Kresolrot	0,02%	7,2—8,8	gelb	rot
m-Kresolsulfophthalein	m-Kresolrot	0,04%	7,6—9,2	gelb	purpur
Thymolsulfophthalein	Thymolblau	0,04%	8,0—9,6	gelb	blau
p-Xylenolsulfophthalein	Xylenolblau	0,02%	8,0—9,6	gelb	blau

In den letzten Jahren ist von L. MICHAELIS (6) und Mitarbeitern eine Reihe einfarbiger Indicatoren angegeben worden, deren Anwendung wir im vierten Kapitel näher besprechen werden.

Die wichtigsten Eigenschaften der Indicatoren. 63

Umschlagsintervalle der Indicatoren nach MICHAELIS und GYEMANT.

Bezeichnung des Indicators	Abgekürzte Bezeichnung	Konzentration	Intervall in p_H	Saure Farbe	Alkalische Farbe
2,4-Dinitrophenol	α-Dinitrophenol	0,1%	2,0—4,7	farblos	gelb
2,6- ,,	β- ,,	0,1%	1,7—4,4	,,	,,
2,5- ,,	γ- ,,	0,1%	4,0—6,0	,,	,,
p-Nitrophenol . .		0,5%	5—7,6	,,	,,
m- ,,		0,5%	6,5—8,5	,,	gelb—orange
Alizaringelb G-G	Salicylgelb	0,1%	10,0—12,0	schwach gelb	orange

3. Die wichtigsten Eigenschaften der Indicatoren. Unten folgt eine kurze Beschreibung der wichtigsten Indicatoren [vgl. auch S. P. L. SÖRENSEN (4)]. Weil die meisten Indicatoren im Handel zu beziehen sind, so verzichte ich darauf, die Darstellungsweise derselben anzugeben. Der eigentliche Zweck ist, Angaben zur Identifizierung der Substanzen zu geben, was deshalb nötig ist, weil ein Farbstoff gewöhnlich unter vielen Bezeichnungen in den Verkehr gebracht wird. Viele Indicatoren werden als Farbstoffe verwendet und werden daher in den Tabellen von G. SCHULZ und F. JULIUS (Tabellarische Übersicht der künstlichen organischen Farbstoffe, Berlin 1902) beschrieben. Die bei der untenstehenden Beschreibung hinter SCHULTZ angegebene Zahl bezieht sich auf die entsprechende Nummer in den genannten Tabellen. Soweit nötig, habe ich ein Reinigungsverfahren der Handelszubereitungen angegeben.

Eine Abbildung von Absorptionsspektrum vieler Indicatoren findet man im Buche von E. B. R. PRIDEAUX (7) angegeben.

a) Die Indicatoren von SÖRENSEN (vgl. auch Tabelle IV am Ende des Buches).

Methylviolettgruppe.

Methylviolett 6 B: Schultz Nr. 430. Pentamethylbenzylpararosanilinchlorhydrat mit wechselnden Mengen vom Tetra- und Hexaderivat:

$$\begin{matrix}H\\CH_3\end{matrix}\!\!>\!\!NC_6H_4-C\!\!<\!\!\begin{matrix}C_6H_4N(CH_3)_2\\C_6H_4N(CH_3)_2\end{matrix}.$$

0,1 proz. wässerige Lösung. Intervall zwischen p_H 0,1—1,5 von gelb nach grün. Intervall zwischen p_H 1,5—3,2 von grün nach violett. Auf 10 ccm 2—10 Tropfen Indicator.

Wenig geeigneter Indicator; großer Eiweiß- und Salzfehler; die Farbe ändert sich schnell.

Methylgrün: Schultz Nr. 456. Chlorzinkdoppelsalz des Bromäthylats des Hexamethyl- und Pentamethyl-monoäthyl-p-rosanilins:

$$(CH_3)_2=NC_6H_4-C{\overset{C_6H_4N(CH_3)_2HCl}{\underset{C_6H_4N(CH_3)_2}{}}}$$
$$\underset{C_2H_5\ Br}{\diagup\diagdown}$$

0,05 proz. wässerige Lösung. Umschlagsgebiet zwischen p_H 0,1—2,3 von gelb nach grünblau. Auf 10 ccm 5 Tropfen Indicator. Großer Salz- und Eiweißfehler.

Azoindicatoren.

Tropäolin 00 (auch Orange IV, Anilingelb, Diphenylorange): Schultz Nr. 97. Diphenylaminoazo-p-benzolsulfosäurenatrium:

$$SO_3NaC_6H_4N=NC_6H_4NHC_6H_5.$$

Handelspräparat aus Wasser umkrystallisieren. 0,1 proz. wässerige Lösung. Umschlagsgebiet zwischen p_H 1,3—3,0 von rot nach orangegelb. Auf 10 ccm 2 Tropfen Indicator.

Geeigneter Indicator; geringer Salzfehler.

Methanilgelb (auch Victoriagelb, Methanilextra, Tropäolin G): Schultz Nr. 91. Natriumsalz des m-amidobenzolsulfosäure-azodiphenylamin:

$$SO_3NaC_6H_4N=NC_6H_4NHC_6H_5.$$

Handelspräparat aus Wasser umkrystallisieren. 0,1 proz. wässerige Lösung. Umschlagsgebiet zwischen p_H 1,2—2,3 von rot nach gelb. Auf 10 ccm 2 Tropfen Indicator.

Geeigneter Indicator; geringer Salzfehler.

Dimethylaminoazobenzol (auch Dimethylgelb, Buttergelb, „Butter-yellow"):

$$C_6H_5N=NC_6H_4N(CH_3)_2.$$

Handelspräparat aus verdünntem Alkohol umkrystallisieren. 0,1 promill. Lösung in 90 proz. Alkohol. Intervall zwischen p_H 2,9 bis 4,0 von rot nach gelb. Auf 10 ccm 1—4 Tropfen Indicator.

Für Titrationen, besonders von schwachen Basen und von an schwachen Säuren gebundenem Alkali, sehr geeignet. Für colorimetrische Bestimmungen weniger zu empfehlen, weil der Indicator schnell ausflockt.

Methylorange (auch Helianthin B, Orange III): Schultz Nr. 96. Dimethylaminoazobenzolsulfosäurenatrium:

$$SO_3NaC_6H_4N = NC_6H_4N(CH_3)_2.$$

Handelspräparat aus Wasser umkrystallisieren. 0,1 proz. wässerige Lösung. Umschlagsgebiet zwischen p_H 3,0—4,4 von rot nach orangegelb. Auf 10 ccm Flüssigkeit 1—4 Tropfen Indicator.

Für colorimetrische Bestimmungen sehr geeignet; geringer Salzfehler.

Nach den Untersuchungen von A. THIEL[1]) und Mitarbeitern und von I. M. KOLTHOFF[1]) verhält die freie Säure des Methylorange sich wie ein Zwitterion:

$$^+HN(CH_3)_2RSO_3^- \quad (rot)$$

(vgl. Kapitel II, S. 54).

Das Verhalten des Methylorange als Indicator wird beherrscht von der Gleichung:

$$^+HN(CH_3)_2RSO_3^- + OH^- \rightleftarrows N(CH_3)_2RSO_3^- + H_2O$$
$$\text{rot} \qquad\qquad\qquad\qquad \text{orange}$$

und quantitativ von der Gleichung:

$$\frac{[^+HN(CH_3)_2RSO_3^-][OH^-]}{[N(CH_3)_2RSO_3^-]} = K_B$$

Das Methylorange verhält sich wie eine Indicatorbase.

$$K_b = 2 \times 10^{-11} \ (18°)$$
$$[K_s = 9 \times 10^{-2} \ (18°)]$$

Für Einzelheiten vgl. Literatur.

Methylrot: Dimethylaminoazobenzol-o-carbonsäure:

$$COOHC_6H_4 - N = NC_6H_4N(CH_3)_2.$$

---

[1]) A. THIEL: A. DASSLER und F. WÜLKEN, Fortschritte der Chemie, Physik und physikal. Chem. Bd. 18, Heft 3. 1924; auch Ber. Bd. 56, S. 1667. 1923; J. M. KOLTHOFF: Rec. Trav. Chim. Bd. 44, S. 68. 1925.

Dieser Indicator ist von E. RUPP und R. LOOSE (8) eingeführt worden. Reinigung des Handelspräparates nach SVEN PALITZSCH (8): 4 g Methylrot werden mit 30 ccm Eisessig erhitzt. Nach Filtration fügt man so lange Wasser hinzu, bis die Lösung sich zu trüben anfängt. Durch Erwärmen läßt man diese Trübung verschwinden und kühlt dann sehr schnell ab. Wenn die zugefügte Menge Wasser nicht zu groß war, so scheidet das Methylrot sich in Krystallen ab.

0,2 proz. Lösung: 1 g Methylrot wird in 300 ccm Alkohol gelöst, dann wird mit Wasser auf 500 ccm angefüllt. Umschlagsgebiet zwischen p_H 4,4—6,2 von rot nach gelb. Auf 10 ccm 1 bis 4 Tropfen Indicator.

Geeigneter Indicator; geringer Salzfehler.

Ebenso wie Methylorange verhält das Methylrot sich bei seinem Umschlage zwischen p_H 4,4—6,2 wie eine Base. Wenn wir das freie Methylrot wieder als Zwitterion

$$^+NH(CH_3)_2RCOO^-$$

darstellen, wird die Indicatorwirkung beherrscht von der Gleichung:

$$^+NH(CH_3)_2RCOO^- + OH^- \leftrightarrows N(CH_3)_2RCOO^- + H_2O$$
rot gelb

$$K_B = 7 \times 10^{-10} \; [18°, \text{KOLTHOFF}^1)].$$

Auch kann das Zwitterion noch mit Säure reagieren, wobei $NH(CH_3)_2RCOOH$ gebildet wird, das ebenfalls rot gefärbt ist, aber eine andere Farbstärke besitzt als das Zwitterion.

Für Einzelheiten vgl. Literatur.

Neutralrot: as-Dimethyldiaminophenazinchlorid:

$$N(CH_3)_2C_6H_3\underset{N}{\overset{N}{\left\langle \vphantom{x} \right\rangle}} C_6H_2CH_3NH_2 \, .$$

0,1 proz. Lösung: 0,5 g Neutralrot wird in 300 ccm Alkohol gelöst, dann wird mit Wasser auf 500 ccm angefüllt. Umschlagsgebiet zwischen p_H 6,8—8,0 von rot nach gelb-orange. Auf 10 ccm 1—4 Tropfen Indicator.

Geeigneter Indicator; geringer Salzfehler.

---

[1]) Kolthoff I. M. Rec. Trav. Chim. Bd. 44, S. 68 (1925).

Die wichtigsten Eigenschaften der Indicatoren. 67

(In stark saurer Lösung ändert der Indicator nochmals seine Farbe; bei $p_H = 0{,}3$ ist er blau; bei $p_H = 0$ blauviolett; bei $p_H = 1$ rot.)

Tropäolin 000 (auch α-Naphtholorange): Schultz Nr. 102. Sulfanilsäure-azo-α-naphthol:

$$SO_3HC_6H_4N = NC_{10}H_6OH.$$

Handelspräparat aus Wasser umkrystallisieren. 0,1 proz. wässerige Lösung. Umschlagsgebiet zwischen p_H 7,4—8,6 von braungelb nach rosarot. Auf 10 ccm 2—5 Tropfen Indicator.

Curcumin (auch Brillantgelb): Schultz Nr. 100. Sulfanilsäureazodiphenylaminsulfosäure:

$$NO_2C_6H_4N = NC_6H_3OHCOOH.$$

0,1 proz. wässerige Lösung. Umschlagsgebiet zwischen p_H 7,4—8,6 von gelb nach rotbraun. Auf 10 ccm 1—5 Tropfen Indicator.

In stark alkalischer Lösung ändert sich die Farbe wieder mehr nach gelb, und zwar ist die Änderung proportional der Hydroxylionenkonzentration. Dies ist keine Salzwirkung, sondern eine besondere Wirkung der Hydroxylionen.

Alizaringelb: p-Nitranilinazosalicylsäurenatrium:

$$N=NC_6H_4NO_2$$
$$\bigcirc COOH$$
$$OH$$

0,1 proz. wässerige Lösung. Umschlagsgebiet zwischen p_H 10,1—12,1 von gelb nach lila. Auf 10 ccm 1—5 Tropfen Indicator.

Für colorimetrische Bestimmungen sehr geeignet.

Tropäolin 0 (auch Goldgelb, Chrysoin): Schultz Nr. 101. Natriumsalz von Sulfanilsäureazoresorcin:

$$SO_3NaC_6H_4N = NC_6H_3(OH)_2.$$

0,1 proz. wässerige Lösung. Umschlagsgebiet zwischen p_H 11,0—13,0 von gelb nach orangebraun. Auf 10 ccm 1—5 Tropfen Indicator.

Nitramin mit demselben Intervall ist ein geeigneterer Indicator als Tropäolin 0. Mit Überschuß an Lauge tritt langsame Zersetzung ein.

Benzopurpurin 4 B (auch Baumwollrot 4 B, Sultan 4 B): Schultz Nr. 268. Natriumsalz der o-Tolidindisazo-bi-1-naphthylamin-4-sulfosäure:

$$\begin{matrix}SO_3Na\\ NH_2\end{matrix}\Big\rangle C_{10}H_5N=NC_6H_3CH_3-C_6H_3CH_3-N=NC_{10}H_5\Big\langle\begin{matrix}SO_3Na\\ NH_2\end{matrix}.$$

Handelspräparat zu reinigen durch Niederschlagen der wässerigen Lösung mit Salzsäure; auswaschen und trocknen. Dann fügt man wenig Lauge, ungenügend zur Lösung der ganzen Menge Substanz, hinzu und dampft die Lösung ein. 0,1 proz. Lösung in Wasser. Umschlagsgebiet zwischen p_H 1,3—4 von blauviolett nach rot. Auf 10 ccm 1—3 Tropfen Indicator.

Großer Salz- und Eiweißfehler; als Indicator nicht zu empfehlen.

Congorot (Congo G. R.): Schultz Nr. 148. Natriumsalz der Benzidin-disazo-m-amidobenzolsulfosäure-1-naphthylamin-4-sulfosäure

$$\begin{matrix}SO_3Na\\ NH_2\end{matrix}\Big\rangle C_{10}H_5N=NC_6H_4C_6H_4N=NC_{10}H_5\Big\langle\begin{matrix}SO_3Na\\ NH_2\end{matrix}.$$

Reinigung des Handelspräparates wie bei Benzopurpurin. 0,1 proz. wässerige Lösung. Umschlagsgebiet zwischen p_H 3,0 bis 5,2 von blauviolett nach rot. Auf 10 ccm 1—3 Tropfen Indicator.

Großer Salz- und Eiweißfehler; nicht zu empfehlen.

Phthaleine.

α-Naphtholphthalein:

$$C_6H_4\Big\langle\begin{matrix}C\\ CO\end{matrix}\Big\rangle\begin{matrix}(C_{10}H_6OH)_2\\ O\end{matrix}.$$

Diese Substanz ist von S. P. L. SÖRENSEN und S. PALITZSCH (10) als Indicator eingeführt und von ihnen nach der Vorschrift von GRABOWSKI dargestellt worden. Schmelzpunkt 253—255°. Handelspräparat durch Waschen mit Alkohol zu reinigen. 0,1 proz. Lösung in verdünntem Alkohol: 500 mg werden in 250 ccm Weingeist gelöst und mit Wasser auf 500 ccm angefüllt. Umschlagsgebiet zwischen p_H 7,3—8,7 von schwachgelbrosa nach grün. Auf 10 ccm 1—5 Tropfen Indicator.

Geeigneter Indicator; geringer Salz- und Eiweißfehler.

Die wichtigsten Eigenschaften der Indicatoren.

Phenolphthalein. Schmelzpunkt 250°:

$$C_6H_4\!\!<\!\!\begin{matrix}C\\CO\end{matrix}\!\!>\!\!\begin{matrix}(C_6H_4OH)_2\\O\end{matrix}.$$

Handelspräparat ist durch Umkrystallisation aus Methylalkohol oder Äthylalkohol zu reinigen. 1- oder 0,1 proz. Lösung. 5 oder 0,5 g werden in 300 ccm Weingeist gelöst, dann wird mit Wasser auf 500 ccm angefüllt. Umschlagsgebiet zwischen p_H 8,2 bis 10,0 von farblos nach rot. Wird in stark alkalischen Lösungen farblos wie die anderen Phthaleine.

Sehr geeigneter Indicator; geringer Salz- und Eiweißfehler.

Thymolphthalein: Schmelzpunkt 253°. 0,1 proz. alkoholische Lösung. Umschlagsgebiet zwischen p_H 9,3—10,5 von farblos nach blau.

Verhalten wie Phenolphthalein.

Anthrachinonderivate.

Alizarin: Schultz Nr. 523. α-β-dioxyanthrachinon:

$$C_6H_4\!\!<\!\!\begin{matrix}CO\\CO\end{matrix}\!\!>\!\!C_6H_2(OH)_2.$$

0,2 promill. Lösung des Handelspräparates in 90 proz. Alkohol. Umschlagsgebiet zwischen p_H 5,5—6,8 von gelb nach violett. Auf 10 ccm 1—4 Tropfen Indicator.

Besser zu verwenden ist das **alizarinsulfosaure Natrium**, das in Wasser löslich ist:

$$C_6H_4\!\!<\!\!\begin{matrix}CO\\CO\end{matrix}\!\!>\!\!C_6H(OH)_2SO_3Na.$$

Alizarinblau: Schultz Nr. 528. Dioxyanthrachinonchinolin. Schmelzpunkt 270°:

$$C_6H_4\!\!<\!\!\begin{matrix}CO\\CO\end{matrix}\!\!>\!\!C_9H_5O_2N.$$

Gesättigte alkoholische Lösung. Umschlagsgebiet zwischen p_H 11,0 bis 13,0 von gelbrot nach blau.

Wenig geeigneter Indicator.

Andere Indicatoren.

Rosolsäure (auch Aurin; gelbes Corallin): Schultz Nr. 457. Gemenge von Aurin, oxydiertem Aurin, Methylaurin und Pseudorosolsäure oder Corallinphthalein; letzteres bildet den Hauptbestandteil:

$$O=C_6H_4=C{<}{{C_6H_4OH}\atop{C_6H_3CH_3OH}}.$$

0,5 proz. Lösung in verdünntem Alkohol: Man löst 2,5 g Rosolsäure in 250 ccm Alkohol und verdünnt mit Wasser auf 500 ccm. Umschlagsgebiet zwischen p_H 6,9 und 8,0 von rot nach gelb. Auf 10 ccm 1—3 Tropfen Indicator.

Besonders in alkoholischen Lösungen ist der Indicator für titrimetrische Zwecke sehr geeignet.

Isopikraminsäure (2-6-dinitro-4-aminophenol): Dieser Indicator ist von MELDOLA und HALE (Chem. World Bd. 1, S. 327. 1912) empfohlen worden. 0,1 proz. wässerige Lösung. Umschlagsgebiet zwischen p_H = 4,1 — 5,6 von rosa nach gelb. Auf 10 ccm 1—5 Tropfen Indicator.

Resazurin: 0,1 g Farbstoff löst man in 2 ccm 0,1 n-Natronlauge und füllt mit Wasser auf 500 ccm auf. Umschlagsgebiet zwischen p_H 3,8 bis 5,6 von orange bis dunkelviolett. Auf 10 ccm 1—5 Tropfen Indicator.

Lackmoid (auch Resorcinblau): $C_{12}H_9O_3N$. Zur Beurteilung der Güte von käuflichem Lackmoid dient nach FR. GLASER (11) der Grad seiner Löslichkeit in kochendem Wasser. Wird wenig oder gar kein blauer Farbstoff gelöst, so kann man von einer Verwendung des Präparates absehen. Wird kochendes Wasser durch das Lackmoid dagegen stark und schön blau gefärbt, so ist dasselbe brauchbar. In diesem Falle zeigt die alkoholische Lösung des Farbstoffes eine nicht unschön blaue, ins Violette spielende Farbe, während die weniger guten Qualitäten des Lackmoids sich in Alkohol mit bräunlichvioletter Farbe lösen. Um aus den käuflichen Zubereitungen den rein blauen Farbstoff zu gewinnen, zieht man dieselben in möglichst fein zerriebenem Zustand mit kochendem Wasser aus, ohne sie jedoch vollständig zu erschöpfen, um ein Inlösunggehen des roten fluorescierenden Farbstoffes, mit welchem das Handelslackmoid gewöhnlich verunreinigt ist, zu vermeiden. Aus der erkalteten und filtrierten blauen Lösung fällt man Farbstoff durch schwaches Ansäuern, sammelt ihn nach mehreren Stunden auf dem Filter und wäscht mit kaltem Wasser aus. Dann trocknet man ihn bei nicht zu hoher Temperatur oder löst ihn auf dem Filter in Alkohol und verdunstet den letzteren auf dem Wasserbade. Bei guten Handelsprodukten beträgt die Ausbeute etwa 40%. Ein sehr reines Lackmoid erhält man auch, wenn man ein gutes Handelspräparat mit 96proz. Alkohol in der Wärme digeriert, die Lösung abfiltriert und im Vakuum über Schwefelsäure verdunstet. Vom gereinigten Präparat bereitet man eine 0,2proz. alkoholische Lösung. Umschlagsgebiet zwischen p_H 4,4—6,4 von rot nach blau. Auf 10 ccm 1—5 Tropfen Indicator.

HOTTINGER (12) empfiehlt Lackmosol statt Lackmoid.

Azolitmin [vgl. F. GLASER (11)]: Der im Handel vorkommende Lackmus hat einen wechselnden Gehalt an Azolitmin, im Durchschnitt 4—5%. Dasselbe wird aus käuflichem Lackmus gewonnen, indem man denselben mit kaltem Wasser auszieht und die Lösung mit Sand eindampft, nachdem man so viel Salzsäure zugegeben hat, daß die Flüssigkeit stark rot gefärbt ist. Das nach dem Verdampfen zurückbleibende, vollkommen trockene Pulver wird zerrieben, auf großen glatten Filtern zuerst mit heißem und dann mit kaltem Wasser ausgewaschen und auf dem Wasserbade vollständig getrocknet. Das Azolitmin ist dann auf dem Sand niedergeschlagen. Um aus dem so erhaltenen Pulver die zum Gebrauch fertige Lösung herzustellen, übergießt man dasselbe auf einem Filter mit heißem Wasser und einigen Tropfen Ammoniak. Das Filtrat wird mit einigen Tropfen Schwefelsäure angesäuert, wieder neutralisiert und bildet dann eine ausgezeichnete Indicatorlösung. Wenn man die Lösung stark verdünnt und einige Tropfen Schwefelsäure hinzusetzt, scheidet sich das Azolitmin fast völlig rein als braunroter Niederschlag ab, während noch eine kleine Menge eines fremden Körpers in Lösung bleibt. Übergießt man dieses gereinigte Azolitmin mit Wasser, das Spuren von Ammoniak enthält, so löst es sich mit ungemein leuchtender blauer Farbe. Für andere Reinigungsverfahren vgl. GLASER (11). Zur Herstellung der Indicatorlösung löst man 1 g Azolitmin in 100 ccm schwach alkalischem Wasser und neutralisiert vorsichtig mit Säure bis zum violetten Farbton. Umschlagsgebiet etwa zwischen $p_H = 5,0$—8,0 von rot nach blau. Auf 10 ccm 1—10 Tropfen Indicator.

Großer Salz- und Eiweißfehler; für colorimetrische Bestimmungen ungeeignet.

Diorthohydroxystyrilketon:

$$O = C = (CH = CHC_6H_4OH)_2.$$

Ist von ARON (13) als Indicator empfohlen worden. 0,05 proz. alkoholische Lösung. Umschlagsgebiet zwischen p_H 7,3—8,7 von gelb bis grün.

Nitramin (Pikrylmethylnitramin): $2 = 4 = 6 =$ trinitrophenylmethylnitramin (Tetryl oder Tetralyt):

$$NO_2 \underset{NO_2}{\overset{NO_2}{\bigcirc}} N \underset{NO_2}{\overset{CH_3}{<}}$$

Schmelzpunkt 127° [VAN ROMBURGH (14)] (nach REVERDIN 129°; nach FRANCHIMONT 132°).

Pikrylmethylnitramin ist die erste Verbindung, die als Nitramin erkannt wurde [VAN ROMBURGH (14)]. Es wird erhalten, indem man Dimethylanilin mit rauchender Salpetersäure erhitzt; es bildet sich dann unter heftiger Gasentwicklung Pikrylmethylnitramin

$$C_6H_5N(CH_3)_2 \to (NO_2)_3C_6H_2NNO_2CH_3.$$

Unter gleichzeitiger Kernnitrierung wird also die eine der beiden Methylgruppen wegoxydiert und durch NO_2 ersetzt. 0,1 proz. Lösung in verdünntem Alkohol (500 mg in 300 ccm Alkohol mit Wasser auf 500 ccm auffüllen). Umschlagsgebiet zwischen p_H 10,8—13 von farblos nach rotbraun. Auf 10 ccm 1—10 Tropfen Indicator.

Geeigneter Indicator; geringer Salzfehler. Die Indicatorlösung ist im Dunkeln aufzubewahren. Der Indicator wird durch einen Überschuß an Lauge zersetzt.

Indicatoren von CLARK und LUBS.

Die Sulfophthaleine sind sämtlich Indicatoren mit sehr scharfem Umschlage und schön voneinander abstechenden Farben, die sie von gelb nach intensiv rot oder blau oder purpur umschlagen. Durch A. COHEN (14) wurde der Reihe noch Xylenolblau, d. i. p-Xylenolsulfophthalein zugefügt. Dieser Indicator hat dieselben Umschlagsgebiete wie Thymolblau, nämlich zwischen p_H 1,2 bis 2,8 von rot nach gelb und zwischen 8,0—9,6 von gelb nach blau. Von Vorteil ist, daß der Indicator eine doppelt so große Farbstärke hat wie Thymolblau. Die Bereitung geschieht entsprechend der der Sulfophthaleine [vgl. LUBS und CLARK (5)] aus einem Gemisch von 10 Teilen o-Sulfobenzoldichlorid oder des Säureanhydrides, 10 Teilen geschmolzenem Zinkchlorid und 15 Teilen p-Xylenol (Schmelzpunkt 74,5°, Siedepunkt 211,5°); p-Xylenol kann bequem aus diazotiertem p-Xyliden bereitet werden. Das genannte Gemisch wird während 6 Stunden in einem Bade erhitzt und die Schmelze darauf mit 40 Teilen Wasser erwärmt, bis die Masse auseinandergefallen ist. Dann wird warm filtriert und mit warmem Wasser und schließlich mit etwas Alkohol ausgewaschen. Sodann wird in überschüssiger Natronlauge gelöst und unter Umrühren mit Salzsäure gefällt. Die Fällung wird abgesaugt und aus Alkohol umkrystallisiert.

Bezüglich der Herstellung der Indicatoren nach BARNETT COHEN (5) sei auf die Quelle verwiesen.

Für die Herstellung der Lösungen löse ich 100 mg Indicator in 20 ccm warmem Alkohol auf und verdünne darauf mit Wasser auf 100 ccm. CLARK läßt zunächst die Sulfosäuregruppe neutralisieren und gibt die folgende Vorschrift an: 100 mg Indicator werden in einem Achatmörser mit den folgenden Mengen $^1/_{20}$ n-Natronlauge angerieben. Wenn alles gelöst ist, wird mit Wasser auf 25 ccm verdünnt. Besonders für die Untersuchung von wenig gepufferten Lösungen sind die neutralisierten Indicatoren zu empfehlen.

Molekulargewicht	Indicator	ccm $^1/_{20}$ n-NaOH für 100 mg
354	Phenolrot	5,7
669	Bromphenolblau	3,0
382	Kresolrot	5,3
540	Bromkresolpurpur	3,7
466	Thymolblau	4,3
624	Bromthymolblau	3,2
423	Chlorphenolrot	4,8

Bei der Anwendung der Sulfophthaleine ist folgendes zu beachten:

a) Die relative Änderung des Farbenverhältnisses der beiden Formen ist bei allen Indicatoren am größten bei $p_H = p_{HJ}$, d. h. bei dem p_H, bei dem der Indicator zur Hälfte umgesetzt ist. Doch kann man an der sauren Seite des Umschlagsintervalles eine kleine Änderung im Verhältnis der beiden Farben viel schärfer feststellen als an dem Punkte, an dem der Indicator zu mehr als zur Hälfte umgesetzt ist. Der Grund hierfür ist, daß die alkalische Form des Indicators viel stärker gefärbt ist als die saure.

b) Die Farbe der Sulfophthaleine hängt von der Lichtmenge und Lichtstärke ab, die adsorbiert wird. In Beziehung hierzu steht die Erscheinung des „Dichromatismus", den diese Indicatoren aufweisen; besonders Bromphenolblau, Bromkresolpurpur zeigen diese Erscheinung. In dünner Schicht betrachtet sind sie blau, bei größerer Durchschnittstiefe rot. Die Erklärung dieser Erscheinung ist folgende (vgl. CLARK): In alkalischer Lösung ist der Absorptionsstreifen in Gelb und Grün vorherrschend, so daß das durchtretende Licht hauptsächlich rot und blau ist. Das einfallende Licht habe eine Lichtstärke (Intensität) I. Nach Durchtritt durch die Längeneinheit der Flüssigkeit wird die Lichtstärke Ia, worin a den „Transmissionskoeffizienten" bedeutet. a ist abhängig von der Art des absorbierenden Mediums und der Wellenlänge des einfallenden Lichtes. Nach Durchgang der Schicht ε wird die Lichtstärke Ia^ε. Das durchgelassene blaue Licht hat also eine Lichtstärke Ia^ε_{blau} und das rote Licht Ia^ε_{rot}.

Wir übernehmen nun einzelne willkürliche Zahlen von CLARK, die den Dichromatismus erklären. Laßt uns z. B. annehmen, daß die Stärke des blauen Lichtes 100 und die des roten 30 ist:

$$a_{blau} = 0{,}5; \qquad a_{rot} = 0{,}8.$$

Für $\varepsilon = 1$: ist $Ia^\varepsilon_{blau} = 50$ und $Ia^\varepsilon_{rot} = 24$; also blau > rot
  10   ,,   ,, $= 0{,}01$,,   ,, $= 0{,}30$;   ,,   ,,   < ,,

Wenn wir also eine dünnere Schicht beobachten, ist die Flüssigkeit blau, in dicker Schicht rot. Wenn die Farbstärke der einfallenden Farben sich ändert, dann ändert sich auch die Farbe. Wenn z. B. $I_{rot} = 100$ und $I_{blau} = 30$, dann ist bei $\varepsilon = 1$ $I_{bl}a_{blau} = 15$, $I_r a_{rot} = 80$, also rot > blau. Die Lösung ist also rot. In der Tat sehen wir, daß, wenn wir die Lösung aus dem Tageslicht (viel blau) in einen Raum bringen, der durch eine elektrische Kohlenfadenlampe erhellt ist, daß sich die Farbe der Lösung dann von blau nach rot hin ändert.

Die Betrachtungen sind auch zur Erklärung von Erscheinungen von Bedeutung, die sich bei der Anwendung der Phenolsulfophthaleine in trüben Lösungen abspielen, z. B. in Suspensionen von Bakterienkulturen. Wenn die Flüssigkeit in tiefer

Schicht vorliegt, erreicht nur wenig Licht vom Boden des Röhrchens her unser Auge. Das meiste Licht ist seitlich eingefallen, durch die Teilchen reflektiert und hat also nur eine dünne Schicht der Flüssigkeit durchlaufen. Wir nehmen also eine blaue Farbe wahr. Ein Vergleich der Farbe mit der des Indicators in einer klaren Pufferlösung ist nicht gut möglich, es sei denn, daß man wenig Flüssigkeit nimmt; aber auch dann ist das Ergebnis nur angenähert.

Nun kann man den Fehler beseitigen, indem man die Art des Lichtes ändert, indem man entweder rot oder blau fortnimmt; welches von beiden, hängt von dem Absorptionsspektrum der Indicatorlösungen ab.

Ich bemerke hierzu noch, daß Sulfophthaleine in Lösungen verschiedener Stoffe eine ganz andere Farbe besitzen können als in Pufferlösungen, die zum Vergleiche dienen. Wenn nämlich die zu untersuchende Lösung einen anderen ,,Transmissionskoeffizienten" für eine der beiden absorbierten Lichtarten hat, als die wässerige Pufferlösung, sind die Färbungen in beiden Lösungen nicht mehr vergleichbar. So habe ich bei verschiedenen Stoffen, wie Alkohol, Aceton, einzelnen Alkaloidsalzlösungen, beobachten können, daß diese den Dichromatismus von Bromphenolblau und anderen Sulfophthaleinen vollständig aufheben. So schlägt Bromphenolblau in alkoholischem Mittel oder in verdünntem Alkohol von gelb nach rein blau um; in wässeriger Lösung sind die Zwischenfarben völlig andere. Diesen Tatsachen hat man also bei der colorimetrischen Bestimmung der Wasserstoffionenkonzentration Rechnung zu tragen (vgl. 5. Kapitel).

Chlorphenolrot kann das Bromkresolpurpur mit Vorteil ersetzen, weil der erstere Indicator reine Umschlagsfarben hat und keinen Dichromatismus zeigt.

Auch das Bromkresolblau (von B. COHEN Bromkresolgrün genannt), ist ein Indicator, der vorzügliche Umschlagsfarben liefert und besonders im Gebiet zwischen p_H 4,0 und 5,0 recht brauchbar ist.

Bezüglich der Adsorptionskurven der Indicatoren von CLARK und LUBS sei auf T. T. BAKER und L. DAVIDSOHN[1]) verwiesen.

---

[1]) Chem. Abstr. Bd. 17, S. 2382. 1923; aus Photochem. Journ. Bd. 62, S. 375. 1922.

Indicatoren von MICHAELIS.

Die Herstellung der Indicatoren wird in der Veröffentlichung von L. MICHAELIS und A. GYEMANT und in der von L. MICHAELIS und R. KRÜGER erwähnt.

Salicylgelb ist m-Nitrobenzolazosalicylsäure (Alizaringelb G. G. Schultz Nr. 30).

Gegenüber MICHAELIS verwende ich von seinen Indicatoren 0,10% starke alkoholische Lösungen. Nur von m-Nitrophenol und p-Nitrophenol werden 0,3—0,5 proz. wässerige Lösungen gebraucht.

Zur Untersuchung von m-Nitrophenol auf Brauchbarkeit geben MICHAELIS und GYEMANT (6) folgende Vorschrift:

Die 0,3 proz. Urlösung wird 5—10 mal mit Wasser verdünnt. Eine Probe dieser Verdünnung mit einigen Tropfen von $^1/_{15}$ molarem primären Kaliumphosphat (SÖRENSEN) muß völlig farblos sein, eine zweite Probe mit einigen Tropfen von $^1/_{15}$ molarem sekundären Phosphat (SÖRENSEN) muß grünlichgelb werden; eine dritte Probe mit einigen Tropfen Natronlauge muß deutlich noch stärker (bräunlich) gelb werden.

4. Die Einteilung der Indicatoren. Auch aus der graphischen Darstellung ist eine einfache Einteilung für die verschiedenen Indicatoren ersichtlich, auf die bereits SCHOORL (16) hingewiesen hat. Liegt nämlich das Umschlagsgebiet eines Indicators in der Nähe von $p_H = 7$, so ist er gleichempfindlich für Wasserstoff- wie für Hydroxylionen, man nennt ihn dann neutral- oder gleichempfindlich. Ist aber der Indicatorexponent p_{HJ} — d. h. der negative Logarithmus von K_{HJ}, der dem Wert von p_H entspricht, wenn 50% des Indicators umgesetzt ist — kleiner als 7, so schlägt der Indicator erst bei saurer Reaktion um, er heißt dann: alkaliempfindlich. Ist aber der Säureexponent größer als 7, so tritt der Umschlag erst bei alkalischer Reaktion ein, der Indicator ist also: säureempfindlich.

Einteilung der Indicatoren.

Umschlagsgebiet etwa $p_H = 7$: neutraler Indicator,
z. B. Neutralrot, Phenolrot, Azolitmin;

$$p_H > 7 \text{ säureempfindlich,}$$

z. B. Phenolphthalein und Thymolphthalein;

$$p_H < 7 \text{ alkaliempfindlich,}$$

z. B. Dimethylgelb, Methylrot.

Versetzt man also eine neutral reagierende Lösung, wie es die meisten Leitungswässer sind, mit verschiedenen Indicatoren, so gibt:
Neutralrot oder Phenolrot eine Zwischenfarbe,
Phenolphthalein die saure Farbe (farblos),
Dimethylgelb die alkalische Farbe (gelb).

Wenn man also die Reaktion einer Lösung gegen einen Indicator feststellt, erhält man nicht die **wahre Reaktion**, wie sie im ersten Kapitel definiert wurde. Reagiert eine Flüssigkeit beispielsweise gegen Phenolphthalein sauer, so wissen wir, daß ihr p_H kleiner als 8 ist, reagiert sie alkalisch gegen Dimethylgelb, so ist p_H größer als 4,2. Nur wenn wir die Farbstufe bestimmen, die Neutralrot in einer gegebenen Flüssigkeit annimmt, so entspricht der saure oder alkalische Farbton der wahren sauren oder alkalischen Reaktion.

Bisher haben wir stets von Indicatorsäuren gesprochen. Genau die gleiche Theorie gilt auch für die Betrachtung von Indicatorbasen JOH:

$$JOH \leftrightarrows J^{\cdot} + OH'$$

$$\frac{[J^{\cdot}]}{[JOH]} = \frac{K_{JOH}}{[OH']} \quad \cdots \cdots \quad (86)$$

Hierin bedeuten $J^{\cdot}$ die saure und $[JOH]$ die basische Form. Da nun $[OH']$ gleich $\frac{K_w}{[H^{\cdot}]}$ ist, ist auch das zweite Glied der Gleichung (86):

$$\frac{K_{JOH}}{[OH']} = \frac{K_{JOH}}{K_w} \times [H^{\cdot}].$$

Setzen wir nun gerade so wie bei den sauren Indicatoren die Konzentration der alkalischen Form in den Zähler ein, so erhalten wir:

$$\frac{[JOH]}{[J^{\cdot}]} = \frac{K_w}{K_{JOH} \times [H^{\cdot}]} \quad \cdots \cdots \quad (87)$$

Wenn wir nun für $\frac{K_w}{K_{JOH}}$ eine neue Konstante K' einsetzen, so geht die Gleichung (87) in die Form über:

$$\frac{[JOH]}{[J^{\cdot}]} = \frac{K'}{[H^{\cdot}]} \quad \cdots \cdots \quad (88)$$

Wir erhalten hier also die entsprechende Gleichung wie bei den sauren Indicatoren und können somit alles, was dort über das Umschlagsgebiet gesagt ist, auch auf die basischen Indicatoren anwenden.

Das Umschlagsgebiet ist nun für jeden Indicator ein anderes und auch mit dieser Einschränkung keine feststehende Größe. Abgesehen von der persönlichen Beobachtungsgabe ist es auch abhängig von der Dicke der Flüssigkeitsschicht, die beobachtet wird, von der Indicatorkonzentration und der Temperatur.

Insbesondere die Konzentration des Indicators wurde bisher niemals genügend beachtet. Da diese aber bei der colorimetrischen Bestimmung der Wasserstoffionenkonzentration und auch bei manchen Titrationen von Bedeutung ist, so soll sie hier eingehend besprochen werden.

5. Der Einfluß der Indicatorkonzentration auf das Umschlagsgebiet. Wie gleich ersichtlich, besteht ein grundsätzlicher Unterschied zwischen den ein- und den mehrfarbigen Indicatoren. Erstere werden als die einfachsten zunächst besprochen.

a) Einfarbige Indicatoren. Nehmen wir wieder an, daß der Indicator eine Säure von der Formel HJ ist, so folgt aus der Gleichung (83):

$$\frac{[J']}{[HJ]} = \frac{K_{HJ}}{[H^{\cdot}]}$$

$$[J'] = \frac{K_{HJ}}{[H^{\cdot}]} \times [HJ] \quad \ldots \ldots \quad (89)$$

Hierin bedeutet $[J']$ den Gehalt an der gefärbten und $[HJ]$ den an der ungefärbten Form. Nehmen wir nun eine bestimmte Lösung, deren $[H^{\cdot}]$ durch ein bestimmtes Puffergemisch festgelegt ist, dann ist in der Gleichung (89) $\frac{K_{HJ}}{[H^{\cdot}]}$ eine Konstante, die wir K' nennen; es wird dann:

$$[J'] = K' \times [HJ] \quad \ldots \ldots \quad (90)$$

Hieraus ist zu ersehen, daß die Menge der gefärbten Form proportional der Konzentration des nicht dissoziierten Indicators ist. Wenn nun [HJ] größer wird, wird die Färbung bei gleichbleibender Wasserstoffionenkonzentration auch in gleichem Verhältnis stärker. Da aber die meisten Indicatoren nur sehr wenig löslich sind, so nähert sich [HJ] sehr schnell dem Sättigungs-

Der Einfluß der Indicatorkonzentration auf das Umschlagsgebiet. 79

zustande, so daß die Farbe nur bis zu einem gewissen Grade zunehmen kann. Hat der Indicator die Löslichkeit O, dann ist bei einer bestimmten [H˙] die größtmögliche Farbenstärke [J'] gegeben durch:
$$[J'] = 0 \times K' \quad \ldots \ldots \ldots (91)$$

in Worten ausgedrückt heißt das, daß beim Zusatz eines einfarbigen Indicators zu einem bestimmten Puffergemisch die Farbintensität anfangs bis zu einem Höchstwert zunimmt, bei dem die Lösung mit dem Indicator gesättigt ist. Andererseits ist auch ein gewisser Mindestwert des Indicators erforderlich, damit die Sichtbarkeitsgrenze der gefärbten Form erreicht wird; es muß also eine gewisse Menge der gefärbten Form vorhanden sein, damit sie wahrgenommen werden kann. Diese erforderliche Menge ist nicht ein für allemal anzugeben, da sie außer von der persönlichen Beobachtungsgabe besonders von der Schichtdicke der Flüssigkeit abhängt. Ist nun bestimmt, welche Menge der gefärbten Form mindestens vorhanden sein muß, um wahrnehmbar zu sein, und ist dieser Mindestwert J'_{min}, so ist:
$$[J'_{min}] = [HJ_{min}] \times K' \quad \ldots \ldots (92)$$

Bei einer gegebenen Wasserstoffionenkonzentration schwankt die Menge von [J'], d. h. der Farbgrad zwischen $[HJ_{min}] \times K'$ und $O \times K'$. Aus dem Vorhergehenden folgt, daß diese Betrachtung für die colorimetrische Bestimmung der Wasserstoffionenkonzentration von sehr großer Bedeutung ist. Wir werden später nochmals auf diesen Punkt zurückkommen (Kap. 5).

Bei einfarbigen Indicatoren ist aber die Konzentration des Indicators ebenfalls auf die Größe seines Umschlagsgebietes von Einfluß. Bei der Annahme, daß wir zwei einfarbige Indicatoren benutzen, deren gefärbte Form gleich deutlich wahrnehmbar ist [also J_{min} gleich groß] und deren Dissoziationskonstante auch gleich groß sind, während immer die zur Sättigung der Lösung erforderliche Menge angewendet wird (also [HJ] = [O]), dann folgt aus den Gleichungen (89) bis (92), daß der Anfang des Umschlagsgebietes bei einer Wasserstoffionenkonzentration liegt:
$$[H˙] = \frac{O}{[J'_{min}]} \times K_{HJ} \quad \ldots \ldots (93)$$

Wenn nun die Löslichkeit des einen Indicators 100 mal so groß ist wie die des anderen, so wird bei gleicher Wasserstoffionenkonzentration die Konzentration der gefärbten Form des ersten Indicators 100 mal so groß sein wie der entsprechende Wert des zweiten. Mit anderen Worten: der Anfang des Umschlagsgebietes des ersten Indicators wird bei einer Wasserstoffionenkonzentration liegen, die einhundertmal so klein ist wie die, bei der der zweite Indicator umzuschlagen beginnt, wenn man nämlich mit gesättigter Indicatorlösung arbeitet. Der p_H des Umschlagsbeginns des ersten Indicators wird also um 2 kleiner sein als der unter Anwendung des anderen Indicators gefundene Wert. Obgleich also die beiden Indicatoren gleiche Dissoziationskonstanten haben, so ist doch das Umschlagsgebiet des leichter löslichen Indicators bedeutend breiter.

Der Endpunkt des Umschlagsgebietes wird von dem leichter löslichen Indicator praktisch nur eine Kleinigkeit früher erreicht werden als von dem weniger leicht löslichen. Dieser Unterschied ist aber nicht von großer Bedeutung. Weil das Indicatorsalz leicht löslich ist, werden wir am Ende des Farbumschlages doch nur schwierig wieder eine gesättigte Indicatorlösung erreichen, da wir dann wegen der Salzbildung eine große Menge des Indicators zugeben müßten.

In der Annahme, daß das Ende des Umschlagsgebietes erreicht ist, wenn 91% des Indicators in alkalischer Form vorliegen, liegt das Umschlagsgebiet eines Indicators in gesättigter Lösung zwischen den Wasserstoffionenkonzentrationen:

$$[H^\cdot] = \frac{[O]}{[J'_{min}]} \times K_{HJ} \quad \text{und} \quad [H^\cdot] = \frac{9}{91} \times K_{HJ} = \frac{1}{10} K_{HJ}$$

oder zwischen

$$p_H = p_{HJ} + \log \frac{[J'_{min}]}{O} \quad \text{und} \quad p_H = p_{HJ} + 1.$$

Aus der nachstehenden Untersuchung ist ersichtlich, daß diese Betrachtungen von praktischer Bedeutung sind. Es wurde schon erwähnt, daß die Löslichkeit von Phenolphthalein ziemlich viel größer ist als die von Thymolphthalein, so daß also die Größe des Umschlagsgebietes von Phenolphthalein ebenfalls viel größer ist als die des Thymolphthaleins. Weiterhin ist wieder die Löslichkeit des p-Nitrophenols noch viel größer als die des Phenolphthaleins, so daß also das p-Nitrophenol ein sehr großes Umschlagsgebiet hat.

Der Einfluß der Indicatorkonzentration auf das Umschlagsgebiet. 81

Phenolphthalein. (Bezüglich Einzelheiten vgl. 2. Aufl., S. 60.) Die Löslichkeit beträgt etwa $1/4000$ molar, während Mc Coy (17) eine Löslichkeit von nur $1/12000$ molar gefunden hatte.

Weiterhin versuchte ich festzustellen, welche kleinste Konzentration der roten Form $[J'_{min}]$ in NESSLERschen Colorimetergläsern mit einer Schichtdicke von 8 cm gegen einen weißen Hintergrund noch durch eine Rotfärbung zu erkennen war. Von einer 1 promill-Lösung wurden verschiedene Verdünnungen gemacht. Zu je 50 ccm gab ich 1 ccm 4 n-Natronlauge und beobachtete nun, bei welcher Konzentration eine schwache Rotfärbung gerade erkennbar wurde. Bei einer Indicatorkonzentration von 2×10^{-6} molar war die Rotfärbung gerade noch zu sehen, bei einem Gehalt von 1×10^{-6} war sie zweifelhaft. Bei den von mir gewählten Bedingungen können wir also annehmen, daß $[J'_{min}]$ gleich 2×10^{-6} molar ist. Bei den gewöhnlichen Titrationen ist dieser Wert natürlich größer, da dann ungünstigere Wahrnehmungsbedingungen vorliegen.

Weiter wurde untersucht, bei welchem Gehalte an der gefärbten Form eine weitere Zugabe in den NESSLERschen Colorimetergläsern keine für unser Auge deutlich bemerkbare Veränderung mehr bewirkte. Dies war der Fall, wenn 5—6 ccm einer 1 promill. Lösung zu 50 ccm zugegeben waren, bei anderen Versuchen 1,5 ccm 0,5 promill. Verdünnung.

Hieraus folgt, daß der Beginn des Umschlagsgebietes einer gesättigten Phenolphthaleinlösung liegt bei:

$$[H^\cdot] = \frac{O}{[J'_{min}]} \times K_{HJ},$$

$$O = \frac{1}{4000} = 2,5 \times 10^{-4} \text{ molar},$$

$$[J'_{min}] = 2 \times 10^{-6} \text{ molar};$$

bei der Zugrundelegung von $p_{HJ} = 9,7$ ist:

$$p_H = 9,7 + \log \frac{2 \times 10^{-6}}{2,5 \times 10^{-4}} = 7,6.$$

In der Tat zeigte ein mit Phenolphthalein gesättigtes Borsäure-Boraxgemisch ein Sichtbarwerden der rosa Farbe bei $p_H = 7,8$.

Der Endpunkt des Gebietes liegt aber in unserem Falle bei einem p_H, der kleiner als 10,0 ist, und zwar bei der Anwendung einer gesättigten Phenolphthaleinlösung bei $p_H = 9,4$. Dies rührt zum Teil daher, daß p_{HJ} hier keine Konstante ist.

Thymolphthalein. Die Untersuchung wurde in genau der gleichen Weise vorgenommen, so daß es genügen dürfte, wenn ich hier nur die Ergebnisse anführe, ohne nochmals auf Einzelheiten einzugehen.

Die Löslichkeit ist viel geringer als die von Phenolphthalein, da eine Trübung bereits bei Gegenwart von 12,5 ccm einer 0,1 proz. Lösung im Liter eintrat, d. h. bei $1,25 \times 10^{-6}$ g im Liter.

Weiter ist: $[J'_{min}] = 1 \times 10^{-6}$ g im Liter.

Beginn des Umschlagsgebietes bei:

$$p_H = p_{HJ} + \log \frac{1 \times 10^{-6}}{1,25 \times 10^{-6}}.$$

Der Anfang des Umschlagsgebietes liegt also bei einem p_H, der etwa dem p_{HJ} an Größe gleich ist. Das Umschlagsgebiet von Thymolphthalein liegt nach SÖRENSEN zwischen $p_H = 9,3$ und 10,5. Ich fand den Anfang bei $p_H = 9,2$. Auch aus anderen Versuchen fand ich, daß der Wert für p_{HJ} nicht $\frac{9,3 + 10,5}{2} = 9,9$, sondern nur gleich 9,2 ist.

Hieraus ist ersichtlich, daß wir nicht immer aus der Kurve (vgl. S. 59) direkt den p_{HJ} für den Punkt ablesen können, bei dem 50% des Indicators in die alkalische Form übergegangen sind (vgl. ROSENSTEIN, 1912). Da aber dieser Punkt eine besondere Bedeutung hat, nennen wir diesen p_H besser den **Indicatorexponenten** p_J.

Paranitrophenol. Bei diesem spielt ganz besonders die Löslichkeit für den Umschlag eine große Rolle. Aus einem Präparate mit dem Schmelzpunkte 112—113° wurde eine 1 proz. Lösung angefertigt, von der weiter verschiedene Verdünnungen bereitet wurden. Bei der Beobachtung der Gelbfärbung in NESSLERschen Colorimetergläsern zeigte sich:

$$[J'_{min}] = 10^{-7} \text{ molar.}$$

$[J'_{max}]$ ist natürlich viel schwieriger zu bestimmen. Bei geringen Konzentrationen von p-Nitrophenol ist die alkalische Färbung grüngelb, bei größeren Gehalten aber goldgelb. Setzte man zu 50 ccm einer sehr verdünnten Alkalilösung 1 ccm 1 proz. p-Nitrophenol, so ergab ein weiterer Zusatz des Indicators fast keinen wahrnehmbaren Farbunterschied mehr. $[J'_{max}]$ ist also etwa 2×10^{-4} g im Liter. Aus den Untersuchungen von SÖRENSEN (vgl. die Tabelle S. 61) ergibt sich, daß das Umschlagsgebiet von p-Nitrophenol zwischen $p_H = 5{,}0$ und $7{,}0$ liegt. Daraus leitet sich die Dissoziationskonstante von p-Nitrophenol mit einem Werte von 10^{-6} ab.

Da nun das p-Nitrophenol einen ziemlich gut löslichen Indicator bildet, ist zu erwarten, daß es bereits bei einem viel geringeren p_H imstande ist, der Flüssigkeit eine Gelbfärbung zu erteilen, wenn man viel Indicator verwendet. Dieses zeigt sich aus den folgenden Proben mit 0,1 n - Essigsäure, einer Lösung, die einen p_H von 2,87 hat.

Es zeigten:

10 ccm und 1 ccm 1 proz. p-Nitrophenol: geringe bläuliche Färbung;

10 ccm und 2 ccm 1 proz. p-Nitrophenol: nur geringe gelbbläuliche Färbung;

10 ccm und 3 ccm 1 proz. p-Nitrophenol: deutliche Gelbfärbung.

Mit $^1/_{15}$ molarer NaH_2PO_4.

Zu 10 ccm einer wässerigen Lösung wurde so viel 0,1 proz. p-Nitrophenol gegeben, daß eine geringe Gelbfärbung sichtbar war.

Nach der Zugabe von 1,7—1,8 ccm war die Färbung äußerst schwach, bei Gegenwart von 2,0 ccm deutlich erkennbar. Der Versuch wurde mit 1 proz. Lösung wiederholt. Nach Zugabe von

0,14 ccm 1 proz. Lösung war nichts zu sehen,

0,18 ,, 1 ,, ,, eine schwache gelbe Schattierung,

0,20 ,, 1 ,, ,, ziemlich deutliche Gelbfärbung.

Hieraus ist zu entnehmen, daß p-Nitrophenol bereits bei einem p_H = etwa 3,0 (also etwa in 0,1 n-Essigsäure) anfangen kann umzuschlagen, wenn nur eine genügende Menge des Indicators anwesend ist.

Es bedarf keiner weiteren Betonung, daß diese Ableitungen und Betrachtungen von größter Bedeutung für die colorimetrische Bestimmung der Wasserstoffionenkonzentration sind. Die Konzentrationsfehler können am beträchtlichsten bei der Verwendung von p-Nitrophenol als Indicator werden, weniger bei Phenolphthalein und am geringsten bei der Verwendung des so schwer löslichen Thymolphthaleins.

b) **Zweifarbige Indicatoren.** Hier ist der Einfluß der Konzentration auf das Umschlagsgebiet viel verwickelter als im ersten Falle. Zunächst ist zu bemerken, daß auch hier die beiden Äste der Umsetzungskurve (Abb. 11, S. 59) meist nicht symmetrisch zueinander verlaufen, da die Empfindlichkeit, mit der die saure Form neben der alkalischen auffindbar wird, meist eine andere als im umgekehrten Falle ist. Es hat beispielsweise die rote, saure Form des Dimethylgelbs eine viel größere Farbstärke als die gleichkonzentrierte alkalische Form, so daß also die erstere schon bei viel geringeren Konzentrationen neben der anderen bemerkbar ist als im umgekehrten Falle. Hierauf werden wir noch ausführlicher zu sprechen kommen.

Eine weitere Schwierigkeit tritt auf, wenn die eine der beiden Indicatorformen schwer löslich ist. Hierauf ist bei der colorimetrischen Bestimmung der Wasserstoffionenkonzentration besonders zu achten.

Als Beispiel wählen wir zunächst einen Azofarbstoff, nämlich Dimethylaminoazobenzol (Dimethylgelb).

Das Dimethylgelb ist eine schwache Base, mit $p_{BOH} = 10$, die sehr schwer löslich ist und eine gelbe Färbung zeigt. Das rotgefärbte Salz dagegen löst sich besser in Wasser. In der Gleichung (88) ist

$$\frac{[JOH]}{[J^{\cdot}]} = \frac{[H^{\cdot}]}{K'} \quad \ldots \ldots \ldots (88)$$

$[J_{OH}]$ ist die Konzentration der gelben Form, $[J^{\cdot}]$ der Gehalt der roten Form. Zu einer jeden gegebenen Wasserstoffionenkonzentration gehört also ein bestimmtes Verhältnis zwischen der gelben und der roten Form. Geben wir nun zu einer gegebenen Lösung eine zunehmende Menge des Indicators, so wird die Größe von $[J_{OH}]$ und von $[J^{\cdot}]$ steigen, und zwar im gleichen Verhältnisse, bis die Lösung mit $[J_{OH}]$ gesättigt ist. Von diesem Augenblicke an bleibt $[J_{OH}]$ konstant und damit auch $[J^{\cdot}]$. Der Überschuß des Indicators bleibt in der Lösung in kolloider Form, die die gleiche gelbe Färbung besitzt wie die alkalische Form. In einer solchen Lösung läßt also die Indicatorfarbe eine stärker alkalische Reaktion vermuten, als tatsächlich vorliegt.

Aus diesen Gründen ist es richtiger, das in sauren und alkalischen Lösungen leicht lösliche Methylorange an Stelle des zu wenig wasserlöslichen Dimethylgelbs bei colorimetrischen Bestimmungen zu verwenden.

Dimethylgelb oder Dimethylamidoazobenzol. Ein durch mehrfaches Auskochen mit jeweils frischen Wassermengen gereinigtes Präparat wurde zur Bereitung gesättigter Lösungen verwendet.

1. Ein Teil wurde mit Wasser gut geschüttelt.
2. Ein anderer Teil wurde mit Wasser aufgekocht und einige Tage beiseite gestellt.
3. Endlich wurde eine alkoholische Lösung zum Wasser hinzugefügt und ebenfalls einige Tage sich selbst überlassen. In allen drei Fällen wurde die klare Lösung vorsichtig abgehoben und in NESSLERschen Colorimetergläsern mit Dimethylgelblösungen bekannter Konzentrationen verglichen. Es zeigte sich übereinstimmend, daß die Löslichkeit des Dimethylgelbs etwa 0,5 mg im Liter beträgt. Will man also in 10 ccm Flüssigkeit eine colorimetrische [$H^{\cdot}$]-Bestimmung unter Benutzung einer 1 promill. alkoholischen Dimethylgelblösung ausführen, so darf man, um nicht in Schwierigkeiten zu kommen, nicht mehr als 0,05 ccm, also etwa einen Tropfen, benutzen.

Die Empfindlichkeit des Nachweises der beiden Formen nebeneinander wird im nächsten Kapitel erörtert.

6. Einfluß der Temperatur auf das Umschlagsgebiet der Indicatoren. SCHOORL (16) hat bereits auf den Einfluß der Wärme auf die Indicatoren hingewiesen. Er hatte gefunden, daß durch Erhitzen bis zum Sieden die Färbung der alkaliempfindlichen Indicatoren nach der basischen Seite, die der säureempfindlichen Indicatoren nach der sauren Seite verschoben wurde. Zur Erklärung wies er auf die zunehmende Dissoziationskonstante des Wassers. Diese Deutung ist nach dem Besprochenen auch einleuchtend.

Die Färbung eines sauren Indicators mit saurem Charakter wird von der Gleichung:

$$\frac{[J']}{[HJ]} = \frac{K_{HJ}}{[H^{\cdot}]} \qquad \ldots \ldots \ldots (83)$$

beherrscht.

Wenn nun ein säureempfindlicher Indicator bei einer Wasserstoffionenkonzentration von 10^{-10} umzuschlagen beginnt, so entspricht diese bei gewöhnlicher Temperatur einer Hydroxylionenkonzentration von etwa 10^{-4}. Beim Erwärmen wird nun [OH′], die bereits $1/10000$ n war, durch die wachsende Dissoziation des Wassers kaum geändert und wird also in der Größenordnung 10^{-4} bleiben. Da aber die Dissoziationskonstante des Wassers bei 100° etwa 100mal so groß wie bei 18° ist, wird auch die Wasserstoffionenkonzentration bei 100° 100mal so groß sein, weil $[H^.] = \dfrac{K_W}{[OH']}$.
Die Dissoziationskonstante der verschiedenen Säuren und Basen ändert sich mit der Temperatur meist nur wenig. Unter der Annahme, daß sie für die Indicatoren konstant bleibt, ergibt sich aus der Gleichung (83), daß: $\dfrac{[J']}{[HJ]}$ bei 100° 100mal kleiner als bei 18° geworden ist, weil $[H^.]$ 100mal größer geworden ist. Es ist dann zu wenig von der alkalischen Form anwesend, um einen wahrnehmbaren Farbumschlag zu bewirken. Man muß also bei Siedehitze erst so viel Lauge zusetzen, daß $[H^.]$ wieder 100mal kleiner wird und dem Betrage bei Zimmertemperatur sich wieder nähert. Dies bedingt aber wiederum eine starke Steigerung der Hydroxylionenkonzentration, so daß also bei 100° das Verhältnis $\dfrac{[OH']}{[H^.]}$ für den Anfangspunkt des Umschlagsgebietes viel größer ist als bei Zimmertemperatur.

Fassen wir einen basischen Indicator ins Auge, so ist nach den Gleichungen (87) und (88):

$$\frac{[JOH]}{[J^.]} = \frac{K'}{[H^.]} = \frac{K_W}{K_{JOH}} \times \frac{1}{[H^.]}.$$

Liegt nun der Beginn des Umschlages eines solchen Indicators bei Zimmertemperatur bei einer $[H^.] = 10^{-4}$, d. h. $1/10000$ n, dann wird diese $[H^.]$ beim Sieden durch die wachsende Dissoziation des Wassers praktisch nicht verändert. Dagegen nimmt K_W 100mal zu, während wir annehmen, daß K_{JOH} unverändert bleibt. Das zweite Glied der abgeleiteten Gleichung (87) und (88) wird also 100mal größer. Der Indicator wird also erst anfangen umzuschlagen, wenn so viel Säure zugegeben ist, daß $[H^.]$ 100mal so groß geworden ist. Der Anfang des Umschlagsgebietes liegt also bei erhöhter Temperatur bei einem viel kleineren p_H, aber bei dem gleichen p_{OH}.

Auch aus der Betrachtung der Hydrolyse folgt, daß die sauren Indicatoren beim Erwärmen ihre Farbe nach der sauren Seite hin verändern und entsprechend umgekehrt. Ist BJ ein Indicatorsalz, dann wird die Hydrolyse in wässeriger Lösung durch die Gleichung ausgedrückt:

$$J' + H_2O \leftrightarrows HJ + OH',$$

$$\frac{[HJ][OH']}{[J']} = \frac{K_w}{K_{HJ}}.$$

Wird nun beim Kochen K_w 100 mal größer[1]) und bleibt K_{HJ} unverändert, so wird auch $\frac{[HJ]}{[J']}$ 100 mal größer werden, da der Rest unverändert bleibt. Es entsteht also ein hundertmal größerer Betrag der sauren Form.

In den folgenden Versuchen sollte gezeigt werden, ob sich wirklich bei den Indicatoren mit saurem Charakter das Umschlagsgebiet etwa um 2 in der p_{OH}-Achse und bei alkalischen Indicatoren um 2 Einheiten in der p_H-Achse verschiebt. Wenn dieses der Fall ist, so ist das ein Beweis dafür, daß die Dissoziationskonstanten der Indicatoren beim Erwärmen sich nicht ändern.

Nitramin: Dieser Indicator ändert seine Empfindlichkeit für Lauge, also für Hydroxylionen, bei höherer Temperatur nicht. Hieraus ergibt sich, daß das Nitramin sich wie ein basischer Indicator verhält.

Thymolphthalein: In einem viel gebrauchten, gut ausgedämpften Erlenmeyerkolben aus Jenaer Glas wurden 250 ccm destilliertes Wasser unter Zusatz von 10 Tropfen 1 promill. Thymolphthaleinlösung bei Siedehitze mit 0,1 n-NaOH auf eine schwach blaue Färbung eingestellt. Erforderlich waren 0,7 bis 0,8 ccm 0,1 n-NaOH. Der Versuch wurde viermal wiederholt. Die Farbtönung war nach der Zugabe von 5 ccm 0,1 n-Lauge maximal. Der Indicator beginnt also bei Gegenwart von 3 ccm

---

[1]) Nach den Untersuchungen von KOHLRAUSCH und HEYDWEILLER: Ann. d. Physik (4) Bd. 28, S. 512. 1909 ist p_{H_2O} bei 100° gleich 12,24; nach LORENZ und BÖHI: Zeitschr. f. physikal. Chem. Bd. 66, S. 733. 1909 ist dieser Wert 12,13. Als Mittelwert für p_{H_2O} bei 100° können wir also 12,2 annehmen.

0,1 n-Lauge im Liter umzuschlagen, also bei $[OH'] = 3 \times 10^{-4}$ und $p_{OH} = 3{,}53$. Da nun p_w bei 100° gleich 12,2 ist, beginnt der Indicator also bei p_H 12,2 — 3,53 = 8,67 umzuschlagen. Der Indicator ist völlig bei $[OH'] = 2 \times 10^{-3}$ und $p_{OH} = 2{,}70$, d. h. bei $p_H = 9{,}50$ umgeschlagen.

Der Indicator schlägt also bei 100° bei einem viel größeren Verhältnis von OH′ : H˙ um als bei 18°. Hierauf hat bereits, wie gesagt, Schoorl hingewiesen.

Auffallend ist, daß der Indicator bei 100° bei einem kleineren p_H umzuschlagen beginnt als bei Zimmertemperatur. Dieses beweist noch nicht eine Vergrößerung der Dissoziationskonstante des Thymolphthaleins, sondern kann auch in der bei erhöhter Temperatur größeren Löslichkeit des Indicators begründet sein. Wie bereits erörtert, spielt gerade bei dem Thymolphthalein die Löslichkeit eine besonders wichtige Rolle für das Umschlagsgebiet. Es wurde gezeigt, daß die zugefügten 10 Tropfen der 0,1 proz. Thymolphthaleinlösung sich bei Zimmertemperatur nicht, wohl aber bei Siedehitze lösten. Es ist also wahrscheinlich, daß die Tatsache, daß das Thymolphthalein bei 100° bei einem kleineren p_H als bei Zimmertemperatur umzuschlagen beginnt, teilweise der leichteren Löslichkeit, also der größeren Konzentration, bei höheren Temperaturen zuzuschreiben ist.

Phenolphthalein: Die Versuche wurden entsprechend angestellt. Bei Anwesenheit von 5 Tropfen 1 proz. Phenolphthaleinlösung zu 250 ccm kochenden Wassers trat eine schwache Rosafärbung, nach dem Zusatz von 0,20 bzw. 0,21 ccm 0,1 n-NaOH auf. Hierbei ist $[OH'] = 8 \times 10^{-5}$, p_{OH} 4,1 und p_H 8,1.

Die Farbstärke hatte nach dem Zusatz von 1,5 ccm 0,1 n-NaOH zu 250 ccm ihren größten Wert erreicht. $p_{OH} = 3{,}21$ und p_H etwa 9,0.

Der Umschlag des Indicators beginnt also bei ziemlich dem gleichen p_H-Wert wie bei Zimmertemperatur, aber bei einem viel kleineren p_{OH}. Dieses Ergebnis wurde durch Aufkochen einer 0,2 n-Natriumacetatlösung (Präparat Kahlbaum) mit Phenolphthaleinzusatz nachgeprüft. Bei Zimmertemperatur reagiert eine solche Lösung auf den Indicator sehr schwach alkalisch. Wie bereits erwähnt, ändert sich die Dissoziationskonstante der Essigsäure nach den Ergebnissen von Noyes (18) beim Erwärmen nur ziemlich wenig. (K_{HAC} bei 18° $18{,}2 \times 10^{-6}$, und bei 100°

$11,1 \times 10^{-6}$.) Die Abnahme der Dissoziationskonstante ist also sehr gering und wird hierdurch nur eine geringe Zunahme des Hydrolysierungsgrades bedingen. K_w wird aber hundertmal größer, so daß die Hydrolyse hierdurch stark zunimmt, p_{OH} um eine gute Einheit abnehmen und p_H nur sehr wenig abnehmen wird. Wenn diese Betrachtungen das Richtige treffen, so darf die Färbung der kochenden Lösung nur wenig stärker basisch sein als bei 18°.

Thymolblau: 250 ccm Wasser nahmen bei 100° 2,5 ccm 0,01 n-NaOH auf, bevor die gelbe Flüssigkeit einen Stich ins Grüne zeigte: $[OH'] = 10^{-4}$, $p_{OH} = 4,0$ und $p_H = 8,2$. Der Indicator verhält sich also fast genau wie Phenolphthalein. Größte Farbstärke nach Zusatz von etwa 1,5 ccm 0,1 n-NaOH, $p_{OH} = 3,2$, $p_H = 9,0$.

Kresolrot: 250 ccm Wasser nahmen 0,6 ccm 0,01 n-NaOH auf, bevor eine schwache Rosafärbung zu sehen war: $[OH'] = 2,4 \times 10^{-5}$, $p_{OH} = 4,6$, $p_H = 7,6$. Bei Zimmertemperatur fängt der Indicator bei $p_H = 7,2$ an umzuschlagen.

Phenolrot: 250 ccm Wasser nahmen 0,35 ccm 0,01 n-NaOH bei 100° auf, bevor eine schwache Rosafärbung wahrnehmbar war: $[OH'] = 1,2 \times 10^{-5}$, $p_{OH} = 4,9$ und $p_H = 7,3$. Bei Zimmertemperatur liegt der Anfang des Umwandlungsgebietes bei $p_H = 6,8$.

Aus den Versuchen geht jedenfalls hervor, daß die Dissoziationskonstante der Phthaleine und Sulfophthaleine durch Kochen wenig verändert wird.

Methylrot: Die Farbe dieses Indicators verändert sich beim Kochen seiner Lösungen nur wenig nach der alkalischen Seite hin. Eine sehr verdünnte Lösung von Essigsäure in ausgekochtem Wasser wurde mit etwas Methylrot versetzt und in zwei Teile geteilt. Die eine Hälfte wurde erwärmt und mit der kaltgelassenen Probe verglichen. Es zeigte sich, daß durch das Erwärmen die Farbtöne alkalischer geworden waren. Analoge Versuche wurden mit Borsäurelösungen angestellt, die ein weniger deutliches Bild von der Farbenverschiebung lieferten, und mit sehr verdünnten Salzsäurelösungen, die die gleichen Erscheinungen wie die Essigsäure zeigten.

Zur weiteren Bestätigung wurde die Farbänderung von Methylrot in kochender Ammoniumchloridlösung beobachtet. Nach den Angaben von NOYES (8) (vgl. Kapitel 1) ändert sich nämlich die Dissoziationskonstante von Ammoniak beim Erwärmen nicht. Da nun K_w 100 mal größer wird, muß p_H beim Kochen eher kleiner werden und die Färbung der Lösung muß nach der sauren Seite hin verschoben werden. Dieses wurde auch durch den Versuch bestätigt: Eine mit wenigen Tropfen Methylrot versetzte 0,2 n-Ammoniumchloridlösung zeigte eine Zwischenfarbe (p_H = 5,1). Beim Kochen wurde die Farbe stärker rot, jedoch noch nicht so stark wie die Färbung von Methylrot bei p_H = 4,2. Nach der Abkühlung ging p_H auf den Anfangswert zurück.

Aus diesen verschiedenen Versuchen ist übereinstimmend zu folgern, daß das Umschlagsgebiet des Methylrots, ausgedrückt in Werten für p_H, bei Siedetemperatur und bei Zimmerwärme fast vollkommen unverändert bleibt.

p - Nitrophenol: Auch hier verschiebt sich die Farbtönung der Lösung beim Kochen nur wenig nach der basischen Seite. Dieses entspricht aber nicht den Erwartungen über das Verhalten eines sauren Indicators, wenn man nicht annimmt, daß die Dissoziationskonstante des Indicators durch die Temperatursteigerung vergrößert wird. Dieses ist in der Tat der Fall.

HANTZSCH hat bereits gefunden, daß die Färbung einer p-Nitrophenollösung in organischen Lösungsmitteln durch Erwärmen dunkler wird. Dies wird auch für wässerige Lösungen durch den folgenden Versuch bestätigt.

Eine stark alkalische Lösung, die so wenig p-Nitrophenol enthält, daß sie in der Kälte nur hellgelb erscheint, wird beim Erhitzen dunkler gelb, um beim Abkühlen wieder auf die Anfangsfärbung zurückzugehen.

Die Farbänderung von p-Nitrophenol in wässeriger Lösung beim Erwärmen ist auch aus dem nachstehenden Versuche zu ersehen.

Eine durch p-Nitrophenol hellgelb gefärbte Borsäurelösung wurde durch Kochen grüngelb. Bei der Abkühlung trat die ursprüngliche Farbe wieder auf.

Aus allen diesen Versuchen ist ersichtlich, daß das Umschlagsgebiet des p-Nitrophenols sich beim Kochen wenig verschiebt. Aus der Untersuchung von L. MICHAELIS und A. GYEMANT (6) kann man durch Extrapolation ableiten, daß die Konstante von p-Nitrophenol bei 100° etwa zehnmal größer ist als bei Zimmertemperatur.

Dimethylgelb: In einem Jenaer Kolben wurden 250 ccm destilliertes Wasser mit 5 Tropfen 2 promill. Dimethylgelblösung zum Sieden erhitzt und mit 0,1 n-Salzsäure titriert, bis im Vergleich mit einem blinden Versuche eine Farbänderung erkennbar war. Diese trat ein nach Zusatz von 0,8 bis 0,9 ccm 0,1 n-HCl, entsprechend: $[H^.] = 3{,}4 \times 10^{-4}$, $p_H = 3{,}47$ und $p_{OH} = 8{,}73$. Nach dem Zusatze von 12,5 ccm 0,1 n-HCl war die Farbe der Lösung völlig sauer geworden, entsprechend: $[H^.] = 5 \times 10^{-3}$, $p_H = 2{,}30$, $p_{OH} = 9{,}90$.

Würde die Dissoziationskonstante des Dimethylgelbes beim Erwärmen unverändert bleiben, so würde dieser Indicator bei Siedetemperatur bei einem p_H umschlagen, der um zwei Einheiten kleiner als bei 18° ist, also bei einem $p_H =$ ca. 2,0. Die Tatsache, daß der Umschlag bereits bei p_H 3,47 beginnt, deutet auf eine starke Zunahme der Dissoziationskonstante des Dimethylaminoazobenzols beim Kochen hin.

In Übereinstimmung damit fand A. Richter[1]) für Dimethylgelb.

Temperatur	p_K
20°	10,91
40°	10,47
60°	10,15
75°	9,92

Methylorange: Dimethylaminoazobenzolsulfosaures Natrium wurde in entsprechender Weise untersucht. Umschlagsbeginn nach Zugabe von 0,5 bis 0,6 ccm 0,1 n-HCl: $[H^.] = 2{,}2 \times 10^{-4}$, p_H 3,66 und p_{OH} 9,64. Auch hier nimmt die Dissoziationskonstante der Base beim Kochen zu [vgl. auch Tizard (19).

Thymolblau: 100 ccm Wasser nahmen 2,5 ccm 0,1 n-HCl auf, bevor die gelbe Flüssigkeit ein wenig rosagefärbt war: $[H^.] = 2{,}5 \times 10^{-3}$, $p_H = 2{,}6$ und $p_{OH} = 9{,}6$. Der Indicator fängt bei 100°, also etwa bei demselben p_H an umzuschlagen wie bei Zimmertemperatur ($p_H = 2{,}8$).

Tropäolin 00: 45 ccm Wasser mit 3 Tropfen 1 promill. Tropäolinlösung wurden aufgekocht und mit 0,1 n-Salzsäure titriert. Umschlagsbeginn nach Zusatz von ca. 5 ccm 0,1 n-HCl: $[H^.] = 10^{-2}$, $p_H = 2$ und $p_{OH} = 10{,}2$. Das Ende des Umschlagsgebietes ist hier schwierig zu beobachten.

---

[1]) A. Richter: Zeitschr. f. anal. Chem. Bd. 65, S. 224. 1925.

Auch beim Tropäolin 00 nimmt die Dissoziationskonstante beim Erwärmen zu, da der Anfang des Umschlags bei 18° bei $p_H = 3{,}1$ liegt.

Methylviolett: 250 ccm Wasser wurden nach dem Zusatz von Methylviolett aufgekocht und mit 0,5 n- bzw. 4 n-Salzsäure titriert. Beginn der Blaufärbung nach Zusatz von etwa 10 ccm 0,5 n-HCl bzw. von 0,4 ccm 4 n-HCl: $[H^{\cdot}] = 1{,}8$ bis 2×10^{-2}, $p_H = 1{,}70$ und p_{OH} 10,50. Das sehr schwer wahrnehmbare Ende des Umschlages wurde mit 4 n-Salzsäure bestimmt. Es scheint bei etwa 0,5 n-Lösung zu liegen, wo die Farbe gelb ist.

Aus allen diesen Versuchen ist also ersichtlich, daß die Lage des Umschlagsgebietes der meisten Indicatoren beim Erwärmen stark verändert wird. Nur die Sulfophthaleine ändern ihre Empfindlichkeit für Wasserstoffionen fast gar nicht. In der nachstehenden Zusammenstellung sind die Werte nochmals übersichtlich geordnet.

Veränderung des Umschlagsgebietes der Indicatoren beim Erwärmen ($p_w = 14{,}2$, bei 100° 12,2).

Indicatoren	18°		100°	
	p_H	p_{OH}	p_H	p_{OH}
Methylviolett	0,1— 3,2	14,1—11,0	0,5— 1,7	11,7—10,5
Thymolsulfophthalein	1,2— 2,8	13,0—11,4	1,2— 2,6	11,0— 9,6
Tropäolin 00	1,3— 3,3	12,9—10,9	0,8— 2,2	11,2—10,0
Dimethylgelb	2,9— 4,0	11,3—10,2	2,3— 3,5	9,9— 8,7
Methylorange	3,1— 4,4	11,1— 9,8	2,5— 3,7	9,7— 8,5
Methylrot	4,2— 6,3	10,0— 7,9	4,0— 6,0	8,2— 6,2
p-Nitrophenol	5,0— 7,0	9,2— 7,2	5,0— 6,5	7,2— 5,7
Phenolsulfophthalein	6,8— 8,4	7,4— 5,8	7,3— 8,3	4,9— 3,9
o-Kresolsulfophthalein	7,2— 8,8	7,0— 5,4	7,6— 8,8	4,6— 3,4
Phenolphthalein	8,3—10,0	5,9— 4,2	8,1— 9,0	4,1— 3,2
Thymolsulfophthalein	8,0— 9,6	6,2— 4,6	8,2— 9,2	4,0— 3,0
Thymolphthalein	9,3—10,5	4,9— 3,7	8,7— 9,5	3,5— 2,7
Nitramin	11,0—12,5	3,2— 1,7	9,0—10,5	3,2— 1,7

7. Der Einfluß von Alkohol auf die Empfindlichkeit der Indicatoren. Über den Einfluß von anderen Lösungsmitteln auf die Empfindlichkeit der Farbenindicatoren ist zur Zeit wenig bekannt. Zwar haben verschiedene Autoren qualitative Versuche über die Richtung angestellt, nach welcher das Umwandlungsintervall von einigen Indicatoren durch Zusatz von Methyl- und Äthylalkohol verändert wird, doch fehlt eine quantitative Untersuchung. Wenn man die Übersicht, welche A. THIEL (23) in seinem Buche „Der Stand der Indicatorenfrage" hierüber gibt, liest, so erhält man den Eindruck, daß die ganze Sache noch sehr verworren ist. WADDELL (23) hat schon zur Entscheidung der Frage, ob die Indicatorentheorie von W. OSTWALD richtig ist, den Einfluß schwach ionisierender Lösungsmittel, nämlich von Alkohol, Aceton, Äther, Chloroform und Benzol auf die Farbe folgender Indicatoren untersucht: Fluorescein, Cyanin, p-Nitrophenol, Phenolphthalein, Methylorange, Corallin, Phenacetolin, Lacmoid und Curcumin. SCHOLTZ (23) beschrieb auch einige qualitative Versuche, von denen folgender von Interesse ist: Wenn man zu einer schwach alkalichen wässerigen Phenolphthaleinlösung Alkohol hinzufügt, verschwindet die Rosafärbung. Erwärmt man dann die so erhaltene Lösung, wird sie wieder rosa gefärbt. COHN (23) bestätigte den Versuch von SCHOLTZ und beobachtete u. a. auch, daß eine neutrale alkoholische Seifenlösung Phenolphthalein in der Kälte nicht färbt, jedoch wohl bei höherer Temperatur [vgl. auch BRAUN (23) und F. GOLDSCHMIDT (23), R. MEYER und O. SPRENGLER (23), O. SCHMATOLLA (23)]. R. HIRSCH (23) fand, daß Methylalkohol eine etwa zehnmal stärkere Wirkung auf die Zurückdrängung der Farbe einer schwach alkalischen wässerigen Phenolphthaleinlösung ausübt als Äthylalkohol. McCoy (23) arbeitete mit einer $1/20000$ n-Barytlösung, welche die äquivalente Menge Phenolphthalein enthielt. Wenn er zu 100 ccm dieser Lösung 2 ccm Alkohol hinzufügte, wurde die Farbe auf die halbe Stärke zurückgebracht. 0,4 ccm Alkohol hatte nach ihm eine noch deutlich wahrnehmbare Wirkung. Wahrscheinlich kann man den Zahlen von Mc COY nicht zuviel Wert beimessen, weil er bei der von ihm verwendeten großen Verdünnung wahrscheinlich eine Lösung von Bariumcarbonat und nicht von Baryt hatte. Der Alkohol übt nun auch einen merkbaren Einfluß auf den Hydrolysegrad des Carbonates aus. Nach J. H. HILDEBRAND (23) übt Alkohol auf die Farbe des Phenolphthaleins einen viel größeren Einfluß aus als auf einige andere von ihm untersuchte Indicatoren. Seine hauptsächlichsten Ergebnisse sind in folgender Tabelle zusammengestellt:

Einfluß von Alkohol auf Indicatoren nach HILDEBRAND.

Indicator	% dissoziiert		Farbverminderung in %
	ohne Alkohol	mit 13 proz. Alkohol	
Phenolphthalein...	67	30	37
Lackmus	76	80	−4
Rosolsäure	57	57	0
p-Nitrophenol....	80	81	−0

Zu bemerken ist, daß HILDEBRAND seine Versuche über den Einfluß von Alkohol auf Phenolphthalein mit einer verdünnten Ammoniaklösung ausführte und nicht berücksichtigte, daß auch der Dissoziationsgrad von Ammoniak durch Alkohol herabgesetzt wird.

Eine wichtige Untersuchung über Titrationen in äthylalkoholischer Lösung ist neuerdings von E. R. BISHOP, E. B. KITTREDGE und J. H. HILDEBRAND (23) beschrieben worden. Sie bestimmten die Neutralisationskurve von verschiedenen Säuren und Basen in äthylalkoholischer Lösung mit Hilfe der Wasserstoffelektrode. Zudem beobachteten sie, zwischen welcher elektromotorischen Kraft der von ihnen benutzten Kette die Indicatoren ihr Umwandlungsgebiet hatten. Leider ist die Konstante der Wasserstoffelektrode in äthylalkoholischer Lösung noch nicht sicher bekannt, so daß aus ihren Versuchen noch nicht das Umwandlungsgebiet ausgedrückt in p_H abgeleitet werden kann.

Weil also noch wenig quantitative Angaben über den Alkohol Einfluß auf die Empfindlichkeit von Farbindicatoren bekannt sind, so habe ich [KOLTHOFF (22)] eine ausgedehnte Untersuchung ausgeführt. Ich bemerke dazu, daß auch durch diese Arbeit noch bei weitem nicht genug Angaben bekannt geworden sind und daß noch viele Versuche nach verschiedenen Richtungen hin unternommen werden müssen. Doch sind viele Ergebnisse der letzteren Arbeit von praktischem und theoretischem Interesse, so daß sie unten mitgeteilt werden sollen. Die erste Reihe der Tabellen hat besondere praktische Bedeutung, weil man aus denselben die Empfindlichkeit der benutzten Indicatoren für Säure oder Lauge in Alkohollösung von verschiedener Konzentration ablesen kann.

Die Versuche wurden so vorgenommen, daß man in einem Becherglase zu einer bestimmten Menge der Wasser-Alkoholmischung den Indicator zusetzte und dann so lange Lauge oder Säure zufließen ließ, bis eine von der Wasserfärbung abweichende Farbe wahrnehmbar war. Der Alkoholgehalt ist in den Tabellen in Raumhundertteilen ausgedrückt.

Thymolphthalein.

Alkoholgehalt in %	Empfindlichkeit für Lauge
0	0,002 n
17	0,004 ,,
20	0,0065 ,,
48	0,012 ,,
80	0,025 ,,
96	0,032 ,,

Phenolphthalein.

Alkoholgehalt in %	Empfindlichkeit für Lauge
0	0,0002 n
17	0,0004 ,,
28	0,0008 ,,
48	0,0010 ,,
69	0,0013 ,,
80	0,0015 ,,
96	0,002 ,,

Aus diesen Tabellen ergibt sich deutlich, daß die Zahlen nur praktische Bedeutung haben, weil in Wirklichkeit die Empfindlichkeit von Thymolphthalein oder Phenolphthalein für Lauge viel größer ist, als oben angegeben. Die absolute Genauigkeit können wir jedoch nur mit Pufferlösungen bestimmen. Zu bemerken ist noch, daß Alkohol nicht nur die Farbstärke des Phenolphthaleins ändert, sondern auch die Farbe selbst. In wässeriger alkalischer Lösung ist Phenolphthalein kirschrot, in verdünnten alkoholischen Lösungen mehr violett, in konzentriertem Alkohol bläulichviolett. Zudem ist die Farbstärke einer völlig alkalischen Phenolphthaleinlösung in Alkohol viel geringer als in Wasser.

Auch mit Methylalkohol statt Äthylalkohol sind Versuche ausgeführt worden. Es ergab sich, daß der Einfluß von Methylalkohol geringer ist als der von Weingeist, was auch zu erwarten war.

Von den halbempfindlichen Indicatoren, die in Wasser ihr Umwandlungsgebiet in der Nähe von p_H 7 haben, kann man die Empfindlichkeit für Säure oder Lauge nicht auf die oben erwähnte Weise bestimmen, weil Spuren von Verunreinigungen im Wasser einen zu großen Einfluß auf das Ergebnis ausüben. Hier ist es notwendig, mit Puffermischungen zu arbeiten. Weil die Wasserstoffexponenten derartiger Mischungen in alkoholischen Lösungen bei der Untersuchung nicht bekannt waren, konnten die genauen Versuche noch nicht gemacht werden.

Doch haben die untenstehenden Versuche praktische Bedeutung, weil man aus den Ergebnissen ableiten kann, welche Indicatoren in konzentriertem Alkohol einen scharfen Umschlag geben.

α-Naphtholphthalein: Umschlag in Wasser zwischen p_H 7,3 bis 8,7 (rosa nach blau). Zu 25 ccm neutralem 96 proz. Weingeist fügte ich 15 Tropfen 0,2 proz. α-Naphtholphthaleinlösung, sodann 0,01 n-Lauge und beurteilte die Farbe im NESSLERschen Colorimetergläsern:

α-Naphtholphthalein in 96 proz. Alkohol.

Zugesetzt ccm 0,01 n-Lauge	Farbe der Lösung
0	hellbraun
0,2	Umschlag nach gelb
0,4	rein gelb
0,4—0,7	strohgelb
0,8	gelbgrün
1,0	grün
viel Lauge	blau

Der zweibasische Charakter des α-Naphtholphthaleins erklärt sein eigenartiges Verhalten in alkoholischer Lösung.

Rosolsäure: Umschlag in Wasser zwischen p_H 6,9 bis 8,0 (gelb nach rot). In 96 und 99,7 proz. Alkohol ist der Indicator rein gelb. Nach Zusatz von 0,1 ccm 0,01 n-Natronlauge auf 50 ccm ist die Farbe rosarot. Bei Anwesenheit von 0,2 bis 0,3 ccm 0,01 n-Lauge auf 50 ccm ist die Farbenstärke am größten. Der Umschlag in Alkohol ist also sehr scharf.

Phenolsulfophthalein: Umschlag in Wasser zwischen p_H 6,8 bis 8,0. Verhalten in Alkohol wie Rosolsäure.

Neutralrot: Umschlag in Wasser zwischen p_H 6,8 bis 8,0. In 99,7 proz. Alkohol ist der Indicator gelb (also alkalisch, im Gegensatz zu beiden vorigen Indicatoren). 25 ccm 99,7 proz. Alkohol, mit dem Indicator versetzt, sind schon nach Zusatz von 0,1 ccm 0,01 n-Säure rosarot; bei Anwesenheit von 0,25 ccm 0,01 n-Säure ist die Intensität am höchsten. Der Umschlag in Alkohol ist also sehr scharf.

Azolitmin: Umwandlungsgebiet in Wasser zwischen $p_H = 5,0$ bis 8,0 (rot nach blau). In Alkohol von 99,7% und 96% hat der Indicator seine Zwischenfarbe, nämlich violett. Übrigens bemerke ich, daß die Farbänderungen mit Säure oder Lauge nicht scharf sind. Azolitmin ist in alkoholischer Lösung also kein geeigneter Indicator.

Curcumin: Umschlagsgebiet in Wasser zwischen p_H 7,8 bis 8,2. In alkoholischer Lösung schlägt es ungefähr mit derselben Menge Lauge um wie in Wasser.

Lackmoid: Umschlagsgebiet in Wasser zwischen p_H 4,4 bis 6,4 (rot nach blau). In 99,7- und 96proz. Alkohol zeigt es seine alkalische Farbe (blau). 25 ccm 96 proz. Alkohol mit 0,15 ccm 0,01 n-Säure färben den Indicator schon rosarot. Scharfer Umschlag.

Bromkresolpurpur: Umschlagsgebiet in Wasser zwischen p_H 5,2 bis 6,8 (gelb nach purpur). In 99,7proz. Alkohol zeigt der Indicator eine grüngelbe Farbe. 25 ccm Alkohol mit 0,1 ccm 0,01 n-Salzsäure färben den Indicator rein gelb; umgekehrt mit 0,1 ccm 0,01 n-Lauge blaugrün und mit 0,2 ccm 0,01 n-Lauge blau. Scharfer Umschlag.

p-Nitrophenol: Verhält sich in alkoholischer Lösung gegen Lauge ungefähr wie in Wasser (vergl. S. 199).

Alizarinsulfosaures Natrium: Umschlagsgebiet in Wasser zwischen p_H 3,7 bis 5,2 (gelb nach violett). In 99,7proz. Alkohol zeigt der Indicator eine braune Farbe. Mit Lauge wird die Farbe rotbraun, nicht violett wie in wässeriger Lösung.

Methylrot: Umschlagsgebiet in Wasser zwischen p_H 4,2 bis 6,3 (rot nach gelb). In Alkohol von 99,7 % ist der Indicator rein gelb. Wenn man zu 10 ccm Alkohol 0,1 ccm 0,01 n-Salzsäure fügt, wird die Farbe orangegelb. Bei fortgesetztem Säurezusatz ändert sich die Farbe nur sehr langsam nach der roten Seite hin. Umschlag nicht scharf [bezüglich Einzelheiten vgl. Kolthoff (22)].

Von den sehr alkaliempfindlichen Indicatoren konnte die Empfindlichkeit für Säure auf dieselbe Weise festgestellt werden wie die der säureempfindlichen Indicatoren für Lauge.

Alkoholgehalt in %	Empfindlichkeit gegen Salzsäure	
	Methylorange	Dimethylgelb
0	0,00002 n	0,00007 n
17	0,00006 ,,	0,00010 ,, (unscharf)
28	0,00014 ,,	0,00022 ,, ,,
48	0,00034 ,,	0,0008 ,, ,,
96	0,0024 ,,	0,006 ,, ,,

Alkoholgehalt in %	Empfindlichkeit gegen Salzsäure	
	Tropäolin 00	Methylviolett
0	0,0009 n	0,002 n
17	0,0013 ,,	0 0027 ,,
28	0,0025 ,,	—
48	0,012 ,, (unscharf)	0,03 ,,
69	0,026 ,, ,,	—
96	0,012 ,, ,,	0,08 ,,

Kongorot: Diese Säure gibt in alkoholischen Lösungen Verzögerungserscheinungen, weshalb sie als Indicator ungeeignet ist. Bezüglich Einzelheiten vgl. KOLTHOFF (22).

In mehr quantitativer Hinsicht habe ich die Änderung der Empfindlichkeit der Indicatoren durch Alkohol auf folgende Weise untersucht. In hohe schmale Bechergläschen wurden 25 ccm Leitfähigkeitswasser bzw. 25 ccm der zu untersuchenden Alkohollösung pipettiert. Zu beiden wurde dieselbe Menge Indicatorlösung gefügt und dann zum Wasser eine bekannte Menge Säure oder Lauge, bis eine deutliche Zwischenfarbe erhalten war. Dann wurde aus einer Bangschen Bürette so lange Säure oder Lauge zur alkoholischen Lösung gefügt, bis die Farbe in beiden Gläschen dieselbe war. Alle Versuche sind bei 11 bis 12° ausgeführt worden.

In den Tabellen habe ich das Empfindlichkeitsverhältnis (E. V.) der Indicatoren in Wasser und in Alkohol angegeben. Ist dieses Verhältnis kleiner als 1, so wird der Indicator in alkoholischen Lösungen also empfindlicher für Lauge oder Säure ist es größer als 1, so wird der Indicator unempfindlicher als in Wasser. Hoffentlich können diese Versuche später mit Puffermischungen in alkoholischer Lösung wiederholt werden[1]).

---

[1]) Vgl. S. 197, wo die Resultate der Versuche von L. MICHAELIS und MIZUTANI mitgeteilt sind.

Der Einfluß von Alkohol auf die Empfindlichkeit der Indicatoren. 99

Säureempfindliche Indicatoren.

Vol.-% Alkohol der Lösung	E.V. = Empfindlichkeitsverhältnis für Nitramin	E.V. für Tropäolin 0
10	0,55	1,6
20	0,25	—
30	0,13	2,0
40	0,11	3,6
50	0,09	4,8
60	0,08	6,2
70	0,07	8,0
80	0,055	9,0
90	0,055	8,5
95,6	0,06	6,0
99,7	0,06	3,0

Folgende Tabellen gelten nur angenähert, weil die Versuche schwierig ausführbar waren.

Vol.-% Alkohol	E.V. für Thymolphthalein	E.V. für Phenolphthalein	E.V. für Thymolblau	E.V. für Curcumin
10	1,3	1,15	—	—
20	2,0	—	2	0,5
30	4	1,5	—	—
39	9	2,7	5	0,3
46,5	18	7,5	—	—
51	24	—	—	0,27
59	—	25	7,5	—
68	70	100	—	0,3
78	125	380	13	—
87	200	1000	15	0,4
93,5	200	3000	24	0,4
99	200	3200	24	0,4

Alkaliempfindliche Indicatoren.

Vol.-% Alkohol	E.V. für Methylorange	E.V. Dimethylgelb	E.V. Tropäolin 00	E.V. Methylviolett
10	1,25	1,3	1,15	—
19,5	1,55	1,7	1,7	1,75
28,5	2,7	2,8	3,2	4,6
37	4,8	5,0	9	6,8
42	10	—	—	—
49	16	13,5	25	16
57	28,5	23	47	—
65	45	37	69	—
72	64	—	78	—
78	—	70	86	—
87	118	96	82	—
92	140	98	—	—
99,4	23	20	54	—

Vol.-% Alkohol	E.V. für Bromphenolblau	E.V. Thymolblau (in saurer Lösung)
10	0,87	1,0
20	0,62	0,95
30	0,45	0,85
40	0,42	0,70
50	0,42	0,64
60	0,17	0,57
70	0,10	0,5
80	0,08	0,4
90	0,02	0,15
95,5	Saure Farbe	0,024
99,7	,, ,,	0,011

Eine kurze Besprechung der obenstehenden Ergebnisse ist erwünscht. Wenn wir die Änderung des E.V. in Kurven angeben (vgl. die Abb. 13, 14, 15,) so sehen wir, daß

a) die Kurven gleichmäßig verlaufen können, d. h. ohne Knick sind. Das E.V. kann mit steigender Alkoholkonzentration immer ab- oder zunehmen, wie bei Phenolphthalein, oder kann bei einer bestimmten Alkoholkonzentration einen Höchst- oder Niedrigstwert erreichen, um sich bei steigender Alkoholkonzentration nicht mehr zu ändern, wie bei Nitramin, Thymolphthalein, Thymolblau (in saurer und alkalischer Lösung), Curcumin.

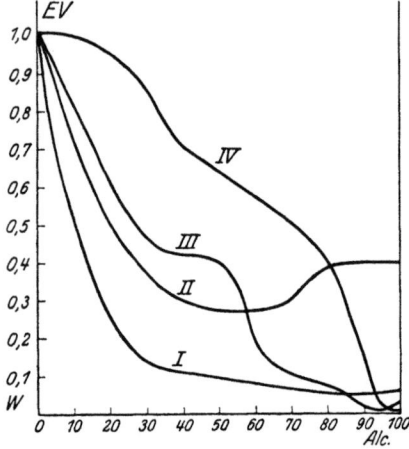

Abb. 13. I Nitramin; II Curcumin; III Bromphenolblau; IV Thymolblau (bei p_H-3).

b) Es tritt bei bestimmter Alkoholkonzentration ein Höchst- oder Niedrigstwert im E.V. auf, wie bei Tropäolin 0, Methylorange, Dimethylgelb, Tropäolin 00. Besonders bei den Azoindicatoren ist der Höchstwert stark ausgeprägt. Bei Methylorange nimmt die Empfindlichkeit gegen Säure zwischen 95 proz. und 100 proz. Alkohol so stark zu, daß man darauf ein einfaches Verfahren zur Bestimmung des Wassergehalts des Alkohols begründen kann.

Aus den mitgeteilten Versuchen und aus den Abbildungen ergibt sich, daß Tropäolin 0, Phenolphthalein, Thymolphthalein, Thymolblau und Bromphenolblau in Alkohol empfindlicher gegen Säure werden, während Nitramin, Curcumin, Methylorange, Dimethylgelb, Tropäolin 00, Methylviolett alkaliempfindlicher werden.

Hieraus kann man ableiten, daß Indicatoren, welche sich wie Säuren verhalten, bei Anwesenheit von Alkohol empfindlicher gegen Wasserstoffionen werden, unabhängig davon, ob der Indicator säure- oder alkaliempfindlich ist. Umgekehrt werden Indicatoren, welche schwache Basen sind, bei Anwesenheit von Alkohol weniger empfindlich gegen Wasserstoffionen.

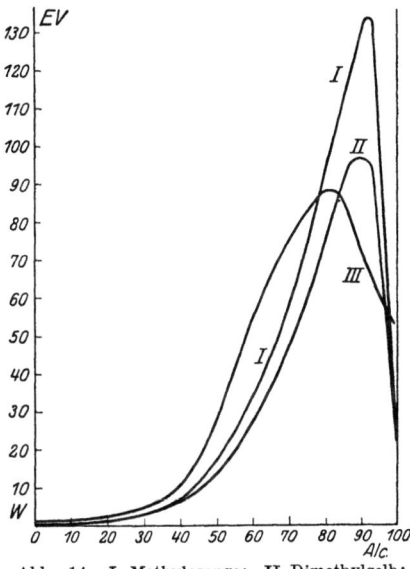

Abb. 14. I Methylorange; II Dimethylgelb; III Tropäolin 00.

Die Erklärung dieser Tatsache besteht einfach darin, daß Alkohol die Dissoziationskonstante der Indicatoren stark vermindert. Wenn wir eine Indicatorsäure betrachten, ist:

$$\frac{[J']}{[HJ]} = \frac{K_{HJ}}{[H^{\cdot}]}.$$

Wenn wir $\frac{[J']}{[HJ]}$ konstant lassen, d. h. immer dieselbe Zwischenfarbe halten, muß $[H^{\cdot}]$ abnehmen, wenn K_{HJ} abnimmt; mit anderen Worten: der Indicator wird empfindlicher gegen Wasserstoffionen.

Quantitativ wird die Änderung der Empfindlichkeit nicht nur von der Zurückdrängung der Dissoziationskonstante der Indicatoren, sondern auch von der Verminderung des Ionenproduktes des Wassers beherrscht. Die Hydrolyse der Indicatorsalze ist in alkoholischer Lösung also geringer als in Wasser. Eine Indicatorsäure würde dadurch unempfindlicher gegen Wasserstoffionen werden. In der Tat wurde gefunden, daß die Indicatorsäuren in alkoholischer Lösung empfindlicher gegen Wasserstoffionen werden, so daß man hieraus die Schlußfolgerung ziehen kann, daß die Verminderung der Dissoziationskonstante durch Alkohol größer ist als die Herabsetzung der Ionisationskonstante des Wassers. Diese Betrachtungen sind auch von Interesse für die Erklärung des Auftretens des Höchst- oder Niedrigstwertes im E.V. bei verschiedenen Indicatoren. Die Kurve des Empfindlichkeitsverhältnisses entsteht nämlich durch Aneinanderlegung von zwei anderen; die eine gibt die Verminderung der Dissoziationskonstante der Indicatoren an, die andere läuft in entgegengesetzter Richtung und gibt die Verminderung des Ionenproduktes des Wassers bei verschiedenen Alkoholkonzentrationen an.

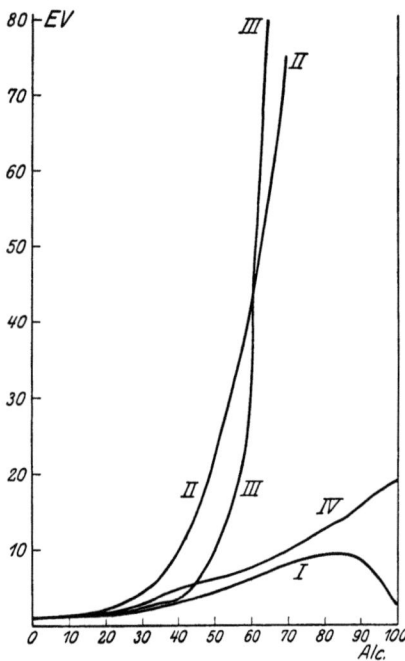

Abb. 15. I Tropäolin 0; II Thymolphthalein; III Phenolphthalein; IV Thymolblau.

Weil die relative Änderung in beiden Kurven bei verschiedenem Alkoholgehalte nicht dieselbe ist, so kann es vorkommen, daß die relative Änderung des Ionenproduktes des Wassers bei bestimmten Alkoholkonzentrationen größer wird als die Verminderung der Dissoziationskonstante des Indicators, was sich durch das Auftreten eines Höchst- oder Niedrigstwertes zu erkennen gibt.

Eigenartig ist, daß Erhöhung der Temperatur in alkoholischer Lösung eben die umgekehrte Wirkung auf die Farbe der Indicatoren ausübt wie in wässeriger Lösung. Während ein saurer

Indicator wie Phenolphthalein beim Erwärmen in Wasser mehr säureempfindlich wird, wird eine schwach alkalische alkoholische Lösung des Indicators stark gerötet. Das Umgekehrte nehmen wir z. B. bei Methylorange wahr. Eine auf Zwischenfarbe gefärbte wässerige Indicatorlösung wird beim Erwärmen gelb, eine alkoholische Lösung rot.

Auf den Einfluß neutraler Salze und Eiweißstoffe auf das Umschlagsgebiet werde ich bei der Besprechung der colorimetrischen Bestimmung der Wasserstoffionenkonzentration ausführlich zu sprechen kommen (Kap. V).

L. MICHAELIS und M. MIZUTANI (23) haben die Dissoziationskonstante der Nitroindikatoren in alkoholischen Lösungen von verschiedener Stärke bestimmt (vgl. Kapitel V S. 197, wo die Resultate mitgeteilt sind).

F. M. CRAY und G. M. WESTRIP[1]) haben den Einfluß von Aceton auf das Umwandlungsintervall verschiedener Indicatoren bestimmt. Sie arbeiteten immer mit einem Lösungsmittel, das neben Aceton 10 Vol. Proz. Wasser enthielt. Hierin bereiteten sie verschiedene Puffermischungen, dessen p_H-Werte potentiometrisch mit der Chinhydronelektrode festgestellt wurden. Daß das Aceton einen großen Einfluß auf die Größe der Dissoziationskonstante hat, ergibt sich wohl aus folgender Tabelle:

Dissoziationskonstante von Säuren in Aceton mit 10% Wasser.

Säure	$p_K = -\log K_{HA}$
Phthalsäure 1. Stufe	6,10
2. Stufe	11,5
Essigsäure	9,75
Glykokoll	8,35
Monochloressigsäure	7,60

Auch das Ionenprodukt von Wasser wird bei Anwesenheit von Aceton viel kleiner. Nach den Messungen von J. N. PRING[2]) ist K_W in Aceton mit 10 Vol. % Wasser $3,3 \times 10^{-20}$ bei 15°.

Folgende Tabelle gibt nun das Umwandlungsintervall und den Indicatorexponenten (= - log. K_{HJ}) der wichtigsten Indicatoren, welche CRAY und WESTRIP untersucht haben.

---
[1]) CRAY und WESTRIP: Transact. Farad. Soc. Bd. 21, S. 326. 1925.
[2]) PRING: Transact. Farad. Soc. Bd. 19, S. 705. 1924.

Umwandlungsintervall und p_{HJ} Indicatoren in Aceton mit 10 Vol.-% Wasser.

Indicator	Umwandlungsintervall	p_{HJ}
Phenolrot	13,0—11,0	—
Bromthymolblau	12,8—11,4	12,4
Rosolsäure	12,5—10,5	—
Bromkresolpurpur	11,1—9,6	10,8
Alizarin	11,0—9,5	10,4
Bromkresolblau	9,8—8,3	9,0
Bromphenolblau	8,3—6,5	8,0
m-Kresolpurpur	4,5—2,8	—
Thymolblau	4,0—2,4	—
Methylrot	3,7—1,7	3,6
Methylorange	2,7—1,0	2,4
Dimethylgelb	2,5—0,5	1,8

Literaturverzeichnis zum dritten Kapitel.

1. BJERRUM, N.: Die Theorie der alkalimetrischen und acidimetrischen Titrierungen. „Samml. Herz" 1914, S. 30.
2. CLARK und LUBS: Journ. of bacteriol. Bd. 2, S. 110, 1917; und Journ. Biol. Chem. Bd. 25, S. 479. 1916; vgl. auch MC CLENDON, J. F.: Journ. Biol. chem. Bd. 54, S. 647. 1922.
3. SALM, F.: Zeitschr. f. physikal. Chem. Bd. 57, S. 471, 1906; Bd. 63, S. 83. 1908.
4. SÖRENSEN, S. P. L.: Cpt. rend. du Lab. Carlsberg Bd. 8, S. 28, 1909; Biochem. Zeitschr. Bd. 21, S. 159. 1909.
5. LUBS und CLARK: Journ. Washington Acad. of sciences Bd. 5, S. 610, 1915; Bd. 6, S. 481. 1916. — A. COHEN: Biochem. Journ. Bd. 17, S. 535, 1923. — BARNETT COHEN: Public Health Reports Reprint Nr. 814. 1923; auch Nr. 828; Proc. Soc. Exp. Biol. and Medicine Bd. 20, S. 124. 1922.
6. MICHAELIS, L. und A. GYEMANT: Bioch. Zeitschr. Bd. 109, S. 165. 1920. — MICHAELIS, L. und A. KRÜGER: Bioch. Zeitschr. Bd. 119, S. 307. 1921.
7. PRIDEAUX, E. B. R.: The Use and Application of Indicators 1917.
8. RUPP, E. und R. LOOSE: Ber. d. Dtsch. Chem. Ges. Bd. 41, S. 3905. 1908.
9. PALITZSCH, SVEN: Cpt. rend. du lab. Carlsberg Bd. 10, S. 162. 1911.
10. SÖRENSEN, S. P. L. und S. PALITZSCH: Cpt. rend. du lab. Carlsberg Bd. 9. 1910.
11. GLASER, FR.: Indicatoren der Acidimetrie und Alkalimetrie. Wiesbaden 1901, S. 61.
12. HOTTINGER: Bioch. Zeitschr. Bd. 65, S. 177. 1914.
13. ARON: Pharm. Post Bd. 46, S. 521. 1913.
14. ROMBURGH, P. VAN: Rec. Trav. Chem. Bd. 2, S. 31. 1883.
15. COHEN, A.: Biochem. Journ. Bd. 16, S. 31. 1922.

16. SCHOORL, N.: Chem. Weekbl. Bd. 3, S. 719, 771, 807. 1906.
17. MC COY: Amer. Chem. Journ. Bd. 31, S. 503. 1904.
18. NOYES: Journ. of the Americ. chem. soc. Bd. 30, S. 349. 1908.
19. TIZARD: Journ. of the chem. soc. London Bd. 97, S. 2477. 1910. — TIZARD und WHISTON: Journ. of the chem. soc. London Bd. 117, S. 150. 1920.
20. WALBUM: Cpt. rend. de la Soc. de Biol. Bd. 83, S. 707. 1920.
21. KOLTHOFF: Rec. Trav. Chim. Bd. 40, S. 775. 1921.
22. KOLTHOFF: Rec. Trav. Chim. Bd. 42, S. 251. 1923.
23. THIEL, A.: Der Stand der Indicatorenfrage. Stuttgart 1911, S. 28, 30. — WADDELL: Chem. News. Bd. 77, S. 131. 1898; Journ. Phys. Chem. Bd. 2, S. 171. 1898. — SCHOLTZ; Ber. d. Dtsch. Chem. Ges. Bd. 14, S. 348. 1904; Zeitschr. f. Elektrochem. Bd. 10, S. 550. 1904. — COHN: Zeitschr. f. angew. Chem. Bd. 19, S. 1389. 1906. — BRAUN: Zeitschr. f. angew. Chem. Bd. 18, S. 573. 1905. — GOLDSCHMIDT, F.: Chemiker-Ztg. Bd. 28, S. 302. 1904. — HIRSCH, R.: Ber. d. Dtsch. Chem. Ges. Bd. 35, S. 2874. 1902. — SCHMATOLLA, O.: Ber. d. Dtsch. Chem. Ges. Bd. 35, S. 3905. 1902. — MEYER, R. und O. SPENGLER: Ber. d. Dtsch. Chem. Ges. Bd. 36, S. 2951. 1903. — MC COY: Americ. chem. Journ. Bd. 31, S. 508. 1904. — HILDEBRAND, J. H.: Journ. of the Americ. chem. soc. Bd. 30, S. 1914. 1908; Zeitschr. f. Elektrochem. Bd. 14, S. 352. 1908. — BISHOP, E. R., E. B. KITTREDGE und J. H. HILDEBRAND: Journ. of the Americ. chem. soc. Bd. 44, S. 135. 1922. — WEGSCHEIDER, R.: Zeitschr. f. physikal. Chem. Bd. 100, S. 532. 1922. — MICHAELIS, L. und M. MIZUTANI, Biochem. Zeitschr. Bd. 147, S. 7. 1924.

Viertes Kapitel.

Die Anwendung der Indicatoren in der Neutralisationsanalyse.

1. Die praktisch brauchbaren Indicatoren. Notwendiger Überschuß. Wie aus der Abb. 9 (S. 35) ersichtlich, ändert sich der p_H bei der Neutralisation einer starken Säure mit einer starken Base sehr plötzlich in der Nähe des Äquivalenzpunktes, und zwar springt p_H beim Übergang von sehr schwach saurer zu schwach alkalischer Reaktion von 3 auf 11. Kommt man durch weiteren Zusatz von Säuren bzw. Basen aus diesem Bereich heraus, so ändert sich p_H nur noch langsam. Es ist also wahrscheinlich, daß die Indicatoren, deren Umschlagsgebiet zwischen p_H 3 und 11 liegt, einen scharfen Umschlag mit starken Säuren oder Basen geben, daß dagegen diejenigen Indicatoren, deren Umschlagsgebiete über jene Zwischenstufe hinausgreifen, nur recht langsam ihre Färbung schrittweise ändern werden. In diesem Falle ist auch der Überschuß an Säure oder Base, der in einer neutralen Lösung nötig ist, um über die Grenzfarbe hinwegzukommen, ziemlich erheblich, so daß derartige Indicatoren für Titrationen praktisch nicht oder nur in besonderen Fällen verwendbar sind. In der nachstehenden Tabelle ist zusammengestellt, wieviel Kubikzentimeter n-, 0,1 n-, 0,01 n-Säure oder Base nötig sind, um 100 ccm neutralem Wasser bei Gegenwart der angegebenen Indicatoren eine von der Wasserfärbung abweichende Farbe zu geben.

Hieraus sieht man, daß die praktisch brauchbaren Indicatoren für Titrationen von $^1/_{10}$n-Flüssigkeiten **zwischen Dimethylgelb und Thymolphtalein** liegen. Welchen Indicator man im Einzelfalle zweckmäßig anwendet und wie groß bei seiner Anwendung der mittlere Fehler wird, soll im folgenden besprochen werden.

2. Der Titrierexponent. Will man bei einer Titration bis zu einem bestimmten Wasserstoffexponenten titrieren, so nennt man diesen nach BJERRUMS (1) Vorgang den **Titrierexponenten** p_T.

Notwendiger Überschuß an Reagens bei der Anwendung verschiedener Indicatoren.

In 100 ccm wässeriger Lösung muß ein Überschuß von Säure oder Lauge vorhanden sein, damit ein Farbumschlag erkennbar ist, bei

Indicator	1/1 n		1/10 n		1/100 n	
Thymolblau	0,1	ccm	1	ccm	10	ccm
Tropäolin 00	0,1	„	1	„	10	„
Dimethylgelb	0,01	„	0,1	„	1,0	„
Bromphenolblau	0,01	„	0,1	„	1,0	„
Methylorange	0,008	„	0,08	„	0,8	„
Methylrot	0,001	„	0,01	„	0,1	„
Bromkresolpurpur	0,001	„	0,01	„	0,1	„
Phenolrot	0,000	„	0,00	„	0,0	„
Neutralrot	0,000	„	0,00	„	0,0	„
Phenolphthalein	0,002	„	0,02	„	0,2	„
Thymolblau	0,002	„	0,02	„	0,2	„
Thymolphthalein	0,01	„	0,10	„	1,0	„
Alizaringelb	0,1	„	1,00	„	10,0	„
Nitramin	0,1	„	0,8	„	8,0	„
Tropäolin 0	0,1	„	1,1	„	11,0	„

Im vorhergehenden Kapitel haben wir gesehen, in welch hohem Grade besonders bei den einfarbigen Indicatoren die Färbung von der Konzentration derselben abhängig ist. Durch Konzentrationsänderung kann man also mit ein und demselben Indicator zu verschiedenen Titrierexponenten gelangen. NOYES (2) hat gezeigt, daß man den Farbumschlag eines einfarbigen Indicators schon wahrnehmen kann, wenn die Konzentration der geringsten wahrnehmbaren gefärbten Form [J_{min}] $^1/_4$ der Gesamtkonzentration des Indicators beträgt. Wenn also 25% des Indicators umgeschlagen sind, wird der Umschlag sichtbar. Es ist nun: $[H^·] = \dfrac{[HJ]}{[J']} \times K_{HJ}$ und im vorliegenden Falle für den Umschlag

$$[H^·] = \dfrac{(4-1)}{1} \times K_{HJ} = 3\,K_{HJ}.$$

Da der zu diesem [$H^·$] gehörige Wasserstoffexponent der Titrierexponent p_T ist, so ist

$$p_T = p_{HJ} - \log 3 \text{ oder annähernd:}$$
$$\mathbf{p_T = p_{HJ} - 0{,}5}\,.$$

Der Titrierexponent ist also um 0,5 kleiner als der Indicatorexponent. Legen wir beispielsweise für Phenolphthalein den Indicatorexponenten 9,7 unseren Betrachtungen zugrunde, so ist der zugehörige Titrierexponent 9,2. Dieses gilt aber nur für den Fall, daß die Indicatorenkonzentration so niedrig ist, daß der Farbumschlag noch gerade scharf erkennbar ist. Ist dagegen viel mehr Phenolphthalein zugegeben, als erforderlich gewesen wäre, so tritt der Farbumschlag bereits bei einem viel kleineren p_H auf, wie im vorigen Kapitel dargelegt ist. Bei der Anwendung einer gesättigten Phenolphthaleinlösung können wir eine deutliche Rotfärbung bei dem p_H von rund 8,4 beobachten. Wir haben es also bei diesem Indicator in der Hand, den Titrierexponenten von 9,2 bis etwa 8,0 zu verändern, je nachdem, wie wir die Konzentration des Indicators wählen, und zwar in um so weiteren Grenzen, je größer der Unterschied zwischen der Löslichkeit des Indicators und [J'_{min}] bei dem betreffenden Indicator ist. Bei Verwendung von dem viel weniger löslichen Thymolphthalein kann man praktisch nur auf einen einzigen p_H, und zwar dem p_T von rund 9,5 titrieren.

Für p-Nitrophenol hingegen wurde bereits im vorigen Kapitel berechnet, wie sehr das Umschlagsgebiet sich mit der Konzentration verschieben kann. Da hier nun auch das Gebiet der Titrierexponenten recht ausgedehnt ist, können wir mit diesem Indicator, wie bereits Noyes (2) gezeigt hat, auf Titrierexponenten zwischen 4 und 5,6 titrieren, je nachdem, wie wir die Konzentration des Indicators wählen.

Verwickelter ist die Sache bei den zweifarbigen Indicatoren. Noyes hat geschätzt, daß 5 bis 20% bzw. 80 bis 95% eines zweifarbigen Indicators umgesetzt sein müssen, um den Titrierexponenten zu erreichen. Er fand, daß bei der Verwendung von Methylorange 5 bis 20% der gelben in die rote Form übergegangen sein müssen, um einen deutlichen Unterschied gegen die reine Wasserfarbe zu erhalten. Dagegen mußten 20 bis 30% von der roten in die gelbe Form übergegangen sein, um einen Farbunterschied gegen die saure Lösung erkennen zu können. Hierdurch wird auch der Unterschied der beiden Seiten des Umschlagsgebietes erklärt; die Farbstärke der sauren Form ist viel größer als die der basischen, so daß die saure Modifikation sehr viel empfindlicher neben ihrem Antipoden nachzuweisen ist als umgekehrt. Ähnlich fand ich, daß eine so schwache Lösung von Dimethylgelb, deren Gelbfärbung im Nesslerschen Colorimeterglase neben reinem Wasser nicht zu unterscheiden war, nach dem Ansäuern recht deutlich rosa gefärbt wurde. Erst nachdem diese Lösung etwa vierfach verdünnt worden war, war die rosa Färbung so weit abgeschwächt, daß sie neben einer mit reinem Wasser gefüllten Röhre kaum noch erkennbar war. Man kann daher ableiten, daß die rote Farbe empfindlicher neben der gelben als umgekehrt nachzuweisen ist. Die Farbstärke wird nämlich in der sauren Lösung durch die chromophore Chinongruppe verstärkt. Bei Dimethylgelb muß etwa 10% in die rote Form umgesetzt sein, damit man die Anwesenheit der letzteren erkennen kann. Dann ist

$$p_T \ 3{,}0 + \log\frac{90}{10} = 3{,}95,$$ mit anderen Worten: der Titrierexponent des Dimethylgelbs ist etwa 4. Der andere Titrierexponent, der sich ergibt, wenn man von der sauren Lösung ausgeht und auf die alkalische Färbung titriert, hat wenig Bedeutung, weil

der Umschlag nicht scharf ist und die Färbung sich nur langsam beim Zusatze von Lauge ändert.

Ganz allgemein ist bei zweifarbigen Indicatoren der Einfluß der Konzentration auf den Titrierexponenten viel geringer als bei einfarbigen Indicatoren. Doch ist es auch bei den zweifarbigen Indicatoren im allgemeinen vorteilhafter, nicht zu viel von dem Indicator zuzugeben, da die Farbänderung bei kleineren Konzentrationen schärfer wahrzunehmen ist.

Die Genauigkeit, mit der man auf einen bestimmten Titrierexponenten titrieren kann, ist ziemlich groß, aber von der Art des Indicators abhängig. So sind im allgemeinen reine Indicatoren zu verwenden und keine natürlichen Lösungen; diese enthalten noch möglicherweise alle möglichen anderen Verbindungen, die den Farbumschlag undeutlich und das Umschlagsgebiet größer machen können. Lackmus besteht z. B. aus einem Gemisch von Säuren, von welchen viele sich wie Indicatoren verhalten. Hierdurch wird das Umschlagsgebiet ziemlich groß, von etwa 4,8—8,0. Es ist daher auch nicht als Indicator bei Titrationen zu empfehlen. Am besten verwendet man hierfür Indicatoren mit einem recht kleinen Umschlagsgebiet, so daß man die Farbänderung schon bei geringen p_H-Änderungen scharf beobachten kann. Im allgemeinen kann man dann mit einer Genauigkeit von $p_H = p_T \pm 0,2$ titrieren; dies entspricht etwa einer Wasserstoffionenkonzentration von $1,6\,T$ und $\dfrac{T}{1,6}$, worin T die zu p_T gehörige Wasserstoffionenkonzentration ist. Arbeitet man mit einer Vergleichslösung, so kann man auf $p_H = p_T \pm 0,1$ titrieren, entsprechend $[H^\cdot] = 1,2\,T$ und $\dfrac{T}{1,2}$.

Unter Beobachtung bestimmter Vorsichtsmaßregeln kann man noch genauer auf den richtigen Endpunkt titrieren. Diese sind sehr ausführlich in dem mehrfach erwähnten Werken von BJERRUM besprochen worden.

In der nachstehenden Tabelle sind die besten Indicatorkonzentrationen zur Titration auf einen bestimmten Titrierexponenten bei Zimmertemperatur angegeben.

Ich bemerke hier noch, daß man auch die Verwendung von Mischungen von Indicatoren vorgeschlagen hat, um den Farbumschlag schärfer wahrnehmen zu können. So ist schon früher von LUTHER (3) eine Mischung von Methylorange und Indigocarmin statt Methylorange allein vorgeschlagen worden. MOERK (3) hat untersucht, bei welchem Mischungsverhältnis die besten Ergebnisse erhalten werden. Folgende Mischung ist zu empfehlen: 1 g Methylorange und 2,5 g Indigocarmin werden in 1 l Wasser gelöst. Auch bei künstlichem Licht kann man mit diesem Indicator ausgezeichnet den Umschlag wahrnehmen. In alkalischer Lösung ist seine Farbe gelbgrün; diese ändert sich beim Umschlage von grün über grau nach violett. Nach meinen Beobachtungen ist dieser Mischindicator für Titrationen sehr geeignet. K. C. D. HICKMANN und R. P. LINSTEAD (3) haben eine ausgedehnte Untersuchung angestellt, um den Farbumschlag von Methylorange deutlicher sichtbar zu machen. Nach einer Besprechung der Adsorptionsspektren kommen sie zu der Vorschrift des folgenden Mischindicators:

1 Teil Methylorange + 1,4 Teilen Xylen-Cyanol F. T

$$SO_3Na\underset{SO_3Na}{\overset{OH}{\bigcirc}}—C—\underset{OH}{\overset{CH_3}{\underset{CH_3}{\bigcirc}}}\underset{NHC_2H_5}{\overset{NHC_2H_5}{}}$$

in 500 c.c. 50 proz. Alkohol. In alkalischer Lösung ist die Farbe grün, in saurer Lösung magenta-rot. Die Umwandlungsfarben sind schwer zu beschreiben. Beim p_H 3,8 hat der Indicator eine „neutrale" graue Farbe Farbe.

Nach den Verfassern ist der Mischindicator für die Titration in Soda, Phosphat und wahrscheinlich auch Borax geeignet.

A. COHEN (3) verwendet eine Mischung von den Sulfophthaleinen von CLARK und LUBS. So ist eine Mischung von Bromkresolpurpur und Bromthymolblau bei $p_H = 6,0$ grüngelb, bei p_H 6,8 rein blau. Der Umschlag ist scharf. Er empfiehlt auch Mischungen von Bromkresolpurpur und Bromphenolblau und von Bromphenolblau mit Kresolrot [vgl. auch CARR (3) und LIZIUS (3)]; auch CHABOT (3).

3. Die Neutralisation starker Säuren mit starken Basen. Wenn man mit kohlensäurefreien Lösungen und gleichfalls carbonatfreien Laugen arbeiten kann, so ist es bei normalen Lösungen gleichgültig, welchen Indicator man benutzt, soweit man sich

Die Neutralisation starker Säuren mit starken Basen. 111

in seiner Wahl auf die zwischen Dimethylgelb und Thymolphthalein stehenden Indicatoren beschränkt, da aus der Tabelle über den notwendigen Überschuß zu ersehen ist, daß man zu 100 ccm einer neutralen Lösung 0,01 ccm n-Säure zusetzen muß, um gerade den Farbumschlag des Dimethylgelbs beobachten zu können, und gleichfalls 0,01 ccm n-Lauge, um eine schwach blaue Färbung des Thymolphthaleins zu erhalten.

Titrierexponenten und Konzentrationen der gebräuchlichsten Indicatoren.

Indicator	p_T	Farbe	Indicator-Konzentration
Thymolblau . . .	2,6	gelbrosa	1 ccm $1^0/_{00}$ auf 100 ccm
Tropäolin 00 . . .	2,8	gelborange	1 „ $1^0/_{00}$ „ 100 „
Bromthymolblau .	4	purpurgrün	0,5—1 „ $1^0/_{00}$ „ 100 „
Dimethylgelb . .	4	gelborange	0,2—0,5 „ $1^0/_{00}$ „ 100 „
Methylorange . .	4	orange	0,2—0,5 „ $1^0/_{00}$ „ 100 „
Methylrot	5	rosa	0,2—0,5 „ $2^0/_{00}$ „ 100 „
Bromkresolpurpur	6	purpurgrün	0,5—1 „ $1^0/_{00}$ „ 100 „
Bromthymolblau .	6,8	grün	0,5—1 „ $1^0/_{00}$ „ 100 „
Phenolrot	7,5	rosarot	0,5—1 „ $1^0/_{00}$ „ 100 „
Neutralrot . . .	7	orange rot	0,2—0,8 „ $1^0/_{00}$ „ 100 „
Kresolrot	8	rot	0,5—1 „ $1^0/_{00}$ „ 100 „
Thymolblau . . .	8,8	blauviolett	0,5—1 „ $1^0/_{00}$ „ 100 „
Phenolphthalein .	{8 / 9	schwach rosa / schwach rosa	0,8—1,0 „ $1^0/_{00}$ „ 100 „ / 0,3—0,4 „ $1^0/_{00}$ „ 100 „
Thymolphthalein .	10	schwach blau	0,5—1 „ $1^0/_{00}$ „ 100 „
Nitramin.	11,6	orangebraun	0,5—1 „ $1^0/_{00}$ „ 100 „

Der Spielraum zwischen Dimethylgelb einerseits und Thymolphthalein oder Phenolphthalein andererseits beträgt für Normallösungen also 0,02 ccm n-Lösung auf 100 ccm. Wenn man mit 0,1 n-Lösungen arbeitet, ist der notwendige Überschuß für Dimethylgelb 0,1 ccm 0,1 n-Säure auf 100 ccm und Phenolphthalein 0,02 ccm 0,1 n-Lauge, der Zwischenraum beträgt also 0,12 ccm 0,1 n. Gewöhnlich findet man diesen Zwischenraum meist etwas größer, weil die Natronlauge fast immer etwas Carbonat enthält. Wenn man aber mit Barytwasser arbeitet, so findet man auch praktisch zwischen Dimethylgelb und Phenolphthalein einen Unterschied von etwa 0,10 ccm 0,1 n auf 100 ccm. Der Spielraum ist hier sogar kleiner als 0,12 ccm. Dies rührt daher, daß man bei der Titration mit Laugen, ausgehend von einer sauren

Lösung, nicht auf eine Grenzfarbe des Dimethylgelbs, sondern auf die alkalische Färbung der wässerigen Lösung titriert. Der hierzu erforderliche Säureüberschuß ist dann kleiner als die oben berechnete Menge.

Bei der Titration von 0,01 n-Lösungen wird der Fehler größer. Der nötige Überschuß an 0,01 n-Säure beträgt auf 100 ccm Flüssigkeit bei Dimethylgelb etwa 1 ccm und bei Phenolphthalein 0,2 ccm 0,1 n-Lauge. Es besteht also hier ein Spielraum von 1,2 ccm auf 100 ccm, das sind 1,2%. Die Differenz zwischen Methylrot und Phenolphthalein ist bedeutend geringer und beträgt nur etwa 0,3 ccm, entsprechend 0,3%. Es ist also ratsam, 0,01 n-Säuren oder -Basen auf Phenolphthalein oder Methylrot einzustellen und Dimethylgelb hier als Indicator nicht zu verwenden.

Zur Bestätigung führe ich noch eine von SCHOORL (4) veröffentlichte Tabelle an.

Versuche nach SCHOORL.
Verhältnis der n-Säure zur n-Lauge wie 25:24,30.

Nach zehnfacher Verdünnung:		Fehlergrenze
a) Titration auf Grenzfarbe:		
mit Phenolphthalein	25 : 24,35	0,4%
„ Methylorange	25 : 24,24	
b) Titration auf Wasserfärbung:		
mit Phenolphthalein	25 : 24,30	0,0%
„ Methylorange	25 : 24,30	

Nach hundertfacher Verdünnung:		
a) Titration auf Grenzfarbe:		
mit Phenolphthalein	25 : 24,50	3,6%
„ Methylorange	25 : 23,62	
b) Titration auf Wasserfärbung:		
mit Phenolphthalein	25 : 24,28	0,3%
„ Methylorange	25 : 24,20	

Man arbeitet also am günstigsten, wenn man auf die Wasserfärbung hin titriert.

Auch aus der nachstehenden Versuchsreihe sind die möglichen Fehler zu ersehen, die beim Arbeiten mit verschiedenen Indicatoren und 0,01 n-Lösungen entstehen können. 0,01 n-HCl wurde mit rund 0,01 n-Barytwasser gegen verschiedene Indicatoren titriert. Auch das umgekehrte Verfahren wurde ausgeführt.

25 ccm 0,01 n-HCl verbrauchten gegen Dimethylgelb 22,58 ccm Barytwasser
25 ,, 0,01 n-HCl ,, ,, Methylrot 22,74 ,, ,,
25 ,, 0,01 n-HCl ,, ,, Phenolphth. 22,85 ,, ,,

Der Zwischenraum zwischen Dimethylgelb und Phenolphthalein beträgt hier 0,22 ccm, also 0,9%, zwischen Methylrot und Phenolphthalein 0,07 ccm, d. h. 0,3%.

Wie bereits erwähnt, findet man bei Verwendung carbonathaltiger Lauge zwischen den Ergebnissen mit Dimethylgelb und Phenolphthalein eine größere Differenz. Da nun Natronlauge meistens mehr oder weniger carbonathaltig ist, ist es zweckmäßig, den Titer mit verschiedenen Indicatoren festzulegen und jeweils den entsprechenden Wert einzusetzen.

4. Die Neutralisation schwacher Säuren mit starken Basen.
Aus der Abb. 9 (S. 35) ist für die Neutralisation von Essigsäure mit Natronlauge zu ersehen, daß die Säure bei der Titration gegen Dimethylgelb oder Methylrot bis zur alkalischen Farbe noch nicht völlig neutralisiert ist. Dies ist erst der Fall, wenn die Lösung gegen Phenolphthalein neutral reagiert. Da das Verhalten der Essigsäure kennzeichnend für alle schwachen Säuren ist, so kann man hieraus folgern, daß man die schwachen Säuren mit starken Basen gegen Phenolphthalein neutralisieren muß.

Das entstehende neutrale Salz, hier Natriumacetat, reagiert gegen Phenolphthalein schwach alkalisch oder neutral, und zwar ist der p_H-Wert abhängig von der Konzentration.

n-Natriumacetat: p_{OH} 4,62 p_H 9,57,
0,1 n-   ,, p_{OH} 5,12 p_H 9,07,
0,01 n-   ,, p_{OH} 5,62 p_H 8,57.

Wenn man also bei Phenolphthalein bis zur rosa Farbe titriert, hat man gerade das neutrale Salz in der Lösung. Gibt man noch etwas mehr Lauge hinzu, so schlägt die Färbung plötzlich nach starkrot um. Nun erhebt sich aber die Frage, wie groß darf die Dissoziationskonstante der Säure sein, damit sie noch scharf mit Thymolphthalein oder Phenolphthalein titrierbar ist. Im großen und ganzen wird diese Aufgabe durch eine Begrenzung der Hydroxylionenkonzentration, d. h. des Hydrolysierungsgrades des entstandenen neutralen Salzes gelöst, wobei letzterer wieder von der Konzentration abhängig ist.

Wenn wir mit 0,1 n-Lösungen arbeiten und annehmen, daß der p_H des Neutralsalzes 9—10 sein darf, so ist p_{OH} rund 5—4. Nach der Hydrolyse-Gleichung (32) S. 16 ist:

$$p_{OH} = 7 - \tfrac{1}{2} p_{HA} - \tfrac{1}{2} \log c \quad \ldots \quad (32)$$

Im vorliegenden Falle entspricht einem $\tfrac{1}{2} \log c = 0{,}5$ und $p_{OH} = 5$ ein p_{HA} von 5 und ein $K_{HA} = 10^{-5}$. Bei p_{OH} 4 ist $p_{HA} = 7$ und $K_{HA} = 10^{-7}$.

In gleicher Weise ergeben sich bei n-Lösungen die jeweils entsprechenden Werte

$$p_{OH} = 5, \quad K_{HA} = 10^{-4};$$

$$p_{OH} = 4, \quad K_{HA} = 10^{-6}$$

und bei 0,01 n-Lösungen

$$p_{OH} = 5, \quad K_{HA} = 10^{-6};$$

$$p_{OH} = 4, \quad K_{HA} = 10^{-8}.$$

Wir erhalten so bereits einen ungefähren Eindruck, wie groß die Dissoziationskonstante einer Säure sein darf, damit sie noch gegen Phenolphthalein titrierbar ist. So ist z. B. Blausäure gegen Phenolphthalein nicht mehr zu titrieren, ihre Dissoziationskonstante ist etwa 10^{-9}. Dann ist in 0,1 n-KCN

$$p_{OH} = 7 - 4{,}5 + 0{,}5 = 3; \quad p_H = 11.$$

Bei diesem p_H sind Phenolphthalein und Thymolphthalein bereits lange umgeschlagen.

Ein völlig richtiges Bild über das zulässige Minimum der Dissoziationskonstanten gibt die obige Berechnung nicht, da sie den unrichtigen Eindruck erweckt, daß dieses Minimum bei der Titration von Normallösungen notwendig kleiner sein müßte als bei 0,1 oder 0,01 n-Flüssigkeiten, weil die Hydroxylionenkonzentration in der Normal-Salzlösung größer ist als in der verdünnten. Wir haben jedoch den Titrierfehler noch nicht berücksichtigt.

5. Der Titrierfehler. Titrieren wir 50 ccm 0,1 n-Säure mit 50 ccm 0,1 n-Lauge, so daß das Gesamtvolumen 100 ccm wird, und sei $p_T = 9$, d. h. titrieren wir auf $p_H = 9$, und sei der zulässige Fehler 0,1 ccm 0,1 n-Lauge, also 2 °/₀₀, so enthält die hydrolysierte Lösung, wenn die Säure völlig neutralisiert ist,

Der Titrierfehler.

gleichzeitig einen Überschuß an [OH'] wie auch an nicht dissoziierter Säure, deren Menge wir aus der Hydrolysierungsgleichung berechnen können. Es ist ja in einer 0,05 n-Salzlösung:

$p_{OH} = -\log[HA] = 7 - \tfrac{1}{2} p_{HA} + 0{,}65 = 7{,}65 - \tfrac{1}{2} p_{HA}$

und $$[HA] = \frac{1{,}4 \times 10^{-8}}{\sqrt{K_{HA}}} \quad \ldots \ldots \quad (94)$$

Ist nun ein Fehler von 0,2 % zulässig, so heißt das, daß am Ende noch 0,1 ccm 0,1 n-Säure auf je 100 ccm der Säure-Base-Mischung neutralisiert werden muß. Dieses entspricht einer Konzentration:
$$[HA] = 10^{-4} \quad \ldots \ldots \ldots \quad (95)$$

Aus den beiden Gleichungen (94) und (95) folgt nun, daß die Gesamtmenge der nicht dissoziierten Säure beträgt:
$$\sum [HA] = 10^{-4} + \frac{1{,}4 \times 10^{-8}}{\sqrt{K_{HA}}} \quad \ldots \quad (96)$$

Nun ist aber die Dissoziationskonstante der Säure
$$K_{HA} = \frac{[H'] \times [A']}{[HA]}.$$

Hieraus folgt, daß
$$[HA] = \frac{[H'] \times [A']}{K_{HA}}.$$

Weil in unserem Falle $[H'] = 10^{-9}$ und $[A'] = 5 \times 10^{-2}$, wird also:
$$[HA] = \frac{5 \times 10^{-11}}{K_{HA}} \quad \ldots \ldots \quad (97)$$

Da dieser Wert für [HA] gleich dem nach Gleichung (96) berechneten sein muß, ist also
$$10^{-4} + \frac{1{,}4 \times 10^{-8}}{\sqrt{K_{HA}}} = \frac{5 \times 10^{-11}}{K_{HA}} \quad \ldots \quad (98)$$

$K_{HA} + 1{,}4 \times 10^{-4} \sqrt{K_{HA}} - 5 \times 10^{-7} = 0.$

Durch Auflösung dieser quadratischen Gleichung findet man $K_{HA} = 4 \times 10^{-7}$; $p_{HA} = 6{,}40$. Die Dissoziationskonstante darf also nicht kleiner als 4×10^{-7} sein, wenn man mit 0,1 n-Lösungen auf einen $p_T = 9$ arbeiten will, ohne einen größeren Fehler als

0,2% zu begehen. Ist ein Fehler von 1% zulässig, dann darf natürlich auch K kleiner sein. Das zulässige Minimum ist dann:

$$K_{HA} = \text{etwa } 10^{-8}; \quad p_{HA} = 8{,}0.$$

Wenn man auf gleiche Weise berechnet, wie groß K_{HA} mindestens sein muß, um bei einem $p_T = 10$ den zulässigen Fehler von 0,2% zu gestatten, findet man:

$$K_{HA} = 3 \times 10^{-8} \quad \text{und} \quad p_{HA} \, 7{,}5.$$

Ebenso lassen sich die Werte für die Titration mit 0,01 n-Lösungen berechnen.

Einfacher gestaltet sich die Berechnung des Titrierfehlers im gegebenen Falle, wenn die Dissoziationskonstante der Säure bekannt ist.

Beispiel: Neutralisation von 0,1 n-Essigsäure mit 0,1 n-Lauge.

a) $p_T = 9$; $p_{HAc} = 4{,}75$. Die Berechnung zeigt, daß die Titration dann gerade richtig ist. Beim Arbeiten gegen Phenolphthalein oder Thymolphthalein als Indicator entsteht praktisch kein Fehler.

b) $p_T = 7$. Neutralisation gegen Neutralrot. Eine einfache Berechnung zeigt, daß wir hierbei die in der neutralen Salzlösung anwesende Menge [HAc] wegen der Zurückdrängung der Hydrolyse vernachlässigen können. Zu einem $p_H = 7$ gehört

$$[HAc] = \frac{10^{-7} \times 5 \times 10^{-2}}{10^{-4{,}75}} = \text{etwa } 10^{-4}.$$

Bei einem Endvolumen von 100 ccm 0,1 n-Lösung begeht man also einen Fehler von nur 0,1 ccm = 0,2%.

c) $p_T = 6$. Diesen Wert erhält man bei der Titration von Essigsäure mit Lauge bis zur rein alkalischen Farbe von Methylrot. [HAc] ist dann etwa 10^{-3}. Der Fehler beträgt also 2%. Obgleich das Umschlagsgebiet von Methylrot nur allmählich durchlaufen wird, kann man Essigsäure doch mit seiner Hilfe fast völlig neutralisieren, wenn man nur auf die rein alkalische Färbung hinarbeitet.

d) $p_T = 4$. Neutral gegen Dimethylgelb. Bei $p_H = 4$ ist

$$[HAc] = \frac{10^{-6{,}5}}{10^{-4{,}75}} = 2 \times 10^{-2}.$$

Man erhält also mit Dimethylgelb einen ungenauen Umschlag an unrichtiger Stelle.

Es zeigte sich in Übereinstimmung mit der Berechnung auch wirklich, daß man die gleichen Titrierzahlen findet, wenn man 0,1 n-Essigsäure mit Neutralrot oder mit Phenolphthalein titriert.

6. Die Neutralisation einer schwachen Base mit einer starken Säure. Aus der Abb. 9 auf S. 35 ist bereits zu entnehmen, daß man für die Neutralisation von schwachen Basen kein Phenolphthalein verwenden darf, weil dieser Indicator schon umschlägt, ehe die Base neutralisiert ist. Man verwendet einen alkaliempfindlichen Indicator, und zwar Methylrot oder Dimethylgelb. Welchen man wählt, hängt von der Dissoziationskonstante der betreffenden Base ab. Der Titrierfehler läßt sich auch hier in gleicher Weise wie bei den Säuren berechnen.

Arbeiten wir wieder mit einem Endvolumen von 100 ccm und mit 0,1 n-Lösungen, so darf die Dissoziationskonstante der Base nicht unter einem bestimmten Niedrigstwert herabgehen, dieser muß sein:

für $p_T = 5$, $K_{BOH} = >$ etwa 4×10^{-7}, $p_{BOH} <$ etwa 6,4;
für $p_T = 4$, $K_{BOH} = >$ etwa 3×10^{-8}, $p_{BOH} <$ etwa 7,5.

Wenn wir also eine 0,1 n-Baselösung auf Methylrot neutralisieren wollen, so darf die Dissoziationskonstante nicht kleiner als 4×10^{-7} sein; wollen wir mit einem höchstzulässigen Fehler von 0,2% mit Dimethylgelb als Indicator arbeiten, so muß die Dissoziationskonstante mindestens 3×10^{-8} betragen.

Dies wird deutlich, wenn man z. B. Anilin mit einer Säure gegen Dimethylgelb oder Kongorot neutralisieren will. BECKURTZ führt an, daß diese Bestimmung wirklich ausgeführt werden kann. Nun ist aber

$$p_{Anilin} = \text{etwa } 9,5.$$

Für $p_T = 3,5$ ist

$$[BOH] = \frac{[B^\cdot] \times [OH']}{K_{BOH}}.$$

Unter der Annahme, daß

$$[B^\cdot] = 5 \times 10^{-2} = 10^{-1,3} \quad \text{und} \quad [OH'] = 10^{-10,5},$$

ist

$$[BOH] = \frac{10^{-11,8}}{10^{-9,5}} = 10^{-2,3} = 5 \times 10^{-3}.$$

Der hierbei mögliche Fehler beträgt also bis zu 10%; dazu kommt noch, daß der mit 3,5 angenommene Titrierexponent nur schwierig zu erhalten ist, wenn man nicht mit einer Vergleichslösung arbeitet. Es zeigte sich, daß die Neutralisation von Anilin gegen Dimethylgelb in der Tat unbrauchbare Resultate ergibt, wenn man mit 0,1 n-Flüssigkeiten arbeitet. Die Dissoziationskonstante des Anilins ist so klein, daß sie kaum noch mit einem Indicator titriert werden kann. Wenn man noch praktisch brauchbare Resultate erzielen will, erhält man noch die besten Ergebnisse, wenn man mit Tropäolin 00 oder Thymolblau arbeitet und eine normale Lösung von Anilin mit n-Säure titriert (vgl. S. 130).

7. Die Neutralisation von mehrbasischen Säuren oder mehrsäurigen Basen. Wenn die sämtlichen Dissoziationskonstanten der mehrbasischen Säuren oder mehrsäurigen Basen sehr groß sind, so verhalten diese sich bei der Neutralisation geradeso wie starke einbasische Säuren oder einsäurige Basen, beispielsweise Schwefelsäure.

Auf die Neutralisation von Säuren bzw. Basen zum völlig neutralen Salz kann man das bisher für starke oder schwache Säuren bzw. Basen Gesagte genau so anwenden, auch dann, wenn die zweite Dissoziationskonstante nur klein ist (z. B. die Neutralisation von Oxalsäure zu Kaliumoxalat).

Anders liegt der Fall, wenn man bis auf irgendein saures Salz titrieren will. Die Basen lassen wir zunächst aus dem Spiel, weil für diese sinngemäß das Gleiche gilt.

Die Neutralisation zu einem sauren Salz ist nur dann genau durchführbar, wenn ein großer Unterschied zwischen den beiden Dissoziationskonstanten der Säure besteht. Auf einfachem Wege läßt sich ableiten, daß der p_H einer solchen Salzlösung etwa die halbe Summe der beiden Säureexponenten beträgt. So ist

$$K_1 = 3 \times 10^{-7}, \qquad K_2 = 6 \times 10^{-11};$$
$$p_1 = 6,5, \qquad p_2 = 10,23.$$

Dann ist der p_H einer Bicarbonatlösung:

$$p_H = \frac{6,5 + 10,23}{2} = 8,37.$$

In Wirklichkeit ist der p_H einer Bicarbonatlösung gleich 8,4 [Mc Coy (5)]. Ebenso kann man einfach ableiten, wie groß der Titrierexponent ist, wenn man beispielsweise die Kohlensäure wie eine einbasische Säure titrieren will.

Die Neutralisation von mehrbasischen Säuren oder mehrsäurigen Basen. 119

Viel schwieriger als bei den einbasischen Säuren ist es aber, für die mehrbasischen Säuren eine allgemein gültige Formel für den Titrierfehler abzuleiten. Deshalb wollen wir hier davon absehen.

Es ist aber ziemlich einfach, im gegebenen Falle den Titrierfehler abzuleiten, wenn man auf einen bestimmten p_T titriert.

Wollen wir z. B. die Kohlensäure als einbasische Säure neutralisieren, so wissen wir, daß das gebildete Natriumbicarbonat in wässeriger Lösung in HCO_3' und $Na^{\cdot}$ gespalten ist.

Das $[HCO_3']$ spaltet sich weiter:
$$HCO_3' \leftrightarrows H^{\cdot} + CO_3''.$$

Aber nebenher läuft noch die Hydrolyse
$$HCO_3' + H_2O \leftrightarrows H_2CO_3 + OH'.$$

Eine Bicarbonatlösung enthält also neben H_2CO_3 auch noch CO_3''.

Gibt man zu einer solchen Lösung Säure hinzu, so darf man nicht darauf rechnen, daß im Anfange der Gehalt an der zuzugebenden Säure mit der gebildeten Menge H_2CO_3 übereinstimmt, weil nämlich auch CO_3-Ionen zu HCO_3'-Ionen neutralisiert werden.

Wie oben erwähnt, ist nach Mc Coy in 0,1 n-Bicarbonatlösung
$$[H^{\cdot}] = 4 \times 10^{-9}; \quad \text{also } p_H = 8,4.$$

Da nun $[H^{\cdot}]$ sich nur wenig mit der Salzkonzentration ändert, so ist ganz allgemein der Titrierexponent bei der Kohlensäuretitration $p_T = 8,4$. Wie groß ist nun der Fehler, wenn wir auf $p_H = 8,0$ titrieren?

Wir halten die Annahme fest, daß wir mit 0,1 n-Lösungen titrieren, so daß die Endkonzentration des Salzes schließlich 5×10^{-2} ist.

Nun ist
$$K_1 = \frac{[H^{\cdot}] \times [HCO_3']}{[H_2CO_3]} = 3 \times 10^{-7},$$

$$K_2 = \frac{[H^{\cdot}] \times [CO_3'']}{[HCO_3']} = 6 \times 10^{-11},$$

Da nun in einer Bicarbonatlösung
$$[H^{\cdot}] = 4 \times 10^{-9} \quad \text{und} \quad [HCO_3'] = 5 \times 10^{-2} \text{ ist,}$$
finden wir für $[H_2CO_3] = 0,67 \times 10^{-3}$.

Wenn wir aber nur auf p = 8,0 titrieren, so ist [H˙] = 10^{-8}, und wir finden dann für

$$[H_2CO_3] = 1{,}6 \times 10^{-3}.$$

Bei diesem $p_T = 8{,}0$ muß noch eine gewisse Menge H_2CO_3 neutralisiert werden, die einer Konzentration von $(1{,}6-0{,}67) \times 10^{-3} = 0{,}9 \times 10^{-3}$ entspricht.

Nun sind in einer Bicarbonatlösung bereits eine bestimmte Anzahl CO_3-Ionen vorhanden, deren Menge man aus K_2 berechnen kann. Wenn wir nun auf Bicarbonat titrieren, ist also neben der freien Kohlensäure auch schon ein Teil des Bicarbonates in Carbonat umgesetzt. Titrieren wir nun auf einen kleineren p_H, so wird auch die Menge CO_3'' kleiner. Die Differenz der ursprünglich in der Bicarbonatlösung vorhandenen CO_3''-Menge und der sich bei dem durch Titration gefundenen p_H (=8,0) noch in der Lösung befindlichen Menge ist gleich dem Laugenzusatz, der nötig ist, um nun noch die Kohlensäure zum Bicarbonat zu binden.

In einer 0,05 n-Bicarbonatlösung ist:

$$[CO_3''] = \frac{[HCO_3']}{[H˙]} \times K_2 = \frac{5 \times 10^{-2} \times 6 \times 10^{-11}}{4 \times 10^{-9}} = 7{,}5 \times 10^{-4}.$$

Bei [H˙] = 10^{-8} ist

$$[CO_3''] = \frac{3 \times 10^{-12}}{10^{-8}} = 3 \times 10^{-4}.$$

Bei diesem $p_H = 8{,}0$ muß also wie gesagt noch eine gewisse Laugenmenge zugesetzt werden, die in einer Konzentration von $(7{,}5-3) \times 10^{-4} = 4{,}5 \times 10^{-4}$ entspricht, um einen Teil des HCO_3' in CO_3'' umzusetzen. Wir hatten bereits gefunden, daß die erforderliche Laugenmenge, um bei $p_H = 8{,}0$ die noch anwesende $[H_2CO_3]$ zu neutralisieren, $0{,}9 \times 10^{-3}$ betrug. Die bei $p_H = 8{,}0$ erforderliche Gesamtmenge Lauge entspricht also einer Konzentration von $0{,}9 \times 10^{-3} + 4{,}5 \times 10^{-4} = 1{,}4 \times 10^{-3}$. Diese Konzentration entspricht in unserem Falle einem Fehler von 3%. Es zeigt sich also, daß die Titration der Kohlensäure als einbasische Säure unscharf ist und daß es hierbei erforderlich ist, die Menge des Phenolphthaleins genau anzugeben, damit der Titrierexponent $p_T = 8{,}4$ möglichst genau eingehalten wird. Man vgl. hierzu die Neutralisationskurve der Kohlensäure in Abb. 16, S. 121.

Aus einer früheren Untersuchung (6) war bekannt, daß man zur Titration der freien Kohlensäure auf je 100 ccm 0,1 ccm 1 proz. Phenolphtalein zugeben muß, um gute Ergebnisse zu erzielen. Aus der Tabelle der Titrierexponenten der verschiedenen Indicatoren geht hervor, daß diese Menge in der Tat einem p_T von 8,4—8,5 entspricht. Wenn man eine andere Menge Phenolphthalein zufügt und bis zur ersten Rotfärbung titriert, muß man Korrektionswerte anbringen.

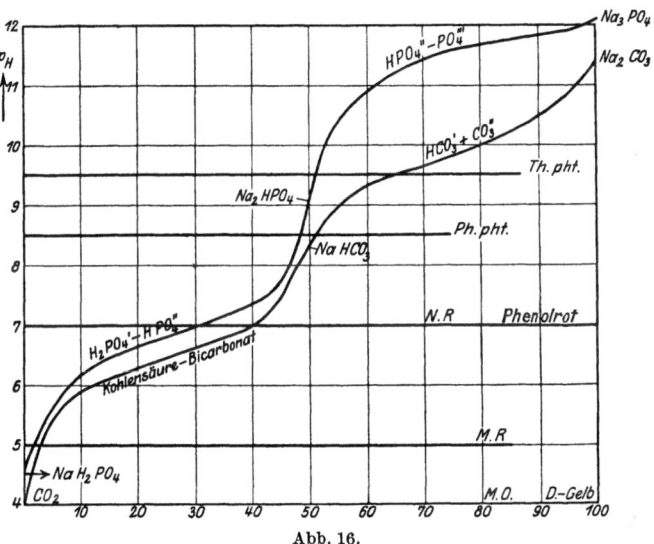

Abb. 16.

Bei dieser Art von Titrationen ist also die angewendete Indicatormenge von ziemlicher Bedeutung. Was hier von der Kohlensäure näher ausgeführt wurde, gilt ebenso für die Phosphorsäure. Hier ist der Exponent für die Titration als zweibasische Säure $p_T = 9{,}3$. Mit Phenolphthalein sind nur unter den richtigen Verhältnissen gute Ergebnisse zu erhalten, besser ist jedoch Thymolphthalein zu verwenden (7).

Will man die Phosphorsäure als einbasische Säure titrieren, so ist der Äquivalenzpunkt (vgl. Abb. 16) bei $p_{T_i} = 4{,}4$ erreicht. Bei dieser Wasserstoffionenkonzentration zeigt Dimethylgelb eine fast rein alkalische Farbe, so daß man am besten mit einer Vergleichslösung von primärem Phosphat, mit der gleichen Indicatormenge versetzt, arbeitet; auch Bromphenolblau oder das Methylorange-Indigocarmingemisch kann hier verwendet werden. Der Fehler, der bei der Titration auf einen anderen p_H entsteht, kann ähnlich, wie oben bei der Kohlensäure angegeben ist, berechnet werden. Zu beachten ist dabei erstens der Fehler, der durch die nichtdissoziierte Phosphorsäure bedingt ist, und weiter der durch die Anwesenheit des sekundären Phosphats bedingte.

$$H_2PO_4' + H_2O \leftrightarrows H_3PO_4 + OH',$$
$$H_2PO_4' \leftrightarrows H^{\cdot} + HPO_4''.$$

Bezüglich der acidimetrischen Bestimmung der schwefligen Säure und der Pyrophosphorsäure sei hier auf die ursprüngliche Literatur verwiesen (8).

Endlich sei noch bemerkt, daß man, wie oben gezeigt ist, den Titrierexponenten und den möglichen Titrierfehler aus den Dissoziationskonstanten berechnen kann; zweckmäßiger ist es aber, diese Größen experimentell festzulegen.

8. Die Titration eines Gemisches einer mittelstarken Säure und einer schwachen Säure oder eines entsprechenden Basengemisches. Im ersten Kapitel unter 9d haben wir berechnet, wie groß der Wasserstoffexponent beim ersten Äquivalenzpunkte ist, wenn wir das Gemisch einer mittelstarken Säure und einer schwachen Säure mit Lauge titrieren. Daraus folgt, daß beim ersten Äquivalenzpunkte

$$p_H = p_T = \tfrac{1}{2}(p_{K_1} + p_{K_2}) \qquad (64)$$

ist, wenn die beiden Säuren dieselbe Konzentration haben.

Obwohl wir mit dieser Gleichung den Titrierexponenten bequem berechnen können, folgt aus den gegebenen Betrachtungen noch nichts über die Genauigkeit der Titration. Je kleiner die Pufferkapazität beim ersten Äquivalenzpunkte ist, mit anderen Worten, je größer die p_H-Änderung bei Zusatz einer kleinen Menge Base ist, ein desto genaueres Ergebnis wird erhalten werden.

Wie wir unten ableiten werden und wie auch zu erwarten ist, hängt die Genauigkeit der Titration von dem Verhältnisse der beiden Dissoziationskonstanten der zwei Säuren ab. Je größer dieses Verhältnis ist, desto schärfer wird der Farbumschlag des passenden Indicators sein. Um dieses zu zeigen, nehmen wir wieder an, daß beide Säuren dieselbe Konzentration besitzen und wollen jetzt berechnen, wieviel die Wasserstoffionenkonzen-

Die Titration eines Gemisches einer mittelstarken Säure.

tration beim ersten Äquivalenzpunkte bei Zusatz von 1% Laugenüberschuß (bezogen auf die Konzentration einer der beiden Säuren) oder 1% der mittelstarken Säure sich bei verschiedenem Verhältnis der Dissoziationskonstanten K_1 und K_2 ändert. Die folgenden Ableitungen schließen an die an, die auf S. 37 angegeben sind.

Wenn das Verhältnis der zwei Dissoziationskonstanten bekannt ist, können wir ohne weiteres aus Gleichung (62) das Verhältnis

$$\frac{[H_1A_1]}{[A_1']} : \frac{[H_2A_2]}{[A_2']} = \frac{K_2}{K_1}$$

berechnen. Wenn wir dann die Summe von $[H_1A_1] + [A_1']$ gleich 100 setzen, dann können wir in gleicher Weise ableiten, wie groß der Wert von a und (100−a) in Gleichung (63) ist.

Wie früher bereits besprochen worden ist, ist beim ersten Äquivalenzpunkte nicht alle Säure H_1A_1 in die Salzform übergeführt, sondern eine Menge von (100−a)% noch als freie Säure vorhanden. Zu demselben Betrage ist die Säure H_2A_2 in die Salzform übergeführt. Setzen wir nun beim ersten Äquivalenzpunkte noch einen Überschuß von 1% Lauge hinzu, dann wird hierdurch noch ein kleiner Teil der Säure H_1A_1 weiter neutralisiert, während der Rest durch H_2A_2 gebunden wird. Wenn der Teil, der zur Neutralisation von H_1A_1 gebraucht wird, x% der gesamten Menge H_1A_1, die ursprünglich anwesend war, beträgt, wird

$$[A'] = a + x$$

und
$$[H_1A_1] = 100 - (a + x),$$

während
$$[A_2'] = 100 - (a + x) + 1$$

und
$$[H_2A_2] = a - x.$$

Setzen wir diese Werte in Gleichung (99) ein, so finden wir, daß

$$\frac{100 - (a + x)}{(a + x)} \times \frac{101 - (a + x)}{a - x} = K_2 : K_1 \quad . \quad (99)$$

Wenn $K_2 : K_1$ bekannt ist, können wir aus der letzten quadratischen Gleichung x berechnen. Hieraus können wir wieder $[A']$ und $[H_1A_1]$ ableiten, sodaß auf folgende Weise $[A']$ gefunden wird:

$$[H'] = \frac{[H_1A_1]}{[A_1']} \times K_1.$$

Beispiele: $K_1 : K_2 = 100$.

Beim ersten Äquivalenzpunkte ist $a = 91$, so daß

$$[H^\cdot] = \frac{9}{91} K_1 = 0{,}099\, K_1.$$

Durch den Zusatz von 1% Lauge wird $[A'] = 91 + x$, $[H_1A_1] = 9 - x$, $[A'_2] = 10 - x$, und $[H_2A_2] = 91 - x$. Wenn wir diese Werte in Gleichung (99) einsetzen, dann wird

$$x = 0{,}4.$$

Nach dem Zusatze von 1% Lauge wird $[H^\cdot]$ also:

$$[H^\cdot] = \frac{8{,}6}{91{,}4} K_1 = 0{,}094\, K_1.$$

Beim ersten Äquivalenzpunkte war $[H^\cdot] = 0{,}099\, K_1$, so daß die Wasserstoffionenkonzentration durch den Zusatz von 1% Lauge nur 5% kleiner gefunden ist. Diese Änderung entspricht einer Erhöhung des p_H um 0,02. Da wir diese kleine Änderung des p_H colorimetrisch nicht gut wahrnehmen können, geht aus den Betrachtungen hervor, daß die Titration kein gutes Ergebnis liefern kann, wenn das Verhältnis der Dissoziationskonstanten gleich 100 ist. Ist das letztere Verhältnis gleich 10^4, ändert sich $[H^\cdot]$ durch den Zusatz von 1% Lauge beim ersten Äquivalenzpunkte von

$$10^{-2} K_1 \text{ in } 6{,}2 \times 10^{-3} K_1.$$

$[H^\cdot]$ wird deshalb 38% kleiner, was einer Änderung von 0,21 im p_H entspricht.

Da eine derartige Änderung beim Gebrauch von Vergleichsflüssigkeiten gut festzustellen ist, können wir den Schluß ziehen, **daß die Titration von H_1A_1 neben der gleichen Menge H_2A_2 noch mindestens bis auf 1% genau möglich ist, wenn das Verhältnis von $K_1:K_2$ gleich ist oder größer wird als 10^4. Je größer dieses Verhältnis, desto schärfer ist der Umschlag.**

Wenn z. B. $K_1:K_2 = 10^6$ ist, ändert sich die Wasserstoffionenkonzentration beim ersten Äquivalenzpunkte durch den Zusatz von 1% Lauge von $10^{-3}\, K_1$ zu $10^{-4}\, K_1$, was mit einer p_H-Änderung von 1 übereinstimmt. In diesem Falle kann die Titration also wohl bis auf 0,2% genau ausgeführt werden. Wenn die Säuren H_1A_1 und H_2A_2 nicht dieselbe Konzentration besitzen, ändert sich die obengenannte Grenze.

Zu bemerken ist, daß man auf die Titration von mehrbasischen Säuren fast dieselben Betrachtungen anwenden kann wie auf ein Gemisch von zwei Säuren mit voneinander verschiedenen Dissoziationskonstanten.

Für ein Gemisch von zwei Basen mit sehr weit auseinander liegenden Dissoziationskonstanten gilt natürlich dasselbe, was für ein Gemisch von zwei Säuren gesagt worden ist. An Stelle des p_H berechnen wir stets p_{OH}, woraus der Wasserstoffexponent natürlich wieder direkt abgeleitet wird:

$$p_H = p_W - p_{OH}.$$

Hierunter folgen die Ergebnisse einzelner Titrationen, die das Obenstehende erläutern.

Gemisch von 0,1 n-Essigsäure und 0,1 n-Borsäure.

$$K_1 = 1,8 \times 10^{-5}, \quad K_2 = 6 \times 10^{-10}, \quad K_1 : K_2 = 3 \times 10^4.$$

Hieraus berechnet man, daß der p_H beim ersten Äquivalenzpunkte 6,99 beträgt, während ein Wert von 6,95 auf anderem Wege gefunden wurde. Titration eines Gemisches von 25 ccm 0,1 n-Essigsäure und 25 ccm 0,1 n-Borsäure gegen Neutralrot oder Phenolrot. $p_T = 7,0$. Gebunden 25,0 ccm 0,1 n-Lauge. Die Titration ist bequem bis auf 0,4% genau auszuführen.

Gemisch von 0,1 n-Weinsäure und 0,1 n-Borsäure. $K_1 : K_2 = 1,2 \times 10^5$, Titration bequem bis auf 0,2% genau ausführbar. $p_T = 6,50$ gegen Kresolpurpur als Indicator.

Gemisch von 0,1 n-Citronensäure und 0,1 n-Borsäure. $K_1 : K_2 = 3,2 \times 10^3$. Titration bis auf ca. 1% genau ausführbar. $p_T = 7,5$ gegen Phenolrot oder Neutralrot als Indicator.

Gemisch von 0,1 n-primärem Phosphat und 0,1 n-Borsäure. Die Titration ist nicht mehr genau auszuführen, da das Verhältnis der zweiten Dissoziationskonstante der Phosphorsäure zu der Konstante der Borsäure gleich $3,3 \times 10^2$ ist. Beim Äquivalenzpunkte ist die Farbe von Phenolphthalein bereits sehr schwach rosa. Beim Zusatz von mehr Lauge nimmt die Rotfärbung nur sehr langsam an Stärke zu. Wenn man bis zur zuerst wahrnehmbaren Rotfärbung gegen Phenolphthalein titriert, geht die Genauigkeit der Titration auch nicht weiter als bis 2—3%.

Auch Gemische von schwachen Basen mit sehr voneinander verschiedenen Dissoziationskonstanten kann man nebeneinander titrieren. Praktische Bedeutung hat dies u. a. zur Titration von Ammoniak und Pyridin nebeneinander.

$$K_1 : K_2 = 1{,}2 \times 10^4, \qquad p_T = 7{,}4;$$

Indicator Neutralrot oder Phenolrot.

Genauigkeit bis auf $0{,}5-1\%$. Will man die beiden Basen zusammen titrieren, nimmt man Dimethylgelb, Methylorange oder Bromphenolblau als Indicator und titriert bis zum $p_T = 3{,}5$. Bezüglich Einzelheiten sei auf die Mitteilung von TIZARD und BOCREE (9) und von KOLTHOFF (9) verwiesen.

Aus dem oben Mitgeteilten geht also hervor, daß man bereits bei Beginn der Titration vorhersagen kann, ob man ein Gemisch von zwei Säuren oder Basen mit auseinanderliegenden Dissoziationskonstanten genau nebeneinander titrieren kann; gleichzeitig kann man auf einfache Weise aus der Größe der Dissoziationskonstanten die Größe des Titrierexponenten ableiten.

9. Die Neutralisation schwacher Säuren mit schwachen Basen.

Wie aus der Abb. 10 (S. 37) zu ersehen ist, zeigt die Neutralisationskurve der Essigsäure mit Ammoniak im ganzen einen flachen Verlauf. Nur in der Gegend des Äquivalenzpunktes zwischen $p_H = 6{,}5$ bis etwa $p_H = 7{,}5$ ist das Gefälle steiler. Es ist also zu erwarten, daß die Neutralisation der Essigsäure mit Ammoniak oder umgekehrt weder mit einem säureempfindlichen noch mit einem alkaliempfindlichen Indicator ausführbar ist. Titriert man auf Methylrot bis zur alkalischen Farbe, so ist immer noch etwa 3% freie Essigsäure anwesend, und wenn man gegen Phenolphthalein neutralisiert, so ist noch immer ziemlich viel nicht neutralisiertes Ammoniak in der Lösung. In diesem Falle ist allein Neutralrot oder ein anderer halbempfindlicher Indicator verwendbar. Im Falle von Essigsäure und Ammoniak beträgt der Titrierexponent 7,0. Man nimmt deshalb am besten eine Vergleichslösung mit demselben $p_H = 7{,}0$. Der Umschlag ist freilich nicht ganz scharf, aber mit einiger Übung kann man doch eine recht erhebliche Genauigkeit erreichen (vgl. untenstehende Tabelle).

In gleicher Weise kann man andere schwache Säuren mit Ammoniak oder anderen schwachen Basen titrieren (10). Als Titrierexponent legt man den Wasserstoffexponenten des neutralen Salzes zugrunde. Voraussetzung ist aber dabei, daß die

Dissoziationskonstanten von Säure und Base nicht erheblich kleiner als 10^{-6} sind, da sonst der Einfluß der Hydrolyse die Fehler zu sehr vergrößert. Diese Titrierfehler lassen sich, ähnlich wie bei der Kohlensäure ausgeführt ist, berechnen. Einige Versuchsergebnisse seien hier angeführt.

Titration von 25 ccm 0,1 n-Essigsäure mit 0,1 n-Ammoniak.

Indicator	Gefunden	Abweichung
Neutralrot	24,96	− 0,16%
$p_T = 7,1$	25,00	0,0%
Phenolphthalein	25,85	+ 3,4%
$p_T = 8,0$	25,80	+ 3,2%
Methylrot	24,30	− 2,8%
$p_T = 6,2$	24,25	− 3,0%

Die Titration mit Neutralrot läßt sich also sehr gut ausführen, wenn man eine Vergleichslösung hinzunimmt, deren p_H dem Titrierexponenten entspricht. Phenolphthalein und Methylrot sind aber für diesen Fall unbrauchbar.

10. Die Titration von gebundenem Alkali in dem Salze einer schwachen Säure und Titration einer gebundenen Säure in dem Salze einer schwachen Base. Wie bekannt, läßt sich das Alkali in dem Salze einer schwachen Säure titrimetrisch mit Salzsäure bestimmen, wenn die Säure des Salzes so schwach ist, daß sie nicht dem alkaliempfindlichen Indicator eine saure Zwischenfarbe verleiht. So gibt beispielsweise eine gesättigte Kohlensäurelösung mit Dimethylgelb gerade eine schwachsaure Zwischenfarbe, so daß man an Kohlensäure gebundenes Alkali mit diesem Indicator gerade noch titrieren kann. Wir wollen nun ableiten, wie groß die Dissoziationskonstante der Säure sein darf, damit die Titration einer 0,1 n-Lösung noch scharf, ohne einen etwa 0,2% übersteigenden Fehler, ausführbar ist.

Wenn die Wasserstoffionenkonzentration der Lösung der schwachen Säure nicht größer alz 10^{-4} sein darf, so können wir überschlägig berechnen, wie groß die Dissoziationskonstante der Säure höchstens sein darf, damit die Titration noch hinreichend genau ausführbar ist. Ist nämlich die Gesamtkonzentration der ungespaltenen Säure am Ende der Titration wieder

5×10^{-2}, also arbeiten wir wieder mit 0,1 n-Flüssigkeiten, so folgt aus der Gleichung:

$$\frac{[\text{H}^\cdot][\text{A}']}{[\text{HA}]} = \text{K}_{\text{HA}},$$

wie groß K_{HA} höchstens sein darf.

Da $[\text{H}^\cdot] = [\text{A}'] = 10^{-4}$, und $[\text{HA}] = 5 \times 10^{-2}$, ist $\text{K}_{\text{HA}} = < 2 \times 10^{-7}$, $p_{\text{HA}} = > 6{,}30$.

Darf die Wasserstoffionenkonzentration am Ende der Titration höchstens 10^{-5} sein, so ist:

$$\text{K}_{\text{HA}} = < 2 \times 10^{-9}, \qquad p_{\text{HA}} = > 8{,}30.$$

Auch den Titrierfehler können wir aus K_{AH} einfach berechnen. Wir legen dabei zugrunde, daß derselbe höchstens $2^0/_{00}$ betragen darf, d. h. daß höchstens noch $2^0/_{00}$ des Salzes unzersetzt vorhanden sein darf. Ist $p_T = 4{,}0$, so finden wir:

$$[\text{A}'] = \frac{5 \times 10^{-2}}{10^{-4}} \times \text{K}_{\text{HA}}.$$

Diese $[\text{A}']$ stimmt nun nicht ganz mit der Konzentration des noch unzersetzten Salzes überein, weil die Lösung der schwachen Säure am Endpunkte auch noch etwas Anionen enthält. Diese Menge muß noch von dem obigen Wert abgezogen werden und ist auch einfach zu berechnen: In der Säurelösung ist

$$[\text{H}^\cdot]^2 = [\text{A}']^2 = \sqrt{\text{K}_{\text{HA}} \times [\text{HA}]},$$
$$[\text{A}'] = 2{,}2 \times 10^{-1}\sqrt{\text{K}_{\text{HA}}}.$$

Bei einem $p_T = 4$ beträgt die Konzentration von $[\text{A}']$, geliefert vom unzersetzten Salz,

$$[\text{A}'] = \frac{5 \times 10^{-2}}{10^{-4}} \times \text{K}_{\text{HA}} - 2{,}2 \times 10^{-1}\sqrt{\text{K}_{\text{HA}}}. \quad \ldots \quad (100)$$

Da der Fehler von $2^0/_{00}$ vorausgesetzt wurde, ist hier $[\text{A}']$ bei der Titration von 0,1 n-Flüssigkeit gleich 10^{-4}. Hieraus und aus der Gleichung (100) folgt dann, daß

$$5 \times 10^{-2}\,\text{K}_{\text{HA}} - 0{,}22\,\sqrt{\text{K}_{\text{HA}}} = 10^{-4}.$$

Hieraus folgt

$$\text{K}_{\text{HA}} = 5 \times 10^{-7}, \qquad p_{\text{HA}} = 6{,}3.$$

Auf gleiche Weise läßt sich berechnen, wie groß K_{HA} bei $p_T = 5$ und einer Fehlergrenze von $2^0/_{00}$ sein darf. Wir finden hierbei
$$K_{HA} = 2,5 \times 10^{-8}, \quad \text{und} \quad p_{HA} = 7,6.$$

Wenn man also gebundenes Alkali mit 0,1 n-Lösungen und Dimethylgelb [$p_T = 4$] titrieren will, so muß
$$K_{HA} = < 5 \times 10^{-7} \quad \text{und} \quad p_{HA} = > 6,3 \quad \text{sein};$$
bei Anwendung von Methylrot [$p_T = 5$] hingegen
$$K_{HA} = < 2,5 \times 10^{-8} \quad \text{und} \quad p_{HA} => 7,6,$$
immer mit der höchsten Fehlergrenze von $2^0/_{00}$.

In gleicher Weise läßt sich für die Verwendung von Lösungen anderer Konzentration der Höchstwert der Dissoziationskonstante berechnen. Hat man aber Salze in Händen, deren Säuren schwer löslich sind, so erreicht die Konzentration der nicht ionisierten Säure bald ihren Höchstwert und bleibt dann konstant. Bei der Berechnung ist dabei zu beachten, daß [HA] mit der Konzentration der gesättigten Lösung übereinstimmt. So ist für Kohlensäure die größtmögliche Konzentration in Wasser von Zimmertemperatur etwa 5×10^{-2} molar.

Umgekehrt läßt sich einfach rechnerisch festlegen, wie groß die Dissoziationskonstante einer Base sein darf, wenn man die gebundene Säure des Salzes mit Lauge auf Phenolphthalein oder Thymolphthalein titrieren will. Nimmt man wieder bei 0,1 n-Lösungen einen Fehler von $2^0/_{00}$ und $p_T = 9,0$ an, so erhält man:
$$K_{BOH} = < 2,5 \times 10^{-8}, \quad p_{BOH} => 7,6$$
und bei $p_T = 10$:
$$K_{BOH} = < 5 \times 10^{-7}, \quad p_{BOH} => 6,3.$$

Diese Ableitungen lassen sich sehr vielseitig benutzen. Es läßt sich beispielsweise daraus folgern, daß man das als Carbonat oder Bicarbonat gebundene Alkali nicht mit Methylrot bestimmen darf, da mit diesem Indicator der Fehler zu groß wird. Dimethylgelb wird hier aber ausgezeichnet seinen Zweck erfüllen. (A. RICHTER (6) hat den Einfluß der Kohlensäure auf Dimethylgelb bei Anwesenheit von Salzen untersucht. Er hat jedoch die Kohlensäurekonzentration nicht festgelegt.) Andererseits läßt sich mit Hilfe von Methylrot das an Borsäure oder Blausäure gebundene Alkali ausgezeichnet bestimmen, wenn man einen p_T zugrunde legt, der mit dem p_H einer wässerigen Säurelösung, wie sie am Ende der Titration vorhanden ist, übereinstimmt.

Auch die Titration der an schwache Alkalien gebundenen Säuren läßt sich ausführen. So kann man Aluminium- und einige andere Metallsalze unter bestimmten Bedingungen recht gut gegen Phenolphthalein titrieren. Auch die an Anilin und Alkaloide u. dgl. gebundenen Säuren lassen sich unter Beobachtung des Titrierexponenten titrimetrisch bestimmen. Aus dem bekannten p_T läßt sich in jedem Fall der Titrierfehler berechnen.

11. Die Titration von n-Säuren oder n-Basen. In diesem Kapitel ist stets die Verwendung von 0,1 n- oder noch verdünnteren Lösungen angenommen worden. Es läßt sich aber einfach nachweisen, daß man mit normalen Flüssigkeiten viele Titrationen ausführen kann, die sich mit 0,1 n-Lösungen nicht hinreichend genau vornehmen lassen (11). Auf S. 117 haben wir gesehen, daß die Titration einer Base mit Dimethylgelb als Indicator und 0,1 n-Säure sich noch mit einer Genauigkeit von $2^0/_{00}$ ausführen läßt, wenn die Dissoziationskonstante größer als 3×10^{-8} ist. Ist sie kleiner, so wird der Titrierfehler größer. Nehmen wir in diesem Falle einen weniger säureempfindlichen Indicator, wie Tropäolin 00, so wird der Farbumschlag mit 0,1 n-Säure in der Nähe des Äquivalenzpunktes nur sehr schwer erkennbar sein. Titrieren wir hingegen eine 1,0 n-Lösung einer schwachen Base mit einer Dissoziationskonstante von 10^{-9} mit 1,0 n-Säure, so läßt sich diese Bestimmung mit einer Genauigkeit von $2^0/_{00}$ sehr leicht ausführen, wenn wir so lange Säure zusetzen, bis die erste Abweichung von der Wasserfarbe bemerkbar ist. In ähnlicher Weise wie bei der Berechnung des Titrierfehlers läßt sich auch hier ableiten, daß noch Basen mit Dissoziationskonstanten bis zu 10^{-10} mit einer Genauigkeit von 1% mit Tropäolin 00 titrierbar sind. Man muß dann freilich mit Vergleichslösungen arbeiten, die den gleichen p_H besitzen wie die zu titrierende Flüssigkeit im Äquivalenzpunkte. Ist die Dissoziationskonstante der Base bekannt, so läßt sich der p_H ja einfach aus den Hydrolysegleichungen berechnen.

Ebenso läßt sich ableiten, daß man die an Säuren gebundenen Basen mit einer Genauigkeit von 1% auf Tropäolin 00 titrieren kann, wenn die Dissoziationskonstanten der Säuren kleiner als 10^{-4} sind, natürlich unter der Bedingung, daß man passende Vergleichslösungen und normale Titrierflüssigkeiten verwendet. Bei der Titration von 25 ccm 1,0 n-Alkaliacetat mit 1,0 n-Säure fand ich Titerzahlen von 25,05 ccm; 25,04 ccm; 25,10 ccm. Als Vergleichsflüssigkeiten kann man in diesem Fall 0,5 n-Essigsäure oder 0,003 n-Salzsäure verwenden. Auch an Ameisensäure gebundenes Alkali läßt sich mit einer Genauigkeit von noch 1—2% titrieren. Von praktischer Bedeutung ist ferner, daß man so Basen wie Anilin, Urotropin u. dgl. bequem mit 0,5% Genauigkeit bestimmen kann. Alles, was für die Anwendung der 1,0 n-Säuren angegeben ist, gilt mutatis mutandis auch für die Anwendung der 1,0 n-Base als Titrierflüssigkeit. Bei der Verwendung von Tropäolin 0 oder Nitramin als Indicator und zweckmäßigen Vergleichslösungen lassen sich noch schwache Säuren, deren Dissoziationskonstante nicht kleiner als 10^{-10} ist, mit einer Fehlergrenze von 1% bestimmen, ebenso Säuren, die an Basen gebunden sind, deren Dissoziationskonstanten kleiner als 10^{-4} sind. Dabei ist zu beachten, daß man die Vergleichslösungen lieber nicht durch Verdünnung von Natronlauge herstellt, da die Spuren von Kohlensäure, die aus der Luft in das Wasser gelangen können, bereits einen sehr großen Einfluß auf die Färbung ausüben können. Vergleichslösungen aus Soda sind brauchbarer.

Die Titration mit 1,0 n-NaOH ist u. a. praktisch wichtig für die Bestimmung von Borsäure oder Phenolen. Für die Untersuchung von Düngemitteln ist es von Bedeutung, daß man die an Ammoniak gebundenen Säuren mit 1,0 n-Reagenzien auf Tropäolin 0 oder besser Nitramin als Indicator bestimmen kann.

Die höchsten Fehlergrenzen von 1% werden in den Fällen erreicht, in denen die Dissoziationskonstanten gerade die oben angegebenen, noch zulässigen Grenzen erreichen. Sind die Bedingungen günstiger, so werden auch die Fehler geringer [vgl. KOLTHOFF (11)].

Literaturverzeichnis zum vierten Kapitel.

1. BJERRUM, N.: Die Theorie der alkalimetrischen und acidimetrischen Titrierungen. „Samml. Herz" 1914, S. 57. Zeitschr. f. anal. Chem. Bd. 56, S. 13, 81. 1917.
2. NOYES: Journ. of the Americ. chem. soc. Bd. 32, S. 825. 1910.
3. LUTHER: Chemiker-Ztg. 1907, S. 1172. — KIRSCHNIK: Chemiker-Ztg. 1907, S. 960. — HALLSTRÖM: Ber. d. Dtsch. Chem. Ges. Bd. 38, S. 2288. 1905. — COHEN, A.: Journ. of the Americ. chem. soc. Bd. 44, S. 185. 1922. — LIZIUS: Analyst Bd. 46, S. 355. 1921. — CARR, F. H.: Analyst Bd. 47, S. 196. 1922. — K. C. D. HICKMAN und LINSTEAD, R. P.: Journ.

Chem. Soc. Bd. 121, S. 2502. 1922. — CHABOT, G.: Bull. Soc. chim.
Belg. Bd. 34, S. 202. 1925; vgl. Chem.-Zentralbl. Bd. 96, S. 1375. 1925.
4. SCHOORL: Chem. Weekbl. Bd. 3, S. 719, 771, 807. 1906.
5. Mc COY: Amer. Chem. Journ. Bd. 31, S. 503. 1904.
6. KOLTHOFF: Chem. Weekbl. Bd. 14, S. 780. 1917; Bd. 17, S. 390. 1920.
— HILLER: Ber. Bd. 11, S. 460. 1878. — LUNGE: Ber. Bd. 11, S. 1944.
1878. — WARDER: Amer. Chem. Journ. Bd. 3, S. 55. 1881. — LUX:
Zeitschr. f. analyt. Chem. Bd. 19, S. 457. 1880. — KÜSTER: Zeitschr. f.
anorg. allgem. Chem. Bd. 13, S. 127. 1897. — AUERBACH: Zeitschr. f. angew.
Chem. Bd. 25, S. 1722. 1912. — MC BAIN: Journ. of the Americ. chem.
soc. Bd. 101, S. 814. 1912. — JOHNSTON: Journ. of the Americ. chem.
soc. Bd. 38, S. 947. 1916. — WILKE: Zeitschr. f. anorg. Chem. Bd. 119,
S. 365. 1921. — THIEL, A. und K. STROHECKER, Ber. Bd. 47, S. 945.
1914. FAURHOLT, Zeitschr. f. anorg. allgem. Chem. Bd. 120, S. 87. 1922,
SIEVERTS, A. und A. FRITZSCHE, Zeitschr. f. anorg. allgem. Chem. Bd.133.
S. 1. 1924. — RICHTER, A.: Zeitschr. f. anal. Chem. Bd. 65, S. 230; 1925.
7. KOLTHOFF: Chem. Weekbl. Bd. 12, S. 645. 1915; Bd. 14, S. 517. 1917.
8. Ders.: Chem. Weekbl. Bd. 16, S. 1154. 1919; Pharmac. Weekbl. Bd. 57,
S. 474. 1920.
9. TIZARD und BOCREE: Journ. chem. soc. London Bd. 119, S. 132. 1921. —
KOLTHOFF: Pharmac. Weekbl. Bd. 59, S. 129. 1922.
10. KOLTHOFF: Pharmac. Weekbl. Bd. 57, S. 787. 1920.
11. Ders.: Zeitschr. f. anorg. allgem. Chem. Bd. 115, S. 168. 1921; vgl. auch
PRIDEAUX: Zeitschr. f. anorg. allgem. Chem. Bd. 85, S. 362. 1913.

Anhang zum vierten Kapitel.

Wenn man auch aus der Tabelle der Dissoziationskonstanten am Ende dieses Buches und den in diesem Kapitel gemachten Ausführungen leicht überschauen kann, welche Säuren und Basen sich unter bestimmten Verhältnissen mit genügender Genauigkeit titrieren lassen, wird doch die nachstehende Tabelle zum einfacheren Gebrauche hier angeführt. Bei ihrer Aufstellung ist angenommen worden, daß die Säuren stets mit starken Basen und die Basen stets mit starken Säuren titriert werden. Es ist nicht möglich, den Titrierexponenten p_T genau anzugeben, weil dieser nur für eine bestimmte Säure- oder Basekonzentration gilt.

Säuren, die an Schwermetalle oder Alkaloide gebunden sind, werden im allgemeinen mit Phenolphthalein titriert. Bei der Titration von Alkaloidsalzen mit Lauge ist ein Zusatz von Weingeist oder Chloroform gewöhnlich notwendig.

An Ammonium gebundene Säure kann in n-Lösung mit n-Lauge mit Nitramin als Indicator bestimmt werden.

Anhang zum vierten Kapitel.

Titrimetrisch zu bestimmende Säuren.

Säuren	Indicator
Starke Säuren	alle
Ameisensäure und Homologe	Phpht.; ThBl.; PhR.; NR.
Oxalsäure und Homologe	Phpht.; ThBl.; PhR.; NR.
Fluorwasserstoff	Phpht.; ThBl.
Borsäure m. mehrwertig. Alkoholen	Phpht.; ThBl.
Borsäure ohne mehrwertig. Alkohol	Nitramin; Tr. 0 vgl. S. 130
Chromsäure	Phpht.; ThBl. Thpht.
Cyanwasserstoff	Nitramin; Tr. 0
Aliph. Oxysäuren	Phpht.; ThBl.; PhR.; NR; MR.
Trichloressigsäure	alle
Benzoesäure und Homologe	Phpht.; ThBl.
Salicylsäure	Phpht.; ThBl.; PhR.; MR.
Zimtsäure	Phpht.; ThBl.
Pikrinsäure	Phpht.; ThBl.; PhR.; NR.
Gallussäure	MR. (kein Phpht. und ThBl.)
Hippursäure	Phpht.; ThBl.
Phthalsäure	Phpht.; ThBl.
Harnsäure	Phpht.; ThBl.
Saccharin	Phpht.; ThBl.; PhR.; NR.; MR.

Phpht. = Phenolphthalein; ThBl. = Thymolblau; PhR. = Phenolrot; NR. = Neutralrot; MR. = Methylrot; Tr. 0 = Tropäolin.

Die oben genannten zweibasischen Säuren sind im allgemeinen mit Farbindicatoren nicht als einbasische Säuren titrierbar. Die nachstehenden Säuren verhalten sich hinsichtlich ihrer Titrieracidität verschieden gegen verschiedene Indicatoren.

Phosphorsäure und Arsensäure: Als einbasische Säuren gegen DG. oder M.O. oder BPB. mit primärem Phosphat als Vergleichsflüssigkeit. Als zweibasische Säuren gegen Thpht. Auch Phpht. und TB. sind brauchbar, wenn die Lösung etwa mit Kochsalz gesättigt ist. Als dreibasische Säuren titrierbar gegen Phpht. oder TB. bei Anwesenheit von viel Chlorcalcium.

Pyrophosphorsäure: Als zweibasische Säure gegen DG. oder MO. oder BPB. bis $p_T = 4{,}0$. Als vierbasische Säure gegen Phpht. oder Thpht. oder TB. bei Gegenwart von genügend Bariumsalz.

Kohlensäure: Als einbasische Säure gegen Phpht. oder TB. bei Anwesenheit von genügend Kochsalz oder Glycerin. Als zweibasische Säure gegen Phpht. oder TB. bei Gegenwart von genügend Bariumsalz.

Schweflige Säure: Als einbasische Säure gegen DG. oder MO. oder BPB. Als zweibasische Säure gegen Phpht. oder TB. bei Anwesenheit von genügend Bariumsalz.

Glycerophosphorsäure: Als einbasische Säure gegen DG. oder MO. oder BPB. Als zweibasische Säure gegen Phpht. oder TB.

Titrimetrisch zu bestimmende Basen[1]).

Art der Basen	Indicator
Basen gebunden an	
Borsäure	MO.; DG.; BPB.; MR.; BKP.
Kohlensäure	MO.; DG.; BPB.
Schwefelwasserstoff	MO.; DG.; BPB.; MR.; BKP.
Phosphorsäure zu prim. Phosphat	MO.; DG.; BPB; BKB.
Essigsäure u. a.	Tr. 00; TB. mit 1,0 n-HCl und Essigsäure als Vergleichsflüssigkeit (vgl. S. 130)
Freie Basen	
Starke Basen	alle
Ammoniak	MR.; BKP.; MO.; DG.; BPB.
Anilin	Tr. 00 (vgl. S. 130)
Hydrazin	MR.; MO.; DG.; BKP.; BPB.
Amine	MR.; BKP.; MO.; DG.; BPB.
Aconitin	MR.; MO.; DG.; BPB.
Brucin (einsäurig)	MR.; BPB. (mit Weingeist 50%)
China-Alkaloide (einsäurig)	MR.; BKP.
Chinolin	Tr. 00
Cocain	MR.; BKP.; MO.; DG.; BPB.
Emetin	MR.; BKP.; MO.; DG.; BPB.
Hexamethylentetramin	Tr. 00 (vgl. S. 130)
Coniin	MR.; BKP.; BTB.; MO.; DG.; BPB.
Narcotin	MO.; DG.; BPB.
Papaverin	MR.; MO.; DG.; BPB.
Morphin	MR.; MO.; DG.; BPB.
Piperazin	MO.; DG.; BPB.
Atropin	MR.; MO.; DG.; BPB.
Pilocarpin	MR.; BKP.
Spartein	MR.; BKP.; BTB.; MO.; DG.; BPB.
Strychnin (einsäurig)	MR.; BKP.; BPB. (mit Weingeist)

Thpht. = Thymolphthalein; Phpht. = Phenolphthalein; TB. = Thymolblau; BTB. = Bromthymolblau; BKP. = Bromkresolpurpur; BKB. = Bromkresolblau; MR. = Methylrot; MO. = Methylorange; DG. = Dimethylgelb; BPB. = Bromphenolblau; Tr. 00 = Tropäolin 00.

---

[1]) Ausführlichere Angaben über die Titration von Alkaloiden, auch bei Anwesenheit von Alkohol, vgl. J. M. KOLTHOFF: Biochem. Zeitschr. Bd. 162, S. 289. 1925; auch Pharmac. Weekbl. Bd. 62, S. 478. 1925.

Fünftes Kapitel.

Die colorimetrische Bestimmung der Wasserstoffionenkonzentration.

1. Die Grundlage des Verfahrens besteht darin, daß jeder Indicator ein bestimmtes Umschlagsgebiet besitzt, in dem er bei einer Änderung der Wasserstoffionenkonzentration seine Farbe ändert. Wenn man also von einer gegebenen Lösung den p_H erkennen will und einen geeigneten Indicator zusetzt, der in ihr eine Zwischenfarbe annimmt, so kann man durch den Vergleich dieser Farbe mit derselben, die dieser Indicator in anderen Lösungen, deren p_H bekannt ist, hat, auch den gesuchten Wasserstoffexponenten finden. Es ist also ein Vergleichsverfahren, dessen Genauigkeit in erster Linie auf der Richtigkeit der Vergleichslösungen beruht. Der p_H dieser letzteren wird mit der Wasserstoffelektrode bestimmt. Diese Eichung mit der Wasserstoffelektrode ist also das Urverfahren, auf dem das ganze colorimetrische Verfahren sich stützt. Es wird sich unten noch zeigen, daß bei dem colorimetrischen Verfahren durch die Anwesenheit verschiedener Stoffe Abweichungen von dem richtigen Werte verursacht werden können.

2. Die Vergleichslösungen. Der Wasserstoffexponent der Vergleichslösungen muß mit der größten Genauigkeit bestimmt werden. Weniger zu empfehlen ist hierzu das Verfahren von MICHAELIS (1), der mit Hilfe der bekannten Dissoziationskonstanten der Säuren und Basen den p_H-Wert verschiedener Puffergemische wie von Essigsäure-Acetat oder Ammoniak-Ammoniumchlorid berechnet. Eine besonders nützliche und grundlegende Arbeit verrichtete S. P. L. SÖRENSEN (2), der eine Reihe von Puffergemischen mit sehr weit auseinanderliegenden p_H-Werten herstellte. Von allen diesen Lösungen hat er den Wasserstoffexponenten mit der Wasserstoffelektrode bestimmt. WALPOLE (3) hat nach ihm die p_H-Werte von Gemischen aus Essigsäure und Natriumacetat genau gemessen, PALITZSCH (4) untersuchte das System Borsäure-Borax, CLARK und LUBS (5) haben eine Stufenleiter von Puffergemischen aufgestellt, deren p_H in Absätzen von 0,2 Einheiten von 2,0 bis 10,0 steigt.

Wie schon im ersten Kapitel erwähnt, ist der Pufferwert von Gemischen schwacher Säuren oder schwacher Basen mit ihren Salzen nicht in allen Fällen gleich wirksam. Am stärksten ist die Ausgleichswirkung in einer Lösung, deren $p_H = p_{HA}$, die also annähernd gleiche Menge Salz und Säure enthält (siehe die Betrachtungen von Donald D. v. SLYKE, S. 25). Hierbei ändert sich der Wasserstoffexponent bei geringen Schwankungen der Zusammensetzung nur sehr wenig. Je größer aber der Unterschied zwischen p_H und p_{HA} ist, um so geringer ist die Pufferwirkung, so daß bei einem $p_H = p_{HA} \pm 2$ die Lösung kaum noch eine Pufferwirkung zeigt. Dieses muß bei der Anwendung der verschiedenen Puffergemische beachtet werden.

Für die Herstellung von Puffergemischen mit einer großen Pufferkapazität bei wechselnder Zusammensetzung ist es empfehlenswert, von einer Mischung von Säuren mit wenig verschiedenen Dissoziationskonstanten auszugehen (S. 31).

Die Gemische nach CLARK und LUBS (5) sind sehr einfach herzustellen. Die Ausgangsstoffe sind leicht in reiner Form zu erhalten, und die gleichen Unterschiede der p_H-Werte, die um je 0,2 voneinander abweichen, bieten praktische Vorteile.

Die Chemikalien, die zur Bereitung der Puffergemische von CLARK und LUBS (5) nötig sind, sind im allgemeinen einfach rein zu erhalten.

Ich muß hier bemerken, daß ich wiederholt beobachtet habe, daß aus den Puffergemischen aus Biphthalat und Salzsäure mit einem kleineren p_H als 3,0 die Phthalsäure in schönen Krystallen auskrystallisieren kann.

Besonders in den Wintermonaten begegnet man dieser Schwierigkeit. Die Lösungen sind dann verdorben und müssen frisch hergestellt werden. Übrigens kann man auch bei einem kleineren p_H als 3 frisch hergestellte Lösungen von Salzsäure in 0,05 bis 0,1 N Kaliumchlorid verwenden (nur haltbar bei p_H kleiner als 2) [1]).

Weniger gut ist dies der Fall mit verschiedenen Urstoffen, von denen SÖRENSEN (2) ausging. Zwar kann man die Stoffe als

---

[1]) Neuerdings habe ich festgestellt, (Rec. Trav. Chim. 45, 433 (1926), daß die Biphthalatpuffergemische für Messungen mit Methylorange als Indicator nicht geeignet sind. Sie werden besser durch die Citratgemisch nach Sörensen ersetzt.

rein von KAHLBAUM beziehen, aber eine Gewähr hat man nicht. So kann man nicht ohne weiteres annehmen, daß das sekundäre Natriumphosphat von KAHLBAUM genau zwei Moleküle Kristallwasser enthält. Zur Kontrolle ist eine Bestimmung des Wassergehaltes und Glührückstandes erforderlich.

Dennoch übernehme ich die von SÖRENSEN empfohlenen Gemische, weil die Wasserstoffexponenten der von ihm empfohlenen Flüssigkeiten mit großer Genauigkeit bestimmt worden sind. Dazu kommt noch, daß WALBUM (6) die p_H-Änderung zwischen 10 und 70° von verschiedenen dieser Reihen bestimmt hat, so daß wir jetzt auch Angaben über den p_H der Vergleichsflüssigkeiten bei anderen Temperaturen als bei 18 und 25° besitzen. Die p_H-Änderung mit der Temperatur verläuft sehr regelmäßig, so daß man zwischen 10 und 70° durch geradlinige Interpolation die Werte von p_H bei der gewünschten Temperatur finden kann. Bequemlichkeitshalber habe ich in die Tabellen auch noch die Werte bei 40° übernommen.

In der letzten Zeit haben wir im hiesigen Laboratorium eingehende Untersuchungen über die p_H-Änderung mit der Temperatur in sehr verschiedenen Puffermischungen angestellt. Es hat sich ergeben, daß der p_H sich zwischen 10 und 70° nur sehr wenig ändert, so daß bei einer Temperaturschwankung von 10° die Änderung des p_H vernachlässigt werden darf.

Ferner übernehme ich eine Tabelle von PALITZSCH (7), die sehr genau die p_H-Werte von Gemischen von Borsäure (gemischt mit etwas Kaliumchlorid) und Borax bestimmt hat. Da ferner auch Gemische von Soda und Salzsäure mit guter Pufferwirkung leicht herzustellen und recht haltbar sind, habe ich für eine Reihe dieses Systems den p_H mit der Wasserstoffelektrode gemeinsam mit Herrn Prof. W. E. RINGER (18) im Utrechter physiologischen Laboratorium bestimmt. Aus Messungen von RINGER (6) habe ich die p_H-Werte von Gemischen von sekundärem Phosphat mit Natronlauge abgeleitet, so daß wir jetzt auch Puffergemische zwischen $p_H = 11$ und 12 haben. Nachstehende Vergleichslösungen werden also behandelt.

In vielen bakteriologischen und physiologischen Laboratorien verursacht die Herstellung von Puffergemischen Schwierigkeiten, weil man oft keine eingestellte Säure oder Lauge zur Verfügung hat. Daher habe ich (5) eine Reihe von Puffer-

Puffergemische.

	Urlösungen	Angegeben von	zwischen p_H
I.	0,1 n-Salzsäure mit 0,1 n-KCl (7,46 g p. l)	Clark u. Lubs (5)	1,0 – 2,2
II.	0,1 n-Salzsäure mit 0,1 n-Kbiphthalat (20,42 g p. l)	Clark u. Lubs (5)	2,2 – 3,8
III.	0,1 n-Natronlauge mit 0,1 n-Kbiphthalat	Clark u. Lubs (5)	4,0 – 6,2
IV.	0,1 n-Natronlauge mit 0,1 n-Kbiphosphat (13,62 g p. l)	Clark u. Lubs (5)	6,2 – 8,0
V.	0,1 n-Natronlauge mit 0,1 n-Borsäure (6,20 g p. l) mit 0,1 n-KCl (7,46 g p. l)	Clark u. Lubs (5)	8,0 – 10,0
VI.	0,1 n-Salzsäure mit 0,1 n-Glykokoll (7,505 g p. l) mit 0,1 n-NaCl (5,85 g p. l)	Sörensen (2)	1,04 – 4,0
VII.	0,1 n-Natronlauge mit 0,1 n-Glykokoll (7,505 g p. l) mit 0,1 n-NaCl (5,85 g p. l)	Sörensen (2)	8,24 – 10,48
V.III.	$1/_{15}$ n-Kbiphosphat (9,078 g p. l) u. $1/_{15}$ n-Na$_2$HPO$_4$ 2 H$_2$O (11,88 g p. l)	Sörensen (2)	6,0 – 8,0
IX.	0,1 n sec. Na-Citrat (aus Citronensäure) mit 0,1 n-HCl	Sörensen (2)	2,97 – 4,96
X.	0,1 n sec. Na-Citrat mit 0,1 n-NaOH	Sörensen (2)	4,96 – 6,3
XI.	0,1 n-Borax (19,10 g p. l) mit 0,1 n-HCl	Sörensen (2)	8,0 – 9,24
XII.	0,1 n-Borax mit 0,1 n-NaOH	Sörensen (2)	9,24 – 10,0
XIII.	0,1 n-Borax (19,10 g p. l) und 0,2 n-Borsäure mit 0,05 n-NaCl (12,40 g Borsäure und 2,925 g NaCl p. l)	Palitzsch (7)	7,60 – 9,24
XIV.	0,1 n-Salzsäure mit 0,2 n-Na$_2$CO$_3$ (10,60 g p. l)	Kolthoff	10,0 – 11,2
XV.	0,15 n sec. Natriumphosphat mit 0,1 n-Natronlauge	Ringer	11,0 – 12,0
XVI.	0,05 molar Bernsteinsäure (5,9 g p. l) mit 0,05 molar Borax	Kolthoff (5)	3,0 – 5,8
XVII.	0,1 molar Kbiphosphat mit 0,05 molar Borax (19,10 g p. l)	Kolthoff (5)	5,8 – 9,2

gemischen angegeben, die ohne Verwendung von Salzsäure oder Natronlauge hergestellt werden.

Man geht von reinen krystallisierten Substanzen aus, von denen man durch Abwägen Lösungen von bekanntem Gehalte herstellt.

Auf diese Weise kann man aus Mischungen von 0,05 molarer Bernsteinsäure- und 0,05 molarer Boraxlösung Pufferlösungen mit einem p_H zwischen 3,0 und 5,8 erhalten; aus Mischungen von 0,1 molarer Kaliumbiphosphat- und 0,05 molarer Boraxlösung Lösungen mit einem p_H zwischen 5,8 und 9,2.

Die Reinheit der Präparate. Salzsäure und carbonatfreie Natronlauge werden nach den in der Titrimetrie bekannten Verfahren hergestellt. Kaliumbiphthalat wird nach DODGE (7) mit einer kleinen Abänderung nach CLARK und LUBS (5) gewonnen, indem man 60 g Kaliumhydroxyd (das nur wenig Carbonat enthält) in 400 ccm Wasser auflöst und 85 g Orthophthalsäure oder doppelt sublimiertes Phthalsäureanhydrid zugibt. Die Lösung wird dann mit Phthalsäure auf ganz schwach alkalische Reaktion gegen Phenolphthalein eingestellt und dann nochmals die gleiche Menge Phthalsäure zugegeben. Man soll darauf achten, daß man tatsächlich die gleiche Menge Phthalsäure zur Phthalatlösung hinzusetzt, weil sonst die Möglichkeit besteht, daß das Biphthalat einen Überschuß Säure oder Phthalat enthält. Durch Umkrystallisation ist der Überschuß an Phthalsäure bzw. an Phthalat schwer zu entfernen. Die aufgekochte Lösung wird heiß filtriert und das Kaliumbiphthalat unter häufigem Umschütteln beim Abkühlen durch Krystallisation gewonnen. Die abgenutschten Salzmengen werden wenigstens zweimal umkrystallisiert und bei 110—115° getrocknet. Die Krystallisation darf nach DODGE nicht unter 20° stattfinden, weil dann ein saureres Salz auskristallisiert.

Primäres Kaliumphosphat. SÖRENSEN verwandte Kaliumphosphat, Präparat Kahlbaum. Man kann ein Handelsprodukt verwenden, das einfach zwei bis dreimal aus Wasser umkrystallisiert, und bei 110° bis zum konstanten Gewicht getrocknet wird. Bei 100° darf es nicht mehr als 0,1% Wasser verlieren. Glühverlust 13,23% $\pm$ 0,1%.

Statt des Kaliumsalzes kann man auch das primäre Natriumphosphat verwenden; doch läßt letzteres Salz sich viel schwieriger rein darstellen. Zudem kann es 1 bezw. 2 Moleküle Krystallwasser, abhängig von der Wasserdampftension der Atmosphäre, aufnehmen. Daher ist das Natriumsalz nicht zu empfehlen.

Sekundäres Natriumphosphat. SÖRENSEN verwendete ohne weitere Nachprüfung $Na_2HPO_4 \cdot 2 H_2O$ von KAHLBAUM.

Ich gehe vom Handelsprodukt mit zwölf Molekülen Wasser aus, das ich dreimal umkrystallisiere und dann im Exsiccator über Chlorcalcium bis zum konstanten Gewicht trockne. Es hat dann die gewünschte Zusammensetzung $Na_2HPO_4 \cdot 2 H_2O$. Bei 100° und bei 20—30 mm Druck getrocknet, ist der Gewichtsverlust 25,28± 0,1%. Beim Erhitzen bis 300° geht das Phosphat in Pyrophosphat über.

Schneller kann man das Salz nach der Vorschrift. die N. Schoorl[1]) angegeben hat, herstellen. Das umkrystallisierte Handelssalz wird auf dem Wasserbade in offener Schale erwärmt. Das Salz schmilzt in seinem Krystallwasser. Man dampft nun unter fortwährendem Rühren so lange ein, bis die ganze Masse trocken geworden ist. Das Salz hat dann ungefähr die Zusammensetzung $Na_2HPO_4 \cdot 2 H_2O$, und wird über zerfließendem Chlorcalcium bis zu Gewichtskonstanz getrocknet. — In Berührung mit feuchter Luft kann das zweite Hydrat Wasser anziehen und in das siebente Hydrat übergehen (dies geschieht, wenn der relative Dampfdruck in der Luft größer als 55 % ist). Daher muß das Salz in gut verschlossenen Flaschen aufbewahrt werden.

Borsäure: Das Handelspräparat wird wenigstens dreimal aus Wasser umkrystallisiert, dann in dünner Schicht zwischen Filtrierpapier, und im Vakuumexsiccator bei Zimmertemperatur getrocknet. Wenn man die Borsäure bei höherer Temperatur (100°) trocknet, so verliert sie auch Konstitutionswasser, und geht zum Teil in die Metaborsäure HBO_2 über. Läßt man die so getrocknete Säure einige Zeit an der Luft liegen, so zieht die Metasäure schnell wieder Wasser an und geht wieder in die Orthosäure über.

Die 0,1 molare Borsäurelösung färbt Methylrot auf Zwischenfarbe.

Borax: Das dreimal aus Wasser umkrystallisierte Handelspräparat (Auskrystallisation unter 50°) wird im Exsiccator über zerfließendem Bromnatrium bis zum konstanten Gewicht getrocknet. Es hat dann die Zusammensetzung $Na_2B_4O_7 \cdot 10 H_2O$. Die 0,05 molare Lösung enthält 19,10 g Salz im Liter.

Natriumcarbonat wird am einfachsten chemisch rein gewonnen, indem man Natriumbicarbonat oder Natrium-

---

[1]) N. Schoorl: Pharmac. Weekbl. Bd. 61, S. 971. 1924.

oxalat eine halbe Stunde auf 360° erhitzt [LUNGE (10)], [SÖRENSEN (10)].

Glykokoll (KAHLBAUM): Eine Lösung von 2 g Glykokoll in 20 ccm Wasser soll klar sein und darf mit Bariumnitrat keine Fällung, mit Silbernitrat höchstens eine geringe Opalescenz geben. Der Aschengehalt von 5 g Glykokoll darf nicht mehr als 2 mg betragen. Der Stickstoffgehalt soll, nach KJELDAHL bestimmt, $18{,}67 \pm 0{,}1\%$ betragen.

Citronensäure (KAHLBAUM): Man kann auch von einem Handelspräparat ausgehen, dieses zweimal aus Wasser umkrystallisieren und über zerfließendem Bromnatrium bis zur Gewichtskonstanz trocknen. Die Säure hat dann die Zusammensetzung $C_6H_8O_7H_2O$.

Nach SÖRENSEN soll die Säure eine klare Lösung geben, welche mit Barium- bzw. Silbernitrat keine Reaktion gibt. Der Aschengehalt von 5 g Citronensäure soll weniger als 1 mg betragen. Bei 70° und bei 20—30 mm Druck getrocknet verliert die Säure ihr Krystallwasser, das $8{,}58\% \pm 0{,}1\%$ betragen soll.

Aus der Citronensäure wird die Lösung des sekundären Citrates hergestellt: 21,01 g Citronensäure löst man in 200 ccm n-Natronlauge und füllt dann mit Wasser bis zu 1 l auf.

Boraxlösung nach SÖRENSEN (2): 12,40 g Borsäure löst man in 100 ccm n-Natronlauge und füllt mit Wasser bis zu 1 l auf. Besser kann man von reinem Borax ausgehen und von diesem Präparat eine 0,05 molare Lösung herstellen (19,10 g im l).

Bernsteinsäure (KAHLBAUM). Man kann auch von einem Handelspräparat ausgehen und dieses zweimal aus destilliertem Wasser umkrystallisieren

In dünner Schicht wird es lufttrocken gemacht und dann über zerfließendem Chlorcalcium bis zur Gewichtskonstanz getrocknet.

Die Säure darf nicht bei höherer Temperatur getrocknet werden, weil dann 2 Moleküle unter Bildung des Anhydrids ein Molekül Wasser verlieren. Zu der Vergleichslösung setzt man ein wenig Thymol zu, weil sie sonst durch Pilzwachstum schnell verdirbt.

Die 0,05 molare Lösung enthielt 5,90 g Säure im Liter.

In den nachstehenden Tabellen ist eine Zusammenstellung der verschiedenen Puffergemische mit ihren Wasserstoffexponenten wiedergegeben. In der letzten Spalte sind die zweckmäßigsten Indicatoren angeführt. Die hier kleingedruckten Mischungen üben keine gute Pufferwirkung mehr aus.

$1/5$ mol. HCl + $1/5$ mol. KCl [CLARK und LUBS (5)].

Zusammensetzung	p_H	Indicator
97,0 ccm HCl + 50 ccm KCl auf 200 ccm ...	1,0	
64,5 ,, ,, + 50 ,, ,, ,, 200 ,, ...	1,2	
41,5 ,, ,, + 50 ,, ,, ,, 200 ,, ...	1,4	Thymolblau,
26,3 ,, ,, + 50 ,, ,, ,, 200 ,, ...	1,6	Tropäolin 00
16,6 ,, ,, + 50 ,, ,, ,, 200 ,, ...	1,8	
10,6 ,, ,, + 50 ,, ,, ,, 200 ,, ...	2,0	
6,7 ,, ,, + 50 ,, ,, ,, 200 ,, ...	2,2	

$1/10$ mol. Kaliumbiphthalat + $1/10$ mol. HCl [CLARK und LUBS (5)].

	p_H	
46,70 ccm HCl + 50 ccm Biphthalat auf 100 ccm	2,2	
39,60 ,, ,, + 50 ,, ,, ,, 100 ,,	2,4	
32,95 ,, ,, + 50 ,, ,, ,, 100 ,,	2,6	Tropäolin 00,
26,42 ,, ,, + 50 ,, ,, ,, 100 ,,	2,8	Thymolblau
20,32 ,, ,, + 50 ,, ,, ,, 100 ,,	3,0	
14,70 ,, ,, + 50 ,, ,, ,, 100 ,,	3,2	
9,90 ,, ,, + 50 ,, ,, ,, 100 ,,	3,4	Methylorange,
5,97 ,, ,, + 50 ,, ,, ,, 100 ,,	3,6	Bromphenolblau
2,63 ,, ,, + 50 ,, ,, ,, 100 ,,	3,8	

$1/10$ mol. Kaliumbiphthalat + $1/10$ mol. NaOH [CLARK und LUBS (5)].

	p_H	
0,40 ccm NaOH + 50 ccm Biphthalat auf 100 ccm	4,0	Methylorange,
3,70 ,, ,, + 50 ,, ,, ,, 100 ,,	4,2	Bromphenolblau
7,50 ,, ,, + 50 ,, ,, ,, 100 ,,	4,4	
12,15 ,, ,, + 50 ,, ,, ,, 100 ,,	4,6	
17,70 ,, ,, + 50 ,, ,, ,, 100 ,,	4,8	
23,85 ,, ,, + 50 ,, ,, ,, 100 ,,	5,0	Bromkresolblau
29,95 ,, ,, + 50 ,, ,, ,, 100 ,,	5,2	Methylrot,
35,45 ,, ,, + 50 ,, ,, ,, 100 ,,	5,4	Bromkresol-
39,85 ,, ,, + 50 ,, ,, ,, 100 ,,	5,6	purpur
43,00 ,, ,, + 50 ,, ,, ,, 100 ,,	5,8	
45,45 ,, ,, + 50 ,, ,, ,, 100 ,,	6,0	
47,00 ,, ,, + 50 ,, ,, ,, 100 ,,	6,2	

Die Vergleichslösung.

$^1/_{10}$ mol. Biphosphat + $^1/_{10}$ mol. NaOH bis 100 ccm [CLARK und LUBS (5)].

Zusammensetzung	p_H	Indicator
3,72 ccm NaOH + 50 ccm Phosphat auf 100 ccm	5,8	Methylrot, Bromkresolpurpur,
5,70 ,, ,, + 50 ,, ,, ,, 100 ,,	6,0	
8,60 ,, ,, + 50 ,, ,, ,, 100 ,,	6,2	
12,60 ,, ,, + 50 ,, ,, ,, 100 ,,	6,4	Bromthymolblau
17,80 ,, ,, + 50 ,, ,, ,, 100 ,,	6,6	Chlorphenolrot
23,65 ,, ,, + 50 ,, ,, ,, 100 ,,	6,8	
29,63 ,, ,, + 50 ,, ,, ,, 100 ,,	7,0	
35,00 ,, ,, + 50 ,, ,, ,, 100 ,,	7,2	Neutralrot,
39,50 ,, ,, + 50 ,, ,, ,, 100 ,,	7,4	Phenolrot,
42,80 ,, ,, + 50 ,, ,, ,, 100 ,,	7,6	Kresolrot
45,20 ,, ,, + 50 ,, ,, ,, 100 ,,	7,8	
46,80 ,, ,, + 50 ,, ,, ,, 100 ,,	8,0	

$^1/_{10}$ mol. Borsäure in $^1/_{10}$ mol. KCl + $^1/_{10}$ mol. NaOH bis 100 ccm [CLARK und LUBS (5).

Zusammensetzung	p_H	Indicator
2,61 ccm NaOH + 50 ccm Borsäure auf 100 ccm	7,8	Kresolrot
3,97 ,, ,, + 50 ,, ,, ,, 100 ,,	8,0	
5,90 ,, ,, + 50 ,, ,, ,, 100 ,,	8,2	
8,50 ,, ,, + 50 ,, ,, ,, 100 ,,	8,4	
12,00 ,, ,, + 50 ,, ,, ,, 100 ,,	8,6	
16,30 ,, ,, + 50 ,, ,, ,, 100 ,,	8,8	Phenolphthalein
21,30 ,, ,, + 50 ,, ,, ,, 100 ,,	9,0	Thymolblau
26,70 ,, ,, + 50 ,, ,, ,, 100 ,,	9,2	
32,00 ,, ,, + 50 ,, ,, ,, 100 ,,	9,4	
36,85 ,, ,, + 50 ,, ,, ,, 100 ,,	9,6	
40,80 ,, ,, + 50 ,, ,, ,, 100 ,,	9,8	
43,90 ,, ,, + 50 ,, ,, ,, 100 ,,	10,0	Thymolphthalein

$^1/_{15}$ mol. NaH_2PO_4 und $^1/_{15}$ mol. Na_2HPO_4 [SÖRENSEN (2)].

Zusammensetzung	p_H bei 18°
9,75 ccm NaH_2PO_4 + 0,25 ccm Na_2HPO_4	5,29
9,5 ,, ,, + 0,5 ,, ,,	5,59
9,0 ,, ,, + 1,0 ,, ,,	5,91
8,0 ,, ,, + 2,0 ,, ,,	6,24
7,0 ,, ,, + 3,0 ,, ,,	6,47
6,0 ,, ,, + 4,0 ,, ,,	6,64
5,0 ,, ,, + 5,0 ,, ,,	6,81
4,0 ,, ,, + 6,0 ,, ,,	6,98
3,0 ,, ,, + 7,0 ,, ,,	7,17
2,0 ,, ,, + 8,0 ,, ,,	7,38
1,0 ,, ,, + 9,0 ,, ,,	7,73
0,5 ,, ,, + 9,5 ,, ,,	8,04

$^1/_{20}$ mol. Borax mit 0,1 n-HCl [Sörensen (2)].

Zusammensetzung	p_H bei			
	18°	10°	40°	70°
	(Sörensen)	(Walbum)		
5,25 ccm Borax + 4,75 ccm HCl . . .	7,62	7,46	7,55	7,47
5,5 ,, ,, + 4,5 ,, ,, . . .	7,94	7,96	7,86	7,76
5,75 ,, ,, + 4,25 ,, ,, . . .	8,14	8,17	8,06	7,95
6,0 ,, ,, + 4,0 ,, ,, . . .	8,29	8,32	8,19	8,08
6,5 ,, ,, + 3,5 ,, ,, . . .	8,51	8,54	8,40	8,26
7,0 ,, ,, + 3,0 ,, ,, . . .	8,68	8,72	8,56	8,40
7,5 ,, ,, + 2,5 ,, ,, . . .	8,80	8,84	8,67	8,50
8,0 ,, ,, + 2,0 ,, ,, . . .	8,91	8,96	8,77	8,59
8,5 ,, ,, + 1,5 ,, ,, . . .	9,01	9,06	8,86	8,67
9,0 ,, ,, + 1,0 ,, ,, . . .	9,09	9,14	8,94	8,74
9,5 ,, ,, + 0,5 ,, ,, . . .	9,17	9,22	9,01	8,80
10,0 ,, ,, + 0,0 ,, ,, . . .	9,24	9,30	9,08	8,86

$^1/_{20}$ mol. Borax mit 0,1 n-NaOH [Sörensen (2)].

Zusammensetzung	p_H bei			
	18°	10°	40°	70°
	(Sörensen)	(Walbum)		
10,0 ccm Borax + 0,0 ccm NaOH	9,24	9,30	9,08	8,86
9 ,, ,, + 1 ,, ,,	9,36	9,42	9,18	8,94
8 ,, ,, + 2 ,, ,,	9,50	9,57	9,30	9,02
7 ,, ,, + 3 ,, ,,	9,68	9,76	9,44	9,12
6 ,, ,, + 4 ,, ,,	9,97	10,06	9,67	9,28
5 ,, ,, + 5 ,, ,,	11,07	11,24	10,61	9,98

0,1 mol. Glykokoll (welches 0,1 n-NaCl enthält) und 0,1 n-HCl [Sörensen (2)].

Zusammensetzung	p_H bei 18° (Sörensen)
0,0 ccm Glykokoll + 10 ccm HCl	1,04
1,0 ,, ,, + 9 ,, ,,	1,15
2,0 ,, ,, + 8 ,, ,,	1,25
3,0 ,, ,, + 7 ,, ,,	1,42
4,0 ,, ,, + 6 ,, ,,	1,645
5,0 ,, ,, + 5 ,, ,,	1,93
6,0 ,, ,, + 4 ,, ,,	2,28
7,0 ,, ,, + 3 ,, ,,	2,61
8,0 ,, ,, + 2 ,, ,,	2,92
9,0 ,, ,, + 1 ,, ,,	3,34
9,5 ,, ,, + 0,5 ,, ,,	3,68

Die Vergleichslösung.

0,1 mol. sek. Citrat mit 0,1 n-HCl [SÖRENSEN (2)].

Zusammensetzung	p_H bei 18° (SÖRENSEN)
0,0 ccm Citrat + 10 ccm HCl	1,04
1,0 ,, ,, + 9 ,, ,,	1,17
2,0 ,, ,, + 8 ,, ,,	1,42
3,0 ,, ,, + 7 ,, ,,	1.925
3,33 ,, ,, + 6,67 ,, ,,	2,27
4,0 ,, ,, + 6,0 ,, ,,	2,97
4,5 ,, ,, + 5,5 ,, ,,	3,36
4,75 ,, ,, + 5,25 ,, ,,	3,53
5,0 ,, ,, + 5,0 ,, ,,	3,69
5,5 ,, ,, + 4,5 ,, ,,	3,95
6,0 ,, ,, + 4,0 ,, ,,	4,16
7,0 ,, ,, + 3,0 ,, ,,	4,45
8,0 ,, ,, + 2,0 ,, ,,	4,65
9,0 ,, ,, + 1,0 ,, ,,	4,83
9,5 ,, , + 0,5 ,, ,,	4,89
10,0 ,, ,, + 0,0 ,, ,,	4,96

0,1 mol. sek. Citrat mit 0,1 n-NaOH [SÖRENSEN (2)].

Zusammensetzung	p_H bei			
	18°	10°	40°	70°
	(SÖRENSEN)	[WALBUM (6)]		
10,0 ccm Citrat + 0 ccm NaOH	4,96	4,93	5,04	5,14
9,5 ,, ,, + 0,5 ,, ,, ...	5,02	4,99	5,10	5,20
9,0 ,, ,, + 1,0 ,, ,, ...	5,11	5,08	5,19	5,29
8,0 ,, ,, + 2,0 ,, ,, ...	5,31	5,27	5,39	5,49
7,0 ,, ,, + 3,0 ,, ,, ...	5,57	5,53	5,64	5,75
6,0 ,, ,, + 4,0 ,, ,, ...	5,97	5,94	6,04	6,15
5,5 ,, ,, + 4,5 ,, ,, ...	6,63	6,30	6,41	6,51

0,1 mol. Glykokoll (welches 0,1 n-NaCl enthält) und 0,1 n-NaOH [SÖRENSEN (2)].

9,75 ccm Glykokoll + 0,25 ccm NaOH .	8,24	—	—	—
9,5 ,, ,, + 0,5 ,, ,, .	8,575	8,75	8,12	7,48
9 ,, ,, + 1 ,, ,, .	8,93	9,10	8,45	7,79
8 ,, ,, + 2 ,, ,, .	9,36	9,54	8,85	8,16
7 ,, ,, + 3 ,, ,, .	9,71	9,90	9,18	8,45
6 ,, ,, + 4 ,, ,, .	10,14	10,34	9,58	8,82

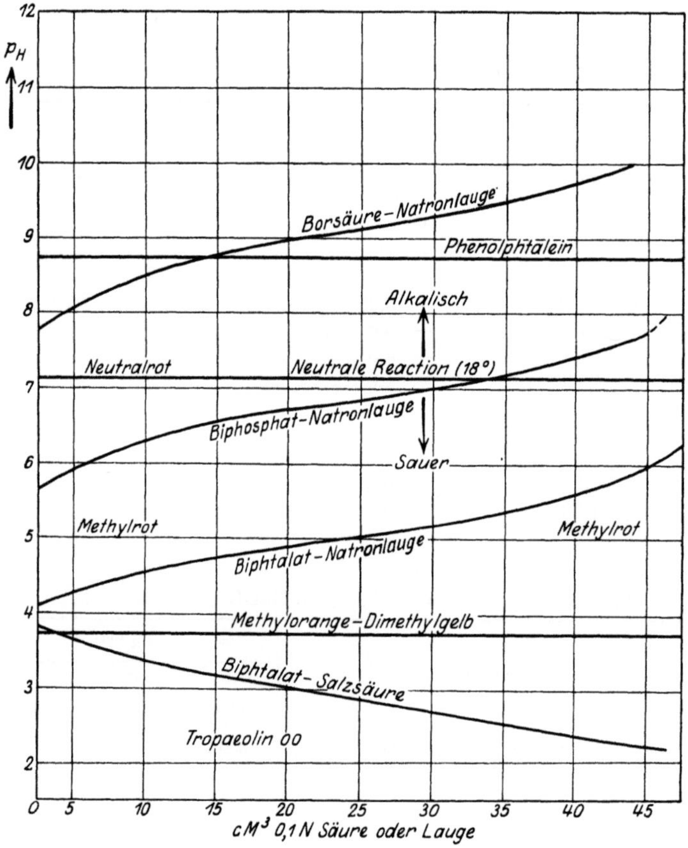

Abb. 17. Puffergemische nach CLARK und LUBS.

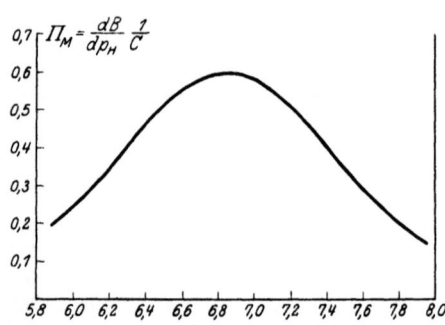

Abb. 18. Molekulare Pufferkapazität der Phosphatlösungen von CLARK.

Die Vergleichslösung.

$1/5$ mol. Borsäure und $1/20$ mol Borax [PALITZSCH (4)].

0,3 ccm Borax + 9,7 ccm Borsäure...	6.77	
0,6 ,, ,, + 9,4 ,, ,, ...	7,09	
1,0 ,, ,, + 9,0 ,, ,, ...	7,36	Neutralrot, Phe-
1,5 ,, ,, + 8,5 ,, ,, ...	7,60	nolrot, Kresolrot
2,0 ,, ,, + 8,0 ,, ,, ...	7,78	
2,5 ,, ,, + 7,5 ,, ,, ...	7,94	
3,0 ,, ,, + 7,0 ,, ,, ...	8,08	
3,5 ,, ,, + 6,5 ,, ,, ...	8,20	
4,5 ,, ,, + 5,5 ,, ,, ...	8,41	Phenolphthalein,
5,5 ,, ,, + 4,5 ,, ,, ...	8,60	Thymolblau
6,0 ,, ,, + 4,0 ,, ,, ...	8,69	
7,0 ,, ,, + 3,0 ,, ,, ...	8,84	
8,0 ,, ,, + 2,0 ,, ,, ...	8,98	
9,0 ,, ,, + 1,0 ,, ,, ...	9,11	
10,0 ,, ,, + 0,0 ,, ,, ...	9,24	

0,05 mol. Borax und 0,1 mol. NaOH [SÖRENSEN (2)].

9 ccm Borax + 1 ccm NaOH	9,36	
8 ,, ,, + 2 ,, ,, ...	9,50	Thymolphthalein
7 ,, ,, + 3 ,, ,, ...	9,68	
6 ,, ,, + 4 ,, ,, ...	9,97	
5 ,, ,, + 5 ,, ,, ...	11,07	
4 ,, ,, + 6 ,, ,, ...	12,37	

In den folgenden Tabellen geben wir die Zusammensetzung der Puffergemische, die aus krystallisierten Substanzen ohne Verwendung von eingestellter Säure oder Lauge hergestellt werden können.

Puffermischungen, die ohne Salzsäure oder Lauge hergestellt werden.

0,05 mol. Bernsteinsäure mit 0,05 mol. Borax. (KOLTHOFF 5)

Bernsteinsäure ccm	Borax ccm	p_H	Bernsteinsäure ccm	Borax ccm	p_H
9,86	0,14	3,0	7,00	3,00	4,6
9,65	0,35	3,2	6,65	3,35	4,8
9,40	0,60	3,4	6,32	3,68	5,0
9,05	0,95	3,6	6,05	3,95	5,2
8,63	1,37	3,8	5,79	4,21	5,4
8,22	1,78	4,0	5,57	4,43	5,6
7,78	2,22	4,2	5,40	4,60	5,8
7.38	2,62	4,4			

0,1 mal. $KH_2PO_4 + 0{,}05$ mol. Borax [KOLTHOFF (5)].

KH_2PO_4 ccm	Borax ccm	p_H	KH_2PO_4 ccm	Borax ccm	p_H
9,21	0,79	5,8	5,17	4,83	7,6
8,77	1,23	6,0	4,92	5,08	7,8
8,30	1,70	6,2	4,65	5,35	8,0
7,78	2,22	6,4	4,30	5,70	8,2
7,22	2,78	6,6	3,87	6,13	8,4
6,67	3,33	6,8	3,40	6,60	8,6
6,23	3,77	7,0	2,76	7,24	8,8
5,81	4,19	7,2	1,75	8,25	9,0
5,50	4,50	7,4	0,50	9,50	9,2

0,1 mol. Na_2CO_3 und 0,1 mol. HCl (KOLTHOFF).

	p_H	
20 ccm HCl + 50 ccm Na_2CO_3 auf 100 ccm	10,17	Thymolphthalein
15 „ „ + 50 „ „ „ 100 „	10,35	Salicylgelb
10 „ „ + 50 „ „ „ 100 „	10,55	
5 „ „ + 50 „ „ „ 100 „	10,86	
3 „ „ + 50 „ „ „ 100 „	11,04	Alizaringelb, Nitramin,
0 „ „ + 50 „ „ „ 100 „	11,36	Tropäolin O

0,05 mol. Na_2HPO_4 und 0,1 mol. NaOH (SÖRENSEN).

	p_H
9 ccm Na_2HPO_4 + 1 ccm NaOH	11,22
$6^2/_3$ „ „ + $3^1/_3$ „ „	12,12

0,15 mol. Na_2HPO_4 und 0,1 mol. NaOH [RINGER (6)].

Zusammensetzung	p_H	Indicator
15 ccm NaOH + 50 ccm Na_2HPO_4 . .	10,97	
25 „ „ + 50 „ „ . .	11,29	Tropäolin 0,
50 „ „ + 50 „ „ . .	11,77	Alizaringelb,
75 „ „ + 50 „ „ . .	12,06	Nitramin

Benötigt man Gemische mit noch höherem p_H, so kann man am bequemsten 0,1 oder 1,0n-NaOH mit carbonatfreiem Wasser entsprechend verdünnen. Aus dem Dissoziationsgrade läßt sich [OH'], also auch [H˙] und p_H berechnen. Die Lösungen nach CLARK und LUBS aus Biphthalat mit Salzsäure oder Natronlauge werden nach ihrer Angabe durch Mischen von $^1/_5$n-Lösungen bereitet. Da aber gewöhnlich keine $^1/_5$n-HCl oder NaOH vorrätig ist, so kann man auch die entsprechende

Menge 0,1 n-Lösung nehmen, wie ich dies in den Tabellen angegeben habe. Ich habe verschiedene Gemische nach CLARK und LUBS bei 18° nachgeprüft und mit der Wasserstoffelektrode nie größere p_H-Unterschiede als 0,02 gefunden.

Die Abhängigkeit der Pufferkapazität von der Zusammensetzung kann man leicht aus den Betrachtungen von VAN SLYKE (S. 23) ableiten. Von den CLARKschen Phosphatgemischen habe ich die molekularen Pufferkapazitäten bei verschiedenem p_H in Abb. 18 angegeben.

Die genannten Verfasser haben ihre [H']-Bestimmungen mit der Wasserstoffelektrode bei 18 oder 25° vorgenommen. Bei diesen Gemischen ändert sich der p_H nur wenig mit der Temperatur. Nicht empfehlenswert sind dagegen Gemische von Ammoniak und Ammoniumchlorid, deren p_H nach HILDEBRAND (11) und BLUM (12) stark von der Temperatur abhängig ist.

W. R. G. ATKINS und C. F. A. PANTIN[1]) haben für das alkalische Gebiet eine neue Reihe Puffermischungen angegeben, welche aus Borsäure- und Sodalösungen hergestellt werden. Ihre Vorschrift ist in untenstehender Tabelle angegeben.

Die Borsäurelösung enthält 0,1 mol. Borsäure (6,2 g) und 0,1 mol. Kaliumchlorid (7,45 g) im Liter.

Die Natriumcarbonatlösung enthält 0,1 mol. (10,6 g) wasserfreies Natriumcarbonat im Liter.

Mischungen von 0,1 mol. Borsäure und 0,1 mol. Soda (ATKINS und PANTIN).

Borsäure ccm	Soda ccm	p_H bei 16°	Borsäure ccm	Soda ccm	p_H bei 16°
9,17	0,83	7,8	4,29	5,71	9,6
8,88	1,12	8,0	3,60	6,40	9,8
8,50	1,50	8,2	2,91	7,09	10,0
8,07	1,93	8,4	2,21	7,79	10,2
7,57	2,43	8,6	1,54	8,46	10,4
6,95	3,05	8,8	0,98	9,02	10,6
6,30	3,70	9,0	0,57	9,43	10,8
5,64	4,36	9,2	0,35	9,65	11,0
4,97	5,03	9,4			

MC ILVAINE (13) hat den Wasserstoffexponenten der Gemische von 0,2-molarem sekundärem Natriumphosphat und 0,1-

---

[1]) W. R. G. ATKINS und C. F. A. PANTIN, Biochem. J. **20**, 102 (1926).

molarer Citronensäure bestimmt. Man erhält hierdurch auch in der Nähe des Punktes, der der Reaktion von primärem Phosphat entspricht, eine gut puffernde Flüssigkeit (vgl. v. SLYKE, S. 31). Zu wünschen ist, daß die p_H-Werte der Gemische von MC ILVAINE mit verdünnten Lösungen **abermals bestimmt werden**, da bei den von ihm gebrauchten Konzentrationen der Salzfehler eine ziemlich große Rolle spielen kann.

Gemische von 0,1 mol. Citronensäure mit 0,2 mol. sekundärem Natriumphosphat nach MC ILVAINE.

0,1 mol. Citronensäure ccm	0,2 mol. Na_2HPO_4	p_H	0,1 mol. Citronensäure ccm	0,2 mol. Na_2HPO_4	p_H
19,60	0,40	2,2	9,28	10,72	5,2
18,76	1,24	2,4	8,85	11,15	5,4
17,82	2,18	2,6	8,40	11,60	5,6
16,83	3,17	2,8	7,91	12,09	5,8
15,89	4,11	3,0	7,37	12,63	6,0
15,06	4,94	3,2	6,78	13,22	6,2
14,30	5,70	3,4	6,15	13,85	6,4
13,56	6,44	3,6	5,45	14,55	6,6
12,90	7,10	3,8	4,55	15,45	6,8
12,29	7,71	4,0	3,63	16,47	7,0
11,72	8,28	4,2	2,61	17,39	7,2
11,18	8,82	4,4	1,83	18,17	7,4
10,65	9,35	4,6	1,27	18,73	7,6
10,14	9,86	4,8	0,85	19,15	7,8
9,70	10,30	5,0	0,55	19,45	8,0

ACREE MILLON AVERY und SLAGLE (13) haben als allgemeine Pufferflüssigkeit folgendes Gemisch genommen:

    1   molares primäres Kaliumphosphat,
    $5/8$,,   Natriumformiat,
    $3/8$,,   Natriumacetat,
    1   ,,   Phenolsulfosaures Natrium,
    1   ,,   sek. Phosphat,
    0,005 ,,   Thymol (zur Sättigung).

Mit 0,5 molarer Salzsäure bzw. Natronlauge bringt man die Flüssigkeit auf den gewünschten p_H, den man aus einer Kurve ableitet.

Darauf werden 10 ccm auf das doppelte Volumen verdünnt.

E. B. R. PRIDEAUX und A. T. WARD (13) verwenden eine Mischung von einigen Säuren zur Herstellung allgemein verwendbarer Pufferlösungen mit p_H-Werten zwischen 2 und 12. Die Mischung besteht aus äquivalenten Mengen Phosphorsäure, Phenylessigsäure und Borsäure. Man stellt dann eine 0,1 n Lösung her. die mit 0,1 n Natronlauge neutralisiert wird.

% neutralisiert	p_H	% neutralisiert	p_H
0	1,99	55	—
5	2,13	60	7,91
10	—	65	8,62
15	2,65	70	9,11
20	3,10	75	—
25	3,73	80	10,21
30	4,21	85	—
35	4,80	90	11,41
40	5,43	95	—
45	6,30	100	11,94
50	6,84		

Mir scheint es, daß diese „Universallösung der Säuren" keine allgemeine Anwendung finden wird, weil ihre Pufferwirkung ziemlich klein ist.

3. **Die Ausführung der Bestimmung.** Zunächst muß man sich über den zweckmäßigsten Indicator im Klaren sein. Man prüft daher zunächst die Reaktion mit verschiedenen Indicatorpapieren, wie Kongo-, Lackmus- oder Phenolphthaleinpapier, oder man versetzt kleine Flüssigkeitsmengen mit den verschiedenen Indicatoren. Findet man nun z. B., daß eine Flüssigkeit sauer gegen Phenolphthalein und schwach alkalisch gegen Lackmus reagiert, so muß ihr p_H in der Nähe von 7—8 liegen. Zur Bestimmung wird sich dann wahrscheinlich Neutralrot am besten eignen. Dementsprechend wählt man dann die Vergleichslösungen. Zu der eigentlichen Bestimmung nimmt man gewöhnliche farblose Reagensgläser, am liebsten Jenaer oder Köln-Ehrenfelder, oder Pyrexglas, von **möglichst gleichem Durchmesser**.

(Wenn man nur sehr kleine Mengen Flüssigkeit hat, so bringt man nach FELTON (14) einen Tropfen auf eine Porzellanplatte (Tüpfelplatte), fügt einen Tropfen Indicator hinzu und vergleicht die Farbe mit auf dieselbe Weise behandelten Puffermischungen.) Bezüglich micro-colorimetrischer Bestimmungen vergl. auch weitere Literatur (14).

Zu je 10 ccm der Lösung gibt man etwas von dem Indicator, etwa 0,05 ccm von den im 3. Kapitel angegebenen Konzentrationen, und behandelt die Vergleichslösungen genau gleichartig. Um die Farben der Lösungen miteinander zu vergleichen, benutzt man am besten Reagensglasgestelle, in denen die Gläschen schräg mit einem Winkel von 35—40° zur Senkrechten gegen einen weißen Hintergrund von Milchglasscheiben oder Papier stehen. Die Farben lassen sich nun auf zweierlei Art beurteilen. Einmal kann man durch die Röhrchen hindurch gegen den hellen Hintergrund beobachten. Andererseits kann man auch durch das um etwa 35—40° gedrehte Gestell von unten nach oben sehen. Man muß stets so viel Vergleichslösungen bereitstellen, daß die Farbe der zu untersuchenden Flüssigkeit nicht aus der Reihe herausfällt, sondern stets zwischen zwei der Vergleichslösungen liegt. Weiter müssen die Vergleichslösungen und die zu untersuchende Lösung mit gleichen Mengen (genau abzumessen) desselben Indicators versetzt sein. Bei einfarbigen Indicatoren ist die Konzentration von sehr großer Bedeutung. Bei zweifarbigen spielt sie keine so große Rolle, da man ja das Verhältnis zwischen der sauren und der alkalischen Form beurteilt. Es ist aber auch hier zweckmäßig, den Indicator nicht mit dem Tropfglas, sondern aus einer kleinen Pipette zuzugeben. So wurden Unterschiede zwischen verschiedenen colorimetrischen Bestimmungen mit Phenolphthalein darauf zurückgeführt, daß der Indicator aus einer Tropfflasche zugesetzt wurde. Auch für Thymolphthalein, p-Nitrophenol und Nitramin u. a. gilt das Gleiche.

Weiter ist es in besonderen Fällen wichtig, daß die zu untersuchende Flüssigkeit und die Vergleichslösungen gleichzeitig mit dem Indicator versetzt und nach kurzem Stehen beobachtet werden. Bei verschiedenen Indicatoren nimmt die Farbstärke beim längeren Stehen ab. So ist Methylviolett in 0,1 n-HCl grün. Nach 15 Minuten ist die Farbe deutlich abgeschwächt und nach einer Stunde ganz verschwunden. Daher ist es zweckmäßig, nach dem Zusatze des Indicators rasch zu beobachten und zu vergleichen. Günstig ist hierbei wiederum, daß die Zersetzungsgeschwindigkeit des Indicators von der Wasserstoffionenkonzentration abhängt, so daß also die Entfärbung der zu vergleichenden Lösungen in gleichem Sinne vor sich geht. Auch bei den im Wasser schwer löslichen Indicatoren muß man die Farbe schnell beobachten, weil die Möglichkeit vorliegt, daß ein Überschuß eines solchen Indicators zunächst in kolloider Lösung bleibt, aber bald darauf ausgeflockt wird. Dazu kommt, daß beim Ausflocken auch ein Teil der gelösten Form adsorbiert werden kann, so daß die Färbung unbestimmt wird. Gibt man z. B. zu 10 ccm einer primären Phosphatlösung einen Tropfen 0,1 proz. Dimethylgelblösung und beobachtet sofort und nach 15 Minuten, so kann man deutlich sehen, daß beim Stehen die Farbe erheblich verblaßt, da der größte Teil des Indicators ausgeflockt ist. In dieser Weise verhalten sich besonders die wasserunlöslichen Azofarbstoffe. Sind sie aber wasserlöslich, wie Methylorange und Tropäolin 00, so bleibt die Farbe für mehrere Tage konstant. Trotzdem ist es aber nicht ratsam, die mit den Indicatoren versetzten Vergleichslösungen auf Vorrat anzufertigen, weil bei den allermeisten Indicatoren die Färbung mit der Zeit sich doch ändert (besonders durch das Tageslicht). Bei manchen Indicatoren ist die Färbung der alkalischen Lösung unbeständig. Phenolphthalein und Thymolphthalein gehen in alkalischer Lösung allmählich in die farblose Carbonsäure über. Auch die rotbraune Färbung des sehr säureempfindlichen Nitramins geht beim Stehen in alkalischen Lösungen wieder in farblos zurück.

Ein Nachteil einiger Sulfophthaleine von CLARK und LUBS mit ihren leuchtenden Umschlagsfarben ist, daß dieselben bei ihrem Umschlag einen ausgesprochenen Dichromatismus zeigen, besonders gilt das für Bromphenolblau und Bromkresolpurpur. Glücklicherweise besitzen wir im Bromkresolblau und im Chlorphenolrot einen guten Ersatz für diese beiden Indicatoren.

Die Einzelheiten des Dichromatismus haben wir eingehender im dritten Kapitel besprochen (S. 74). Im allgemeinen geben die Indicatoren mit kleinen Intervall bei der colorimetrischen Bestimmung die besten Ergebnisse. Hier sind die Farbumschläge bei geringen Änderungen der Wasserstoffionenkonzentration viel schärfer, als wenn das Umschlagsgebiet ausgedehnter ist. Wenn man auch bei der Anwendung von Indicatoren mit einem großen Umschlagsgebiete natürlich nur eine geringe Reihe von Indicatoren vorrätig zu halten braucht, um die Messung bei jedem p_H vornehmen zu können, ist es doch besser, nur die Indicatoren mit kleinem Intervall zu verwenden. Die Gesamtzahl der Indicatoren, die nötig ist, um bei jedem in Frage kommenden p_H Bestimmungen auszuführen, wird freilich größer; aber zu gleicher Zeit wächst die Genauigkeit der Einzelbestimmung. So hat Lackmus oder Azolithmin ein Umschlagsgebiet von etwa 5—8 und Neutralrot und Phenolrot von 6,8—8,0. Diese drei Indicatoren kann man also bei p_H-Werten zwischen 6,8 und 8,0 verwenden. Bei Neutralrot und Phenolrot ist der Umschlag viel deutlicher als bei Lackmus. Im allgemeinen beträgt die Genauigkeit einer colorimetrischen Bestimmung 0,1 p_H. Bei sehr genauen Arbeiten kann man unter Benutzung von Vergleichslösungen, die nur um 0,1 p_H voneinander abweichen, und mit geeigneten Indicatoren bis zu 0,05 p_H erkennen. Eine noch größere Genauigkeit läßt sich wohl kaum erzielen, da u. a. auch die in den Lösungen vorhandenen Elektrolyte die Färbungen etwas beeinflussen. Wie aus der Abb. 11 im 3. Kapitel (S. 59) ersichtlich ist, ist die absolute Farbänderung eines Indicators bei geringen Änderungen der Wasserstoffionenkonzentration am größten, wenn p_H annähernd gleich p_{HJ} ist. Bei colorimetrischen Bestimmungen wird also der Indicator den p_H am genauesten angeben, dessen p_{HJ} dem p_H der zu prüfenden Lösung etwa gleichkommt, d. h. der gesuchte p_H muß ungefähr in der Mitte des Umschlagsgebietes des Indicators liegen. Liegt der gesuchte p_H mehr an den Endpunkten des Umschlagsintervalls, so wird die Farbe im allgemeinen weniger scharf zu vergleichen sein. Dies gilt besonders für die zweifarbigen Indicatoren, da man ja bei den einfarbigen Indicatoren keine Verhältniswerte beurteilt, sondern nur die absolute Menge einer einzigen Form. Bei den Sulfophthaleinen liegt der Höchstwert der Genauigkeit nicht bei $p_H = p_{HJ}$, sondern im Anfange des Umwandlungsintervalls.

Nach J. T. Sanders (32) kann man mit den folgenden Indicatoren im angegebenen Gebiet mit einer Genauigkeit von 0,01 bis 0,02 p_H messen.

Indicator	Anwendungsgebiet
Bromkresolpurpur	5,80—6,40
Bromthymolblau	6,40—7,20
Phenolrot	7,10—7,90
Kresolrot	7,65—8,45
Thymolblau	8,40—9,20

4. Messung ohne Puffergemische. L. J. GILLESPIE (15) hat eine Vereinfachung des colorimetrischen Verfahrens vorgeschlagen, indem er die Puffergemische vermeidet und einfach zwei Reagensgläser von gleichem Durchmesser benutzt, wobei man in das eine eine bestimmte Zahl Tropfen des rein sauren Indicators gibt, während das andere Glas mit so viel von der alkalischen Form desselben Indicators beschickt wird, daß die Gesamtzahl 10 Tropfen beträgt. In dieser Weise stellt man eine Reihe von Vergleichsfarben her. Den zu untersuchenden Stoff versetzt man dann gleichfalls mit 10 Tropfen des gleichen Indicators und vergleicht dessen Farbe in der Durchsicht mit der der beiden anderen Gläser, welche hintereinandergehalten werden. Um eine gute optische Wirkung zu erzielen, ist es zweckmäßig, hinter die zu untersuchende Lösung eine Röhre mit dem gleichen Volumen Wasser aufzustellen. Ich halte es aber für zweckmäßiger, an Stelle der Probierröhrchen kleine Zylinderchen oder Küvetten zu benutzen, die man aufeinanderstellen kann. Das Prinzip des Verfahrens ist sehr einfach. Jede Mischfarbe zwischen der sauren und der alkalischen Form entspricht einem gewissen p_H. Durch eine Änderung der Tropfenzahl in den beiden Röhrchen kann man das gesamte Umschlagsgebiet des Indicators durchlaufen. So entspricht z. B. bei Methylrot

1 Tropfen alkalisch und 9 Tropfen sauer einem $p_H = 4,05$,
5 „ „ „ 5 „ „ „ $p_H = 5,0$,
9 „ „ „ 1 „ „ „ $p_H = 5,95$.

Später gab GILLESPIE (15) eine ausführliche Beschreibung seines Verfahrens. In praktischer Hinsicht kann man nach ihm ohne Bedenken die folgende Gleichung anwenden:

$$p_H = p_{HJ} + \log \text{„Tropfenverhältnis"}.$$

156 Die colorimetrische Bestimmung der Wasserstoffionenkonzentration.

GILLESPIE fand bei Gebrauch wässeriger Indicatorlösungen bei den angegebenen Temperaturen die folgenden p_{HJ}-Werte (vergl. auch S. 162):

Nähere Bezeichnung	B.P.B.	M.R.	B.K.P.	P.R.	K.R.	T.B.
Zimmertemperatur	31°	30°	30°	29°	24°	24°
p_{HJ}	4,06	4,96	6,26	7,72	8,08	8,82
Stärke der Indicatorlösung %	0,008	0,003	0,012	0,004	0,008	0,008

Bei der p_H-Bestimmung mit den verschiedenen Indicatoren kann man von der folgenden Tabelle Gebrauch machen:

Tropfenverhältnis Säure/Alkali	p_H für jedes Röhrchenpaar						
	B.P.B.	M.R.	B.K.P.	B.T.B.	P.R.	K.R.	T.B.
1 : 9	3,1	4,05	5,3	6,15	6,75	7,15	7,85
1,5 : 8,5	3,3	4,25	5,5	6,35	6,95	7,35	8,05
2 : 8	3,5	4,4	5,7	6,5	7,1	7,5	8,2
3 : 7	3,7	4,6	5,9	6,7	7,3	7,7	8,4
4 : 6	3,9	4,8	6,1	6,9	7,5	7,9	8,6
5 : 5	4,1	5,0	6,3	7,1	7,7	8,1	8,8
6 : 4	4,3	5,2	6,5	7,3	7,9	8,3	9,0
7 : 3	4,5	5,4	6,7	7,5	8,1	8,5	9,2
8 : 2	4,7	5,6	6,9	7,7	8,3	8,7	9,4
8,5 : 1,5	4,8	5,75	7,0	7,85	8,45	8,85	9,55
9 : 1	5,0	5,95	7,2	8,05	8,65	9,05	9,75
% Indicatorlösung	0,008	0,008	0,012	0,008	0,004	0,008	0,008
ccm 0,1 n-NaOH auf 0,1 g Indicator	1,64	—	2,78	1,77	3,10	2,88	2,38
Saure Farbe herstellen mit HCl	0,05 n	0,05 n	0,05 n	0,05 n	0,05 n	2% KH_2PO_4	2% KH_2PO_4
Menge Säure auf 10 ccm, um saure Farbe herzustellen	1 ccm	1 Tr.	1 Tr.	1 Tr.	1 Tr.	1 Tr.	1 Tr.

B.P.B. = Bromphenolblau. M.R. = Methylrot. B.K.P. = Bromkresolpurpur. B.T.B. = Bromthymolblau. P.R. = Phenolrot. K.B. = Kresolrot. T.B. = Thymolblau.

GILLESPIE verwendet zur Bestimmung Röhrchen von 1,5 ccm Durchmesser und 15 cm Länge. Stets bringt man ein paar Röhrchen hintereinander, in die zusammen 10 Tropfen Indicatorlösung gebracht werden. In dem einen Röhrchen hat der Indicator die vollständig saure Farbe, in dem anderen die völlig alkalische Farbe.

In alle Röhrchen gibt man gleich viel, nämlich 5—6 ccm Flüssigkeit. Zu der zu untersuchenden Lösung setzt man 10 Tropfen Indicatorlösung und bringt die Röhrchen in den sogenannten Komparator (vgl. Abb. 19). Für eine Abänderung der Methode von GILLESPIE vgl. W. D. HATFIELD (15).

In einer anderen Mitteilung beschreibt GILLESPIE (15) ein einfaches Colorimeter, das bei der Bestimmung gebraucht werden kann. Obwohl die Grundlage, auf der die Vorrichtung beruht, sehr einfach ist, schien es mir praktisch weniger geeignet.

A und C stehen fest. B ist längs einer Skalenteilung beweglich, die mittels eines Zeigers an B befestigt ist. Die Nadel kann sich zwischen 0 und 100 einstellen. Die angesäuerte Indicatorlösung von geeigneter Stärke kann in B und die alkalische von derselben Stärke in C eingefüllt werden. Das Röhrchen A dient dazu, die zu untersuchende Flüssigkeit aufzunehmen, wenn diese gefärbt oder trübe ist. In diesem Falle bringt man in Röhrchen D ebensoviel Wasser, als man von der zu untersuchenden Flüssigkeit in A gebracht hat.

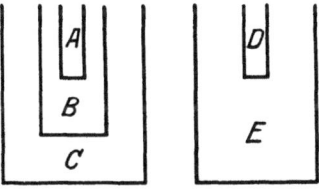

Abb. 19. Colorimeter nach GILLEPSIE.

In E bringt man die zu untersuchende Lösung, wobei man so viel Indicator zusetzt, daß die Konzentration dieselbe ist wie in B und C. Man bewegt B so lange, bis die Farben in beiden Vorrichtungen dieselben sind und liest dann auf der Skalenteilung das Verhältnis der sauren Farbe zur alkalischen ab.

ERNEST VAN ALVINE (16) wendet ebenfalls den Grundsatz von GILLESPIE an, gebraucht aber ein anderes Colorimeter. Gleichzeitig gibt er eine Kurve an, worin das Verhältnis der sauren Form zur alkalischen $\left(\text{oder } \dfrac{\alpha}{1-\alpha}\right)$ auf der Ordinate angebracht ist, während auf der Abszisse für verschiedene Indicatoren der zugehörige p_H abgelesen werden kann. Wenn p_{HJ} bekannt ist, kann man diese p_H-Werte auch unmittelbar berechnen:

$$p_H = p_{HJ} + \log \frac{\alpha}{1-\alpha}.$$

Auf diesem Grundsatze beruht übrigens auch das gleich zu besprechende Verfahren von MICHAELIS mit einfarbigen Indicatoren.

158 Die colorimetrische Bestimmung der Wasserstoffionenkonzentration.

Da die von VAN ALVINE angegebene Kurve ohne weitere Berechnung den p_H bei verschiedenen Indicatoren abzulesen gestattet, übernehme ich dieselbe (Abb. 20).

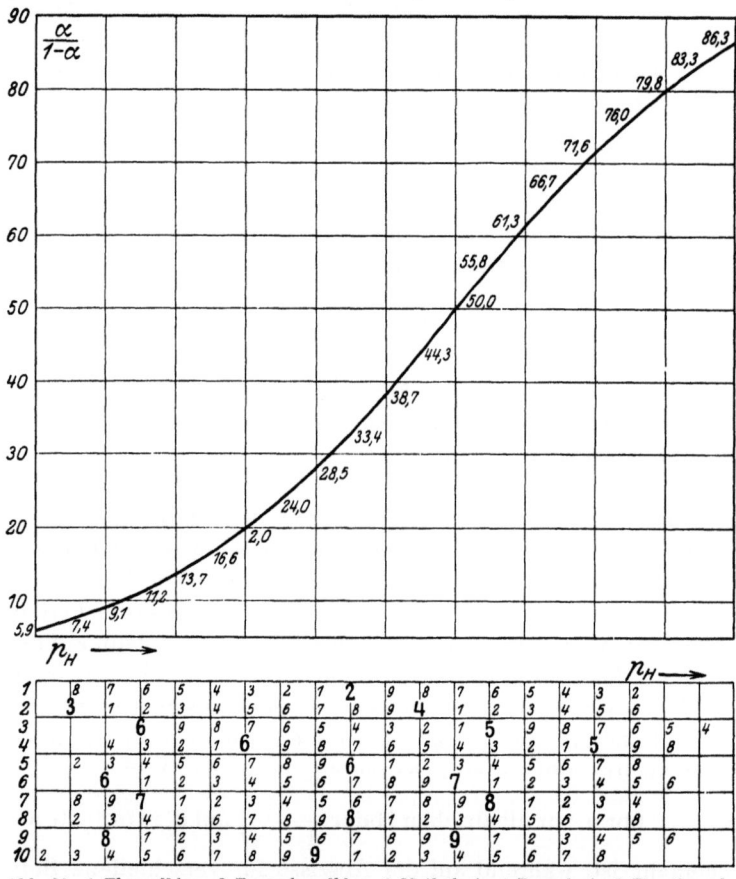

Abb. 20. 1 Thymolblau; 2 Bromphenolblau; 3 Methylrot; 4 Propylrot; 5 Bromkresolpurpur; 6 Bromthymolblau; 7 Phenolrot; 8 Kresolrot; 9 Thymolblau; 10 Kresolphthalein.

Beispiel: $\dfrac{\alpha}{1-\alpha} = 38{,}7$; dann ist

p_H bei Verwendung von Thymolblau	2,9 (Umschlag in saurer Lösung)
,, ,, ,, ,, ,,	8,8 (Umschlag in alkal. Lösung)
,, ,, ,, ,, Bromphenolblau	3,9
,, ,, ,, ,, Methylrot	5,3
,, ,, ,, ,, Bromkresolpurpur	6,1

Die Grundlage des Verfahrens hat bereits BJERRUM benutzt, um die Dissoziatioskonstante eines Indicators zu bestimmen. Ebenso benutzte ich es (30), um auf einfachem Wege den Wasserstoffexponenten von Trinkwasser mit Neutralrot als Indicator zu bestimmen. Ich nahm hierfür zwei gut verschließbare, mit Canadabalsam aneinandergekittete Keile. Der eine derselben wurde mit einer Lösung von 0,5:100 000 Neutalrot in 0,1 n-Essigsäure gefüllt, in den anderen füllte ich eine Lösung des Indicators 1:100 000 in etwa 0,1 n-NH_3 mit 50% Glycerin, dessen Zusatz nötig ist, um zu verhindern daß der Indicator allmählich ausflockt. An der einen Seite dieses einfachen Apparates sind eine Skala und eine Blende angebracht, die es gestatten, den Inhalt über eine kleine Strecke hin scharf zu beobachten. Die zu untersuchende Flüssigkeit wird in einen Cylinder mit flachem Boden oder in eine Küvette gegossen und mit soviel Indicator versetzt, daß die Farbtiefe bei der Durchsicht gleich der im geschilderten Apparate ist. Die Farben werden gegen einen weißen Hintergrund beurteilt.

Man verschiebt nun die Blende so lange, bis die beobachtete Farbe im Gläschen mit der des Gesichtsfeldes übereinstimmt. Wenn nun die Skala vorher mit Pufferlösungen von bekannten Wasserstoffexponenten geeicht ist, so kann man direkt den Wert für p_H ablesen. Diese Vorrichtung ist sehr gut brauchbar, um bei der Wasseruntersuchung gleich an Ort und Stelle den p_H-Wert festzustellen, da man dann nicht viel andere Instrumente mehr dazu nötig hat. Es bedarf keiner langen Auseinandersetzung, daß das Instrument sich leicht auch für andere Indicatoren, wie Methylrot, Methylorange u. dgl., einrichten läßt, um dann z. B. bei der Schnelluntersuchung von physiologischen Flüssigkeiten, wie Harn u. dgl. gute Dienste zu tun. Nur Phthaleine darf man nicht verwenden, weil ihre alkalischen Lösungen nicht haltbar sind.

Später habe ich (30) einen Apparat entworfen, die sich noch besser zu Messungen mit allen Indicatoren eignet. Den Hauptteil der Vorrichtung[1]) bilden zwei Keile, die an den Rändern

---

[1]) Der Apparat wird von der Firma MARIUS, Utrecht, geliefert.

mit Kanadabalsam aneinandergekittet sind (vgl. Fig. 21 b). Der eine Keil enthält die völlig saure, der andere die völlig alkalische Form des Indicators. Auf dem einen Keil ist eine Skala von zwanzig gleichen Teilen angebracht, die man durch das Fernrohr g ablesen kann. Liest man z. B. 0,2 ab, so bedeutet dies, daß das Konzentrationsverhältnis der beiden Indicatorformen bei dem abgelesenen Punkte in den Keilen 2:8 ist. Die Keile befinden sich in einer metallnen Hülse kl und können hierin zwischen e und f mittels der Stellschraube c auf und abgeschoben werden. Neben die Hülsen stellt man in einen kupfernen

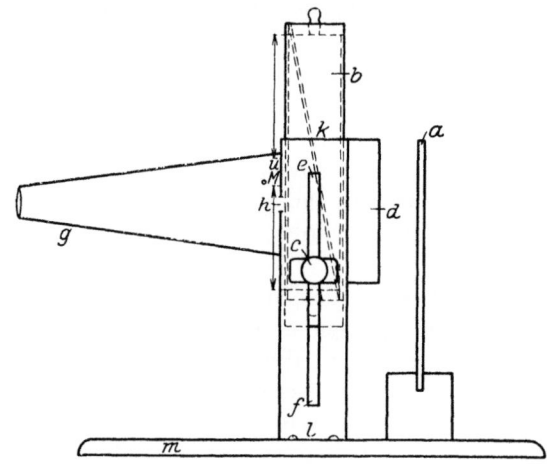

Abb. 21. a Milchglas; b Keile; c Schraube; d Küvette; ef Bewegungsabstand der Keile; g Beobachtungsrohr; h Öffnung; kl Kupferne Hülle; m Holzklötzchen.

Behälter eine Küvette, in die die zu untersuchende Flüssigkeit mit dem Indicator hineinkommt. Diese Küvette ist in der Abbildung nicht sichtbar, weil letztere eine Seitenansicht des Colorimeters darstellt. Man regelt die Konzentration des Indicators in der Küvette natürlich so, daß sie den Gesamtkonzentrationen in den Keilen entspricht. Durch das Beobachtungsrohr g beobachtet man nun die Farbe sowohl in den Keilen (bei der kleinen runden Öffnung h) als auch in der Küvette und verschiebt die Keile solange, bis die Farbe an beiden Seiten dieselbe ist. Darauf liest man das Konzentrationsverhältnis der beiden Indicatorformen auf der Skala ab. Um schärfer vergleichen zu können, ist hinter den Keilen und der

Küvette auf einem Holzklötzchen eine Milchglasscheibe a angebracht. Die gesamte Vorrichtung ist auf einem hölzernen Fuß m aufgebaut. Der Apparat kann ferner zur Untersuchung gefärbter Flüssigkeiten dienen. In diesem Falle stellt man hinter die Keile eine Küvette d, die mit der gefärbten Flüssigkeit gefüllt ist, während man hinter der Küvette mit Flüssigkeit und Indicator noch eine Küvette mit Wasser anbringt.

Um aus den Beobachtungen den Wasserstoffexponenten der zu untersuchenden Flüssigkeit berechnen zu können, muß man die Dissoziationskonstante des Indicators kennen. Wenn man das Verhältnis [saure Form]: [alkalische Form] gemessen hat, so findet man:

$$[H^\cdot] = K_{HJ} \frac{[\text{saure Form}]}{[\text{alkalische Form}]}$$

Ich (30) [1924] habe nun die Dissoziationskonstante der Indicatoren, mittels der Keilmethode bestimmt. In untenstehender Tabelle (S. 162) sind die Werte zusammengestellt.

Zudem sind einige Werte von W. C. HOLMES und E. F. SNYDER[1]), und von BARNETT COHEN hinzugefügt worden.

L. MICHAELIS hat zusammen mit A. GYEMANT und R. KRÜGER (17) ein Verfahren ausgearbeitet, nach welchem man mit einfarbigen Indicatoren die Wasserstoffzahl ohne Puffermischungen bestimmen kann. Die Grundlage ist sehr einfach. Wenn wir wieder von einer Indicatorsäure HJ, welche die gefärbten J-Ionen liefert, ausgehen, so wissen wir, daß

$$[H^\cdot] = \frac{[HJ]}{[J']} \times K_{HJ}.$$

Die J-Ionen bestimmen nur den Farbgrad F der Lösung. Wenn letzterer bestimmt ist, so ist auch $[HJ] = [1 - F]$ bekannt, wenn nämlich eine bekannte Menge Indicator zu der Flüssigkeit gefügt ist. Die Ableitung von p_H geschieht dann nach folgender Gleichung:
$$p_H = p_{HJ} + \varphi,$$
$$\varphi = \log \frac{F}{1-F}.$$

---

[1]) W. C. HOLMES und E. F. SNYDER: Journ. Amer. Chem. Soc. Bd. 47, S. 221, 1925: (Spektrophotometrisch bestimmt).

162 Die colorimetrische Bestimmung der Wasserstoffionenkonzentration.

Dissoziationskonstanten der Indicatoren bei 15°.

Indicator	Dissoziations-konstante	p_K
Thymolblau (Säurebereich) .	$2{,}4 \times 10^{-2}$	1,62 (1,50 HOLMES und SNYDER)
Bromphenolblau	$1{,}0 \times 10^{-4}$	4,00
Methylorange	3×10^{-4}	3,52
Bromkresolblau	1×10^{-5}	5,00 (4,68 HOLMES und SNYDER)
Methylrot	9×10^{-5}	4,05
Chlorphenolrot	8×10^{-7}	6,1 (B. COHEN)
Bromkresolpurpur	$8{,}5 \times 10^{-7}$	6,07
Bromthymolblau	$8{,}4 \times 10^{-8}$	7,08
Phenolrot	$1{,}4 \times 10^{-8}$	7,85
Kresolrot	$6{,}5 \times 10^{-9}$	8,17
Neutralrot	$1{,}4 \times 10^{-7}$	6,85
Thymolblau	$1{,}1 \times 10^{-9}$	8,96 (8,91 HOLMES und SNYDER)

Auf S. 204 ihrer Abhandlung geben die Verfasser eine Tabelle, welche die Abhängigkeit von φ vom Farbgrade F angibt.

Die Funktion φ des Farbgrades F (nach MICHAELIS und GYEMANT).

F	φ	F	φ	F	φ	F	φ
0,002	− 2,69	0,01	− 2,00	0,10	− 0,95	0,50	+ 0,00
0,004	− 2,40	0,015	− 1,80	0,14	− 0,79	0,60	+ 0,20
0,006	− 2,22	0,025	− 1,60	0,18	− 0,65	0,70	+ 0,38
0,008	− 2,07	0,04	− 1,38	0,20	− 0,59	0,80	+ 0,60
0,010	− 2,00	0,06	− 1,20	0,25	− 0,47	0,85	+ 0,75
		0,08	− 1,06	0,35	− 0,25		
		0,10	− 0,95	0,40	− 0,18		
				0,50	0,00		

Die verwendeten Indicatoren sind folgende (vgl. drittes Kapitel, S. 63 und 76):

a) β-Dinitrophenol 1, 2, 6; gesättigte wässerige Lösung. Nach meiner Erfahrung ist es besser, eine 0,1 proz. Lösung in verdünntem Alkohol zu verwenden (vergleiche drittes Kapitel). Bester Anwendungsbereich nach MICHAELIS zwischen p_H 1,7 bis 4,4; nach meiner Feststellung zwischen p_H 2,4 bis 4.

b) α-Dinitrophenol 1, 2, 4; gesättigte wässerige Lösung. Ich verwende eine 0,1 proz. Lösung in verdünntem Alkohol. Bester Anwendungsbereich nach MICHAELIS zwischen p_H 2,0 bis 4,7; nach meiner Feststellung zwischen p_H 2,6 bis 4,4.

c) γ-Dinitrophenol 1,2,5; gesättigte wässerige Lösung. Ich verwende eine 0,1 proz. Lösung in verdünntem Alkohol. Nach meiner Erfahrung liegt der beste Anwendungsbereich zwischen p_H 4,0 bis 5,8.

d) p-Nitrophenol: Ich verwende eine 0,3 proz. wässerige Lösung. Bester Anwendungsbereich nach MICHAELIS zwischen p_H 4,7 bis 7,9, nach mir zwischen p_H 5,6 bis 7,6.

e) m-Nitrophenol: Ich verwende eine 0,3 proz. wässerige Lösung. Bester Anwendungsbereich nach MICHAELIS zwischen p_H 6,3 bis 9,0 nach mir zwischen p_H 6,6 bis 8,6.

f) Phenolphthalein: MICHAELIS verwendet eine 0,04 proz. Lösung in 30 proz. Alkohol; ich gebrauche eine 0,1 proz. Lösung in 50 proz. Alkohol. Bester Anwendungsbereich nach MICHAELIS zwischen p_H 8,5 bis 10,5, nach mir zwischen p_H 8,2 bis 9,8.

g) m-Nitrobenzolazosalicylsäure (Salicylgelb): Ich verwende zwei Lösungen; zwischen p_H 10 bis 11 eine 0,1 proz. Lösung in Alkohol; zwischen p_H 11 bis 12 eine 0,025 proz. Lösung in 25 proz. Alkohol.

Die folgenden Betrachtungen über die Menge des hinzufügenden Indicators beziehen sich auf die von MICHAELIS und GYEMANT angegebenen Konzentrationen.

Eine abgemessene Menge der zu untersuchenden Lösung z. B. 5 oder 10 ccm, werden aus einer Pipette mit so viel der geeigneten Indicatorlösung versetzt, daß eine ganz schwache Färbung entsteht. Die Menge Indicatorlösung kann, wenn nötig, bis zu 1 ccm betragen, im allgemeinen ist es besser, nur bis zu 0,5 ccm zu gehen. Die verwendete Menge muß genau abgelesen werden.

Von den Indicatoren muß man einen solchen nehmen, der in einer Menge von 0,2 bis höchstens 1 ccm eine zwar schon deutliche, aber nicht zu starke Färbung erzeugt.

Ich verwende immer 0,1 bis 0,2 ccm von den von mir angegebenen Indicatorlösungen auf 10 ccm Lösung.

Nunmehr füllt man in ein zweites Reagensglas 4 bzw. 9 ccm einer ungefähr 0,01 n-Natronlauge. Für die Indicatoren α-, β- und γ-Dinitrophenol kann man nach meiner Erfahrung dafür ebensogut Leitungswasser verwenden. Nun gibt man von dem gleichen Indicator so viel zu, daß die Farbe zunächst angenähert gleich der im ersten Röhrchen ist. In der Regel wird man hierzu eine passende, etwa zehn- oder zwanzigfache Verdünnung der Indicatorstammlösung verwenden, welche man am besten aus einer in 0,01 ccm geteilten Bürette entnimmt. Dann füllt man mit dem Lösungsmittel (0,01 n-Lauge oder Wasser) zu dem Gesamtvolumen des ersten Röhrchens auf. Das Verhältnis der Indicatormenge in der farbgleichen Lauge und der zu untersuchenden Lösung ist gleich dem Farbgrad F (vgl. Tabelle S. 162).

Viel einfacher gestaltet sich die Bestimmung mittels fertiger Indicatorreihen, die nach MICHAELIS mindestens viele Monate lang haltbar sind. Die p_H-Abstufungen von Röhrchen zu Röhrchen betragen je 0,2 p_H. Aus der Gleichung:

$$p_H = p_{HJ} + \log \frac{F}{1-F}$$

kann man für jeden Indicator und für jeden gewünschten p_H einfach berechnen, wieviel von der völlig alkalischen Indicatorlösung man in das Vergleichsröhrchen geben muß, wenn man zu der zu untersuchenden Flüssigkeit immer dieselbe Menge Indicator hinzufügt. Die Farbenvergleichung kann zweckmäßig im Komparator (von HURWITZ, MEYER und OSTENBERG, vgl. auch S. 175) geschehen.

Zu bemerken ist jedoch, daß nach W. WINDISCH, W. DIETRICH und P. KOLBACH (18) und auch nach meiner Erfahrung die alkalischen Vergleichsindicatorlösungen nicht lange haltbar sind. WINDISCH (l. c.) hat daher für die verschiedenen Indicatoren Kaliumchromat bzw. -bichromat bzw. Mischungen beider Salzlösungen zur Vergleichung vorgeschlagen.

Ich (19) habe versucht, mit 2 Reihen Vergleichslösungen für verschiedene Indicatoren auszukommen und habe für α-Dinitrophenol und p-Nitrophenol eine Chromatlösung, für γ-Dinitrophenol, m-Nitrophenol und Salicylgelb eine Bichromatlösung gebraucht. Die Einzelheiten werden unten erwähnt.

Am besten ist jedoch die ursprüngliche Vorschrift von MICHAELIS, bei der man die Indicatorvergleichslösung bei der Messung frisch herstellt.

E. BRESSLAU (19) hat die von MICHAELIS angegebene Methode verbessert, so daß man auch in schwach gepufferten Lösungen und mit kleinen Mengen Flüssigkeit gute Resultate erhält.

Um den Säurefehler möglichst weitgehend auszuschalten, verwendet BRESSLAU verdünntere Indicatorlösungen als MICHAELIS verschreibt. Auf Grund der Koinzidenz der Farben der verschiedenen alkalischen Indicatoren kann man für den p_H Bereich von 2,6 bis 8,9 mit 15 bis 18 Dauerlösungen zum Vergleich auskommen.

Die in der folgenden Tabelle genannten Indicatorlösungen sind farbgleich:

Indicatoren	Lösung	p_H der Dauerröhrchen.										
α-Dinitrophenol	0,1 : 200	2,6	2,8	3,0	3,2	3,4	3,6	3,8	4,0	4,2	4,4	4,6	—
p-Nitrophenol	0,1 : 100	—	5,2	5,4	5,6	5,75	5,9	6,05	6,2	6,35	6,5	6,6	6,67
p-Nitrophenol	0,1 : 300	5,6	5,7	5,9	6,1	6,25	6,4	6,6	6,8	7,0	7,2	7,4	7,65
p-Nitrophenol	0,1 : 600	5,9	6,0	6,2	6,45	6,6	6,8	7,05	7,35	7,75	—	—	—
m-Nitrophenol	0,3 : 100	6,7	6,8	7,0	7,1	7,3	—	—	—	—	—	—	—
m-Nitrophenol	0,1 : 150	7,4	7,45	7,7	7,9	8,15	—	—	—	—	—	—	—
m-Nitrophenol	0,1 : 300	7,75	7,8	8,1	8,4	—	—	—	—	—	—	—	—
m-Nitrophenol	0,1 : 600	8,17	8,35	8,9	—	—	—	—	—	—	—	—	—

Das Intervall 4,6 bis 5,2 wird in diesen Lösungen nicht umfaßt. Um diese Lücke auszufüllen, verwendet man am besten γ-Dinitrophenol in wechselnder Konzentration:

Indicator	Lösung	p_H der Dauerröhrchen		
γ-Dinitrophenol	0,1 : 400	4,6	4,8	5,0
,, ...	0,1 : 600	4,85	5,1	5,37
,, ...	0,1 : 700	4,95	5,2	5,58

Die folgende Tabelle enthält die Vorschrift zur Herstellung der Dauerröhrchen.

Herstellung der Dauerröhrchen nach BRESSLAU.

p_H für p-Nitrophenol 0,1:300	Alkal. 18 mal verdünnte Indicatorlösung		p_H für γ-Dinitrophenol 0,1:400	Unverdünnte Indicatorlösung	
5,6	2,31 ccm	Mit 0,1 n-Soda auf 100 ccm anzufüllen	4,6	2,0 ccm	Mit 0,1 n-Soda auf 100 ccm anzufüllen.
5,7	2,91 „		4,8	2,8 „	
5,9	4,5 „		5,0	3,8 „	
6,1	7,0 „		p_H für m-Nitrophenol 0,1:150		
6,25	9,6 „			Unverdünnte Indicatorlösung	
	Unverdünnte Indicatorlösung				
6,4	1,3 ccm		8,3	4,4 ccm	Mit 0,1 n-Soda auf 100 ccm anzufüllen.
6,6	1,9 „		8,5	5,4 „	
6,8	2,67 „		8,7	6,4 „	
7,0	3,6 „				
7,2	4,56 „				
7,4	5,67 „				
7,6	6,6 „				

Die 0,1 N-Sodalösung braucht nicht genau zu sein. Die Haltbarkeit der Lösungen ist vorzüglich, weil die eingeschmolzenen Röhrchen nur wenig Luft enthalten. Wegen der guten Haltbarkeit zieht BRESSLAU diese ihm angegebenen Dauerröhrchen den Bichromat-Chromatlösungen vor.

Zur Bestimmung der Wasserstoff-Ionenkonzentration nimmt man 5 mm-Röhrchen, in die man einen Teil Indicatorlösung (z. B. 0,1 ccm) und 10 Teile Flüssigkeit (1 ccm) gibt. Dann vergleicht man die Farbe mit der der Dauerröhrchen und schätzt den p_H ab. BRESSLAU verwendet ein Hydrionometer, das aus einem schwach geneigten Holzkeile besteht, der in seinem oberen Teil eine Milchglasplatte, in seinem unteren Teil eine Rinne trägt, in die jeweils zwei Klötze nebeneinander so hineinpassen, daß die darin steckenden Dauerröhrchen gerade auf der Milchglasplatte aufliegen. Die genauere Entscheidung, mit welchem der beiden Röhrchen die zu untersuchende Lösung im Farbton übereinstimmt, geschieht durch Abdecken mit einer Blende. Die Klammerblende kann auch für die Untersuchung von gefärbten oder trüben Flüssigkeiten (Komparator) verwendet werden.

Die Genauigkeit der Bestimmung reicht bis etwa 0,1 bis 0,05 p_H. Das Hydrionometer gibt sehr rasch gute Resultate. Über Einzelheiten vgl. die Orginalliteratur.

Zur Berechnung von p_H aus φ muß man dann natürlich p_{HJ} kennen.

Der Wert von p_{HJ} ist vom Salzgehalte (vgl. bei Salzfehler S. 191) und von der Temperatur abhängig (S. 194). Den Ergebnissen von MICHAELIS und Mitarbeitern entnehme ich den Wert von p_{HJ} bei einem Salzgehalte von etwa 0,05 bis 0,1 n bei einer Temperatur von etwa 15° und habe dabei zudem den Temperaturkoeffizienten, gültig zwischen 10 und 25°, angegeben. Ich (19) habe auch die Konstanten der verschiedenen Indicatoren bestimmt, und zwar mit nach der Vorschrift von CLARK hergestellten Pufferlösungen.

p_{HJ} der Indicatoren von MICHAELIS bei 15° und Salzgehalt von 0,05 n.

Indicator	p_{HJ} nach MICHAELIS	nach KOLTHOFF	Änderung mit der Temperatur nach MICHAELIS
β-Dinitrophenol . . .	3,62	3,58	$+ 0,006\ (15-t°)$
α- ,, . . .	4,03	3,95	$+ 0,006\ (15-t°)$
γ- ,, . . .	5,12	5,15	$+ 0,004\ (15-t°)$
p-Nitrophenol . . .	7,22	7,03	$+ 0,011\ (15-t°)$
m- ,, . . .	8,30	8,30	$+ 0,008\ (15-t°)$

Vergleich mit jahrelang haltbaren Chromat- oder Bichromatlösungen.

Beim Vergleiche werden Röhrchen aus farblosem Glase mit flachem Boden verwendet; Aspirinröhrchen sind z. B. sehr geeignet. Nach der Auffüllung mit der Chromat- resp. Bichromatlösung schließt man mit einem Korke, versieht die Röhrchen mit Nummern und bewahrt sie in einem hölzernen, im Innern geschwärzten Kästchen auf, in dem man passende Löcher zur Aufnahme der Röhrchen angebracht hat. Der Untergrund wird weiß gehalten, z. B. durch eine angebrachte Milchglasplatte oder ein Stück weißen Papiers. Man beurteilt die Farbstärke der Röhrchen durch Beobachtung von oben nach unten. Bei der p_H-Bestimmung in der zu untersuchenden Lösung nimmt man ein gleichartiges Röhrchen wie das, in dem sich jene Vergleichslösung befindet.

Tabelle für 15°.

ccm 0,1% K$_2$CrO$_4$	0,3	0,45	0,7	1,1	1,5	1,8	2,3	3,1	3,7	4,0
entspricht dem p$_H$ gegen α-Dinitrophenol (0,2 cm 0,1% Indicator auf 10 ccm)	2,95	3,18	3,35	3,55	3,75	3,95	4,15	4,35	4,60	—
entspricht dem p$_H$ gegen p-Nitrophenol (0,2 ccm 0,3% Indicator auf 10 ccm)	(5,62)	5,70	5,78	5,93	6,1	6,24	6,45	6,8	7,05	7,15
(0,1 ccm 0,3% Indicator auf 10 ccm)	—	—	—	—	—	7,13	7,36	7,55	—	—

Temperaturkorrektur für α-Dinitrophenol 0,006 (t—15°)
„ „ p-Nitrophenol 0,011 (15—t°)

ccm 0,1% K$_2$Cr$_2$O$_7$	0,23	0,35	0,55	0,72	1,1	1,55	1,8	2,2	3,0
entspricht dem p$_H$ gegen γ-Dinitrophenol (0,2 ccm 0,1% Indicator auf 10 ccm)	3,95	4,05	4,25	4,45	4,65	4,85	5,05	5,25	5,45
entspricht dem p$_H$ gegen m-Nitrophenol (0,4 ccm 0,3% Indicator auf 10 ccm)	7,0	7,2	7,5	7,7	7,9	8,1	8,3	8,5	—
entspricht dem p$_H$ gegen Salicylgelb (0,2 ccm 0,05% Indicator auf 10 ccm)	—	—	—	(9,8)	10,20	10,46	10,6	10,84	11,28
(0,2 ccm 0,025% Indicator auf 10 ccm)	—	—	10,2	10,40	10,80	—	—	—	—

Temperaturkorrektur für γ-Dinitrophenol 0,004 (t—15°)
„ „ m- „ 0,008 (t—15°)
„ „ Salicylgelb 0,013 (t—15°)

In das Röhrchen pipettiert man 10 ccm Flüssigkeit und fügt die in der Tabelle angegebene Menge Indicator hinzu. In der Tabelle ist auch die Anzahl ccm 0,1 proz. Kaliumchromates (KAHLBAUM) bzw. 0,1 proz. Kaliumbichromates angegeben, welche man in die Vergleichungsröhrchen bringt. Mit Wasser wird dann bis auf 10 ccm aufgefüllt.

Bei Phenolphthalein und Salicylgelb kann man den p$_H$ aus der Farbintensität F nicht auf einfache Weise berechnen. MICHA-

ELIS und GYEMANT geben daher eine empirische Tabelle für Phenolphthalein und Salicylgelb an. Für Phenophthalein hatte ich (20) früher ebenfalls die Werte bestimmt, jedoch keine genaue Übereinstimmung mit den Werten der genannten Forscher gefunden. Ich konnte aber auf andere Weise nachweisen, daß meine Werte richtig sind.

Tabelle für Phenolphthalein bei 18° C nach MICHAELIS.

F	p_H	F	p_H	F	p_H
0,01	8,45	0,21	9,20	0,65	10,0
0,030	8,60	0,34	9,40	0,75	10,2
0,069	8,80	0,45	9,60	0,845	10,4
0,120	9,00	0,55	9,80	0,873	10,5

Werte nach KOLTHOFF (20).

F	p_H	F	p_H
0,0076	8,2	0,16	9,0
0,019	8,4	0,25	9,2
0,039	8,6	0,39	9,4
0,079	8,8	0,54	9,6
—	—	0,7	9,8

Temperaturkorrektur nach MICHAELIS und GYEMANT 0,0110 (t—18°).

Mischungen von Fuchsin und Methylviolett haben nach Y. AIRILA (Chem. Zentrlbl. Bd. 93, IV, S. 105, 1922) dieselbe Farbe wie Phenolphthalein in seinem Umwandlungsintervall und können daher als Vergleichslösungen benutzt werden. Die letzteren werden hergestellt aus 0,0125 proz. wässeriger Fuchsinlösung und einer gesättigten Methylviolettlösung.

Für Salicylgelb gilt bei 20° folgende Tabelle.

Tabelle für Salicylgelb bei 20° nach MICHAELIS.

F	p_H	F	p_H
0,13	10,00	0,56	11,20
0,16	10,20	0,66	11,40
0,22	10,40	0,75	11,60
0,29	10,60	0,83	11,80
0,36	10,80	0,88	12,00
0,46	11,00	—	—

Schon vor dem Erscheinen der Abhandlung von MICHAELIS und GYEMANT hatte ich ein ähnliches Verfahren ausgearbeitet und auch auf die zweifarbigen Indicatoren ausgedehnt. Bekanntlich entspricht jede Zwischenfarbe eines der letzteren Indicatoren einem bestimmten p_H. Wenn man nun Flüssigkeiten vorrätig hält, welche dieselbe Farbe haben wie der Indicator in seinem Umschlagsgebiete, so kann man mit Hilfe dieser Flüssigkeiten ohne Schwierigkeiten den p_H bestimmen. Weil die meisten organischen Farbstoffe lichtempfindlich sind, muß man, um haltbare Vergleichslösungen zu erhalten, Mischungen von gefärbten anorganischen Salzen nehmen. Für die Indicatoren Neutralrot, Methylorange, Tropäolin 00 und für die alkalischen Zwischenfarben von Methylrot sind Mischungen von Ferrichlorid und Kobaltnitrat oder -chlorid sehr gut brauchbar. Die zu verwendende Ferrichloridlösung (Fe) enthält 11,262 g $FeCl_3$ 6 H_2O auf 250 ccm 1% Salzsäure. Die Kobaltlösung (Co) enthält 18,2 g krystallisiertes Kobaltnitrat auf 250 ccm 1% Salzsäure.

Bei der Bestimmung mit Neutralrot, Methylrot und Methylorange fügt man zu 10 ccm Flüssigkeit 0,2 ccm 0,05 proz. Indicatorlösung, bei Verwendung von Tropäolin 00 nimmt man 0,2 ccm 0,1 proz, Lösung.

Tabelle nach Kolthoff (20).
Ferrichlorid (Fe) — Kobaltnitrat (Co) — Mischungen, deren Farbe dem angegebenen p_H entspricht.

Verhältnis Fe : Co	p_H Neutralrot	p_H Methylrot	p_H Methylorange	p_H Tropäolin 00
0	—	5,19	3,05	1,98
0,1	6,98	—	3,22	—
0,3	7,12	5,29	3,52	2,13
0,5	7,24	5,50	3,72	2,22
0,75	7,37	5,57	3,92	2,29
1,0	7,60	5,62	4,00	2,31
1,5	7,80	5,70	4,19	2,41
2,0	7,93	5,75	4,30	2,46
3,0	—	5,81	4,50	2,52

Zum Vergleiche der Methylrotfarbe in Lösungen mit einen kleineren p_H als 5,2 kann man Mischungen von 0,004 n-Kaliumpermanganat und 0,01 n-Kaliumbichromat in 0,4 n-Schwefelsäure verwenden. Diese Vergleichslösungen sind jedoch nicht haltbar.

Für die Bestimmungen des p_H in sehr kleinen Flüssigkeitsmengen mit Indicatorpapieren vgl. Kap. 7.

5. Die spektroskopische Methode zur p_H-Bestimmung nach W. R. BRODE[1]).

BRODE fand, daß bei verschiedenen Indicatoren das Absorptionsband bei Änderung der Wasserstoffionenkonzentration sich nicht hinsichtlich der Wellenlänge änderte, sondern daß nur die Stärke des durchgelassenen Lichtes ab- oder zunahm. Wenn man in allen zu untersuchenden Lösungen die gleiche Indicatorkonzentration hat, kann man in einer unbekannten Lösung durch Vergleich der Höhe des Absorptionsbandes mit der in Lösungen mit bekannten p_H den letzteren ableiten. Wenn die zu untersuchende Lösung gefärbt ist, kann man sie selbst bei den Vergleichsmessungen verwenden (bestimmt aber dann natürlich nur Höchst- und Niedrigstwert des Bandes). Die schönsten Indicatoren für den vorliegenden Zweck sollen die sein, die ein genaues scharfes Absorptionsband in der Mitte des Spektrums zeigen, während das zweite Band weit genug von dem ersten entfernt ist, daß es keinen Einfluß mehr ausüben kann; aber so viel als möglich soll dieses noch im sichtbaren Teile des Spektrums liegen (vgl. unten!).

Der Indicator, der dem Ideale am nächsten kommt, ist Thymolblau. Zwischen den p_H-Werten, bei denen Thymolblau umschlägt, kann man ein Gemisch von Methylrot und Bromphenolblau verwenden, so daß man mit zwei Indicatorlösungen eine Reihe von 1,0 bis 10,0 umfassen kann. Im übrigen ist Methylrot für den Zweck ein weniger geeigneter Indicator als die Indicatoren von CLARK und LUBS, so daß es wahrscheinlich besser durch Bromkresolblau ersetzt werden kann.

Bei der Untersuchung verwendete BRODE ein einfaches Spektrophotometer, auf dem unmittelbar die Ablesungen gemacht werden konnten. Das Absorptionsmaximum lag bei den folgenden Indicatoren bei der in der Tabelle angegebenen Wellenlänge:

Indicator	Wellenlänge mμ	Indicator	Wellenlänge mμ
Thymolblau (sauer) . .	544	Phenolrot	558
Bromphenolblau . . .	592	Thymolblau (alkalisch) .	596
Methylrot	530	Neutralrot	533
Bromkresolpurpur . . .	591	Phenolphthalein . . .	553
Bromthymolblau . . .	617	Thymolphthalein. . . .	598
Kresolrot	572		

[1]) BRODE, J. Amer. Chem. Soc. Bd. 46, S. 581. 1924.

Ein Beispiel, wie sich die Lichtstärke des durchgelassenen Lichtes mit dem p_H ändert, findet man in Abb. 22. Auf der Abszissenachse ist die Wellenlänge in mμ angegeben, auf der linken Ordinatenachse der Logarithmus der Stärke des durchtretenden Lichtes, auf der rechten Ordinatenachse die Menge selbst.

Wenn man das Verhältnis der Menge des durchgelassenen Lichtes zu dessen Höchst- oder Niedrigstmenge graphisch als

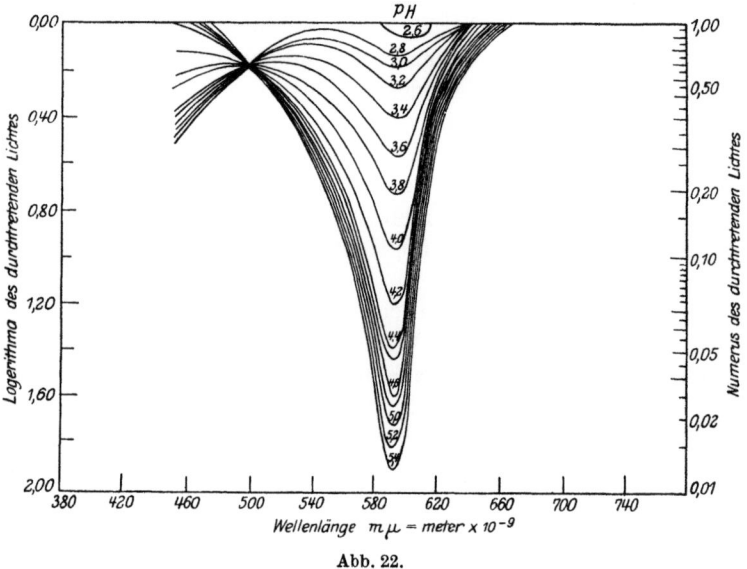

Abb. 22.

eine Funktion von p_H aufträgt, erhält man eine Dissoziationskurve, aus der man die Konstante des Indicators ableiten kann.

BRODE fand so praktisch dieselben Werte, die CLARK und LUBS angegeben haben.

Die spektrophotometrische Methode ist zur p_H-Messung sehr geeignet; die Genauigkeit ist natürlich größer als nach der Augenmaß-Methode. Auch in trüben und gefärbten Flüssigkeiten kann man sie anwenden. Sie ist im übrigen natürlich mit allen Fehlern behaftet, die mit der gewöhnlichen colorimetrischen Methode verbunden sind. (Salzfehler, Eiweißfehler u. dgl.)

W. C. HOLMES[1]) empfiehlt zur p_H-Bestimmung ein ähnliches Verfahren wie BRODE. Er empfiehlt es auch besonders bei zweifarbigen Indicatoren, bei denen man bei der p_H-Änderung zwei Änderungen im sichtbaren Teile des Spektrums erhält, so daß man bei verschiedenen p_H R_2, d. h. das Verhältnis der Menge des durchgelassenen Lichtes bei zwei Wellenlängen, die in der Nähe oder beim Absorptionshöchstwerte liegen, bestimmen kann. Der Vorteil besteht darin, daß bei einer p_H-Änderung die eine Menge des durchgelassenen Lichtes zu-, die andere abnimmt. Ein geeigneter Indicator für diesen Zweck ist 1. Naphthol-2-Natriumsulfonatindophenol (W. M. CLARK 1923) zwischen dem p_H-Werte 8—10.

p_H	10,19	8,69	7,74
R_2	0,146	0,60	10,40

HOLMES glaubt, daß auch andere Indophenole für seinen Zweck geeignet sind, und hofft später eine ausführliche Mitteilung bringen zu können.

Anwendung für biologische Zwecke.

E. J. HIRSCH. J. biol. Chem. Bd. 63, 55 (1925).

FERD. VLÈS[2]) bemerkt, daß bei der Ermittlung der [H˙] durch Spektrophotometrie in der mit einem Indicator versetzten Lösung die Konzentration des Indicators eine ganz bestimmte sein muß, damit der Vergleich mit der Bezugslösung möglich ist. Zum Umgehen dieser Schwierigkeit mißt VLÈS den Absorptionskoeffizienten für zwei Wellenlängen; ihr Verhältnis ist:

$$\varphi = (k_1 c_1 + k_2 c_2) / (k_1' c_1 + k_2' c_2),$$

worin c_1 und c_2 die Konzentration der alkalischen und der sauren Form des Indicators, k die entsprechenden spezifischen Absorptionskoeffizienten sind. Mit Hilfe des klassischen Ausdruckes der c_1 u. c_2 bei gleichbleibenden $c_1 + c_2$ der [H˙] findet man, daß [H˙] $= K \cdot \dfrac{k_1 - \varphi k_1'}{\varphi k_2' - k_2}$. K ist die scheinbare Dissoziationskonstante des Indicators. Für Kresolrot und Bromthymolblau stimmt die Formel, Kristallviolett und o-Methylrot weichen ab;

---
[1]) W. C. HOLMES, J. Amer. Chem. Soc. Bd. 46, S. 627 (1924).
[2]) F. VLES, Compt. rend. Bd. 180, 584. 1925; Chem. Zentr. I, S. 2248. 1925.

sie bestehen augenscheinlich aus drei spektral verschiedenen Bestandteilen.

Zum Schluß sei noch bemerkt, daß in den letzten Jahren besonders A. Thiel[1]) mit seinen Mitarbeitern die Dissoziationskonstanten und das Verhalten von verschiedenen Azoindicatoren in rein wässeriger und alkoholicher Lösung spektrophotometrisch untersucht hat. Bezüglich der interessanten Ergebnisse sei auf die Quelle verwiesen.

6. Gefärbte Lösungen. Wenn die zu untersuchende Flüssigkeit gefärbt ist, muß man die Vergleichslösung mit irgendeinem Indicator möglichst auf dieselbe Färbung einstellen. Man kann hierfür natürlich auch Indicatoren verwenden, wenn letztere nur nicht bei dem zu erwartenden p_H gerade teilweise umgesetzt sind. Hat man z. B. eine gelbbraune Flüssigkeit mit einem $p_H = 7$, so kann man die Vergleichslösung unbedenklich mit Methylorange auf die gleiche Schattierung bringen. Sörensen (2) hat eine Reihe von häufig verwendbaren Farbstoffen angegeben:

a) Bismarckbraun 0,2 g im Liter Wasser.

b) Helianthin 0,1 g in 800 ccm Alkohol und 200 ccm Wasser, ebensogut zu ersetzen durch Methylorange 0,1 g im Liter Wasser.

c) Tropäolin 0 0,2 g im Liter Wasser.

d) Tropäolin 00 0,2 g im Liter Wasser.

e) Curcumin 0,2 g in 600 ccm 93 proz. Alkohol und 400 ccm Wasser.

f) Methylviolett 0,2 g im Liter Wasser.

Weiter haben sich als recht brauchbar erwiesen:

g) Methylenblau 0,1 g im Liter Wasser, und

h) Safranin 0,1 g im Liter Wasser.

Ist die zu untersuchende Lösung trübe, so wird man auch die Vergleichslösung auf denselben Trübungsgrad bringen, nach Sörensen, indem man sich eine Aufschwemmnung von frischem Bariumsulfat durch Versetzen einer kleinen Menge 0,1 n-Bariumchloridlösung mit der gleichen Menge Kaliumsulfatlösung be-

---

[1]) A. Thiel, A. Dassler und A. Wülfken, Fortschritte d. Chemie, Physik u. physik. Chem. Bd. 18, Heft 3. 1924. — A. Thiel und F. Wülfken, Z. anorg. allgem. Chem. Bd. 136, S. 393, 406. 1924. — A. Thiel, Physikochemisches Praktikum. Verlag von Gebr. Borntraeger, Berlin 1926, S. 163.

reitet. Ebensogut kann man eine reine Aufschwemmung von Talk oder Bolus gebrauchen, wenn diese Stoffe zuvor mit Säure ausgekocht und dann solange mit Wasser umgeschüttelt und ausgewaschen sind, bis das Filtrat mit Methylrot nicht mehr sauer reagiert.

HENDERSON (21) verdünnt stark gefärbte Lösungen so weit, bis ihn die Farbe nicht mehr stört. Obgleich in Puffergemischen die Wasserstoffionenkonzentration nur wenig von der Gesamtkonzentration des Elektrolyten abhängt, so ändert sich doch bei großer Verdünnung der Dissoziationsgrad. Das Verfahren kann daher nur empfohlen werden, wenn die verlangte Genauigkeit nicht allzu groß ist.

Selbstverständlich sind colorimetrische p_H-Bestimmungen in gefärbten oder trüben Lösungen nicht sehr scharf. Man verwendet zweckmäßig bei solchen Bestimmungen Indicatoren, deren Farbe nicht mit der Färbung der Flüssigkeit übereinstimmt. So soll man z. B. bei gelben Lösungen Phenolsulfophthalein und kein p-Nitrophenol verwenden.

Manchmal läßt sich vorteilhaft der Kunstgriff anwenden, daß man die eine Form des Indicators mit Äther o. dgl. ausschüttelt. Die Menge der auszuschüttelnden Formen hängt außer von den Teilungskoeffizienten von der Wasserstoffionenkonzentration ab, so daß sich die Farbtiefe der Ätherschicht mit der auf entsprechende Weise aus Vergleichslösungen erhaltenen Ätherschicht vergleichen läßt. Jodeosin ist hierfür ein sehr geeigneter Indicator, dessen gefärbte Form gut ätherlöslich ist. Weitere Untersuchungen müssen zeigen, ob es möglich ist, eine so vollständige Reihe von Indicatoren aufzustellen, daß man nach diesem Verfahren jeden p_H mit genügender Genauigkeit bestimmen kann. Es ist nämlich selbstverständlich, daß das Umschlagsgebiet eines Indicators durch den Zusatz des Ausschüttelstoffes verändert wird.

WALPOLE (22) hat für gefärbte oder sehr trübe Flüssigkeiten einen sehr hübschen Kunstgriff angegeben, der aus nachstehender Abb. 23 klar wird. (Vgl. auch W. BIEHLER, Z. physiol. Chem. Bd. 110, S. 298. 1920.)

A B C D sind kurze Glaszylinder mit flachen Böden, die in Hülsen von schwarzem Papier in einem hellerleuchteten Untergrund stehen. *A* enthält 10 ccm der zu untersuchenden

176 Die colorimetrische Bestimmung der Wasserstoffionenkonzentration.

Lösung mit dem Indicator. *C* enthält 10 ccm Wasser. *D* enthält 10 ccm der zu untersuchenden Lösung ohne Indicator. *B* endlich enthält 10 ccm der Vergleichsflüssigkeit mit Indicator. Hierbei wird also die Eigenfarbe der Lösung ausgeschaltet.

Abb. 24 gibt eine Abbildung des Komparators, wie er gewöhnlich für die meisten praktischen Zwecke verwendet wird. Er besteht aus einem Holzblocke von hartem Holze. Die Durchbohrungen sind so angebracht, daß man bei Durchsicht die Farbe von zwei Lösungen hintereinander sieht.

Man fügt zu der zu untersuchenden Lösung eine bestimmte Indicatormenge und stellt das Rohr in eins der Löcher.

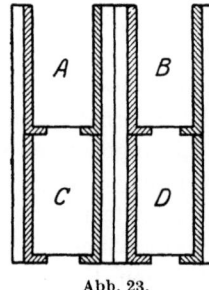 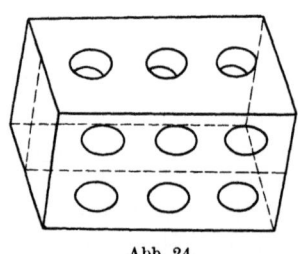

Abb. 23. Abb. 24.

Dahinter setzt man ein Rohr mit Wasser. In zwei andere Löcher stellt man die Pufferlösung mit derselben Menge Indicator wie die zu untersuchende gefärbte Lösung, und dahinter nur die zu untersuchende Lösung.

Wenn es gewünscht ist, kann man an die Hinterseite des Apparates eine Milchglasplatte oder Mattblauscheibe anbringen (lezteres a. a. bei den Nitroindicatoren).

In sehr dunkel gefärbten oder stark trüben Lösungen kann man die colorimetrische Methode nicht mehr anwenden.

Oft führt dann die Dialysiermethode zum gewünschten Ziel, besonders wenn die vorhandenen gefärbten Stoffe kolloid gelöst sind.

Man gießt die zu untersuchende Lösung in eine Hülse von reinem Pergamentpapier oder in eine Kollodiummembran und stellt diese in wenig reines Wasser. Nach 12 Stunden oder kürzerer Zeit (für jeden Fall einzeln die Zeit bestimmen, nach welcher Zeit p_H des Exarysates sich nicht mehr ändert) bestimmt man den p_H des Außenwassers colorimetrisch. Bei der Bestimmung des p_H von Bodenextrakten, von Milch, Emulsionen usw. habe ich auf diese Weise gute Resultate erhalten.

Allerdings sei bemerkt, daß die Methode keine exakten Ergebnisse liefert, weil man das DONNAN-Gleichgewicht, das sich an der Grenzschicht einstellt, vernachlässigt.

Durch das Auftreten des DONNAN-Gleichgewichtes entsteht bei Anwesenheit von Kolloiden eine ungleiche Verteilung der Ionen im Innen- und Außenwasser.

In den meisten praktisch vorkommenden Fällen ist aber der Fehler, der dadurch entsteht, gering. Jedoch soll man sich immer davon Rechenschaft geben, daß man durch die Vernachlässigung des DONNAN-Gleichgewichtes ganz bewußt einen Fehler macht.

7. Die Fehlerquellen bei der colorimetrischen Bestimmung. Der Säurefehler in wenig oder nicht gepufferten Lösungen. Reines Wasser. FRIEDENTHAL (23), SALM (24) und SÖRENSEN (2) behaupten, daß man eine Lösung auf die Anwesenheit von genügenden Mengen von Elektolyten untersuchen muß, ehe man den p_H colorimetrisch bestimmt. Nach ihnen kann in Nicht-Puffergemischen der saure oder basische Charakter des Indicators eine Rolle spielen und so den p_H-Wert beeinflussen. Nach ihnen kann man also die p_H-Werte in reinem Wasser oder in reinen Salzlösungen starker Säuren oder Basen nicht auf diesem Wege bestimmen.

Nehmen wir an, daß wir für die Untersuchung von reinem Wasser eine Indicatorsäure HJ verwenden.

Dann ist der Indicator in wässeriger Lösung in folgender Weise gespalten:

$$HJ \rightleftarrows H^{\cdot} + J'$$

Wenn wir auch das Gleichgewicht

$$H_2O \rightleftarrows H^{\cdot} + OH'$$

berücksichtigen, so finden wir, daß

$$[J'] = [H^{\cdot}] - [OH'] \text{ ist,}$$

weil die Flüssigkeit elektrisch neutral reagiert. Aus der Gleichung für die Dissoziationskonstante von Säuren folgt dann, daß:

$$\frac{[H^·]\{[H^·]-[OH']\}}{[HJ]} = K_{HJ}$$

oder $\quad [H^·]^2 = K_{HJ}[HJ] + K_W$.

In der folgenden Tabelle gebe ich nun die nach der letzten Gleichung berechneten Werte von $[H^·]$ von Lösungen von Indicatoren mit verschiedenen Dissoziationskonstanten in reinem Wasser an. K_W rechnen wir gleich 10^{-14}. c bedeutet die molare Indicatorkonzentration.

Molkonzentration c des Indicators	K_{HJ}	$[H^·]$	p_H
10^{-6}	10^{-8}	$1{,}4 \times 10^{-7}$	6,85
5×10^{-6}	10^{-8}	$2{,}45 \times 10^{-7}$	6,41
10^{-5}	10^{-8}	$3{,}3 \times 10^{-7}$	6,48
10^{-6}	10^{-7}	$2{,}8 \times 10^{-7}$	6,55
5×10^{-6}	10^{-7}	$6{,}6 \times 10^{-6}$	6,18
10^{-5}	10^{-7}	$9{,}6 \times 10^{-7}$	6,02
10^{-6}	10^{-6}	$6{,}3 \times 10^{-7}$	6,20
5×10^{-6}	10^{-6}	$1{,}9 \times 10^{-6}$	5,72
10^{-5}	10^{-6}	$2{,}6 \times 10^{-6}$	5,59
10^{-6}	10^{-5}	$9{,}2 \times 10^{-7}$	6,04
5×10^{-6}	10^{-5}	$1{,}8 \times 10^{-6}$	5,75
10^{-5}	10^{-5}	$6{,}5 \times 10^{-6}$	5,19

Der Fehler, den wir bei der colorimetrischen p_H-Bestimmung von reinem Wasser finden, nimmt aber mit steigender Konzentration des Indicators und mit zunehmendem Werte seiner Dissoziationskonstante zu. So habe ich[1]) den Fehler für Methylrot experimentell bestimmt [$K_{HJ} = 9 \times 10^{-6}$].

Wasserstoffionenkonzentration in sehr verdünnten Methylrotlösungen.

Menge 0,2 proz. Indicator auf 5 ccm Wasser	Molare Methylrotkonzentration	p_H berechnet	p_H gefunden
0,05 ccm	$7{,}4 \times 10^{-5}$	4,7	4,9
0,02 ,,	3×10^{-5}	4,92	5,0
0,01 ,,	$1{,}5 \times 10^{-5}$	5,1	5,3
0,005 ,,	$7{,}5 \times 10^{-6}$	5,32	5,7

Mit einer Methylrotlösung kann man daher den p_H von reinem Wasser nicht bestimmen.

Bessere Ergebnisse erhält man, wenn man die Lösungen der

---

[1]) KOLTHOFF, J. M.: Biochem. Zeitschr. Bd. 168, S. 110. 1926.

neutralen Salze der Indicatorsäuren verwendet (vgl. Kapitel 3, S. 73; Vorschrift von CLARK).

Mit einer Lösung des Natriumsalzes von Methylrot fand ich in reinem kohlensäurefreiem Wasser einen p_H größer als 6,2. Das neutrale Wasser zeigte mit einer neutralisierten Bromthymolblaulösung einen p_H von 6,7 an, während es mit der nicht neutralisierten Indicatorlösung ganz sauer reagierte[1]).

Für ganz genaue Messungen ist es bestimmt notwendig, die Indicatoren durch Umkrystallisation zu reinigen, und dann genau zu neutralisieren. Sonst findet man mit verschiedenen Handelszubereitungen verschiedene Ergebnisse[1]).

Nach STERN[2]) sind die neutralisierten Indicatorlösungen von CLARK und LUBS auch nicht ganz unzersetzt haltbar. Sie müssen daher vor dem Versuche frisch hergestellt werden. Es sei nachdrücklich darauf hingewiesen, daß auch mit den neutralisierten Indicatorlösungen der p_H von reinem Wasser nicht ganz genau bestimmt wird. Weil die Indicatoren schwache Säuren sind, unterliegen ihre Salzlösungen der Hydrolyse:

$$J' + H_2O \rightleftarrows HJ + OH'$$

Für gewöhnliche Fälle nehmen wir nun an, daß die gebildete Menge HJ gleich der Hydroxyl-Ionenkonzentration sei. Bei sehr geringer Hydrolyse ist das jedoch nicht erlaubt, weil die Hydroxyl-Ionen, die vom Wasser geliefert werden, nicht vernachlässigt werden dürfen.

Wenn wir die Hydroxyl-Ionenkonzentration gleich x setzen, ist

$$[HJ] = x - [H^\cdot].$$

Weiter ist nach der Hydrolysegleichung (S. 16)

$$\frac{[HJ][OH']}{[J']} = K_{Hydr} = \frac{K_W}{K_{HJ}}.$$

Wenn die Konzentration des Indicatorsalzes gleich c ist, so finden wir aus beiden letzten Gleichungen:

$$H^2 - K_W = c \frac{K_W}{K_{HJ}}$$

$$H = \sqrt{c \frac{K_W}{K_{HJ}} + K_W}.$$

---
[1]) Vgl. auch Kap. 6, sub. 1.
[2]) Vgl. dazu H. T. STERN: J. Biol. Chem. Bd. 65, S. 675. 1925.

Je kleiner c und je größer K_{HJ} ist, um so kleiner ist der „Hydrolysefehler".

Für die neutralisierten Methylrotlösungen ist er klein, für die neutralisierten Bromthymolblaulösungen viel größer. Man erhält daher weder mit den reinen Indicatorlösungen noch mit den neutralisierten Lösungen eine richtige Anzeige für die Reaktion von reinem Wasser.

Für genauere Bestimmungen muß man den p_H mit der neutralisierten Indicatorlösung erst annähernd bestimmen, und dann für die genaue Bestimmung eine Mischung des Indicators mit seinem Salze verwenden, die denselben p_H wie die zu untersuchende Flüssigkeit hat.

Auch bei der p_H-Bestimmung in sehr verdünnten Säure- oder Baselösungen, welche nicht gepuffert sind, findet man nicht die richtigen Werte.

Fügt man z. B. zu einer sehr verdünnten Laugelösung Phenolphthalein, so bindet der Indicator Hydroxyl-Ionen, und zwar soviel als der gebildeten Menge der roten Form des Indicators entspricht.

Ebenso bindet Methylorange Wasserstoffionen, wenn man diesen Indicator zu einer sehr verdünnten Säurelösung fügt.

Das folgende Beispiel zeigt sehr deutlich an, daß wir einen großen Fehler begehen können, wenn wir u. a. die sauren Eigenschaften von Phenolphthalein in einer sehr verdünnten Laugelösung vernachlässigen.

Der Einfachheit halber nehmen wir einmal an, daß das Phenolphthalein sich als einbasische Säure verhalte und eine Dissoziationskonstante von 10^{-9} besitze. Wie groß wird nun die Hydroxyl-Ionenkonzentration werden, wenn wir zu 10 ccm 0,0001 n-Natronlauge 0,1 ccm 1 proz. Phenolphthaleinlösung setzen? Die letztere Menge entspricht einer Menge von 100 mg Indicator im Liter, also einer ungefähr 3×10^{-4} molaren Konzentration.

Die Indicatorsäure reagiert nun auf folgende Weise mit der Lauge:
$$HJ + OH' \rightleftarrows J' + H_2O.$$

Hieraus folgt, daß die Summe der Konzentrationen $[OH']$ und $[J']$ gleich der Gesamtmenge an Lauge ist, wovon wir ausgingen, also
$$[OH'] + [J'] = 10^{-4}.$$

Da die gesamte Konzentration der Indicatorsäure 3×10^{-4} beträgt, ist die Konzentration des undissoziierten Teiles HJ:

$$[HJ] = 3 \times 10^{-4} - [J'] = 3 \times 10^{-4} - 10^{-4} + [OH']$$
$$= 2 \times 10^{-4} + [OH'].$$

Dann ist

$$K_{HJ} = 10^{-9} = \frac{[H^{\cdot}][J']}{[HJ]} = \frac{K_W \{10^{-4} - [OH']\}}{[OH']\{2 \times 10^{-4} + [OH']\}}.$$

Wenn wir diese Gleichung auflösen, finden wir, daß $[OH'] = 5 \times 10^{-6}$ beträgt, während die Lösung, von der wir ausgingen, $[OH'] = 10^{-4}$ hatte. Der Fehler ist also sehr groß.

Auch bei der colorimetrischen p_H Bestimmung in Lösungen sehr schwacher Säuren (oder Basen) kann man große Fehler begehen. Verwendet man die Indicatorsäuren, so hat man den Säurefehler des Indicators zu berücksichtigen; verwendet man die Indicatorsalze, so hat man zu berücksichtigen, daß das Salz mit der vorhandenen Säure in folgender Weise reagiert

$$J' + HA \rightleftarrows HJ + A'.$$

Hierdurch ändert sich die Wasserstoffionenkonzentration nach der alkalischen Seite hin. Für die Berechnung des Fehlers bei der p_H-Messung in verdünnten Kohlensäurelösungen sei auf Kolthoff[1]) verwiesen. Auch hier erhält man nur dann die richtigen Werte, wenn man den p_H zuerst angenähert bestimmt, und dann die Messung mit einer Mischung des Indicators mit seinem Salze, das denselben p_H hat wie die zu untersuchende Lösung, wiederholt.

Über den sog. „Säurefehler" von m-Nitrophenol verweise ich auf die Veröffentlichung von L. Michaelis und A. Krüger (17) und die von Kolthoff (19).

8. Der Einfluß neutraler Salze. Aus den Untersuchungen von Sörensen (2), Sörensen und Palitzsch (25), Bohdan von Szyskowski (26) und Kolthoff (27) folgt, daß neutrale Salze die Farbe des Indicators beeinflussen können, und zwar wird die Farbe der sauren Indicatoren nach der alkalischen Seite, die der alkalischen Indicatoren dagegen nach der sauren Seite hin verschoben. Verschiedene Theorien sind zur Erklärung des

---

[1]) Kolthoff, J. M.: Biochem. Zeitschr. Bd. 168, S. 110. 1926.

Salzfehlers angegeben worden, aber keine genügt zur quantitativen Deutung des Verhaltens jedes einzelnen Indicators.

Bei der Aufstellung einer allgemeinen Theorie muss man sich klar darüber sein, daß das neutrale Salz sehr wohl die Farbe der vollständig umgewandelten Indicatorform beeinflussen kann.

Der Salzfehler entsteht also im allgemeinen durch zwei Ursachen:

1. Durch den Einfluß des Salzes auf die optische Adsorption der beiden Indicatorformen. — Hierüber sei besonders auf die schönen Arbeiten von HALBAN und L. EBERT[1]) verwiesen.

2. Durch den gleichgewichtsverschiebenden Einfluß des Salzes auf die verschiedenen Formen des Indicators. — Wenn man die Aktivität der verschiedenen Komponenten, die sich in der Lösung befinden, kennt, kann man den Salzeinfluß berechnen.

Wir wollen uns im Folgenden jedoch nur mit den praktischen Ergebnissen der Untersuchungen über den Salzfehler beschäftigen.

Um einen Einblick von der Größe des Fehlers zu geben, führe ich die nachstehenden Beobachtungen von SÖRENSEN (2) an; er untersuchte 3 Lösungen von 0,1 n-Salzsäure. A war rein, B enthielt 0,1 n-KCl und C 0,3 n-KCl.

	p_H in A	B	C
berechnet	2,02	2,04	2,06
elektrometrisch	2,01	2.01	2,05
colorimetrisch mit Methylviolett	2,22	2,04	1,91
,, ,, Mauvein	2,22	2,04	1,91
,, ,, Methylgrün	2,28	2,05	1,89
,, ,, Methanylgelb extra	1,99	2,04	2,04

Bei der p_H-Bestimmung in Seewasser haben SÖRENSEN und PALITZSCH vergleichende Versuche ausgeführt, einmal colorimetrisch, dann mit einer Wasserstoffelektrode. Sie fanden dabei, daß für die colorimetrische Methode folgende Korrekturen nötig sind:

---

[1]) von HALBAN und L. EBERT: Z. physik.-Chem. Bd. 112, S. 322, besonders S. 352, 359. 1924.

a) p-Nitropheṅol: Vergleichslösung Phosphatgemisch.
   $35^0/_{00}$ Salz . . . $-0,12$
   $20^0/_{00}$,, . . . $-0,08$
b) Neutralrot: Vergleichslösung Phosphatgemisch.
   $35^0/_{00}$ Salz . . . $+0,10$
   $20^0/_{00}$,, . . . $+0,05$
c) α-Naphtholphthalein: Vergleichslösung Phosphatgemisch.
   $35^0/_{00}$ Salz . . . $-0,16$
   $20^0/_{00}$,, . . . $-0,11$
d) Phenolphthalein: Vergleichslösung Boraxgemisch.
   $35^0/_{00}$ Salz . . . $-0,21$
   $20^0/_{00}$,, . . . $-0,16$

Die angeführten Zahlen geben die nötigen Korrekturen an. Hat man z. B. in einer Lösung mit $35^0/_{00}$ Salz mit Hilfe von Phenolphthalein $p_H = 8,4$ gefunden, so beträgt der wirkliche Wert 8,19. Aus meinen Versuchen geht hervor, daß der Salzfehler proportional der Menge des Salzes ist. Ganz allgemein kann man die Korrektur unbedenklich fortlassen, solange die Konzentration nicht über 0,2 n steigt und nicht kleiner ist als 0,01 n. Nur bei den sehr alkaliempfindlichen Indicatoren, wie Methylviolett, Mauvein, Methylgrün und einigen Sulfophthaleinen muß man die Korrektur stets anbringen.

S. P. L. Sörensen und S. Palitzsch (28) bestimmten später auch den Salzfehler bei sehr geringem Salzgehalt. Die Korrektur kann in diesem Falle positiv und negativ sein. **Bei der Beurteilung ihrer Ergebnisse hat man darauf acht zu geben, daß etwaige Salzfehler sich auf die von ihnen verwendeten Sörensenschen Puffergemische beziehen.**

Es ergab sich nun, daß der Salzfehler von Neutralrot bei geringeren Konzentrationen als $20^0/_{00}$ vernachlässigbar ist, dagegen nicht der von α-Naphtholphthalein und Phenolphthalein. Aus der graphischen Darstellung ihrer Ergebnisse leite ich folgende Korrektionswerte ab (vergl. S. 184).

McClendon (29) bestimmte den Salzfehler in Gemischen von Borsäure und Borax mit einer gesamten Salzkonzentration von höchstens 0,6 n für die Indicatoren o-Kresolsulfophthalein und α-Naphtholphthalein. Wenn die Salzkonzentration auf

0,5 n steigt, muß man für den gefundenen Wert eine Korrektur in Höhe von — 0,05 anbringen; steigt die Konzentration der Salze auf 0,6n, so muß die Korrektur — 0,10 betragen.

Salzgehalt ⁰/₀₀	Korrektur für	
	α-Naphtolphthalein	Phenolphthalein
0	+ 0,22	+ 0,22
2	+ 0,10 (Phosphatpuffer) + 0,04 (Boraxpuffer)	0,00
4	+ 0,06 (Phosphatpuffer) — 0,02 (Boraxpuffer)	— 0,04
10	— 0,03 (Phosphatpuffer) — 0,09 (Boraxpuffer)	— 0,10
20	— 0,17 (Phosphatpuffer) — 0,10 (Boraxpuffer)	— 0,16

Für Phenolsulfophthalein fand ich (30) den Salzfehler gerade bei kleineren Salzkonzentrationen ziemlich groß.[1]) Dagegen nahmen BRIGHTMAN, BEACHEM und ACREE (31) wahr, daß die Farbe wenig von der Salzkonzentration abhing, wenn letztere unter 0,05n war. WELLS (32) untersuchte den Salzeinfluß auf Kresolrot; aus seiner Untersuchung ergibt sich, daß der Fehler hier ziemlich groß werden kann.

W. D. RAMAGE und R. C. MILLES (32) finden für den Salzfehler von Kresolrot eine gute Übereinstimmung mit den Werten von WELLS.

Sie geben die folgende Tabelle an.

Salzfehler von Kresolrot nach RAMAGE und MILLES.

Salzgehalt in g auf 1 Liter	Salzfehler
5,0	— 0,11
10,0	— 0,16
15,0	— 0,22
25,0	— 0,25

Diese Werte sind auf Messungen mit den gewöhnlichen Puffermischungen, die 0,06 bis 0,1 n Salz enthalten, bezogen. Wenn wir nun die in der Tabelle angegebene Salzkonzentration als Kaliumchlorid ausdrücken, so entspricht eine Kon-

---

[1]) Vgl. auch E. H. LEPPER und C. J. MARTIN, Biochem. Journ. Bd. 20, S. 45. 1926.

zentration von 0,1 n dieses Salzes 7,4 g im Liter. Aber dann müßte hier der Salzfehler gleich Null sein, was nach der Tabelle im RAMAGE und MILLES nichts der Fall ist. Daher können ihre Werte nicht ganz richtig sein; ich gebe daher bei kleinem Salzgehalt, den von mir festgestellten Werten den Vorzug.

Aus eigenen Versuchen ergab sich, daß der Salzfehler von Bromkresolsulfophthalein vernachlässigbar klein ist. Für Thymolblau ist der Fehler zwischen $p_H = 8{,}0$ bis $9{,}8$ ebenso groß wie für Phenolphthalein, zwischen $p_H = 1{,}2$ bis $2{,}8$ ist er sehr gering.

J. T. SAUNDERS (32) findet beim Vergleiche mit den SÖRENSENschen Puffermischungen für Bromthymolblau einen Salzfehler von — 0,19, wenn die Flüssigkeit 0,6 n an Natriumchlorid ist. Ist die gesamte Elektrolytkonzentration nur 0,003 n, so ist der Fehler + 0,20.

Wenn der Salzgehalt kleiner ist als 0,1 n, so zeigen nach SAUNDERS Thymolblau, Phenolrot, Kresolrot, Bromthymolblau und Bromkresolpurpur denselben Fehler an.

In der folgenden Abbildung kann man aus der Kurve nach SAUNDERS immer den Salzfehler für Kresolrot ableiten.

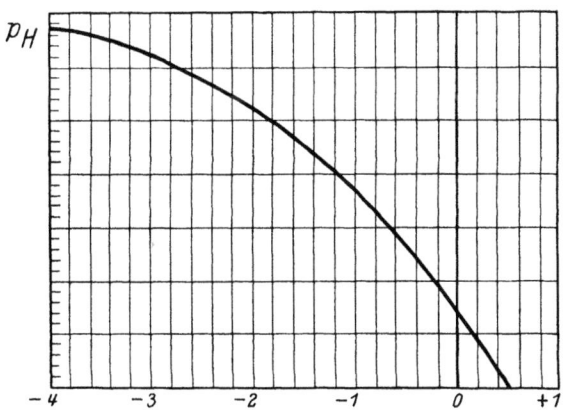

Abb. 25. Die Ordinatenachse gibt den p_H an, die Abszissenachse die Logarithmen der Salzkonzentration.

Die Kurve gibt die p_H-Änderung bei Änderung des Salzgehaltes an, während dabei die Farbe des Indicators u n v e r ä n d e r t bleibt. Kennt man nun den Salzgehalt der zu untersuchenden Lösung, und auch den der Puffermischung, so ist die Korrektur einfach aus der Kurve abzuleiten.

Nehmen wir z. B. an, daß die Salzkonzentration in der Puffermischung 0,1 n und in der zu untersuchenden Lösung 0,6 n ist (Meerwasser), so sehen wir, daß die Korrektur 1,82 — 1,96 = — 0,14 ist. Ist die Salzkonzentration in der zu untersuchenden Lösung nur 0,01 n, so ist die Korrektur 8,12 — 7,96 = + 0,16 (ich fand in guter Übereinstimmung + 0,12).

Wenn wir immer mit Puffermischungen, die eine Salzkonzentration von 0,08 n haben, vergleichen, ist der Salzfehler der CLARKschen Indicatoren nach SAUNDERS:

Indicator	Salzgehalt	Salzfehler
Bromkresolpurpur	0,6 n	— 0,25
Bromthymolblau	0,6 n	— 0,19
Phenolrot	0,6 n	— 0,15
Kresolrot	0,6 n	— 0,18
Thymolblau	0,6 n	— 0,18

Die von mir (33) schon früher bestimmten Werte stehen völlig in Einklang mit denen von SAUNDERS, sodaß diese Salzfehler wohl als richtig anzusehen sind.

Der Salzfehler von Tetrabromphenolsulfophthalein ist gerade bei kleinen Salzkonzentrationen sehr groß. So wurden sehr verdünnte, genau hergestellte Salzsäurelösungen mit Biphthalat-Salzsäure-Gemischen verglichen. 0,0004 n-Salzsäure (p_H = 3,4) zeigte mit dem Indicator dieselbe Farbe wie eine Puffermischung von p_H = 3,0—3,1, also einer Wasserstoffionenkonzentration von ungefähr 0,001 n entsprechend! Fügte man zu der Salzsäurelösung so viel Natriumchlorid, daß dessen Konzentration 0,05 n entsprach, so wurde beim Vergleich der richtige p_H-Wert von p_H gefunden, also 3,4. War die Salzkonzentration 0,2 n, so entsprach die Farbe einem p_H von 3,6, bei Anwesenheit von 0,5 n-Salz einem p_H von 3,8.

Mit Essigsäure wurden entsprechende Ergebnisse wie mit Salzsäure erhalten. Man soll also bei der Verwendung von Tetrabromphenolsulfophthalein sehr darauf achten, daß die Salzkonzentration in der zu untersuchenden und der Vergleichslösung dieselbe ist.

Wie sich aus untenstehender Tabelle (S. 188) ergibt, sind die Salzfehler von Kongorot, Azolitmin und Tropäolin 0 so groß, daß diese Indicatoren bei einer colorimetrischen Bestimmung nicht angewendet werden dürfen. In einer eingehenden Untersuchung habe ich die Salzfehler verschiedener noch nicht untersuchter Indicatoren bestimmt. Zu bemerken ist, daß für die Untersuchung der Indicatoren zwischen Bromkresolpurpur und Nitramin Pufferlösungen mit Salz verwendet wurden, in denen der p_H mit der Wasserstoffelektrode bestimmt war. Ursprünglich verwendete ich für die Indicatoren zwischen Tropäolin 00 und Bromkresolpurpur frisch bereitete Salzsäurelösungen und berechnete in diesen salzhaltigen Lösungen den Wasserstoffexponenten unter Anwendung der Regel, daß der Dissoziationsgrad der Salzsäure im Salzgemische dem gleich ist, der zu der gesamten Elektrolytkonzentration gehört. In derselben Weise sind die Salzfehler von Nitramin und Tropäolin 0 bei Verwendung von sehr verdünnter Natronlauge abgeleitet.

Neuerdings habe ich jedoch bemerkt, daß diese Art der Berechnung, die sich auf das isohydrische Prinzip von ARRHENIUS gründet, nicht richtig ist.

Ich habe den p_H von verdünnten Salzsäurelösungen in Salzlösungen von verschiedener Konzentration mit der Wasserstoffelektrode gemessen, und die so gefundenen Werte als die richtigen angenommen (noch nicht veröffentlicht). Auch habe ich dabei den Salzfehler des Indicators neu bestimmt.

Dazu muß bemerkt werden, daß alle Salze auch auf die Farbstärke der Indicatoren von Einfluß sind.

In 0,1 n Salzlösung ist die Intensität etwa **30 bis 20% kleiner** als in der sehr verdünnten Salzsäurelösung, mit denen verglichen wurde (für die verschiedenen Indicatoren verschieden). Bei größerer Salzkonzentration als 0,1 n ist die Abnahme der Farbstärke nicht mehr so groß.

Wenn man den p_H in ziemlich stark sauren Lösungen, die auch Salze enthalten, colorimetrisch messen will, ist es zu empfehlen, nicht eine reine verdünnte Salzsäurelösung zum Vergleiche zu verwenden, sondern eine Lösung, die zudem etwa 0,05 bis 0,1 n Alkalichlorid enthält.

Wenn man den p_H in reinen Säure- oder Baselösungen messen will, ist es am besten, die Farbe mit der zu vergleichen, welche der Indicator in salzfreier Salzsäure oder Natronlauge hat.

Salzfehler der Indicatoren nach Kolthoff (33)[1].

Indicator	Zugefügtes Salz	Salzkonzentration	Korrektur in p_H	Bemerkungen
Tropäolin 00	KCl	0,1 n	− 0,03	Sehr geeigneter Indicator
„	„	0,25 „	− 0,04	
„	„	0,5 „	− 0,04	
„	„	1 „	+ 0,08	
Thymolblau (bei der Zwischenstufe p_H = 1,2 bis 2,8)	„	0,1 „	− 0,06	Sehr geeigneter Indicator
„	„	0,2 „	− 0,10	NaCl wie KCl
„	„	0,5 „	− 0,10	
„	„	1,0 „	− 0,10	
Methylorange	„	0,1 „	− 0,08	Sehr geeigneter Indicator
„	„	0,25 „	− 0,09	NaCl ungefähr wie KCl
„	„	0,5 „	− 0,05	
„	„	1 „	+ 0,09	
Dimethylgelb	„	0,1 „	− 0,08	Wie Methylorange. Indicator nicht geeignet; schnell bei größerer Salzkonzentration ausgeflockt
Bromphenolblau	„	0,1 „	− 0,05	Bei geringer Salzkonzentration großer Fehler. Nicht geeignet für die Untersuchung sehr verdünnter Elektrolytlösungen
„	„	0,25 „	− 0,19	
„	„	0,5 „	− 0,40	
„	„	1 „	− 0,50	
Bromphenolblau (Richter)[1]	NaCl	0,1 „	− 0,15	(Nicht korrigiert für den Salzeinfluß auf die Wasserstoffionenaktivität)
„	„	0,5 „	− 0,27	
„	„	1 „	− 0,35	
Kongorot	„	0,1 „	0,0	Ungeeignet für colorimetrische Bestimmungen
„	„	0,2 „	− 0,25	
„	„	0,5 „	− 0,50	
„	„	1 „	− 1,0	
Bromkresolpurpur	„	0,5 „	− 0,25	Geeigneter Indicator
Methylrot	„	0,5 „	+ 0,1	Sehr geeigneter Indicator
p-Nitrophenol	„	0,5 „	− 0,05	Sehr geeigneter Indicator
Azolitmin	„	0,5 „	− 0,55	Ungeeigneter Indicator. Bei anderen Salzkonzentrationen ebenfalls sehr große Fehler
Bromthymolblau	„	0,6 „	− 0,19	Saunders (32)
Phenolrot	„	0,5 „	− 0,15	Bei sehr geringem Salzgehalt ändert die Korrektur das Vorzeichen

---

[1]) Vgl. auch A. Richter: Zeitschr. f. anal. Chem. Bd. 65, S. 233. 1925, der ungefähr denselben Salzfehler für Bromphenolblau fand wie ich.

Salzfehler der Indicatoren nach KOLTHOFF (33) (Fortsetzung).

Indicator	Zugefügtes Salz	Salzkonzentration	Korrektur in p_H	Bemerkungen
Neutralrot	,,	0,6 n	+ 0,12	Sehr geeigneter Indicator
Kresolrot	,,	0,5 ,,	− 0,20	
Brillantgelb	,,	0,5 ,,	0,0	Geeigneter Indicator
Phenolphthalein ..	,,	0,5 ,,	− 0,17	,, ,,
Thymolblau (in der Zwischenstufe 8,0 bis 9,6)	,,	0,5 ,,	− 0,17	,, ,,
Nitramin......	KCl	0,1 ,,	− 0,06	,, ,,
,, ...	,,	0,25 ,,	− 0,14	NaCl hat ungefähr denselben
,, ...	,,	0,5 ,,	− 0,15	Einfluß
,, ...	,,	1 ,,	− 0,30	
Tropäolin 0.....	,,	0,1 ,,	− 0,38	Ungeeigneter Indicator
,, ...	,,	0,25 ,,	− 0,48	
,, ...	,,	0,5 ,,	− 0,58	
,, ...	,,	1 ,,	− 0,80	

Der Fehler bei kleinem Elektrolytgehalt: Weil die colorimetrische Methode besonders in elektrolytarmen Flüssigkeiten mit Vorteil verwendet werden kann, (die potentiometrische Methode gibt unter diesen Verhältnissen wegen des großen Widerstands nicht so scharfe Ergebnisse), ist es von Interesse zu wissen, ob die Indicatoren auch bei kleinem Salzgehalt den richtigen p_H anzeigen.

Ich (34) habe darüber eine systematische Untersuchung angestellt. Die Pufferlösungen wurden mit Wasser verdünnt, und der p_H elektrometrisch mit der Wasserstoffelektrode bestimmt. Von den verschiedenen Verdünnungen wurde der p_H ebenfalls durch Vergleich der Farbe des Indicators mit der in den CLARKschen Pufferlösungen colorimetrisch bestimmt.

Die Genauigkeit der potentiometrischen Messung in den sehr verdünnten Elektrolytlösungen war sicher nicht größer als 0,05 bis 0,1 p_H.

Bei allen Versuchen sind die nicht neutralisierten Indicatorlösungen verwendet worden (vgl. dazu S. 179).

Die Korrekturwerte sind auf Messungen gegen die Clarkschen Pufferlösungen bezogen.

Korrekturwerte für den pH bei geringem Elektrolytgehalt.

Gesamter Elektrolytgehalt	Thymolblau	Phenolpht.	α-Naphtholblau	Phenolrot	Kresolrot	Neutralrot	Bromthymolblau
0,001 N	+ 0,25	+ 0,25	+ 0,18	+ 0,35	+ 0,17	− 0,09	+ 0,19
0,005 „	+ 0,19	+ 0,19	+ 0,14	+ 0,28	+ 0,15	− 0,04	+ 0,17
0,01 „	+ 0,13	+ 0,14	+ 0,10	+ 0,22	+ 0,12	0,00	+ 0,15
0,02 „	+ 0,05	+ 0,06	+ 0,00	+ 0,15	+ 0,09	0,00	+ 0,12
0,03 „				+ 0,09	+ 0,07	0,00	

Gesamter Elektrolytgehalt	Chlorphenolrot	Bromkresolpurpur	Bromkresolgrün	Methylrot	Alizarin	Methylorange	Bromphenolblau
0,001 N	+ 0,47	+ 0,13	+ 0,45	+ 0,17	+ 0,25	− 0,15	+ 0,25
0,005 „	+ 0,3	+ 0,10	+ 0,24	+ 0,10	+ 0,18	− 0,07	+ 0,20
0,01 „	+ 0,21	+ 0,09	+ 0,16	+ 0,06	+ 0,12	− 0,06	+ 0,17
0,02 „	+ 0,15	+ 0,08	+ 0,10	+ 0,03	+ 0,10	− 0,04	+ 0,15
0,03 „	+ 0,09	+ 0,07	+ 0,07	+ 0,00	+ 0,06	− 0,02	

Wenn wir diese Zahlen betrachten, sehen wir, daß in Übereinstimmung mit den früheren Untersuchungen Phenolrot und Bromphenolblau bei kleinem Salzgehalte in der Tat erhebliche Abweichungen zeigen, und zwar zeigen sie, wie alle Sulfophthaleine eine zu saure Reaktion an. Eigenartig ist, daß der Fehler der verschiedenen Sulfophthaleine untereinander nicht derselbe ist. So ist im Gegensatze zu Phenolrot die Korrektur bei Kresolrot viel kleiner. Ebenso sehen wir, daß Bromkresolpurpur eine viel geringere Korrektur als Chlorphenolrot und Bromkresolblau (= Bromkresolgrün nach B. Cohen) hat.

Ich weise nachdrücklich darauf hin, daß auch der Reinheitsgrad des Indicators in den elektrolytarmen Flüssigkeiten von Einfluß auf daß Resultat sein kann. Eine sorgfältige Wiederholung der Versuche wäre erwünscht.

Der Salzfehler von Neutralrot ist sehr gering, weshalb dieser Indicator noch immer bei der exakten Bestimmung der Reaktion im Trinkwasser empfohlen werden muß, obgleich die Umschlagsfarben des Phenolrots viel schärfer hervortreten, Kresolrot ist allerdings noch besser als Phenolrot. Im allgemeinen sind natürlich die Indicatoren mit dem kleinsten Salzfehler vorzuziehen. Aus dieser Untersuchung ergibt sich nun, daß bei der colorimetrischen p_H-Bestimmung in sehr verdünnten Elektrolytlösungen folgende Indicatoren zu empfehlen sind:

α-Naphtholblau, Kresolrot, Neutralrot, Bromthymolblau, Bromkresolpurpur, Methylrot und Methylorange.

Wegen der Schwierigkeiten bei der potentiometrischen Messung in elektrolytarmen Lösungen sind die Korrekturen bei großen Verdünnungen nicht ganz sicher. Hoffentlich werden auch andere Untersucher ihre Ergebnisse nach dieser Richtung hin mitteilen.

MICHAELIS und GYEMANT (17) und MICHAELIS und KRÜGER (17) geben folgende Korrekturen für die von ihnen verwendeten Indicatoren an.

Satzfehler der Indicatoren von MICHAELIS.

Indicator	0,5 n-Salz	0,15 n-Salz	0,1 n-Salz	0,05 n-Salz
α-Dinitrophenol	− 0,20	− 0,10	—	—
β- ,, ...	− 0,30	− 0,12	—	—
γ- ,, ...	− 0,13	− 0,07	—	—
p-Nitrophenol	− 0,05	0,00	—	—
m- ,, ...	− 0,16	− 0,11	− 0,10	− 0,05
Phenolphthalein	− 0,20	− 0,08	—	—

9. Der Einfluß von Proteinstoffen und ihren Abbauprodukten.

Auch hier war es SÖRENSEN (2), der uns gezeigt hat, daß die eben genannten Stoffe in vielen Fällen die colorimetrische Bestimmung des p_H erschweren oder gar unmöglich machen können. Das liegt daran, daß die Proteinstoffe infolge ihres amphoteren Charakters sowohl saure wie basische Farbstoffe binden können. Die meisten Azo-Farbstoffe sind in diesem Falle völlig unbrauchbar, ebenso das Kongorot. Methylviolett und die verwandten Verbindungen werden nur wenig durch die in Rede stehenden Stoffe beeinflußt. Die Phthaleine geben gute Ergebnisse, wenn nur Abbauerzeugnisse in der Lösung anwesend sind; sind aber ungespaltene Proteinstoffe vorhanden, so sind sie ebenfalls nicht zu gebrauchen. Nur ein einziger Indicator, p-Nitrophenol, läßt sich in allen Fällen gut verwenden. Wie schon SÖRENSEN (2) betonte, scheint der Einfluß der proteinartigen Stoffe um so geringer zu sein, je einfacher der Indicator zusammengesetzt ist.

Aus der Arbeit von SÖRENSEN (2) führe ich einige Beispiele in nachstehender Zusammenstellung hier an. a ist eine Invertinlösung, die als Puffergemisch 6 ccm Citrat und 4 ccm Natronlauge enthält. b ist eine etwas angesäuerte 2 proz. Leimlösung, c ist eine schwach salzsaure, etwa 2 proz. Lösung von Witte-Pepton, d schließlich ist eine 2 proz. Hühnereiweißlösung.

	a	b	c	d
		p_H in		
Elektrometrisch	5,69	4,98	4,92	5,34
Colorimetrisch mit Alizarinsulfosäurenatrium	5,85	5,97	5,75	5,61
„ „ Lacmoid	5,75	—	—	—
„ „ p-Nitrophenol	5,75	—	—	5,39

Wie SVEN PALITZSCH (35) anzeigte, ist der Proteinfehler von Methylrot nur sehr gering. Dies geht u. a. aus folgenden Messungen mit etwa 2% natürlichem Hühnereiweiß in verdünnter Salzsäurelösung hervor:

p_H elektrometrisch	p_H colorimetrisch	Δ elektrometr.-colorimetrisch
4,99	4,75	+ 0,24
5,16	4,90	0,18
5,53	5,27	0,26
5,60	5,39	0,21
5,68	5,41	0,27
5,70	5,48	0,27

Auch in den folgenden Proteinlösungen ist der Salzfehler von Methylrot gewöhnlich nur gering:[1])

Art der Lösung	p_H elektr.	p_H colorim.	Δ elektr.-colorim.
1 proz. salzsaure Caseinlösung + Phosphat	5,66	5,58	+ 0,08
Salzsaure Lösung von hydrolysiertem Serum + Phosphat	4,73	5,83	— 1,1
Wie vorhin mit HCl	3,96	4,75	— 0,79
2 proz. salzsaure Caseinlösung, teilweise durch Pepsin zersetzt	5,57	5,48	+ 0,09
2 proz. Witte-Peptonlösung in Salzsäure mit 0,1 n NaCl	4,88	4,91	— 0,03
Wie vorige Lösung	4,83	4,83	0,00
2% Hühnereiweiß, teilweise durch Pepsin zersetzt	5,63	5,58	+ 0,05
Wie vorige	5,27	5,19	+ 0,08
Wie vorige, aber noch weiter zersetzt	5,27	5,24	+ 0,03
2% Gelatinelösung + primäres Phosphat	5,57	5,51	+ 0,06
Wie vorige	5,17	5,17	0,00

[1]) Über den Eiweißfehler im Bromthymolblau vgl. D. JAUMAIN Compt. rend. soc. biol. Bd. 93, S. 860. 1925. In Serum weist der Indicator einen falschen p_H an.

Durch besondere Versuche wies SÖRENSEN nach, daß die Verbindung der Indicatoren mit Proteinstoffen langsam vor sich geht. Wenn er z. B. 40 ccm 0,5 proz. Hühnereiweiß und 10 ccm n-Salzsäure mischte, änderte die Farbe von Tropäolin 00 sich allmählich von rot nach gelb. Aus Messungen mit der Wasserstoffelektrode ergab sich, daß die Wasserstoffionenkonzentration sich in dieser Zeit nicht geändert hatte. Aus Versuchen, welche ich mit Milch ausführte, ergab sich, daß man den Proteinfehler leicht auf folgende Weise nachweisen kann. Wenn man zu Milch so viel Salzsäure hinzusetzt, daß der p_H etwa 2 ist, wird ein einfallender Tropfen Dimethylgelb oder Methylorange einen Augenblick rot gefärbt. Nach dem Mischen wird diese Farbe jedoch gelb.

Aus dem Vorhergehenden ergibt sich, daß die colorimetrische Methode zur Bestimmung der [H˙] bei Abwesenheit von Proteinstoffen oder größeren Mengen Neutralsalzen im allgemeinen gute Ergebnisse liefert.

Jedoch hat man zu bedenken, daß auch kolloid „gelöste" Substanzen Einfluß auf die Farbe eines Indicators werden haben können.

So stellte z. B. A. JARISCH[1]) fest, daß eine Seifenlösung, die einen p_H von 9,2 hatte, Neutralrot rot färbte. Nach dem Umwandlungsintervall ist Neutralrot schon bei p_H gleich 8 rein orangegelb gefärbt. Die Erklärung dieser Anomalie ist wohl die, daß die stark hydrolysierte Seifenlösung die Fettsäuren kolloid gelöst enthält. Diese Fettsäuren adsorbieren das basische Neutralrot, und zwar in der roten Form. Die Fettsäureteilchen verhalten sich wie ein negativ geladenes Kolloid, das Neutralrot wie ein positiv geladenes Kolloid.

Daß die gegebene Erklärung richtig ist, ergibt sich wohl daraus, daß die die von Neutralrot rot gefärbte Seifenlösung auf Zusatz von Alkohol gelb gefärbt wird. Der Alkohol bringt die kolloid vorhandenen Fettsäuren in wahre Lösung, und dann zeigt das Neutralrot die wahre Reaktion an.

Im allgemeinen kann man wohl erwarten, daß bei der colorimetrischen p_H-Bestimmung bei Anwesenheit von positiv geladenen Kolloiden die basischen Indicatoren, bei Anwesenheit

---

[1]) A. JARISCH: Biochem. Zeitschr. Bd. 134, S. 177. 1922.

von negativ geladenen Kolloiden die sauren Indicatoren besser brauchbar sind.

So zeigt z. B. Phenolphthalein in einer Seifenlösung ungefähr die richtige Reaktion an, während das basische Neutralrot einen unrichtigen Eindruck davon gibt.

Wenn man das colorimetrische Verfahren bei der Untersuchung von Lösungen mit Substanzen anwenden will, deren Einfluß auf die Farbe der Indicatoren noch nicht untersucht ist (z. B. wie von Kolloiden, vielen organischen Stoffen), so muß man die Ergebnisse mit denen vergleichen, welche elektrometrisch erhalten werden. Die Messung der Wasserstoffionenkonzentration mit Hilfe der Wasserstoffelektrode muß immer als Grundverfahren betrachtet werden.

Änderung des Indicatorexponenten zwischen 18 und 70° nach Kolthoff.

Indicator	Änderung ausgedrückt in		Verhältnis der Dissoziationskonstante bei 70° zu der bei 18°
	p_H	p_{OH}	
Nitramin	− 1,45	0,0	1
Phenolphthalein	− 0,9 bis − 0,4	− 0,55 bis − 1,05	etwa 5
Thymolblau	− 0,4	− 1,05	2,5
α-Naphtholphthalein	− 0,4	− 1,05	2,5
Curcumin	− 0,4	− 1,05	2,5
Phenolrot	− 0,3	− 1,15	2
Neutralrot	− 0,7	− 0,75	—
Bromkresolpurpur	0,0	− 1,45	1
Azolitmin	0,0	− 1,45	1
Methylrot	− 0,2	− 1,25	—
Lacmoid	− 0,4	− 1,05	2,5
p-Nitrophenol	− 0,5	− 0,95	3,2
Methylorange	− 0,3	− 1,15	14
Dimethylgelb	− 0,18	− 1,17	15
Bromphenolblau	0,0	− 1,45	1
Tropäolin 00	− 0,45	− 1,0	10
Thymolblau	0,0	− 1,45	1

10. Der Einfluß der Temperatur. Im dritten Kapitel (S. 85) haben wir den Einfluß der Temperatur auf die Empfindlichkeit der Indicatoren eingehend besprochen. Ich gebe daher oben nur die Änderung des Indicatorexponenten zwischen 18 und 70° wieder.

Michaelis und Mitarbeiter haben den Indicatorexponenten p_{HJ} der von ihnen angewendeten Indicatoren bei verschiedenen Temperaturen bestimmt. Ihre Ergebnisse sind in untenstehender Tabelle zusammengefaßt wiedergegeben.

Indicatorexponent p_{HJ} der Indicatoren von Michaelis bei verschiedenen Temperaturen.

Temperatur	α-Dinitrophenol	β-Dinitrophenol	γ-Dinitrophenol	p-Nitrophenol	m-Nitrophenol
5°	4,13	3,76	5,21	7,33	8,43
10°	4,11	3,74	5,18	7,27	8,39
15°	4,08	3,71	5,15	7,22	8,35
20°	4,05	3,68	5,14	7,16	8,31
30°	3,99	3,62	5,09	7,04	8,22
40°	3,93	3,56	5,04	6,93	8,15
50°	3,88	3,51	4,99	6,81	8,07

Für Phenolphthalein beträgt der Temperaturkoeffizient 0,011 für 1°, und zwar muß die Korrektur bei höheren Temperaturen als 18° in Abzug gebracht werden. Für Salicylgelb ist der Temperaturkoeffizient 0,013, diese Korrektur muß bei höheren Temperaturen als 20° in Abzug gebracht werden.

11. Der Alkoholfehler. Im dritten Kapitel (S. 92) haben wir bereits den Einfluß von Alkohol auf die Empfindlichkeit von verschiedenen Indicatoren besprochen. Aus den Versuchsergebnissen habe ich die Korrekturen bei einem Alkoholgehalte zwischen 0 und 70 Vol.-% Alkohol berechnet und in untenstehender Tabelle vereinigt. Die Korrektionswerte beziehen sich auf eine Temperatur von 11—12°. Obwohl der Temperaturkoeffizient ziemlich groß ist, können wir doch wohl bis zu einem Alkoholgehalte von 70 Vol.-% annehmen, daß die Tabelle für Temperaturen zwischen 10 und 20° gilt. Wegen der Schwierigkeiten bei der Bestimmung des Empfindlichkeitsverhältnisses der säureempfindlichen Indicatoren Phenolphthalein, Thymolblau und Thymolphthalein sind hier die angegebenen Werte ziemlich unsicher.

Die Korrekturen sind in derselben Weise angegeben, wie dies beim Salzfehler geschehen ist. Ein positives Zeichen bedeutet, daß man zum colorimetrisch ermittelten p_H den angegebenen Wert addieren muß, um den richtigen p_H zu erhalten. Im umgekehrten Falle muß man abziehen. Wenn z. B. die

Korrektur für Methylorange in 50 proz. Alkohol — 1,2 ist, so bedeutet dies, daß man vom bestimmten p_H 1,2 abziehen muß, um den genauen Wert zu erhalten.

Alkoholfehler von Indicatoren ausgedrückt in p_H bei 12°.

Alkoholgehalt in Vol.-%	TB.	Tr. 00	BPB.	DG.	MO.	Curc.	Phph.	TB.	Thph.	Tr. 0	Nitr
10%	0,00	− 0,06	+ 0,06	− 0,11	− 0,10	− 0,1	+ 0,06	+ 0,15	+ 0,1	+ 0,2	− 0,
20%	+ 0,02	− 0,23	+ 0,21	− 0,24	− 0,20	− 0,3	+ 0,10	+ 0,3	+ 0,3	+ 0,52	− 0,
30%	+ 0,07	− 0,6	+ 0,35	− 0,48	− 0,47	− 0,4	+ 0,15	+ 0,5	+ 0,6	+ 0,3	− 0,
40%	+ 0,15	− 1,0	+ 0,38	− 0,8	− 0,9	− 0,5	+ 0,45	+ 0,7	+ 1,0	+ 0,5	− 1,
50%	+ 0,21	− 1,4	+ 0,38	− 1,1	− 1,2	− 0,6	+ 1,0	+ 0,8	+ 1,3	+ 0,65	− 1,
60%	+ 0,25	− 1,7	+ 0,77	− 1,4	− 1,5	− 0,5	+ 1,6	+ 0,9	+ 1,6	+ 0,8	− 1
70%	+ 0,30	− 1,9	+ 1,0	− 1,7	− 1,8	− 0,5	+ 2,2	+ 1,0	+ 1,9	+ 0,9	− 1

TB. = Thymolblau; Tr. 00 = Tropäolin 00; BPB. = Bromphenolblau; DG. = Dimethylgelb; MO. = Methylorange; Curc. = Curcumin; Phph. = Phenolphthalein; Thph. = Thymolphthalein; Tr. 0 = Tropäolin 0; Nitr. = Nitramin.

Für die Bestimmung des Alkoholfehlers der halbempfindlichen Indicatoren muß man Puffermischungen in Alkohollösungen verschiedener Konzentration zur Verfügung haben.

L. MICHAELIS und M. MIZUTANI (38) und später MIZUTANI (38) allein haben mit der Wasserstoffelektrode den p_H in Lösungen schwacher Säuren mit ihren Salzen bei Anwesenheit von verschiedenen Mengen Äthylalkohol bestimmt. Bei der Berechnung haben sie angenommen, daß die Konstante der Wasserstoffelektrode, welche für rein wässerige Lösungen gilt, durch den Alkoholzusatz unverändert bleibt. Für die Lösungen, die an Alkohol mehr konzentriert sind, wird hierdurch wahrscheinlich ein Fehler auftreten.

Aus ihren Messungen konnten MICHAELIS und MIZUTANI nicht die wahre Dissoziationskonstante der betreffenden Säure berechnen, weil man die Aktivität der Anionen nicht genau kennt.

Nach der einfachen Gleichung ist, wie wir wissen,

$$K = \frac{[H^\cdot][A^\cdot]}{[HA]}.$$

Die Wasserstoffionenkonzentration oder ihre Aktivität wird mit der Wasserstoffelektrode gemessen, während die Aktivität der ungespaltenen Säure gleich der gesamten Säurekonzentration zu setzen ist. Die Anionenkonzentration oder besser die Aktivität der Anionen kennen wir jedoch nicht. In alkoholhaltigen Lösungen ist die Aktivität der Anionen bei derselben Salzkonzentration viel kleiner als in rein wässerigen Lösungen. Wenn wir nun bei der Berechnung von K annehmen, daß [A'] gleich der gesamten Salzkonzentration ist — daß also der Aktivitätskoeffizient gleich 1 ist (oder nach ARRHENIUS das Salz vollständig in die Ionen gespalten ist) — dann wird für K ein zu großer Wert gefunden. Zudem wird man finden, daß K mit steigendem Salzgehalte zunimmt.

So fanden MICHAELIS und MIZUTANI in 70%igem Alkohol für eine Mischung von 0,1 molarer Essigsäure und 0,1 molarem Natriumacetat einen scheinbaren Wert für K von $6{,}6 \times 10^{-7}$; für eine 0,01 molare Mischung von $3{,}6 \times 10^{-7}$.

Weil wir die Aktivitätskoeffizienten der Salze in alkoholhaltigen Lösungen noch nicht kennen, ist es am besten, den Wert der Dissoziationskonstante der Säure auf die zugehörige Salzkonzentration zu beziehen und dabei anzunehmen, daß die Aktivität des Salzes seiner Konzentration gleich ist.

In der folgenden Tabelle findet man die Werte für $p_K (= -\log K)$, die für eine Lösung, die 0,01 molar an Säure und 0,01 molar an dem Natriumsalz der Säure ist, gelten.

Die Dissoziationskonstante von Säuren in Alkohollösungen verschiedener Konzentration nach MICHAELIS und MIZUTANI. Konzentration des Salzes und der Säure 0,01 molar (t = 15 — 20°).

$$K = \frac{[H^+][\text{Salz}]}{[\text{Säure}]} \qquad p_K = -\log K.$$

Alkohol in Vol.-%	p_K für						
	Ameisensäure	Essigsäure	Milchsäure	Salicylsäure	Benzoesäure	Phosphorsäure K_2	Kohlensäure K_2
0	3,66	4,70	3,71	3,06	4,23	7,08	10,03
10		4,79	3,82	3,13	4,31	7,26	
20	3,80	4,94	3,96	3,28	4,52	7,46	10,31
30		5,12	4,18	3,52	4,83	7,71	
40	4,13	5,38	4,37	3,80	5,23	7,95	10,80
50		5,68	4,70	4,09	5,62	8,22	
60	4,68	6,00	5,04	4,43	5,94	8,50	11,51
70		6,34	5,30	4,72	6,30	8,82	
80	5,30	6,69	5,64	5,05	6,65		
90		7,10	5,96	5,42	7,03		
95	5,83						

Der p_H einer derartigen Lösung ist also gleich p_K.
Macht man die Säurekonzentration zehnmal größer, so wird

$$p_H = p_K - 1,$$

wird die Säurekonzentration zehnmal kleiner, so ist:

$$p_H = p_K + 1.$$

Auch haben die genannten Autoren den p_H in Mischungen von schwachen Basen mit ihren Salzen gemessen. In der folgenden Tabelle geben wir einige der von ihnen gefundenen Werte wieder.

Weil das Ionenprodukt des Wassers in den alkoholhaltigen Lösungen nicht genau bekannt ist, wird hier nicht der Wert der Dissoziationskonstante, sondern der Hydrolysekonstante angegeben, und zwar ist:

$$K' = \frac{[H^\cdot][\text{Base}]}{[\text{Salz}]} \qquad p_{K'} = -\log K'.$$

Alkohol in Vol.-%	$p_{K'}$ von Basen				
	NH_3	Methylamin	Anilin	Pyridin	Glykokoll
0	9,37	10,80	4,76	5,13	9,81
20	9,18	10,59	4,61	4,89	9,26
40	9,07	10,40	4,47	4,56	9,76
60	9,03	10,23	4,36	4,25	9,90
80	8,89	9,95	4,24	3,86	10,01
95	8,55	9,55	4,02	3,11	

Wir haben nur die Werte der wichtigsten Säuren und Basen übernommen. Bezüglich Einzelheiten sei auf die Quelle verwiesen.

Dank den Messungen von MICHAELIS und MIZUTANI haben wir eine Reihe von Puffermischungen zur Verfügung, mit denen man den Alkoholfehler der verschiedenen Indicatoren bestimmen kann. Untersuchungen nach dieser Richtung hin sind angestellt.

Einfacher ist es noch, wenn man mit den einfarbigen Indicatoren den p_H in alkoholischen Lösungen mißt, weil man dabei keine Puffermischungen zu verwenden braucht. Nach S. 161 ist:

$$p_H = p_{HJ} + \log \frac{F}{1-F}.$$

L. MICHAELIS und M. MIZUTANI (39) haben nun den p_{HJ} verschiedener Nitroindicatoren bei verschiedenem Alkoholgehalte bestimmt.

Praktische Vorschrift zur p_H-Messung in alkoholischen Lösungen. Im wesentlichen ist sie genau so, wie sie von MICHAELIS und GYEMANT für wässerige Lösungen beschrieben ist.

Der Unterschied ist nur folgender: Die alkoholische Vergleichslösung muß denselben Alkoholgehalt haben wie die zu untersuchende Lösung. Die zur Erreichung der maximalen Farbtiefe notwendige Alkalität muß immer durch Natronlauge hergestellt werden. Die endgültige Konzentration an dieser Lauge ist am besten bei einem Alkolgehalte von 0 bis 70% $^1/_{100}$ N, bei höherem Alkoholgehalte 0,1 n. Die p_H-Berechnung geschieht in derselben Weise wie für wässerige Lösungen, mit dem Unterschiede, daß für p_K der für den betreffenden Alkoholgehalt gültige Wert eingesetzt wird. Für Phenolphthalein benutzt man eine besondere Tabelle.

Die absolute Genauigkeit der Methode ist nicht besonders groß. Für die wirkliche Genauigkeit bleibt die potentiometrische Methode übrig.

Tabelle nach MICHAELIS und MIZUTANI für p_K der Nitrophenolindicatoren bei verschiedenem Alkoholgehalte.

Indicator	p_K bei einem Alkoholgehalt in Vol.-% von									
	0	10	20	30	40	50	60	70	80	90
m-Nitrophenol	8,37	8,56	8,75	8,97	9,15	9,40	9,64	9,92	10,24	10,73
p- „	7,15	7,17	7,28	7,38	7,63	7,85	8,11	8,34	8,59	8,90
γ-Dimitrophenol	5,15	5,20	5,23	5,39	5,45	5,58	5,70	5,95	6,08	9,46
α- „	4,00	4,00	4,00	4,00	4,00	4,15	—	—	—	—

Tabelle über den Zusammenhang des Farbgrades F und p_H beim Phenolphthalein bei verschiedenem Alkoholgehalt.

F	p_K bei einem Alkoholgehalt in Vol.-% von										
	0	10	20	30	40	50	60	70	80	90	95
0,01	8,5	8,7	8,9	9,2	9,5	9,8	10,2	10,6	10,8	11,1	11,3
0,02	8,6	8,8	9,0	9,3	9,7	10,0	10,4	10,7	11,0	11,2	11,5
0,04	8,8	8,9	9,2	9,5	9,9	10,2	10,6	10,9	11,2	11,4	11,7
0,06	8,9	9,0	9,4	9,7	10,0	10,3	10,7	11,0	11,3	11,6	11,8
0,08	8,98	9,1	9,5	9,8	10,1	10,4	10,8	11,1	11,4	11,7	11,9
0,1	9,04	9,2	9,6	9,9	10,2	10,5	10,9	11,2	11,5	11,8	12,0
0,2	9,22	9,4	9,8	10,1	10,5	10,8	11,1	11,5	11,9	12,1	12,3
0,3	9,38	9,6	9,9	10,2	10,6	10,9	11,3	11,7	12,1	12,3	12,4
0,4	9,54	9,7	10,1	10,4	10,8	11,1	11,4	11,8	12,2	12,4	12,6
0,5	9,70	9,9	10,2	10,5	10,9	11,2	11,5	12,0	12,4	12,6	12,7

Literaturverzeichnis zum fünften Kapitel.

1. MICHAELIS, L.: Abderhaldens „Handbuch der biochemischen Arbeitsmethoden" Bd. 3, S. 1337. 1910.
2. SÖRENSEN, S. P. L.: Biochem. Zeitschr. Bd. 21, S. 131. 1909; Bd. 22, S. 352. 1909; Ergebn. d. Physiol. Bd. 12, S. 393. 1912.
3. WALPOLE: Journ. of the chem. soc. London Bd. 105, S. 2501. 1914.
4. PALITZSCH, SVEN: Biochem. Zeitschr. Bd. 70, S. 333. 1915.
5. CLARK, W. M. en LUBS: Journ. of bacteriol. Bd. 2, S. 1, 109, 191. 1917 (s. CLARK: The Determination of Hydrogen Ions. Baltimore 1922). KOLTHOFF J. M. Journ. biol. Chem. Bd. 63, S. 135. 1925.
6. WALBUM: Cpt. rend. des séances de la soc. de biol. Bd. 83, S. 707. 1920.
7. PALITZSCH, SVEN: Biochem. Zeitschr. Bd. 70, S. 333. 1915.
8. RINGER, W. E.: Verslag. Physiol. Lab. te Utrecht Bd. 10, S. 109. 1909.
9. DODGE: Journ. Ind. Eng. Chem. Bd. 7, S. 29. 1915.
10. SÖRENSEN, S. P. L.: Zeitschr. f. anal. Chem. Bd. 44, S. 161. 1905; Bd. 45, S. 217. 1906. — LUNGE: Zeitschr. f. angew. Chem. Bd. 17, S. 195, 225, 265. 1904; Bd. 18, S. 520. 1905.
11. HILDEBRAND, J. H.: Zeitschr. f. Elektrochem. Bd. 14, S. 351. 1908.
12. BLUM: Journ. of the Americ. chem. soc. Bd. 34, S. 123. 1912.
13. MC ILVAINE: Journ. biol. Chem. Bd. 49, S. 183. 1921. — ACREE, MELLON, AVERY and SLAGLE: Journ. Inf. Dis. Bd. 29, S. 7. 1921. — PRIDEAUX, E. B. R. und A. T. WARD: Journ. Chem. Soc. Bd. 125, S. 426. 1924.
14. FELTON: Journ. biol. Chem. Bd. 46, S. 299. 1921; für die mikrocol. Best. vgl. auch MYERS, V. C., SCHMITZ, H. W., BOOHER, L. L.: Journ. biol. Chem. Bd. 57, S. 209. 1923; BROWN, J. H.: Journ. Lab. Clin. Med. Bd. 9, S. 239. 1924; vgl. Chem. Abstr. Bd. 18, S. 1135. 1924; SMITH: Chem. Abstr. Bd. 19, S. 1722. 1925. VLÈS, F. Compt. rend. Soc. biol. Bd. 94, S. 879. 1926.
15. GILLESPIE, L. I.: Journ. of the Americ. chem. soc. Bd. 42, S. 742. 1920: Soil science Bd. 9, S. 115. 1920; Public. of the Massachusetts Institute of Technology 1921, Ser. 135, S. 399. 1921; vgl. auch HATFIELD, W. D.: Journ. Amer. chem.-soc. Bd. 45, S. 930. 1923.
16. VAN ALVINE, ERNEST: Soil science Bd. 10, S. 467. 1921.
17. MICHAELIS, L. und A. GYEMANT: Biochem. Zeitschr. Bd. 190, S. 165. 1920. — MICHAELIS, L. und R. KRÜGER: Biochem. Zeitschr. Bd. 119, S. 307. 1921; Praktische Anwendung der Methode vgl. MICHAELIS, L.: Zeitschr. f. d. ges. experim. Medizin Bd. 26, S. 149. 1922; Dtsch. med. Wochenschr. Bd. 46, S. 1238. 1920; Bd. 47, S. 465, 673. 1920; Zeitschr. f. Untersuch. d. Nahrungs- u. Genußmittel Bd. 42, S. 75. 1921; Zeitschr. f. Immunitätsforsch. u. exp. Therapie Bd. 32, S. 194. 1921; Woch. f. Brauerei Bd. 38, S. 107. 1921. — SCHRÖDER, E.: Cpt. rend. soc. biol. Bd. 89, S. 205. 1923. — RICHARD, E.: Journ. pharm. Chim. (8) Bd. 1, S. 328. 1924; RISCH, C.: Biochem. Zeitschr. Bd. 148, S. 147. 1924;

Literaturverzeichnis zum fünften Kapitel. 201

HAMÄLAINES, R. H.: LEIKOLA, E. E. und Y. AIRILA, Chem. Zentrlbl. Bd. 94, II, S. 942. 1923.
18. WINDISCH, W., W. DIETRICH und P. KOLBACH: Woch. f. Brauerei Bd. 39, S. 79. 1922.
19. KOLTHOFF, I. M.: Pharmac. Weekbl. Bd. 60. 1923; auch Rec. Trav. Chim. Bd. 43, S. 144. 1924. — BRESSLAU, E.: Deutsch. med. Wochenschr. Nr. 6. 1924; Archiv f. Hydrobiologie Bd. 15, S. 585. 1925.
20. KOLTHOFF, I. M.: Pharmac. Weekbl. Bd. 59, S. 104. 1922.
21. HENDERSON: Biochem. Zeitschr. Bd. 24, S. 40. 1910.
22. WALPOLE: Biochem. Journ. Bd. 5, S. 207. 1910; Bd. 7, S. 260. 1913; Bd. 8, S. 628. 1914; auch HURWITZ, S. H., K. F. MEYER und Z. OSTENBERG: Proc. of the soc. f. exp. biol. a. med. Bd. 13, S. 24. 1915. W. BIEHLER: Zeitschr. f. physiol. Chem. Bd. 110, S. 298. 1920.
23. FRIEDENTHAL: Zeitschr. f. physikal. Chem. Bd. 10, S. 113. 1904.
24. SALM: Zeitschr. f. physikal. Chem. Bd. 10, S. 341. 1914; Bd. 12, S. 99. 1906.
25. SÖRENSEN und PALITZSCH: Biochem. Zeitschr. Bd. 24, S. 381, 387. 1910.
26. VAN SZYZKOWSKI, BOHDAN: Zeitschr. f. physikal. Chem. Bd. 58, S. 420. 1907; Bd. 63, S. 421. 1908; Bd. 73, S. 269. 1910; vgl. auch MICHAELIS und RONA: Biochem. Zeitschr. Bd. 23, S. 61. 1910.
27. KOLTHOFF, I. M.: Chem. Weekbl. Bd. 13, S. 284, 1150. 1916; Bd. 15, S. 394. 1918.
28. SÖRENSEN, S. P. L. und S. PALITZSCH: Cpt. rend. du Lab. de Carlsberg Bd. 10, S. 252. 1911.
29. MC CLENDON: Journ. of biol. chem. Bd. 30, S. 265. 1917.
30. KOLTHOFF, I. M.: Zeitschr. f. Untersuch. d. Nahrungs- u. Genußmittel Bd. 41, S. 114. 1921. — MASSINK, A.: Pharmac. Weekbl. Bd. 58, S. 1133. 1921. — Beschreibung Keilmethode: KOLTHOFF, I. M.: Rec. Trav. Chem. Bd. 43, S. 144. 1924. — RAMANN und H. SALLINGER: Zeitschr. f. anal. Chem. Bd. 63, S. 292. 1923. — RAMAGE, W. D. und MILLER, R. C.: Journ. of the Americ. chem. soc. Bd. 47, S. 1230. 1925.
31. BRIGHTMAN, BEACHEM und ACREE: Journ. of bacteriol. Bd. 5, S. 169. 1920.
32. WELLS: Journ. of the Americ. chem. soc. Bd. 42, S. 2160. 1920. — SAUNDERS, J. T.: Proc. Cambr. Phil. Soc. Bd. 1, S. 30. 1923.
33. KOLTHOFF, I. M.: Rec. Trav. Chem. Bd. 41, S. 54. 1922; Bd. 42, S. 904. 1923.
34. KOLTHOFF, I. M.: Rec. Trav. Chem. Bd. 44, S. 275. 1925.
35. PALITZSCH, S.: Cpt. rend. du Lab. de Carlsberg Bd. 10, S. 162. 1911.
36. KOLTHOFF, I. M.: Rec. Trav. Chem. Bd. 40, S. 775. 1921.
37. KOLTHOFF, I. M.: Rec. Trav. Chem. Bd. 42, S. 251. 1923.
38. MICHAELIS, L. und MIZUTANI, M.: Zeitschr. f. physikal. Chem. Bd. 116, S. 135, 350. 1925, Bd. 118, 318. 1925.
39. MICHAELIS und MIZUTANI: Biochem. Zeitschr. Bd. 147, S. 7. 1924.

Sechstes Kapitel.

Praktische Anwendung der colorimetrischen Bestimmung der Wasserstoffionenkonzentration.

1. Wasser.

a) **Destilliertes Wasser (1).** Destilliertes Wasser ist frei von Salzen, wenn es ganz rein wäre, würde [H˙] bei 18° gleich 8×10^{-8} sein ([H˙] = $\sqrt{K_{H_2O}}$). In Wirklichkeit reagiert das Wasser immer sauer, weil es stets Spuren Kohlensäure aus der Luft aufnimmt. Normale Luft enthält ungefähr 0,3 Vol.-$^0/_{00}$ Kohlensäure, während der Verteilungskoeffizient der Kohlensäure zwischen einem Gasraum und Wasser ungefähr 1:1 ist. Wasser, das CO_2 aus der Luft bis zum Gleichgewichtszustande aufgenommen hat, wird also 0,3 Vol.-$^0/_{00}$ Kohlensäure, d. h. etwa 0,0000135 Mol. CO_2 enthalten. Weil die Dissoziationskonstante der Kohlensäure 3×10^{-7} ist, hat die genannte Lösung eine [H˙]:

$$[H˙] = \sqrt{1{,}35 \times 10^{-5} \times 3 \times 10^{-7}} = 2 \times 10^{-6},$$
$$p_H = 5{,}70.$$

Für die Bestimmung der Reaktion des gewöhnlichen destillierten Wassers eignet sich eine neutralisierte Methylrotlösung am besten[1]). 286 mg (=1 m. mol) Methylrot werden in 40 ccm starkem Weingeist gelöst, dann werden 10 ccm 0,1 N Lauge hinzugefügt und mit Wasser bis auf 200 ccm angefüllt. Zubereitungen von MERCK und KAHLBAUM gaben für diesen Zweck besser brauchbare Lösungen als die anderer Herkunft. Zu 5 ccm Wasser fügt man 1 bis 2 Tropfen dieser Indicatorlösung.

Auf diese Weise fand ich folgende Werte:

Art des Wassers	p_H
Gewöhnliches destilliertes Wasser	5,65
Gewöhnliches destilliertes Wasser im Gleichgewichte mit der Luft	5,9
Leitfähigkeitswasser	5,85
Dasselbe im Gleichgewichte mit der Luft	5,9
Neutrales Wasser (kohlensäurefrei)	6,2

[1]) Vgl. Kapitel 5, S. 179.

Statt der neutralisierten Methylrotlösung kann man auch eine neutralisierte Chlorphenolrotlösung und auch eine p. Nitrophenollösung verwenden.

Wenn das gewöhnliche destillierte Wasser einen p_H unter 5,6 zeigt, ist es durch stark saure Dämpfe verunreinigt und zu verwerfen. Wenn der p_H des Wassers im Gleichgewicht mit der Luft größer als 6,0 ist, ist es durch alkalische Dämpfe verunreinigt.

Für viele Zwecke muß man ganz reines, kohlensäurefreies Wasser verwenden (Leitfähigkeit gleich oder kleiner als 1×10^{-6} bei 18°). Es wird erhalten, indem man gutes Leitungswasser über Bariumhydroxyd (und wenn es Ammoniak enthält, auch mit Nesslers Reagens versetzt) destilliert.

Die Wasserdämpfe werden in einem Metallkühler gekühlt und das Destillat über Natronkalk aufgefangen und aufbewahrt. Das „neutrale" Wasser zieht sehr rasch Kohlensäure aus der Luft an. Daher ist zu empfehlen, es kurz vor dem Versuche von Kohlensäure zu befreien. Man kocht hierzu das Wasser in einem Glasgeräte von gutem Glase (Jenaer, Resistenz, Pyrex und dergleichen) ununterbrochen einige Minuten lang. Um das Wasser gegen die sauren Dämpfe der Gasflammen zu schützen, setzt man beim Erwärmen ein Natronkalkrohr auf, entfernt dieses beim Sieden und setzt es beim Abkühlen wieder auf.

Das „neutrale" Wasser reagiert gegen die neutralisierte Methylrotlösung alkalisch. Gegen die neutralisierte Bromthymolblaulösung soll der p_H etwa $7,0 \pm 0,3$ betragen (vgl. § 7. Kapitel 5).

Für eine genaue Bestimmung der Reaktion des reinen Wassers muß man bezüglich der Reinheit der verwendeten Indicatorlösung ganz sicher sein.

Über die Reaktion vom neutralen Wasser vgl. übrigens I. M. KOLTHOFF (2); L. R. DAWSON (2); W. OLSZEWSKI (2); H. A. FALES und J. M. NELSON (2); H. T. STERN (2). A. KLING und A. LASSIEUR (2); F. BORDAS und F. TOUPLAIN (2).

b) Trinkwasser. In den meisten Trinkwässern findet sich das Puffersystem Kohlensäure-Bicarbonat vor. Auch gibt es Wasserarten, die gegen Phenolphthalein deutlich alkalisch reagieren; diese enthalten dann Bicarbonat-Carbonat. In diesem Falle hat die genaue Kenntnis der Wasserstoffionenkonzentration wenig praktische Bedeutung. Anders ist es, wenn das Wasser freie Kohlensäure neben Bicarbonat enthält. Verschiedene Eigenschaften des Wassers von praktischer Bedeutung werden durch die Wasserstoffionenkonzentration und die absoluten Mengen von Kohlensäure und Bicarbonat bedingt. So ist der Angriff auf Bleirohre davon abhängig, nicht weniger die Enteisenung, die Klärung des Wassers und die Entfernung der Kieselsäure daraus (3). Sobald man die Wasserstoffionenkonzentration kennt, kann man bereits ein vorläufiges Urteil über die genannten Eigenschaften des Wassers aussprechen, mit Sicherheit indes noch nicht, weil man dazu die absolute Menge Kohlensäure und Bicarbonat kennen muß. Auch das Angriffsvermögen von Wasser auf Calciumcarbonat ist nicht allein von der Wasserstoffionenkonzentration, sondern ebenfalls vom Bicarbonat- und Calciumgehalte abhängig. Die Tabelle von TILLMANS (4), die den Wasserstoffexponenten angibt, der zu einer bestimmten Bicarbonatkonzentration gehört, bei der Wasser noch eben nichtangreifend wirkt, ist nur dann zu verwenden, wenn die Anzahl der Äquivalente des Calciums der des Bicarbonates gleich ist [s. KOLTHOFF (4)]. Abgesehen von der Beurteilung des Wassers ist die Kenntnis des Wasserstoffexponenten auch für die Analyse von großer Bedeutung. Wie von verschiedenen Untersuchern bereits wiederholt angegeben worden ist, gibt die Bestimmung der freien Kohlensäure, besonders von kleinen Mengen neben Bicarbonat, nur dann gute Ergebnisse, wenn man stets dieselbe Menge Phenolphthalein verwendet, genügend lange wartet, bis die Farbe nicht wieder verschwindet, Sorge trägt, daß sich keine Kohlensäure bei der Bestimmung verflüchtigt und ferner den erhaltenen Titrationswert nach dem Bicarbonat- und Calciumgehalte korrigiert. Ferner kann sich der Kohlensäuregehalt des Wassers beim Aufbewahren leicht ändern, sei es durch Verflüchtigung von Kohlensäure oder durch Alkaliabgabe des Glases, so daß es wünschenswert erscheint, daß man den Kohlensäuregehalt direkt an der Entnahmestelle bestimmt. In Hinblick auf die genannten Schwierigkeiten, die mit der Kohlensäuretitration verbunden sind, ist es ein Vorteil, daß man sie durch die einfache p_H-Bestimmung umgehen kann.

Aus der bekannten Bicarbonat- und Wasserstoffionenkonzentration läßt sich ableiten, daß

$$[CO_2] = \frac{[H^\cdot]}{K_1} \times [HCO_3'] = \frac{[H^\cdot]}{3 \times 10^{-7}} \times [HCO_3'].$$

Unter $[CO_2]$ versteht man die gesamte Menge Kohlensäure, also eigentlich $CO_2 + H_2CO_3$. Der größte Teil der Kohlensäure ist nämlich als Anhydrid in der Lösung. Die genannte Gleichung kann man jedoch nur anwenden, wenn die Kohlensäurekonzentration nicht geringer als $1/10$ der Bicarbonatkonzentration ist. Wenn das Verhältnis kleiner ist, muß man eine verwickeltere Gleichung anwenden. Wenn nämlich die Kohlensäurekonzentration im Vergleich zur Bicarbonatkonzentration klein ist, spielt die Hydrolyse des Bicarbonates eine merkbare, nicht zu vernachlässigende Rolle. Die gesamte Menge Kohlensäure ist dann größer als die Menge freier Kohlensäure, welche wir b nennen und durch die Titration gefunden haben. Umgekehrt ist die gesamte Menge Bicarbonat kleiner als die Menge a, die durch Titration gefunden wurde. So habe ich abgeleitet (3), daß

$$[CO_2] = b + a \times 1{,}2 \times 10^{-2}, \quad [HCO_3'] = 0{,}988\, a.$$

Wenn man diese Korrektur anbringt, findet man fast genau die absoluten Mengen $[CO_2]$ und $[HCO_3']$ die anwesend sind. Dann kann man weiter zur Berechnung von $[H^\cdot]$ wieder die gewöhnliche Gleichung anwenden:

$$[H^\cdot] = \frac{[CO_2]}{[HCO_3']} \times 3 \times 10^{-7}.$$

Umgekehrt kann man nun auch wieder mit Hilfe der bestimmten $[H^\cdot]$ und $[HCO_3']$, die Kohlensäuremenge berechnen, wenn man die genannten Korrekturgleichungen beachtet. Diese Korrekturen sind praktisch von den absoluten Konzentrationen von $[CO_2]$ und $[HCO_3']$ unabhängig und hängen nur vom Verhältnisse beider zu einander ab.

Aus der folgenden Tabelle geht hervor, daß man bei Anwesenheit von sehr kleinen Mengen Kohlensäure neben verhältnismäßig viel Bicarbonat große Unterschiede zwischen den Werten findet, je nachdem man dieselben mittels der einfachen oder genauen Gleichung berechnet.

Verhältnis $\frac{\text{Kohlensäure}}{\text{Bicarbonat}}$	$[H^\cdot]$ genau berechnet	$[H^\cdot]$ einfach berechnet
1 : 99	$6{,}6 \times 10^{-9}$	$3{,}0 \times 10^{-9}$
2,5 : 97,5	$10{,}1 \times 10^{-9}$	$7{,}5 \times 10^{-9}$
4 : 100	$15{,}7 \times 10^{-9}$	12×10^{-9}
5 : 100	$18{,}9 \times 10^{-9}$	15×10^{-9}
10 : 100	35×10^{-9}	30×10^{-9}

Nach WOLMAN und HANNAN (4) berechnet man in Wasser, das mit der partiellen Kohlensäurespannung P und Calcit im Gleichgewichte ist, nach folgender Gleichung die Wasserstoffionenkonzentration:

$$[H^\cdot] = K \sqrt{P[Ca^{\cdot\cdot}]}.$$

K ist eine Konstante, deren Wert von der Temperatur abhängig ist.

J. T. SAUNDERS hat die Formel nach PRIDEAUX verwendet und berechnet in Mischungen von Kohlensäure, Bicarbonat und Carbonat den Kohlensäuregehalt aus dem durch Versuche bestimmten p_H.

Formel nach PRIDEAUX

$$R = \frac{1 + 2\dfrac{K_2}{[H^\cdot]} + \dfrac{K_w\{K_1 + [H^\cdot]\}}{[H^\cdot] K_1 C}}{1 + \dfrac{K_2}{[H^\cdot]} + \dfrac{[H^\cdot]}{K_1}}.$$

$K_1 = 3{,}04 \times 10^{-7}$
$K_2 = 6{,}6 \times 10^{-11}$
$K_w = 0{,}7 \times 10^{-14}$

C = Gesamte Alkalikonzentration in Äquiv. im Liter.

$$R = \frac{\text{Äquivalente Alkali}}{\text{Molen } CO_2} = \frac{\text{Äquiv. konz. Alkali}}{\text{Molecular Konz. } CO_2}.$$

SAUNDERS gibt eine einfache Tabelle an, aus der man bei bekannten Werten von C und p_H die Kohlensäurekonzentration ablesen kann.

Wenn das Wasser keine freie Kohlensäure enthält, d. h. wenn Bicarbonat und Carbonat nebeneinander vorkommen, ist die genaue Kenntnis des Wasserstoffexponenten ohne praktische Bedeutung. Man kann $[H^\cdot]$ berechnen, wenn man den Bicarbonat- und Carbonatgehalt kennt. Die Gleichung wird weniger einfach als im Falle Kohlensäure-Bicarbonat [s. AUERBACH (5)]. Da die Bestimmung kleiner Mengen Carbonat neben Bicarbonat ebenfalls nicht einfach auszuführen ist, kann man auch hier besser aus p_H und der Bicarbonatkonzentration die Carbonatkonzentration berechnen.

---

[1]) J. T. SAUNDERS, Proc. Cambr. Phil. Soc. Bd. 1, S. 43. 1923.

Wie bereits gesagt, enthalten die meisten Trinkwässer freie Kohlensäure neben Bicarbonat. Aus verschiedenen Gründen ist die Bestimmung der Wasserstoffionenkonzentration mit der Wasserstoffelektrode hier nicht zu empfehlen. Nur wenn man sehr sorgfältig arbeitet, findet man richtige Ergebnisse. In der Elektrode wird eine kleine Menge Kohlensäure aus der Flüssigkeit in die Gasschicht ausgeschüttelt, ferner ist die Flüssigkeit sehr arm an Puffern, so daß man während der Messung dauernd schütteln muß. Dazu kommt noch, daß der Gesamt-Salzgehalt gewöhnlich gering, also der elektrische Leitungswiderstand groß ist, wodurch die potentiometrische Bestimmung unscharf wird.

Nur wenn man sehr vorsichtig arbeitet, kann man in kohlensäurehaltigen Flüssigkeiten gute Ergebnisse erhalten, wie GLENN E. CULLEN und A. B. HASTINGS (6) nachgewiesen haben. Die potentiometrisch bestimmten p_H-Werte stimmen genau mit den colorimetrisch ermittelten überein.

Bei der p_H-Bestimmung von Trinkwasser ist das colorimetrische Verfahren also sehr am Platze. Auf Grund verschiedener Versuche kam ich denn auch zu dem Ergebnisse, daß man mit Hilfe des colorimetrischen Verfahrens gute, mit der Wasserstoffelektrode unrichtige Ergebnisse erhält. Auch aus der folgenden Tabelle geht das hervor. Die experimentellen Ergebnisse sind

	p_H				p_H		
	col.	elektr.	ber.		col.	elektr.	ber.
Almelo	7,2	—	7,08	Meppel	6,2	6,86	6,15
Amsterdam W.	7,7	7,5	7,63	Nymegen	7,2	7,04	7,15
Apeldoorn	6,4	6,81	6,48	Oldenzaal	7,6	—	7,62
Arnhem	6,0	6,59	6,2	Oosterbeek	7,4	—	7,25
den Bosch	6,5	—	6,6	Rhenen	7,35	7,46	7,34
Boskoop	7,6	—	7,64	Sittard	7,4	—	7,42
Coevorden	6,8	—	6,84	Steenwijk	6,0	—	6,09
Breda	7,0	—	6,96	Tiel	—	7,9	7,5
Eindhoven	7,5	—	7,60	Utrecht	7,6	7,67	7,58
Enschede	7,2	—	7,19	Valkenburg	7,6	—	7,66
den Haag	7,6	7,87	7,80	Velp	7,0	—	7,05
Heerlen C	7,0	6,87	7,05	Velsen	7,3	7,67	7,4
Heerlen K	7,5	7,39	7,55	Venlo	6,7	—	6,76
Hoorn	7,3	7,52	7,38	Vlissingen	7,4	7,87	7,6
Leeuwarden	6,8	7,08	6,6	Voorburg	7,65	—	7,63
Maarssen	7,9	8,04	7,8	Wageningen	6,9	7,3	6,74
Maastricht	7,5	7,58	7,45	Z. Beveland	7,7	7,87	7,75

von MASSINK (4) entlehnt. Den berechneten Exponenten habe ich aus dem Kohlensäure- und Bicarbonatgehalte abgeleitet. Wie zu erwarten, wird der Wasserstoffexponent, mit der Wasserstoffelektrode bestimmt, gewöhnlich des Kohlensäureverlustes wegen zu hoch gefunden.

Der Wasserstoffexponent der meisten Trinkwässer liegt zwischen $p_H = 7{,}0$ und $8{,}0$. Aus verschiedenen Gründen ist Neutralrot der geeignetste Indicator zu seiner Bestimmung. Das Umschlagsgebiet dieses Indicators ist klein, während der Salzfehler sehr gering ist. Lackmus, Azolitmin und Rosolsäure sind nicht zu empfehlen. Auch Phenolsulfophthalein (Phenolrot), das ein sehr scharf begrenztes Umschlagsintervall besitzt, ist wegen des ziemlich großen Salzfehlers bei geringem Elektrolytgehalte nicht geeignet. Wenn der p_H zwischen 6,8 und 6,2 liegt, kann man Bromkresolpurpur oder besser Bromthymolblau verwenden. Ist p_H kleiner als 6,2, dann ist Methylrot am Platze. Ist anderseits p_H größer als 8 und kleiner als 9,5, so ist Phenolphthalein oder Thymolblau geeignet, bei noch größerem p_H als 9,5 (was nur sehr selten der Fall sein wird) ist Thymolphthalein zu gebrauchen. Bezüglich weiterer Ausnahmefälle sei auf die Mitteilungen von KOLTHOFF (4) verwiesen.

L. MICHAELIS (7) verwendet zur p_H-Bestimmung in Fluß- und Meerwasser ohne Anwendung von Puffergemischen (vgl. S. 163) m-Nitrophenol. Weil der Indicator in der pufferarmen Flüssigkeit einen ziemlich großen Säurefehler hat (vgl. S. 177), ist die Verwendung von wenig Indicator zu empfehlen.

MICHAELIS gibt folgende Vorschrift an: Man benutzt 25 cm hohe Reagensgläser von etwa 15 mm innerem Durchmesser und ebenem Boden, in denen 40 ccm Wasser eine Höhe von 22—23 cm einnehmen. In ein solches Glas gibt man 40 ccm 0,01—0,02 n-Natronlauge und 0,30 ccm einer Lösung von m-Nitrophenol 1 : 3000. Die Farbtiefe dieses Röhrchens ist es, auf die man 40 ccm des zu untersuchenden Wassers ungefähr bringen soll. Die Färbung ist nur schwach, aber gerade hierbei ist das Auge für feine Unterschiede der Farbtiefe am empfindlichsten. Man beobachtet bei gutem Tageslicht gegen eine weiße Porzellanscheibe. Nach meiner Erfahrung ist die Genauigkeit des Verfahrens in Wässern mit p_H-Werten von etwa 7 nicht größer als etwa 0,2 p_H.

c) Meerwasser: Wie Sörensen und Palitzsch, die ausführliche Untersuchungen von Meerwasser angestellt haben, bemerken, ist die Bestimmung des Wasserstoffexponenten in der Praxis am besten colorimetrisch auszuführen. Von Oberflächenwasser lag der Exponent gewöhnlich zwischen 7,95 und 8,35; nur eine Ausnahme wurde gefunden, nämlich beim Wasser aus dem Schwarzen Meere, wovon der Wasserstoffexponent 7,26 war. Diese größere Wasserstoffionenkonzentration ist der Anwesenheit von Schwefelwasserstoff zuzuschreiben. Unter der Oberfläche lag p_H gewöhnlich zwischen 8,07 und 8,09. W. E. Ringer (9) fand im Wasser der Nordsee und des Zuidersees den p_H zwischen 8,24 und 7,85. Bei ihren Untersuchungen bestimmten S. P. L. Sörensen und S. Palitzsch (8) gleichzeitig den Salzfehler der von ihnen gebrauchten Indicatoren.

Indicator	Puffermischung	Gramm Salz auf 1000 ccm			
		35	20	5	1
		Salzfehler			
Paranitrophenol . . .	Phosphat	+ 0,12	+ 0,08	—	—
Neutralrot	,,	− 0,10	− 0,05	—	—
α-Naphtholphthalein	,,	+ 0,16	+ 0,11	− 0,04	− 0,13
	Borat	+ 0,22	+ 0,17	+ 0,03	− 0,07
Phenolphthalein . .	,,	+ 0,21	+ 0,16	+ 0,05	− 0,03

Das $+$-Zeichen zeigt an, daß die colorimetrisch gefundenen Zahlenwerte zu hoch sind. Wenn man z. B. in einer Salzlösung, die 3,5% Salz enthält, einen p_H von 8,51 mit Phenolphthalein findet, ist der wahre $p_H = 8,3$.

d) Mineralwässer. Mineralwässer können durch einen Gehalt an überschüssiger Kohlensäure sowohl sauer als auch durch ihren Gehalt an der Kombination Kohlensäure-Bicarbonat alkalisch reagieren. In bezug auf die medizinische Wirkung des Wassers scheint der p_H von Bedeutung zu sein. J. König (10) führt hierüber folgendes aus: „Von ärztlicher Seite wird neuerdings mehrfach Wert auf die Ermittelung der Wasserstoffionenkonzentration der Mineralwässer gelegt. Es handelt sich dabei natürlich nicht um die durch acidimetrische oder alkalimetrische Maßanalyse festzustellende Größe, vielmehr fragt man nach dem wahren Gehalt an Wasserstoffionen . . . Noch steht man erst vor den Anfängen eines eben erschlossenen, allerdings vielversprechenden Gebietes, und einschlägige Untersuchungen dürften zunächst wohl selten vom Chemiker ausgeführt werden."

In alkalischen Mineralwässern kann man aus dem Bicarbonat- und Carbonatgehalte die Hydroxylionenkonzentration berechnen, wie es von HINTZ und GRÜNHUT (11) sowie AUERBACH (12) bereits geschehen ist. AUERBACH weist darauf hin, daß die Berechnung nach HINTZ und GRÜNHUT nicht ganz richtig ist und gibt verbesserte Gleichungen an. So berechnete AUERBACH, daß im Wasser von der Kainzenquelle bei t = 8°: $[OH'] = 4 \times 10^{-4}$; von der Antonienquelle bei 26,7°: $[OH'] = 6,3 \times 10^{-5}$; von der Sidonienquelle bei 9,5°: $[OH'] = 2,58 \times 10^{-4}$ ist. MICHAELIS (13) fand elektrometrisch folgende Werte:

Mühlbrunnen . $p_H = 7,00$,
Sprudel . . . $p_H = 6,80$,
Marktbrunnen $p_H = 6,54$.

Unter Berücksichtigung des hohen Kohlensäuregehaltes kann man hier den p_H natürlich auch sehr gut colorimetrisch bestimmen.

Abwasser.

Bei der Reinigung von Abwasser spielt der Wasserstoffexponent ebenfalls eine große Rolle. Abwasser und Kanalisationsschlamm werden durch Filtration gereinigt; nun hängt die Filtrationsgeschwindigkeit nicht allein von der Temperatur, sondern auch von dem p_H ab. So fanden WILSON, COPELAND und HEISIG (14), daß die Filtrationsgeschwindigkeit des von ihnen zu verarbeitenden Schlammes bei einem $p_H = 3$ am größten war. Wird die Reaktion mehr sauer oder alkalisch, dann nimmt die Filtrationsgeschwindigkeit ab.

Mit dem Obenstehenden steht auch eine interessante Untersuchung von OLAF ARRHENIUS (15) in Beziehung, der die Sinkgeschwindigkeit verschiedener Tonaufschwemmungen bei wechselndem p_H untersuchte. In stark saurer und stark alkalischer Umgebung werden die Teilchen peptisiert und setzen sich nur äußerst langsam ab. Am schnellsten sinken sie bei p_H 4,7, entsprechend dem isoelektrischen Punkte. Setzt man mehr Säure zu, so nimmt die Sinkgeschwindigkeit schnell ab, bis $p_H = 4,0$ erreicht ist; bei noch stärker saurer Reaktion nimmt die Geschwindigkeit wieder zu. Wird p_H größer als 4,7, so nimmt

Die Bestimmung der Dissoziationskonstante von Säuren und Basen.

die Sinkgeschwindigkeit abermals wieder stark ab, zwischen p_H 7,5—9 erhielt er eine beständige Emulsion, die erst bei größerer Alkalität ausflockte. Ich bemerke hierzu, daß die Anwesenheit von mehrwertigen Kationen hier wahrscheinlich einen größeren Einfluß haben wird als die Wasserstoffionenkonzentration.

Auch beim Reinigen von getrübtem Wasser mit Alaun spielt der Wasserstoffexponent eine wichtige Rolle, wie u. a. aus der Untersuchung von W. D. HATFIELD (16) hervorgeht. Die beste Ausflockung erhält man zwischen p_H = 6,6—7,6. (Vergl. übrigens die Literatur am Ende des Kapitels unter 16.)

2. Die Bestimmung der Dissoziationskonstante von Säuren und Basen und Prüfung von Säuren auf saure oder basische Verunreinigungen.

a) Die einbasischen Säuren und die erste Dissoziationskonstante mehrbasischer Säuren. Wenn man von einer Lösung bekannter Stärke die Wasserstoffionenkonzentration kennt, kann man auf einfache Weise die Dissoziationskonstante berechnen. Stets, wenn c die Gesamtkonzentration der Säure ist, gilt die Gleichung

$$K_{HA} = \frac{[H^\cdot]^2}{c - [H^\cdot]}$$

SALM (17) bestimmte durch colorimetrische Bestimmung der Wasserstoffionenkonzentration von Lösungen bekannter Stärke die Dissoziationskonstante verschiedener Säuren. Umgekehrt kann man eine Säure, deren Dissoziationskonstante bekannt ist, durch Messung der $[H^\cdot]$ in einer Lösung von gegebener Stärke identifizieren. Ich (18) habe von verschiedenen 0,1 n-Säurelösungen die $[H^\cdot]$ berechnet und ebenfalls colorimetrisch bestimmt; die Übereinstimmung war ausgezeichnet. In der folgenden Tabelle sind verschiedene Angaben von solchen Säuren wiedergegeben, die eine praktische Bedeutung besitzen. Bei Phosphorsäure ist 0,1 n-Lösung einer 0,1 molaren gleichgerechnet. Aus den Angaben im Kapitel V kann man direkt ableiten, welche Puffergemische als Vergleichsflüssigkeiten in Betracht kommen. Für die meisten Säuren kann man hier auch frisch bereitete Salzsäurelösungen herstellen, deren Stärke mit der $[H^\cdot]$ der zu untersuchenden Säure übereinstimmt.

Tabelle [H·] von verschiedenen Säuren.

Art der Säure	Dissoziationskonstante	Stärke der Lösung	p_H	[H·]	Indicator
Arsenige Säure	6×10^{-10}	gesättigt	5,0	1×10^{-5}	Methylrot
Borsäure	$6,6 \times 10^{-10}$	0,1 n	4,84	$1,45 \times 10^{-5}$	,,
Phosphorsäure	$1,1 \times 10^{-2}$	0,1 molar	1,52	$3,05 \times 10^{-2}$	Methylviolett od. Tropäolin
Essigsäure	$1,86 \times 10^{-5}$	0,1 n	2,86	$1,4 \times 10^{-3}$	Tropäolin 00 od. Thymolbla
Bernsteinsäure	$6,8 \times 10^{-5}$	0,1 ,,	2,75	$1,8 \times 10^{-3}$	,, 00 ,, ,,
Citronensäure	$8,2 \times 10^{-4}$	0,1 ,,	2,31	$4,9 \times 10^{-3}$	,, 00 ,, ,,
Cyanwasserstoff	$7,2 \times 10^{-10}$	0,1 ,,	5,07	$8,5 \times 10^{-6}$	Methylrot
Milchsäure	$1,4 \times 10^{-4}$	0,1 ,,	2,43	$3,7 \times 10^{-3}$	Tropäolin 00 od. Thymolbla
Ameisensäure	$2,05 \times 10^{-4}$	0,1 ,,	2,33	$4,6 \times 10^{-3}$	,, 00 ,, ,,
Oxalsäure	$3,8 \times 10^{-2}$	0,1 ,,	1,56	$2,75 \times 10^{-2}$	Methylviolett od. Tropäolin
Weinsäure	$9,7 \times 10^{-4}$	0,1 ,,	2,19	$6,5 \times 10^{-3}$	Tropäolin 00 od. Thymolbla
Benzoesäure	$6,52 \times 10^{-5}$	0,01 n	3,10	8×10^{-4}	,, 00 ,, ,,
Camphersäure	$2,29 \times 10^{-5}$	0,01 ,,	3,32	$4,8 \times 10^{-4}$	Methylorange
Saccharin (o. Sulfobenzamid)	$2,5 \times 10^{-2}$	0,01 ,,	2,13	$7,5 \times 10^{-3}$	Tropäolin 00 od. Thymolbla
Salicylsäure	$1,06 \times 10^{-3}$	0,01 ,,	2,55	$2,8 \times 10^{-3}$	,, 00 ,, ,,
Veronal	$3,7 \times 10^{-8}$	0,01 ,,	4,7	$1,9 \times 10^{-5}$	Methylrot

Auch kann man von der colorimetrischen [H·]-Bestimmung Gebrauch machen, um die Reinheit einer Säure zu beurteilen. Für diesen Zweck ist es am besten, nicht eine 0,1 n-Lösung zu verwenden, sondern von einer konzentrierteren auszugehen. Es ist nicht möglich, in allen Säuren mit gleich großer Empfindlichkeit kleine Mineralsäure- oder Alkalimengen anzuzeigen. Je kleiner die Dissoziationskonstante ist, um so größer ist die Veränderung der [H·] durch einen geringen Zusatz einer starken Säure oder von Alkali. Es ergab sich, daß man noch in ungünstigen Fällen bequem 1% Mineralsäure oder Alkali nachweisen kann. So wurde eine 0,2 molare Weinsäurelösung hergestellt. Ich setzte bekannte Mengen Salzsäure oder Alkali zu und bestimmte [H·] colorimetrisch mit Tropäolin 00 als Indicator (auch Thymolblau ist zu verwenden). Gleichzeitig wurde [H·] berechnet.

Aus der bekannten Dissoziationskonstante von Weinsäure ist abzuleiten, daß eine 0,2 mol. Lösung eine [H·] von $1,4 \times 10^{-2}$ besitzt. Fügt man nun zu der Lösung so viel Salzsäure, als 0,01 n-HCl entspricht, dann wird [H·] zwar nicht gleich $2,4 \times 10^{-2}$, sondern kleiner, da durch den Zusatz der starken Säure der Dissoziationsgrad der Weinsäure abnimmt.

Nennt man nun aber die Konzentration der gespaltenen Säure x und ist a die Konzentration der Mineralsäure- oder Alkalimenge, dann ist aus der Gleichung der Dissoziationskonstante abzuleiten, daß

$$\frac{(a + x) x}{0,2} = K = 9,7 \times 10^{-4}.$$

Aus dieser quadratischen Gleichung kann man x berechnen und so [H˙] ableiten. So wurde folgendes gefunden:

Zusammensetzung der Flüssigkeit	[H˙] bestimmt	[H˙] berechnet
I 0,2 mol. Weinsäure	$1,4 \times 10^{-2}$	$1,36 \times 10^{-2}$
II wie I + 2 aeq. p·Ct·HCl . .	$1,7 \times 10^{-2}$	$1,6 \times 10^{-2}$
III ,, I + 2 aeq. p·Ct·NaOH .	$1,1 \times 10^{-3}$	$1,2 \times 10^{-2}$
IV ,, I + 4 aeq. p·Ct·NaOH .	$0,9 \times 10^{-2}$	$1,0 \times 10^{-2}$

In anderen Säuren mit kleineren Dissoziationskonstanten kann man noch empfindlicher geringste Mengen fremder Säure oder Alkali anzeigen.

b) **Sehr schwache Säuren oder Basen.** Die [H˙] ist auch von starken Lösungen sehr schwacher Säuren nur gering; umgekehrt ist [OH′] in relativ starken Lösungen von sehr schwachen Basen ebenfalls sehr gering. Wenn man nun aus der colorimetrisch bestimmten [H˙] einer solchen Säure- oder Basen-Lösung die Dissoziationskonstante berechnen will, werden Spuren von Kohlensäure im Wasser oder Spuren saurer oder basischer Verunreinigungen in dem zu untersuchenden Stoffe einen so großen Einfluß auf die [H˙] ausüben, daß der abgeleitete Wert der Dissoziationskonstante fehlerhaft sein kann. In diesem Falle ist es darum besser, einen anderen Weg einzuschlagen. Fügt man zu einer sehr schwachen Säure mit einer Dissoziationskonstante gleich oder größer als 10^{-10} Lauge, dann verhält sich das System ebenso wie das einer stärkeren Säure wie ein Puffersystem. In dem von uns genannten Falle wird praktisch alle Säure durch die Lauge in Salz verwandelt, jedenfalls wenn man nicht von einem ungünstigen Gemisch ausgeht, in dem das Verhältnis Säure : Salz gleich oder kleiner ist als $1/_{10}$; sonst muß die Hydrolyse des Salzes bei der Berechnung beachtet werden. Neutralisiert man die zu untersuchende Säure zur Hälfte mit Lauge, dann ist

$$K_{HA} = [H˙] \times \alpha.$$

α ist der Dissoziationsgrad des entstandenen Salzes; dieser muß in den meisten Fällen abgeschätzt werden. Wenn man nur ein Zehntel der Säure neutralisiert, ist $K = {}^1/_{10}\, \alpha\, [H^{\cdot}]$.

Von sehr schwachen Basen kann man auf entsprechende Weise die Dissoziationskonstante bestimmen. Es sei bemerkt, daß man von stärkeren Säuren und Basen die Konstante natürlich auf dieselbe Weise bestimmen kann.

So fand ich (19) bei der Nachprüfung des Verfahrens u. a. folgende Werte:

Substanz	Dissoziationskonstante
Phenol	$9{,}2 \times 10^{-11}$
Resorcin	$K_1 = 3{,}0 \times 10^{-10}; K_2 = 8{,}7 \times 10^{-11}$
Anilin	$1{,}9 \times 10^{-10}$
Semicarbazid	$2{,}9 \times 10^{-11}$
Glykokoll	$k_S = 1{,}2 \times 10^{-10}; k_B = 2{,}3 \times 10^{-4}$

Die von mir bestimmten Dissoziationskonstanten der Alkaloide findet man in Tabelle III am Ende des Buches (S. 269).

Von besonders schwachen Säuren, wie Rohrzucker u. dgl., kann man auch colorimetrisch die Dissoziationskonstante bestimmen, wenn man von konzentrierten Lösungen ausgeht und die Hydrolyse in Anrechnung bringt.

c) **Dissoziationskonstanten mehrbasischer Säuren.** Die erste Dissoziationskonstante mehrbasischer Säuren kann auf dieselbe Weise wie die von einbasischen Säuren bestimmt werden. Die anderen Konstanten müssen indes auf andere Weise abgeleitet werden. Man kann dies auf doppelte Art bewirken, einmal durch Messung der $[H^{\cdot}]$ von Gemengen des sauren Salzes mit dem darauf folgenden Salz (bei zweibasischen Säuren also vom sauren mit dem normalen Salz) oder durch Bestimmung von $[H^{\cdot}]$ im sauren Salz allein. Das erstere Verfahren ist das einfachste. Aus der Gleichung:

$$HA' \leftrightarrows H^{\cdot} + A''$$

folgt, daß $K_2 = [H^{\cdot}] \dfrac{[A'']}{[HA']}$.

Man kann also weiter auf die unter b) beschriebene Weise $[H^{\cdot}]$ bestimmen und die Konstante berechnen.

Aus der $]H^{\cdot}]$ des sauren Salzes kann man ähnlich wie nach Noyes (20) auch die Konstante ungefähr berechnen (vgl. S. 21).

Auf diese beiden Arten kann man die Konstanten viel einfacher und ebenso genau ableiten, als dies in der Literatur geschehen ist. Ich fand von folgenden Säuren bei 15° folgende Mittelwerte:

Zweite Dissoziationskonstante von mehrbasischen Säuren.

Oxalsäure . . . . . . $K_2 = 3{,}5 \times 10^{-5}$
Bernsteinsäure . . . . $K_2 = 5{,}9 \times 10^{-6}$
Weinsäure . . . . . $K_2 = 8 \times 10^{-5}$
Citronensäure . . . . $K_2 = 4{,}8 \times 10^{-5}$
,, ... $K_3 = 1{,}8 \times 10^{-6}$
Äpfelsäure . . . . . $K_2 = 9 \times 10^{-6}$
Malonsäure . . . . . $K_2 = 3 \times 10^{-6}$
Maleinsäure . . . . . $K_2 = 8 \times 10^{-7}$
Fumarsäure . . . . . $K_2 = 5 \times 10^{-5}$
Aconitsäure . . . . . $K_2 = 1{,}1 \times 10^{-6}$
Adipinsäure . . . . . $K_2 = 5 \times 10^{-6}$
Schleimsäure . . . . $K_2 = 6{,}4 \times 10^{-5}$
Phthalsäure . . . . . $K_2 = 8 \times 10^{-6}$
Camphersäure . . . . $K_2 = 2{,}5 \times 10^{-6}$

3. Die Hydrolysekonstante. Wie wir im ersten Kapitel (S. 15) gesehen haben, kann man aus der [H˙] einer Salzlösung die Hydrolysekonstante einfach berechnen. Von den vielen Verfahren, die in der Literatur (21) zur Ableitung der Hydrolysekonstante genannt sind, ist die colorimetrische Betimmung wohl am meisten am Platze. Das Inversions- oder Verseifungsverfahren muß wegen der geringen [H˙] oder [OH′] der Lösung gewöhnlich bei hoher Temperatur ausgeführt werden; für die Anwendung der Messung der elektrischen Leitfähigkeit muß die Hydrolyse beträchtlich sein. Die Wasserstoffelektrode kann in vielen Fällen, so u. a. bei Salzen von Metallen, die in der Spannungsreihe unter Wasserstoff stehen, und bei vielen organischen Stoffen wegen der Reduktion in der Elektrode nicht gebraucht werden; zum Schluß kann die Ausschüttelmethode nur sehr beschränkt angewendet werden. In fast allen Fällen kann man die colorimetrische Methode einfach und mit Erfolg anwenden, auch bei gefärbten Salzen. Oft kann man unter dem Glase, worin sich die zu messende Flüssigkeit befindet, eine andere Cuvette anbringen (Abb. 23, S. 176), worin sich eine Flüssigkeit befindet, die die Komplementärfarbe der zu untersuchenden Lösung hat. So kann man im Falle der [H˙]-Bestimmung in Kobaltsalzen die störende Farbe mit einem Nickelsalz fortnehmen. Die colorimetrische Methode ist vor allem für organische Stoffe angewendet worden durch VELEY (21), ferner TIZARD (21), auch durch BARRATT (21) für Chinaalkaloide; DENHAM (21) untersuchte einzelne Metallsalze mit der Wasserstoffelektrode.

4. Die Untersuchung von Salzen auf sauer oder basisch reagierende Verunreinigungen. Salze von starken Säuren und Basen reagieren in wässeriger Lösung vollständig neutral, d. h. sie verändern die Reaktion des Wassers nicht. Wie wir unter 1. gesehen haben, kann die Reaktion des destillierten Wassers sehr stark wechseln. Man kann nun zur Untersuchung der genannten Salze gewöhnliches destilliertes Wasser, das mit Luft gesättigt ist, verwenden, und dann fordern, daß das gelöste Salz die Farbe, die das Wasser mit Methylrot-Natrium annimmt, nicht verändern darf. Diese Reaktion ist natürlich sehr scharf, da man auch die geringsten Spuren Säure oder Alkali ausschließt. Praktisch wird es darum besser sein, zu fordern, daß 10 ccm einer Lösung 1:10 des Salzes durch einen Tropfen 0,1 n-Lauge gegen Phenolphthalein alkalisch und durch einen Tropfen 0,1 n-Säure sauer gegen Methylorange oder Dimethylgelb werden. Salze schwacher Säuren reagieren durch die Hydrolyse alkalisch, während umgekehrt die Salze von schwachen Basen mit starken Säuren sauer reagieren. Wenn man die Hydrolysekonstante kennt, kann man berechnen, wie groß [H˙] in einer Lösung von bestimmter Konzentration ist. Durch eine colorimetrische Bestimmung kann man sich überzeugen, ob das Salz vollständig rein ist. Auch diese Reaktion soll man aber nur zur Beurteilung von besonders reinen Präparaten anwenden; für die Untersuchung von Salzen, wie sie z. B. in der Apotheke gebraucht werden, kann man besser eine Grenze für die zulässigen Mengen Säure oder Lauge als Verunreinigung festsetzen. So kann man an Handelssalze folgende Forderungen stellen:

Kaliumacetat: 10 ccm einer Lösung 1:10, versetzt mit Phenolphthalein, färbt diesen Indicator auf Zwischenfarbe und wird durch 0,1 ccm 0,1 n-HCl entfärbt. So wird die Anwesenheit von mehr als 0,1% Carbonat ausgeschlossen.

Alkalicarbonat: Eine Lösung 1 : 5 (bei Kaliumcarbonat 0,5 : 5), in der Wärme mit 20 ccm 0,5 n-Bariumchlorid und 3 Tropfen Phenolphthalein versetzt, soll nach dem Abkühlen farblos sein und durch 0,1 ccm 0,1 n-Natrolauge bleibend rot gefärbt werden. Auf diese Weise kann man noch eine Menge freie Base 1 : 2500 und Bicarbonat 1 : 1000 anzeigen. Wenn man das Bariumchlorid bei Zimmertemperatur der Carbonatlösung zufügt, reagiert reines Carbonat darauf gegen Phenolphthalein alkalisch, da ein wenig Bariumbicarbonat mit dem Carbonat mitgerissen wird (SÖRENSEN 1904).

Alkalibicarbonat (22). Das deutsche Arzneibuch setzt eine Grenze fest für die Menge Säure, die nötig ist, um eine Bicarbonatlösung bei Zusatz von Phenolphthalein zu entfärben. Da der Farbumschlag hierbei unscharf ist, kann man so nicht genau beurteilen, ob das zu untersuchende Präparat Carbonat enthält. Besser kann man die Untersuchung in der Weise ausführen, daß man zu der zu untersuchenden Lösung so viel Phenophthalein fügt, daß sie eine reine Bicarbonatlösung eben noch nicht rosa färbt. Wenn man zu 50 ccm von 0,1 n-reinem Bicarbonat in einem Nesslerschen Colorimeterglase 0,2 ccm 1 proz. Phenolphthalein fügt, ist die Flüssigkeit farblos, bei Anwesenheit von Carbonat rosa. Aus der Stärke der Farbe kann man den Carbonatgehalt ableiten. 2% Carbonat ist so noch in Bicarbonat colorimetrisch zu bestimmen.

Natriumphosphat. Eine Lösung 1 : 10, mit 3 g Natriumchlorid versetzt, soll mit Phenolphthalein nur so schwach alkalisch reagieren, daß die Farbe nach Zusatz von 0,1 ccm 0,1 n-Salzsäure verschwunden ist. Auf diese Weise ist Carbonat in Menge von 1 : 1000 noch nachweisbar.

Natriumarsenat muß derselben Forderung wie Natriumphosphat genügen.

Natriumpyrophosphat. Eine Lösung 1 : 20, mit Chlornatrium gesättigt, soll mit Phenolphthalein nur so schwach alkalisch reagieren, daß die Farbe nach Zusatz von 0,2 ccm 0,1 n-HCl verschwunden ist. Eine Carbonatmenge von 1 : 1000 ist so ausgeschlossen.

Natriumkaliumtartrat. Die Lösung 1 : 10 ist gegen Phenolphthalein farblos oder so schwach alkalisch, daß die Rosafärbung nach Zusatz von 0,1 ccm 0,1 n-HCl verschwunden ist.

Kaliumantimonyltartrat. Die Anwesenheit von Kaliumbitartrat ist sehr deutlich mit Methylorange oder Dimethylgelb nachweisbar. Eine Lösung 1:20 von einem reinen Präparat hat einen $p_H = 4{,}1$, durch Zusatz von 1% Kaliumbitartrat wird $p_H = 3{,}4$. Man kann also fordern, daß eine Lösung 1:20 des zu untersuchenden Präparates gegen Methylorange nicht mehr sauer reagiert als eine 0,1 mol. Kaliumbiphthalatlösung. Auf diese Weise wird mehr als 0,3% Kaliumbitartrat ausgeschlossen.

Natriumsalicylat: Die Lösung 1:10 soll gegen Phenolphthalein sauer reagieren und durch Zusatz von 0,1 ccm 0,1 n-Lauge alkalisch werden.

Natriumglycerophosphat: Die Lösung 1:20 reagiert gegen Phenolphthalein schwach alkalisch und wird durch 0,1 ccm 0,1 n-HCl entfärbt.

Natriumsulfophenylat: Die Lösung 1:10 reagiert alkalisch gegen Dimethylgelb und wird durch 0,1 ccm 0,1 n-HCl gegen diesen Indicator sauer.

Zinkchlorid: Die Lösung 1:10 reagiert mit Dimethylgelb alkalisch und wird gegenüber diesem Indicator durch 0,1 ccm 0,1 n-HCl sauer.

Zinksulfat: Wegen der Anwendung dieses Präparates in der Augenheilkunde muß auch die Anwesenheit von Spuren freier Säure ausgeschlossen werden. Man muß darum fordern, daß eine Lösung 1:10 alkalisch gegen Methylorange reagiert. Die Anwesenheit von Schwefelsäure 1:200000 ist so ausgeschlossen.

Zinksulfophenylat: 10 ccm der Lösung 1:10 reagieren mit Dimethylgelb alkalisch und werden durch Zusatz von 0,1 ccm 0,1 n-Säure gegen diesen Indicator sauer.

Kupfersulfat: Wegen der blauen Farbe der Lösung ist die colorimetrische Beurteilung der Reaktion direkt schwierig auszuführen. Man kann hier indessen von Natriumthiosulfat Gebrauch machen, das das Cuprisalz in das farblose Cuprosalz überführt. Zu 10 ccm der Lösung 1:10 fügt man 20 ccm n-Natriumthiosulfat, worauf man direkt die Färbung nach Zusatz von Dimethylgelb beurteilt. Die Reaktion muß alkalisch sein. Die Anwesenheit von 1:2000 freier Schwefelsäure ist so ausgeschlossen.

Ferrosulfat: Die Lösung 1:10 reagiert mit Dimethylgelb alkalisch.

Ferrichlorid: Die Lösung 1:10, mit 10 mg Kupfersulfat und 6 ccm n-Thiosulfat versetzt, darf nach 3 Minuten langem Stehen keine braune Trübung abscheiden und nicht mehr als 0,2 ccm 0,1 n-Lauge gegen Dimethylgelb binden.

Aluminiumsulfat und Alaun: Die Lösung dieser Präparate (1 : 20) muß gegen Tropäolin 00 alkalisch reagieren. So wird mehr als 1 Teil Schwefelsäure auf 1000 Teile ausgeschlossen.

Die Untersuchung von Salzen schwacher Säuren und schwacher Basen kann auf die genannte Weise nicht geschehen, weil die Lösung mehr oder weniger stark hydrolysiert ist. Hierbei ist es am besten, die Lösung mit Neutralrot zu versetzen und die [H˙] zu beurteilen. Wie wir im ersten Kapitel (S. 17) gesehen haben, können wir von Salzen schwacher Säuren und Basen die [H˙] ihrer Lösungen berechnen. So reagiert eine Lösung von reinem Ammoniumacetat völlig neutral. Weicht nun bei Zimmertemperatur p_H von 7,1 ab, dann kann man aus der [H˙] berechnen, wieviel freie Säure oder Ammoniak das Präparat enthält. Dasselbe gilt von Ammoniumoxalat; eine Lösung eines reinen Präparates hat einen p_H von 6,88; eine Lösung von Ammoniumformiat von 6,45; von Ammoniumsuccinat ist p_H gleich 7,3. Ammoniumsalicylat ist einfacher zu beurteilen. Man kann fordern, daß 50 ccm einer Lösung 1 : 50 Methylrot auf Zwischenfarbe färben und durch Zufügung von nicht mehr als 0,2 ccm 0,1 n-Lauge gegen diesen Indicator alkalisch werden. Die Prüfung von Bleiacetat auf Verunreinigung von basischem Salz ist lästiger, weil das letztere die Reaktion einer reinen Bleiacetatlösung ($p_H = 6,0$) wenig verändert. Darum muß man bei der Untersuchung dieses Präparates einen anderen Weg einschlagen: Zu 10 ccm der Lösung 1 : 20 fügt man 10 ccm 10proz. Natriumsulfitlösung, dann 15 ccm 0,5 n-Bariumnitrat und 5 Tropfen Phenolphthalein. Die so erhaltene Lösung soll nicht alkalisch reagieren und muß bei Zusatz von 0,2 ccm 0,1 n-Lauge bleibend rot gefärbt werden.

5. Die Höchstbeständigkeit von Carbonsäureestern. Wie bekannt, werden Ester sowohl in saurem wie in alkalischem Mittel verseift. Sie müssen also bei einem bestimmten p_H eine geringste Verseifungsgeschwindigkeit, also eine höchste Beständigkeit besitzen. So fand K. G. KARLSSON (23), daß Methylacetat bei 88,5° eine höchste Beständigkeit bei dem $p_H = 4{,}70$ besitzt, Äthylacetat dagegen bei dem $p_H = 5{,}1$. Über die theoretische Bedeutung dieses Punktes vergleiche man H. v. EULER und SVANBERG (23).

6. Die geringste Löslichkeit von Ampholyten.

Ampholyte sind Stoffe, die sich sowohl wie eine Säure als auch wie eine Base verhalten können. Sind nun sowohl die Salze mit Säure wie auch mit Base gut löslich und der Ampholyt selbst nur wenig, dann wird natürlich bei einer bestimmten Wasserstoffionenkonzentration die Menge des nicht dissoziierten Ampholyten am größten und die Löslichkeit also am geringsten sein. Den p_H, der diesem Punkte entspricht, nennt man den isoelektrischen Punkt (vgl. Kapitel II S. 45). Die Lage des isoelektrischen Punktes hängt von der Größe der Dissoziationskonstante der sauren und basischen Gruppe ab; und zwar ist [H˙] beim isoelektrischen Punkte:

$$[H˙]\ I\cdot P = \sqrt{\frac{K_{HA}}{K_B}} \times K_W\ .$$

Besonders bei der Untersuchung von Aminosäuren und Eiweißstoffen ist die Lage des isoelektrischen Punktes von großer Bedeutung [vgl. L. MICHAELIS (24)].

7. Die geringste Löslichkeit von schwerlöslichen Elektrolyten.

Bei analytischen Fragen ist die Abhängigkeit der Löslichkeit vom Wasserstoffexponenten von großer Bedeutung. Unter Bezugnahme auf das unter 6. Besprochene wissen wir, daß Ampholyte beim isoelektrischen Punkte eine geringste Löslichkeit besitzen. Wollen wir also derartige Stoffe quantitativ niederschlagen, müssen wir das bei einem p_H tun, der dem isoelektrischen Punkte entspricht. So schlägt sich Aluminiumhydroxyd z. B. am vollständigsten bei einem p_H zwischen 6 und 7 nieder. Bei der Fällung eines Aluminiumsalzes setzt man daher nach W. BLUM (25) Methylrot als Indicator zu und behandelt solange mit Ammoniak, bis die Flüssigkeit gegen den Indicator gerade alkalisch wird.

Daß die Löslichkeit von Salzen schwacher Säuren stark von der Wasserstoffionenkonzentration abhängig ist, ist allgemein erkannt. Theoretisch ist natürlich auch sofort einzusehen, daß die Löslichkeit mit steigender [H˙] zunehmen wird. Wenn wir z. B. das schwerlösliche Salz BA nennen, so ist dasselbe in Lösung in B˙ und A′ gespalten. Bringen wir nun in die Lösung Wasserstoffionen, so wird folgende Reaktion stattfinden:

$$A' + H˙ \rightleftarrows HA,$$

wodurch das Salz sich teilweise löst.

Quantitativ wird der Betrag der gelösten Menge Salz außer durch die Konzentration der zugesetzten Säure durch das Löslichkeitsprodukt von BA und die Dissoziationskonstante von HA beherrscht.

Für die Umsetzung von Salzen mit Basen gilt dasselbe.

Wir wollen hier nicht weiter auf diese analytisch wichtige Frage eingehen; ich verweise dieserhalb auf das Schrifttum (25).

Von Bedeutung ist noch eine Mitteilung von A. JUNG (25) über die Löslichkeit von Harnsäure bei verschiedenen p_H. Außer von dem letzteren ist das Ergebnis auch von der Art des Puffergemisches, mit dem die Prüfung vorgenommen wird, abhängig. Wahrscheinlich verbindet sich die Harnsäure mit verschiedenen Anionen zu komplexen Ionen.

8. Der Gerbevorgang. Ebenso wie die Wirkung aller Enzyme ist auch die Wirksamkeit des Pankreatins gegenüber dem Elastin vom Wasserstoffexponenten abhängig. Aber der Wasserstoffexponent, bei dem die Zersetzung des Elastins optimal ist, hängt ebenfalls von der Konzentration ab, worin das Enzym und das Elastin miteinander reagieren. In verdünnten Lösungen findet die Zersetzung nur zwischen p_H 7,5—8,5 statt, in konzentrierten dagegen zwischen $p_H = 5,5$ bis 8,5. Bezüglich der Erklärung sei auf die Veröffentlichung von WILSON und DAUB (26) verwiesen.

Eine andere Frage, die mit dem Gerbevorgange in Verbindung steht, ist die Diffusionsgeschwindigkeit von gerbstoffhaltigen Flüssigkeiten in ein Gelatinegel. Diese Geschwindigkeit ist nach WILSON und KERN (26) sowohl eine Funktion des Nichttanningehaltes als auch des p_H. So hat Gambir sein höchstes Durchdringungsvermögen bei $p_H = 6$; wenn p_H kleiner ist als 3, bleibt die Gerbung aus. Bei Quebrachoextrakt liegt letztere Grenze bei $p_H = 4,7$; dagegen diffundiert es rasch bei $p_H = 9$.

Von großer Bedeutung ist der p_H auch bei der Analyse von Gerbauszügen nach dem A. C. L. A.-Verfahren. Bei $p_H = 8$ findet man einen höchsten Gerbstoffgehalt [WILSON u. KERN (26)]. Bezüglich weiterer Einzelheiten sei auf das Schrifttum verwiesen (26).

9. Die Bodenuntersuchung. Bei der Beurteilung des Bodens ist die Kenntnis des Wasserstoffexponenten des Extraktes und ebenfalls die Neutralisationskurve des letzteren von Bedeutung. Da in diesem Falle mit der Messung der [H˙] durch die Wasserstoffelektrode viel Schwierigkeiten verbunden sind (27), wird die colorimetrische Methode auch hier gute Dienste leisten.

An einigen Beispielen will ich erläutern, daß zwischen dem p_H des Bodenauszuges und dem Auftreten von Krankheiten bei verschiedenen pflanzlichen Gewächsen weitgehende Beziehungen bestehen (vgl. auch die Monographie von OLAF ARRHENIUS 27). So hat sich u. a. ergeben, daß Erbsen nur in alkalischem, nicht in saurem Boden wachsen wollen. Umgekehrt tritt die sog. „Haferkrankheit der Moorkolonien" nie auf, wenn die Reaktion des Bodens sauer ist.

Die Ernte an Kleeheu ist um so größer, je mehr die saure Reaktion des Bodens abnimmt, also je mehr der p_H sich 7 nähert. So machen J. HUDIG und C. MEYER (27) folgende Angaben:

Ernte an Kleeheu	p_H der Bodenaufschwemmung
5,1	5,2
26,4	6,48
25,4	6,48
36,9	7,74
36,8	7,74

Nach GILLESPIE und LEWIS (27) kommt der Fehler der Schorfigkeit der Kartoffeln nicht mehr auf Böden vor, deren p_H unter 5,16 liegt.

Aus diesen einzelnen Angaben [vgl. im übrigen das Schrifttum (27)] geht genügend hervor, daß man bei der Lösung der meisten Fragen auf pflanzenpathologischem Gebiete besonders die Rolle beachten muß, die die Wasserstoffionenkonzentration bei verschiedenen Vorgängen spielt. Durch Anwendung der Dialysemethode kann man sehr einfach den p_H des Bodens colorimetrisch bestimmen (vergl. KOLTHOFF 27).

10. Die Untersuchung von Nahrungs- und Genußmitteln. Für die Beurteilung von Wein, Bier und Fruchtsäften ist die Kenntnis der Wasserstoffionenkonzentration von Bedeutung (28). Wenn diese Flüssigkeiten stark gefärbt sind, kann die colorimetrische Bestimmung nicht direkt angewendet werden. In vielen Fällen kann man dann, ohne die Beschaffenheit der zu untersuchenden Flüssigkeit viel zu verändern, dieselbe mit etwas Kohle entfärben und dann die Bestimmung ausführen. Auch von anderen Flüssigkeiten ist die Kenntnis des p_H von Bedeutung.

Eine interessante Untersuchung über die Geschwindigkeit der Zerstörung von Vitaminen bei verschiedenen Temperaturen wurde von LA MER, CAMPBELL und SHERMAN (28) veröffentlicht. Die Verfasser arbeiteten mit Tomatensamen und erhielten folgende Ergebnisse:

p_H vor dem Erwärmen	p_H nach dem Erwärmen	Prozentuale Zerstörung des Vitamins
4,3	4,3	50,2
5,2	4,9	58,3
9,2	7,5	61,8
10,9	8,3	63
10,9	8,3	92,5

Man wird aus diesen Zahlen den Schluß ziehen können, daß die Zerstörung vom p_H innerhalb weiter Grenzen unabhängig ist.

Da die Wirkung der Vitamine in alkalischer Umgebung mehr als in saurer Lösung abnimmt, wiesen MC CLENDON und SHARP (28) darauf hin, daß es von Bedeutung ist, von den verschiedenen Säften der Nahrungsmittel den Wasserstoffexponenten zu kennen. Von CLARK und LUBS (32) sind bereits verschiedene Stoffe untersucht und darin folgende Werte gefunden worden:

Flüssigkeit	p_H (bei Zimmertemperatur)	nach Sterilisierung im Autoklaven
Molken	1,64—2,56	—
Essig	2,36—3,21	—
Äpfelsaft	3,76—5,65	3,8
Pflaumensaft	4,12—9,44	4,3
Bierwürze	4,91—8,55	—
Wurzelsaft	5,21—9,27	5,2
Gurkensaft	5,08	5,1
Schnittbohnensaft . . .	5,23—8,63	5,2
Bananensaft	4,62	4,6
Kartoffelsaft	6,06—9,44	6,1
Saft von süßen Kartoffeln	5,80—8,73	—
Ahornsaft	6,75—6,8	—
Rübensaft	6,07—8,75	6,1

Ferner geben sie an, daß in der Literatur folgende Werte zu finden sind:

Flüssigkeit	p_H	Flüssigkeit	p_H
Muskelsaft	6,8	Traubensaft	3,0—3,3
Pankreasextrakt	5,6	Apfelsinensaft	3,1—4,1
Milch	6,6—7,6	Rhabarbersaft	3,1
Mehlauszug	6,0—6,5	Erdbeersaft	3,4
Bier	3,9—4,7	Ananassaft	3,4—4,1
Wein	2,8—3,8	Tomatensaft	4,2
Citronensaft	2,2	Pflanzenzellsaft	5,3—5,8
Kirschensaft	2,5		

Auch Mc CLENDON und SHARP (28) bestimmten den p_H von einzelnen Saftarten und fanden, daß dieser durch Kochen nicht nennenswert verändert wird; im allgemeinen wird die Flüssigkeit etwas saurer.

So geben Mc CLENDON und SHARP folgende Beispiele an:

Gegenstand	p_H direkt	p_H nach Kochen
Saft von jungen Wurzeln	5,85	5,80
Kartoffelsaft	5,57	—
Kohl	5,90	5,78
Apfelsinensaft	3,55	3,55
Citronensaft	2,32	2,30

JENNY HEMPEL (28) fand die folgenden Zahlen an Citronensaft. Ich gebe hierbei gleichzeitig die von ihr bestimmten Neutralisationszahlen gegen Lackmus und Phenolphthalein wieder. Die letzten Zahlen sind ausgedrückt in ccm 0,2 n-Lauge in 100 ccm.

p_H	Neutralisationszahl	
	gegen Lackmus	gegen Phenolphthalein
2,19	527,7	540,0
2,25	502,1	518,0
2,24	536,0	539,0

Über die Reaktion von Pflanzensäften und des Saftes von Pflanzenzellen sei auf das Schrifttum (28) verwiesen.

Von besonderer Bedeutung ist die Kenntnis der [H˙] von Milch sowohl in bezug auf die Tauglichkeit derselben als in bezug auf ihre Verwendbarkeit zur Käserei. — MORRES (29) wies darauf hin, daß die Alkoholprobe für die Beurteilung von Milch nicht genügt. Er fügt darum gleichzeitig einen Indicator hinzu, nämlich Alizarin, und beobachtet die Farbe. Diese Probe ist unter dem Namen Alizarinprobe bekannt. Sie wurde durch DEVARDA (29) sehr ungünstig kritisiert.

Ohne Alkohol erhält man jedoch einen viel besseren Eindruck über den Säuregrad der Milch. Als Indicator gebrauchte ich Phenolsulfophthalein (Phenolrot), das durch normale Milch auf eine saure Zwischenfärbung (Rahmfarbe mit einem Stich in rot) gefärbt wird. Mit Hilfe einer Farbskala kann man dann die $[\text{H}^\cdot]$ von Milch feststellen. Besser sind die Farben zu beurteilen, wenn man außer Phenolrot zudem ein wenig Kaliumoxalat zufügt. Die Reaktion wird dann stärker alkalisch. BAKER und VAN SLYKE (29) verwenden Bromkresolpurpur als Indicator. Ein Tropfen einer gesättigten Lösung dieses Indicators gibt mit 3 ccm Milch eine gräulich-blaue Färbung. Diese Farbe wird durch Säuren und Erhitzen über den Pasteurisierungspunkt heller. Die Farbe ist dunkelblau, wenn der Milch Wasser oder alkalisch reagierende Salze zugesetzt sind, ebenso wenn sie von euterkranken (an Mastitis leidenden) Kühen stammt. Bei der Untersuchung von 350 Proben Marktmilch fanden BAKER und VAN SLYKE, daß ihr Verfahren bei der Prüfung von Milch von großem Werte ist.

Auch kann man die Säure- oder Alkalibildung nach 24 stündigem Stehen in einem sterilen Rohre mit der Bromkresolpurpurprobe prüfen.

Beim Brotbacken ist die Beschaffenheit des erhaltenen Erzeugnisses von dem p_H des Teiges abhängig, von dem man ausgeht. Eine wichtige Untersuchung hierüber wurde von H. JESSEN-HANSEN (28) angestellt, dessen Ergebnisse hier kurz angegeben seien. Für den Teig aus jedem Weizenmehle besteht ein p_H-Optimum, bei dem das Brot, das daraus gebacken wird, die beste Beschaffenheit hat. Dies Optimum entspricht einem p_H in der Nähe von 5; bei guten Mehlsorten liegt das Optimum bei einem höheren p_H, also bei einer niedrigeren Wasserstoffionenkonzentration; umgekehrt hat der Teig eines Mehles von schlechter Beschaffenheit das Optimum bei kleinerem p_H; so fand HANSEN bei Teig von Taganrog-Weizen das Optimum bei $p_H = 5{,}85$ (die Dichte des daraus bereiteten Brotes betrug

2,92), für Oceanien-Weizen bei $p_H = 4{,}70$ (Dichte des Brotes 2,80). Die Art der Säure, mit der man den Teig auf den gewünschten p_H bringt, hat wenig Einfluß auf die Beschaffenheit des Brotes. Die Mittel, die man anwendet, um die Güte des Brotes zu erhöhen, wie Salze von Aluminium, Zink, Kupfer und primäres Phosphat, erhöhen alle die Acidität des Mehles, ein Umstand, dem die günstige Wirkung zugeschrieben werden muß.

E. J. COHN, P. H. CATHCART und L. J. HENDERSON (28) geben eine praktische Prüfung an, die auf den besprochenen Eigenschaften des Teiges beruht. Wir können die Reaktion die „Methylrotreaktion" von Brot nennen. Man kann von einer Brotaufschwemmung den p_H gegen Methylrot bestimmen; einfacher ist es indessen, ein Tropfen Indicator auf eine Brotschnitte fallen zu lassen und die Farbe mit einer Farbenskala von Methylrot zu vergleichen. Jede Zwischenfärbung entspricht einem bestimmten p_H. Die Farbe des Brotauszuges, mit dem Indicator versetzt, ändert sich gleichmäßig mit der der Brotschnitte, auf die Methylrot getropft ist.

Die Verfasser lassen vor Ausführung der Probe das Brot gut sauber schneiden und darauf auf eine Stelle nicht weit von der Mitte 4 Tropfen einer Lösung von 0,02% Methylrot in 60 proz. Spiritus tropfen. Nach 5 Minuten wird die Farbe beurteilt. Bei gutem Brot liegt p_H in der Nähe von 5,4. Bezüglich weiterer Einzelheiten vgl. die Literatur (28).

Der saure Geschmack von Wein u. dgl. Stoffen ist in hohem Maße von der Wasserstoffionenkonzentration abhängig. Bei einiger Übung kann man aus dem sauren Geschmack von Wein selbst annähernd die Wasserstoffionenkonzentration ableiten. Bezüglich weiterer Einzelheiten wird auf die Arbeiten von TH. PAUL (28) verwiesen.

11. Die Zuckerindustrie (30): Eine interessante Untersuchung wurde unlängst von J. F. BREWSTER und W. G. RAINES (30) veröffentlicht. Wenn man Zuckersaft nur mit Kalk reinigt, wird die beste Niederschlagung der Verunreinigungen bei neutraler Reaktion erzielt, also bei $p_H = 7{,}0$. Diese Reaktion kann man passend gegen Phenolrot neben Puffergemischen prüfen. Auch kann man ohne Puffergemische auskommen, wenn man so viel Kalk zusetzt, bis Bromkresolpurpur alkalisch ist, und darauf noch so viel, bis der Titrier-Säuregrad 0,25—0,50 ccm n-Säure auf 100 ccm Saft beträgt.

Wenn man den Saft mit schwefliger Säure zwecks Bleichung behandeln will, kann man dies am besten bei einem p_H von etwa 3,8 (gegen Methylorange geprüft) und bei einer Titrieracidität von 5 vornehmen. Darauf setzt man so viel Kalk zu, bis $p_H = 7$ ist.

Das untenstehende Beispiel gibt einen Eindruck der Pufferkapazität von Rohrzuckersaft. Die Titrieracidität ist hier in ccm 0,1 n-Natronlauge auf 10 ccm Saft bei Neutralisation gegen Phenolphthalein ausgedrückt. Die zugesetzte Kalkmenge ist auf ccm 0,1 n-Kalk für 10 ccm Saft umgerechnet.

Acidität	Zugesetzter Kalk	p_H	Acidität	Zugesetzter Kalk	p_H
10,25	0,00	3,0	4,00	6,25	5,8
9,40	0,85	3,4	2,80	7,45	6,0
8,85	1,40	3,4	2,00	8,25	6,4
7,95	2,30	3,6	1,30	8,95	6,8
7,00	3,25	4,5	0,70	9,55	7,4
5,50	4,75	5,4	0,00	10,25	8,4
4,75	5,50	5,6			

Bei der Entfärbung von Rohrzuckersaft durch Kohle hat der Wasserstoffexponent große Bedeutung; vgl. u. a. TURRENTINE und TANNER (30). Nach BREWSTER und RAINER (30) nimmt die entfärbende Wirkung durch Kohle zu, je mehr die Wasserstoffionenkonzentration zwischen $p_H = 4$ bis 8 steigt.

Die Indicatorpapiere können sehr gute Dienste in der Zuckerindustrie leisten (vgl. Kap. 6, S. 243).

12. Pharmazie (31): R. L. LEVY und G. E. CULLEN (31) gingen der Zersetzung von krystallinischem Strophanthin in wässeriger Lösung nach. Bei der Sterilisation fanden sie, daß der p_H der Lösung oft durch Alkaliabgabe des Glases von 6 bis auf 9 stieg. (Im Jenaer Glase wird das nicht geschehen.) Das beste ist, das Strophanthin für klinische Zwecke in einem 0,02 molaren Phosphatpuffer mit einem p_H von 7,0 zu lösen und darin zu sterilisieren.

MACHT und SHOHL (31) fanden, daß die Stabilität von Benzylalkohol durch Spuren Alkali stark verringert wird; darum muß in gutem Glase sterilisiert werden.

J. R. WILLIAMS und M. SWETT (31) stellten eine Untersuchung über den p_H des destillierten Wassers, von physiologischer Salzlösung, Glykose und anderen Lösungen für Einspritzungen in die Blutbahn an und wiesen darauf hin, daß man bis jetzt dem p_H derartiger Lösungen nicht genug Aufmerksamkeit geschenkt hat.

Nach den Mitteilungen des Mulford Biol. Lab. (31) hat Salvarsan, d. h. das Hydrochlorid des Diaminodiazoarsenobenzols in Lösung eine saure Reaktion, und zwar ist $p_H = 4{,}8$. Vor der Einspritzung muß die Lösung neutralisiert werden. Mit zwei Äquivalenten Natronlauge fällt die freie Base aus, mit 3 Äquivalenten geht das Mononatriumsalz, mit 4 Äquivalenten das lösliche Dinatriumsalz mit $p_H = 9{,}4$ in Lösung, von denen letzteres zur Einspritzung geeignet ist.

A. RIPPEL (31) fand, daß einige Alkaloidsalze, besonders in alkalischer Lösung, bei der Sterilisation zersetzt werden.

Unter den p_H-Einfluß bei der Sterilisation vgl. F. W. FABRIAN (31); bei der Sterilisation von Alkaloidlösung L. ROY (31).

Der Einfluß des p_H auf anästhetische Wirkung von Cocain J. REGNIER (31); auch J. ABELEN (31).

Der Einfluß des p_H auf die Stabilität von Digitalis Infusionen: Plant Research Lab (31) und M. L. TAINTER (31).

Der Einfluß des p_H auf die Stabilität von Emulsionen: KRANTZ, J. und GORDON (31).

Der Einfluß des p_H bei der Herstellung von Insulin: BEST und M. LEOD (31) FENGER und WILSON (31); F. M. CHEADLE (31).

Die Herstellung der Toxine und Antitoxine E. F. HIRSCH (31).

13. Die biochemische, bakteriologische und physiologische Untersuchung. Bei allen biochemischen und bakteriologischen Prozessen spielt die Wasserstoffionenkonzentration eine große Rolle. Enzyme und Bakterien haben bei einer bestimmten [H˙] eine optimale Wirkung, Proteinstoffe werden bei einer bestimmten [H˙] (dem isoelektrischen Punkt) vollständig ausgeflockt oder verändern ihr elektrisches Zeichen. Die [H˙] von Körperflüssigkeiten, wie Urin, Darmsaft, Mageninhalt, Blut, schwankt unter normalen Umständen zwischen sehr engen Grenzen. In vielen Fällen wird man bei Untersuchungen dieser Art wieder von der colorimetrischen Bestimmung der [H˙] nützlichen Gebrauch machen können. Wegen der großen Ausdehnung des Gegenstandes und der ausführlichen Literatur darüber (32) kann hier nicht ausführlich darauf eingegangen werden. Besonders sei darauf hingewiesen, daß CLARK (32) in seinem Buche eine vollständige Literaturübersicht über die Bedeutung des p_H in den verschiedenen Zweigen der Chemie und besonders der Biochemie gibt.

Literaturverzeichnis zum sechsten Kapitel.

1. Vgl. MICHAELIS, L.: Die Wasserstoffionenkonzentration, Berlin 1914 S. 113.
2. Destilliertes Wasser. KOLTHOFF, J. M.: Biochem. Zeitschr. Bd. 168, S. 110. 1926; — DAWSON, L. E.: Journ. physic. Chem. Bd. 29, S. 551. 1925. — OLSZEWSKI, W.: Pharm. Zentrlh. Bd. 65, S. 129. 1924; Chem.-Ztg. Bd. 48, S. 309. 1924. — FALES, H. A. und J. M. NELSON: Journ. of the Americ. chem. soc. Bd. 37, S. 2769. 1915. — STERN, H. T.: Journ. biol. Chem. Bd. 65, S. 677. 1925. KLING, A. und LASSIEUR, A. Compt. rend. Bd. 181, S. 1062, 1925; BORDAS, F. und TONPLAIN, F. Ann. Falsific. Bd. 19, S. 134. 1926.
3. WELLS, R. C.: Journ. of the Americ. chem. soc. Bd. 44, S. 2187. 1922. — BAYLISS: Chem. abstr. Bd. 16, S. 772. 1922. — PRIBUS, CASTLETT und BAYLISS: Chem. abstr. Bd. 16, S. 1120. 1922.
4. TILLMANS: Zeitschr. f. Untersuch. d. Nahrungs- u. Genußmittel Bd. 38, S. 1. 1919; Bd. 42, S. 98. 1921. — MASSINK, A.: De beteekenis der waterstofionenconcentratie in het algemeen beschouwd, met gegevens over onze Waterleidingen. Rapport van de Negende Conferentie over Voedingsmiddelenscheikunde 1920. — HEYMANN, J.: De beteekenis der waterstofionenconcentratie voor drinkwater voor een bepaald bedryf in zyn opeenvolgende stadia. Rapport voor de Negende Conferentie over Voedingsmiddelenscheikunde 1920. — KOLTHOFF: Zeitschr. f. Untersuch. d. Nahrungs- u. Genußmittel Bd. 41, S. 97, 112. 1921; vgl. auch GREENFELD und BAKER: Ind. eng. Chem. Bd. 12, S. 989. 1920. — WOLMAN und HANNAN: Chem. abstr. Bd. 15, S. 3703. 1921. — HANNAN: Chem. abstr. Bd. 16, S. 1120. 1922. — JACKSON, D. H. und DERMETT: Ind. Engin. Chem. Bd. 15, S. 959. 1923. — DUVAL, M. und MARAUD, P: Compt. rend. de soc. biol. Bd. 89, S. 398. 1923. — OSAKA, Y.: Chem. Zentrlbl. 1926, I, S. 568. — DESGREZ, A., BIERY, H. und LESCOEUR, L.: Compt. rend. Bd. 175, S. 2213. 1924.
5. AUERBACH und PICK: Arb. a. d. Reichs-Gesundheitsamte Bd. 38, S. 243. 1912.
6. CULLEN, G. E. und A. B. HASTINGS: Journ. of biol. chem. Bd. 52, S. 517. 1922.
7. MICHAELIS, L.: Zeitschr. f. Untersuch. d. Nahrungs u. Genußmittel Bd. 42, S. 75. 1921.
7. COWLESS, R. P. und SCHWITTELLA, A. M.: Chem. Abstr. Bd. 18, S. 872. 1924.

230 Praktische Anwendung der colorimetrischen Bestimmung.

8. Sörensen und Palitzsch: Biochem. Zeitschr. Bd. 24, S. 387. 1910.
9. Ringer, W. E.: Verhandelingen uit het Ryksinstituut voor het onderzoek der zee 1908; vgl. auch Legendre, R.: Cpt. rend. de l'acad. des Scienc. Bd. 175, S. 773. 1922. — V. Uhlehla: Ber. d. Bot. Ges. Bd. 41, S. 20. 1024; Chem. Zentrlbl. 1924, II, S. 59. — Atkins, W. R. G.: Journ. Marine Biol. Assoc. Bd. 13, S. 437. 1924; Chem. abstr. Bd. 19, S. 2211. 1925. — Irving, J.: Journ. biol. Chem. Bd. 63, S. 767. 1925.
10. König, J.: Chemie der menschlichen Nahrungs- und Genußmittel 1918, III (3), S. 608.
11. Hintz und Grünhut: Deutsches Bäderbuch, bearbeitet unter Mitwirkung des Reichs-Gesundheitsamtes. Leipzig 1907.
12. Auerbach, F.: Arb. a. d. Reichs-Gesundheitsamte Bd. 38, S. 562. 1912.
13. Michaelis, L.: Die Wasserstoffionenkonzentration 1. Aufl. S. 115.
14. Wilson, Copeland und Heisig: Ind. eng. chem. Bd. 13, S. 406. 1921; Bd. 14, S. 128. 1922; Bd. 15, S. 956. 1923. — Wilson: Chem. abstr. Bd. 16, S. 454. 1922.
15. Arrhenius, Olaf: Journ. of the Americ. chem. soc. Bd. 44, S. 521. 1922.
16. Abwasser: Hatfield, W. D.: Journ. of the ind. eng. chem. Bd. 14, S. 1038. 1922. — Scott, R. D. und Mc Clux, G. M.: Journ. Amer. Water Works Assoc. Bd. 11, S. 598. 1924. — Hatfield, D.: Journ. Amer. Water Works Assoc. Bd. 11, S. 554. 1924; Ind. Engin. Chem. Bd. 16, S. 233. 1924. — Atkins, W. R. G.: Journ. of State Med. Bd. 31, S. 223. 1923; Chem. Zentrlbl. 1924, I, S. 1989. — Norcom, G. D.: Journ. Amer. Water Works Assoc. Bd. 11, S. 96. 1924. — Bachmann, E. E. J.: Vgl. Chem. abstr. Bd. 19, S. 2383. 1925. — Buswell und Greenfeld, auch Eddy: vgl. Journ. Amer. Water Works Assoc. Bd. 10, S. 272. 1923. — Banerji: Chem. abstr. Bd. 18, S. 1171. 1924. — Mortensen: Chem. abstr. Bd. 17, S. 1519. 1923. — Mohlman, F. W.: Ind. Eng. Chem. Bd. 16, S. 225. 1924.
17. Salm: Zeitschr. f. physikal. Chem. Bd. 57, S. 471. 1907; Zeitschr. f. Elektrochem. Bd. 10, S. 341. 1904; Bd. 12, S. 99. 1906; s. auch Tizard: Journ. of the chem. soc. (London) Bd. 97, S. 2490. 1910. — Eydman: Recueils des travaux chim. des Pays-Bas Bd. 25, S. 83. 1906. — Kastle: Amer. chem. Journ. Bd. 33, S. 46. 1905. — Prideaux: Journ. of the chem. soc. Bd. 99, S. 1224. 1911. — Veley: Journ. of the chem. soc. (London) Bd. 22, S. 213. 1906; Bd. 23, S. 284. 1908.
18. Kolthoff: Pharmac. Weekbl. Bd. 57, S. 514. 1920.
19. Kolthoff: Recueils des travaux chim. des Pays-Bas Bd. 39, S. 672. 1920.
20. S. u. a. Noyes: Zeitschr. f. physikal. Chem. Bd. 11, S. 495. 1893. — Trevor: ebenda Bd. 10, S. 321. 1892. — Smith: ebenda Bd. 25, S. 144, 193. 1898. — Enklaar: Chem. Weekbl. Bd. 8, S. 824. 1911. — Dhatta und Dhar: Journ. of the chem. soc. (London) Bd. 107, S. 824. 1915. — Mc Coy: Journ. of the Americ. chem. soc. Bd. 30, S. 688. 1908. — Chandler: ebenda Bd. 30, S. 694. 1908.
21. Wood: Journ. of the chem. soc. (London) Bd. 83, S. 568. 1903; Bd. 89, S. 1831. 1906. — Veley: ebenda Bd. 93, S. 652, 2114, 2122. 1907;

Bd. 95, S. 1. 1908; auch Bd. 79, S. 863. 1901; Bd. 87, S 26. 1905; Zeitschr. f. physikal. Chem. Bd. 54, S. 561. 1906. — TIZARD: Journ. of the chem. soc. (London) Bd. 97, S. 2477. 1910. — BARRATT: Zeitschr. f. Elektrochem. Bd. 16, S. 130. 1910. — DENHAM: Journ. of the chem. soc. (London) Bd. 93, S. 41. 1908. — LEY: Zeitschr. f. physikal. Chem. Bd. 30, S. 193. 1899. — BRUNER: ebenda Bd. 32, S. 132. 1900. — VESTERBERG: Zeitschr. f. anorg. Chem. Bd. 99, S. 11. 1917. — LÖFMANN: ebenda Bd. 107, S. 241. 1919. — GOODWIN: Zeitschr. f. physikal. Chem. Bd. 21, S. 15. 1896. — WELLS: Journ. of the Americ. chem. soc. Bd. 31, S. 1027. 1907. — WAGNER, C. L.: Monatsh. f. Chem. Bd. 14, S. 91. 1913. — BJERRUM, N.: Zeitschr. f. physikal. Chem. Bd. 59, S. 350. 1907; vgl. weiter LUNDEN: Samml. techn. Vorträge Herz Bd. 14, S. 32. 1908. — LANDOLT-BORNSTEIN-ROTH: Tabellen 1912. — KOLTHOFF, J. M.: Biochem. Zeitschr. Bd. 162, S. 289, 1925.

22. KOLTHOFF: Pharmac. Weekbl. Bd. 54, S. 1046. 1917; Bd. 57, S. 252, 474, 787. 1920. — EVANS: Analyst Bd. 46, S. 393. 1921.

23. KARLSSON, K. G.: Zeitschr. f. anorg. Chem. Bd. 119, S. 69. 1921. — VON EULER, H. und SVANBERG: Zeitschr. f. physikal. Chem. Bd. 115, 139. 1921. — BOLIN, J.: Zeitschr. f. anorg. allgem. Chem. Bd. 143, S. 201. 1925.

24. MICHAELIS, L.: Die Wasserstoffionenkonzentration I. Zweite Auflage. Berlin 1922. S. 52. — Isoelektrischer Punkt von Gelatin: WILSON, J. A. und KERN, E. J.: Journ. of the Americ. chem. soc. Bd. 44, S. 2633. 1922; Bd. 45, S. 3139. 1923. — Lichtadsorption von Gelatin und p_H: HIGHLEY, H. P. und MATHEWS, J. H.: Journ. of the Americ. chem. soc. Bd. 46, S. 852. 1925. — Spezifische Rotation Gelatin und p_H: BOGUE, R. H. und O'CONNELL, M. F.: Journ. of the Americ. chem. soc. Bd. 47, S. 1694. 1925. — Elastizität Gelatin und p_H : SCARTH, G. W.: Journ. physic. Chem. Bd. 29, S. 1009. 1925. — Oberflächenspannung Gelatin und p_H: ST. JOHNSTON, J. H. und PEARD, G. T.: Biochem. Journ. Bd. 19, S. 281. 1925. — Fällung von Proteinen mit Silicowolframsäure und p_H: MERILL, A. T.: Journ. biol. Chem. Bd. 60, S. 257. 1924. Vgl. übrigens Handbücher über Kolloidchemie.

25. BLUM, W.: Journ. of the Americ. chem. soc. Bd. 38, S. 1282. 1916. — AUERBACH, F. und H. PICK: Arb. a. d. Kais. Ges.-Amt Bd. 38, S. 243. 1912; Biochem. Zeitschr. Bd. 48, S. 425. 1913. — MICHAELIS, L. und P. RONA: Biochem. Zeitschr. Bd. 67, S. 182. 1914. — JUNG: Helvetica chim. acta Bd. 5, S. 688. 1922; Bd. 6, S. 562. 1923. — SHOHL: Journ. biol. chem. Bd. 50, S. 527. 1922; vgl. auch Handbücher über Physikalische Chemie. — BILTZ, H. und HERRMANN, L.: Ann. d. Chem. Bd.431, S. 104. 1923. — HARPUDER, K.: Klin. Wochenschr. Bd. 2, S. 1268. 1923. — GUILLAUMIN, CH. O.: Bull. soc. chim. biol. Bd. 5, S. 455. 1923. — Bedeutung p_H bei anderen Prozessen. Adsorption im Ultraviolett als Funktion von p_H (Ultraviolett-Indicatoren!) vgl. VLÈS, F. und GEX, D: Cpt. rend. Bd. 180, S. 1342. 1925. — p_H und spezifische Rotation Weinsäure: VLÈS, F. und VELLINGER, E.: Cpt. rend. Bd. 180, S. 742. S. 1928.

26. Gerbevorgang. ATKIN, W. R.: Journ. of soc. leather trades chem. Bd. 4, S. 248, 268. 1920; Journ. of ind. eng. chem. Bd. 14, S. 412. 1922. — ATKIN, W. R. und F. C. THOMPSON: Journ. of soc. leather trades chem. Bd. 4, S. 143. 1920. — BALDERSTON, L.: Journ. americ. chem. leather assoc. Bd. 8, S. 370. 1913. — PROCTER, H. R.: Trans. Farad. soc. Bd. 16, S. 40. 1921. — PROCTER, H. R. und J. A. WILSON: Journ. of the chem. soc. (London) Bd. 109, S. 307, 1327. 1916. — THOMAS, A. W. und S. B. FOSTER: Journ. of ind. eng. chem. Bd. 14, S. 132. 1922. — THOMAS, A.W. und M. W. KELLEY: Journ. of ind. eng. chem. Bd. 13, S. 65. 1921; Journ. of the Americ. chem. soc. Bd. 44, S. 195. 1922. — WILSON, J. A.: Journ. americ. leather chem. assoc. Bd. 12, S. 108. 1917; Bd. 5, S. 268. 1921. — WILSON, J. A. und G. DAUB: Journ. of ind. eng. chem. Bd. 13, S. 1137. 1921; Bd. 14, S. 1128. 1922. — WILSON, J. A. und A. KERN: Journ. of ind. eng. chem. Bd. 13, S. 1005. 1921. — WILSON, J. A. und A. F. GALLUN: Journ. of ind. eng. chem. Bd. 15, S. 71. 267. 1923. — GUSTAVSON, K. H. und WIDEN, P. J.: Journ. of ind. eng. chem. Bd. 17, S. 577. 1925. — LITTLE, E. und BEANS, H. T.: Journ. americ. chem. leather assoc. Bd. 20, S. 103. 1925. — MC LAUGHLIN, G. D. und ROCKWELL, G. E.: Journ. americ. chem. leather assoc. Bd. 18, S. 233. 1923. — THOMAS, A. W. und SEYMOUR, F. L.: Journ. of ind. eng. chem. Bd. 16, S. 157. 1924. — Report in Journ. americ. chem. leather assoc. Bd. 19, S. 314. 1924. — ATKIN, W. R. und CAMPOS, J. M.: Journ. of soc. leather trade chem. Bd. 8, S. 406. 1924; Journ. americ. chem. leather assoc. Bd. 19, S. 442. 1924. — MERRILL: Journ. of ind. eng. chem. Bd. 16, S. 1144. 1924; Bd. 17, S. 35. 1925. — BOGUE, R. H.: Journ. of ind. eng. chem. Bd. 15, S. 1154. 1923. — THOMAS, A. W. und KELLEY, M. W.: Journ. of ind. eng. chem. Bd. 15, S. 1148. 1923. — WILSON, J. A. und GALLUM, A. F., Journ. of ind. eng. chem. Bd. 16, S. 261, 268. 1924. — KNOWLES, G. E.: Chem. abstr. Bd. 18, S. 765. 1924. — KERNGROSS, O.: Koll. Zeitschr. Bd. 33, S. 353. 1923. — SMORODIZNEW, J.: Zeitschr. f. physiol. Chem. Bd. 144, S. 255. 1925. — WOODROFFE, D.: Chem. abstr. Bd. 20, S. 516. 1926.

27. Bodenreaktion: SHARP und HOAGLAND: Journ. agric. research Bd. 7, S. 123. 1916; Bd. 12, S. 139. 1918. — HOAGLAND: Journ. agric. research Bd. 18 S. 73. 1919. — HUDIG und STURM: Verslagen Landbouwk. Onderzoekingen der Rykslandbouwproefstations Bd. 23, S. 85. 1919; Bd. 26, S. 60. 1922. — KNIGHT: Journ. ind. eng. chem. Bd. 12, S. 457. 1920. — BLAIR und PRINCE: Soil science Bd. 9, S. 253. 1920. — GAINY: Science Bd. 48, S. 139. 1918. — JOFFE: Soil science Bd. 9, S. 261. 1920. — MORSE: Journ. ind. eng. chem. Bd. 10, S. 125. 1918. — STEPHENSON: Soil science Bd. 8, S. 41. 1919. — WHERRY: Journ. Wash. acad. science Bd. 6, S. 672. 1916; Bd. 8, S. 589. 1918; Bd. 9, S. 305. 1919; Bd. 10, S. 217. 1920. — NIELS BJERRUM und GJALDBAEK: Den. Kgl. Veterinär-Og. Landbohojskole Aarsskrift 1919. — SEIDEL, TH.: Bull. sect. scient. de l'acad. Romania Bd. 2, S. 38. 1913. — KELLY und BROWN: Soil science Bd. 12, S. 261. 1921. — ATKINS, W. R.: Sci. Proc. Roy. Dubl. Soc. Bd. 16, S. 369. 1922; vgl. Chem. abstr. Bd. 16, S. 1477. 1922; Nature Bd. 108, S. 80, 568. 1921; Chem. abstr. Bd. 16,

S. 136. 1922. — FISHER, E. A.: Nature Bd. 108, S. 306. 1921; Chem. abstr. Bd. 16, S. 770. 1922. — BURGESS, P. S.: Science Bd. 55, S. 647. 1922. — OLSEN, C.: Meddel. fra Carlsberg laborat. Copenhagen Bd. 15, S. 1. 1921; Bd. 16, Nr. 2. 1925. — ARRHENIUS, O.: Cairo sc. j. Bd. 10, S. 25. 1921; Chem. abstr. Bd. 16, S. 3725. 1922; auch Bd. 18, S. 1685. 1924; Bd. 19, S. 2993. 1925. — PRESCOTT, J. A.: Cairo sc. j. Bd. 10, S. 58. 1921; Chem. abstr. Bd. 16, 3725. 1922. — GILLESPIE, L. J. und LEWIS: Soil science Bd. 6, S. 219. 1915. — FISHER, E. A.: Journ. of agr. sc. Bd. 11, S. 45. 1921. — SWANSON, LATSHAW und TAGUE: Journ. of agr. res. Bd. 20, S. 855. 1921. — DEMOLON: Amer. sc. agron. Bd. 37, S. 97. 1920. — HISSINK, D. J., und J. V. D. SPEK: Versl. Landb. Onderz. Bd. 27, S. 133. 1922. — PRATOLONAS, U.: Chem. Zentralbl. 1923, II, S. 243. — BRADFIELD, R.: Journ. Americ. chem. soc. Bd. 45, S. 1243. 1923. — KELLEY, A. P.: Soil science Bd. 16, S. 41. 1923. — MC GEORGE, W. T.: Soil science Bd. 16, S. 95. 1923. — SWANSON, C. O.: Journ. agric. research Bd. 26, S. 83. 1923. — BRADFIELD, R.: Journ. physic. Chem. Bd. 28, S. 169. 1924; Soil science Bd. 17, S. 411. 1924. — CONNER, D.: Journ. of ind. eng. chem. Bd. 16, S. 173. 1924. — HAGER, G.: Zeitschr. f. Pflanzennahr. u. Düngung S. 44. 1923; Chem. Zentralbl. 1924, I, S. 1441. — THERON, J. J.: Chem. abstr. Bd. 18, S. 1139. 1924. — POWER, F. B. und CHESTANT, V. K.: Science Bd. 41, S. 65. 1925; Bd. 60. S. 405. 1924. — OLSEN, C.: Cpt. rend. trav. lab. Carlsberg Bd. 15, S. 1, 166. 1924. — CARR, R. H. und BREWER, P. H.: Journ. of ind. eng. chem. Bd. 15, S. 634. 1923. — BURGESS, P. S.: Soil science Bd. 15, S. 407. 1923. — PRINCE, A. L.: Soil science Bd. 15, S. 395. 1923. — JOSEPH, A. F. und MARTIN, J.: Journ. agric. research Bd. 13, S. 321. 1923. — KUNZ, H.: Bot. Gaz. Bd. 76, S. 1. 1923. — JOHNSON, H. W.: Chem. abstr. Bd. 17, S. 3561. 1923. — GAINEY, P. L.: Journ. agric. research Bd. 24, S. 907. 1923. — CHRISTENSEN, H. R.: Chem. abstr. Bd. 18, S. 2215. 1924. — Internat. Mitt. f. Bodenkunde Bd. 14, S. 1 (auch 27). 1924. — JENSEN, S. T.: Internat. Mitt. f. Bodenkunde Bd. 14, S. 112. 1924. — TRENEL, M.: Ibid Bd. 14, S. 137. 1924. — NIKLAS, H. und HOCH, A.: Zeitschr. f. angew. Chem. Bd. 38, S. 195. 1925. — HENDRICKSON, B. H.: Soil science Bd. 18, 387. 1924. — LUNDEGARDH, M.: Biochem. Zeitschr. Bd. 149, S. 207. 1924. — KAPPEN, H.: Chem. abstr. Bd. 19, S. 2253. 1925. — MARLOTH, R.: Chem. abstr. Bd. 19, S. 2253. 1925. — SJOLLEMA, B.: Chem. abstr. Bd. 19, S. 1922. 1925. — CLARKE, G. R.: Chem. abstr. Bd. 19, S. 1923. 1925. — KRAUSS, G.: Chem. abstr. Bd. 19, S. 1923. 1925. — STOKLASA, J.: Ber. d. Bot. Ges. Bd. 42, S. 183. 1924. — TORBORG, J. S.: C. A. Bd. 19, S. 3339. 1925. — CHARLTON, J.: C. A. Bd. 19, S. 3340. 1925. — RUNK, C. R.: C. A. Bd. 19, S. 3340. 1925. — BRIOUX, CH. und J. PIEN: Cpt. rend. Bd. 181, S. 141. 1921. — HISSINK, D. J. und J. V. D. SPEK: Chem. Weekbl. Bd. 22, S. 500. 1925. — SKEEN, J. R.: Soil sc. Bd. 20, S. 307. 1925. — PIERRE, W. H.: Soil sc. Bd. 20, S. 285. 1925. — KOLTHOFF, I. M.: Chem. Weekbl. Bd. 20, S. 675. 1923. SMITH, A. M. Journ. of agricult. science. Bd. 15, S. 466. 1925. — CROWTHER, E. M.: Journ. of agricult. science. Bd. 15, S. 201. 1925. —

Wiessmann, H.: Zeitschr. f. angew. Chem. Bd. 39, S. 525. 1926. — O. Arrhenius Kalkfrage, Bodenreaktion und Pflanzenwachstum, Leipzig 1926, Akadamische Verlagsgesellschaft. — Kappen, H., und R. W. Beling: Z. Pflanzen- ernährung, Düngung. Bd. 6 A, S. 1. 1926.

28. **Nahrungs- und Genußmittel:** Duboux: Thèse Lausanne 1907. — Dutoit et Duboux: Journ. suisse pharm. chim. Bd. 133. 1910. — Paul, Th.: Zeitschr. f. Untersuch. d. Nahrungs- u. Genußmittel Bd. 28, S. 509. 1914; Zeitschr. f. Elektrochem. Bd. 21, S. 80, 542. 1915; Bd. 23, S. 65. 1917; Bd. 28, S. 435. 1922; Ber. d. Dtsch. Chem. Ges. Bd. 49, S. 2124. 1916. — Brauerei: Emsländer: Kolloid. Zeitschr. Bd. 13, S. 156. 1913; Bd. 14, S. 44. 1914; Zeitschr. f. d. ges. Brauwesen Bd. 37, S. 2, 16, 27, 37, 164. 1915; Bd. 38, S. 196. 1916; Bd. 42, S. 127, 135. 1919. — Adler: Biochem. Zeitschr. Bd. 77, S. 146. 1915; Zeitschr. f. d. ges. Brauwesen Bd. 38, S. 129. 1916. — Lüers: Zeitschr. f. d. ges. Brauwesen Bd. 37, S. 79. 334. 1914. — Ders.: Biochem. Zeitschr. Bd. 114. 1920. — Parsons: N. P.: Chem. abstr. Bd. 18, 2939. 1924. — Huid, H. L.: Chem. abstr. Bd. 18, S. 2939. 1924. — Bermann, V.: Wochenschr. f. Brauerei Bd. 42, S. 267. 1925. — Mason, F. A.: Chem. Zentralbl. 1926, I, S. 1312. — van Laer: Brasserie et Malterie Bd. 15, S. 200. 1925; Chem. abstr. Bd. 19, S. 3560. 1925. — A. C. Chapman und C. W. M. Mc Hugo: Journ. Inst. Brewing Bd. 31, S. 306. 1925. Chem. abstr. Bd. 20, S. 1300. 1926. — P. Bermann: Wochenschr. f. Brauerei Bd. 42, S. 267, 273. 1925. — W. Windisch, O. Kolbach, E. Wentzell: Wochenschr. f. Brauerei Bd. 42, S. 287, 295, 303, 325, 233. 1925. — M. H. van Laer: Petit Journ. Brass. Bd. 33, S. 674. 1925. Chem. abstr. Bd. 20, S. 1492. 1926. Über die Bedeutung des p_H bei Brot vgl. Cohn-Cathcart und Henderson: Biochem. Journ. Bd. 36, S. 581. 1918. — Jessen-Hansen: Cpt. rend. des séances de l'acad. des sciences Carlsberg Bd. 10, S. 170. 1911. — Wahl: Journ. ind. eng. chem. Bd. 7, S. 773. 1915; Bailey und Collatz: Science Bd. 51, S. 374. 1920. — Bailey und Peterson: Journ. ind. eng. chem. Bd. 13, S. 91. 1921. — Swanson und Tague: Chem. abstr. Bd. 14, S. 552. 1920; über Essig s. Brode und Lange: Arb. a. d. Reichs-Gesundheitsamte Bd. 30, S. 1. 1909. — Hempel, Jenny: Cpt. rend. du Lab. de Carlsberg Bd. 13, S. 1. 1917. — Atkins: Chem. abstr. Bd. 16, S. 1478. 1922. — Merl, Th. und J. Daimer: Zeitschr. f. Untersuch. d. Nahrungs- u. Genußmittel Bd. 42, S. 273. 1922. — La Mer, V. K., H. L. Campbell und H. C. Sherman: Journ. of the Americ. chem. soc. Bd. 44, S. 172. 1922. — Sörensen, S. P. L.: Amer. Food Journ. Bd. 19, S. 556. 1924. — Sharp, P. F.: Cereal Chem. Bd. 1, S. 117. 1924; Chem. abstr. Bd. 18, S. 2394. 1924. — Bailey, C. H. und Johnson, A. H.: Cereal Chem. Bd. 1, S. 133. 1924; Chem. abstr. Bd. 17, S. 1514. 1923; Bd. 18, S. 2394. 1924. — Bruere, P.: Ann. Falsif. Bd. 18, S. 161. 1925. — Morrison, C. B.: Journ. of ind. eng. chem. Bd. 15, S. 1219. 1923. — Sharp, Gortner und Johnson, Journ. physic. Chem. Bd. 27, S. 481, 567, 942. 1923. — Weaver, H. E.: Cereal Chem. Bd. 2, S. 209. 1925.

29. **Milch und Molkereiprodukte:** Mc Clendon und Sharp: Journ. of biol. chem. Bd. 38, S. 531. 1919 — Morres: Zeitschr. f. Untersuch.

d. Nahrungs- u. Genußmittel Bd. 22, S. 459. 1911. — DEVARDA: Milchwirtschaftl. Zentralbl. Bd. 43, S. 154. 1914. — BAKER und VAN SLYKE: Journ. of biol. chem. Bd. 40, S. 357. 1919; s. auch ALLEMANN: Biochem. Zeitschr. Bd. 45, S. 346. 1912. — CLARK, W. M : Journ. of med. research Bd. 31, S. 431. 1915. — TILLMANS, J. und W. OBERMAIR: Zeitschr. f. Untersuch. d. Nahrungs- u. Genußmittel Bd. 40, S. 23. 1920. — MURRAY, J. K. und WESTON, V.: Chem. abstr. Bd. 18, S. 2563. 1924. — RICE, F. E. und MARKLEY, A. L.: Journ. Dairy science Bd. 7, S. 468. 1924. — FABIR, H. K. und HEDDEN, F.: Chem. abstr. Bd. 19, S. 1444. 1925. — DUNCOMBE, E.: Journ. Dairy science Bd. 7, S. 86. 1924; Chem. abstr. Bd. 18, S. 1323. 1924. — COSMOVICI, N. L.: Bull. soc. chim. biol. Bd. 7, S. 124, 153. 1925. — COOLEDGE, L. H.: Chem. abstr. Bd. 18, S. 867. 1924. — MÜLLER, F.: Zeitschr. f. Kinderheilkunde Bd. 35, S. 285. 1923; Chem. Zentralbl. 1924, I, S. 1401.

30. Zucker: BREWSTER, J. F. und W. G. RAINER: The Louisiana Planter & Sugar Manufact. Bd. 69, 167. 1922. — SJÖSTROM O. A.: Journ. ind. eng. chem. Bd. 14, S. 941. 1922. — BREWSTER und RAINER: Journ. ind. eng. chem. Bd. 13, S. 1043. 1921. — TURRENTINE und TANNER: Journ. ind. eng. chem. Bd. 14, S. 19. 1922. — PERKINS, H. Z. E.: Journ. ind. eng. chem. Bd. 15, S. 623. 1923. — GEBELIN, J. A.: Louisiana Planter Bd. 71, S. 172. 1923. Chem. abstr. Bd. 17, S. 380. 1923. — WILLIAMS, W. J. und GEBELIN, J. A.: Facts about Sugar Bd. 17, S. 202. 1923; Chem. abstr. Bd. 17, S. 3426. 1923. — BREWSTER, J. F.: Chem. abstr. Bd. 19, S. 1565. 1925. — FARNELL, R. G. W.: Intern. Sugar Journ. Bd. 27, S. 89, 141. 1925. — COOK, H. A.: Sugar Bd. 27, S. 117, 211. 1925; Chem. abstr. Bd. 19, S. 2612, 3609. 1925. — MEADE, G. P. und BANS, P.: Chem. abstr. Bd. 19, S. 3609. 1925. — LUNDEN, H.: Centr. Zuckerind. Bd. 33, S. 1013. 1925. Auch Förhandlingar vid Svenska Sockerfabrik usw., März 1925. — PAINE, H. S., GIBLEY, B. C. und KEANE J. C.: Journ. Franklin Inst. Bd. 200, S. 677. 1925; Chem. Zentralbl. 1926, I, S. 1485. — BLOWSKI, A. A. und HOLVEN, A. L.: Journ. ind. eng. chem. Bd. 17, S. 1263. 1925. — FRANSEN, C.: Arch. Suikerindustrie Bd. 33, S. 1230. 1925; — KOLTHOFF, J. M.: Arch. Suikerindustrie Bd. 34, S. 131. 1926. — COOK, H. A.: Facts about Sugar Bd. 20, S. 1234. 1925 — Intern. Sugar Journ. Bd. 27, S. 602. 1925.

31. Pharmazie: MASSUCCI, P.: Journ. Americ. pharm. assoc. Bd. 11, S. 504. 1922. — LEVY, R. L. und G. E. CULLEN: Journ. of exp. med. Bd. 31, S. 267. 1920. — MACHT und SHOLL: Journ. of pharmacol. a. exp. therapeut. Bd. 16, S. 60. 1920. — RIPPEL, A.: Arch. d. Pharmazie Bd. 258, S. 287. 1920. — WILLIAMS und SWETT: Journ. of the Amer. med. assoc. Bd. 78, S. 1024. 1922. — MELLON, R. R., E. A. SLAGLE und S. F. ACREE: Journ. of the Amer. med. assoc. Bd. 78, S. 1027. 1922; Mitt. vom Mulford biol. Laborat. vgl. Pharmac. Weekbl. Bd. 59, S. 1364. 1922. — FABIAN, F. W.: Chem. abstr. Bd. 17, S. 3350. 1923. — REGNIER, J., Cpt. rend. Bd. 179, S. 354. 1924. Bull. Soc. pharmac. Bd. 31, S. 513. 1924. — ABELEN, J.: Biochem. Zeitschr. Bd. 141, S. 458. 1923. — ROY, L.: Journ. pharm. chim. (8) Bd. 1, S. 525. 1924. — Digitalis: Plant Research Lab.: Amer. journ. pharm. Bd. 97, S. 456. 1925; Chem. abstr.

Bd. 19, S. 2999. 1925. — **Herstellung Insulin**: BEST, C. H.,
MC LEOD, J. J. R.: Amer. journ. physiol. Bd. 63, S. 390. 1923; Chem.
abstr. Bd. 18, S. 1133. 1924. — FENGER, F. und WILSON, R. S.: Journ.
biol. chem. Bd. 59, S. 83. 1924. — CHEADLE, F. M.: Chem. abstr.
Bd. 19, S. 352. 1920. — **p_H von pharmazeutischen Produkten**: MASUCCI, P. und MOFFAT, M. J.: Journ. Americ. pharm. assoc.
Bd. 12. S. 609. 1923. — SCORILLE, W. L.: Pharm. Journ. Bd. 110, S. 466.
1923. — **Arsphenamin**: HUNTER, A. S. und PATRICH, W. A.: Chem.
abstr. Bd. 19, S. 1454. 1925. — **Toxine und Antitoxine**: HOISCH,
E. F.: Journ. Infect. Disease Bd. 34, S. 390. 1924. — KRANTZ, Jr.
und GORDON: Journ. Amer. Pharmac. Assoc. Bd. 15, S. 83. 1926. —
TAINTER, M. L.: Journ. Amer. Pharmac. Assoc. Bd. 15, S. 83. 1926.
32. MICHAELIS, L.: Die Wasserstoffionenkonzentration. Berlin 1914, wo
Literatur angegeben ist, auch 1922. — CLARK und LUBS: Journ. of
bacteriol. Bd. 2, S. 1, 109, 191. 1917; besonders jedoch CLARK, W. M.:
The Determination of Hydrogen-Ions (Baltimore 1922), wo die ganze
Literatur der letzten Zeit zusammengestellt ist.

Siebentes Kapitel.

Die Indicatorpapiere.

1. Die Anwendung der Indicatorpapiere. Ebenso wie die Indicatorlösungen haben die Papiere den Zweck, die Reaktion einer Flüssigkeit anzuzeigen. Wie wir sehen werden, hängt die Empfindlichkeit des Papieres von so vielen Umständen ab, daß man mit demselben die H-Ionenkonzentration im allgemeinen nicht genau bestimmen kann. Bei Puffermischungen kann man den p_H angenähert mit Indicatorpapieren bestimmen (s. S. 245). Bei qualitativen Versuchen empfiehlt sich die Anwendung öfters; u. a. bei der Untersuchung von Gasen auf saure oder basische Bestandteile (z. B. Ammoniak, Essigsäure usw.). Ferner bedient man sich der Reagenspapiere bei der qualitativen Metalluntersuchung. Bei bestimmten Arbeiten soll [H·] zwischen bestimmten (wenn auch weiten) Grenzen liegen. So muß die Wasserstoffionenkonzentration bei der Fällung der Kupfergruppe ungefähr 0,02—0,05 n sein, damit Zink noch nicht (oder fast nicht!) mit niederschlägt und Blei und Cadmium fast vollständig. Man kann diesen Säuregrad mit Methylviolettpapier einstellen. Ferner soll bei der Fällung von Eisen, Aluminium und Chrom als basischen Acetaten und Formiaten [H·] gleich 10^{-5} bis 10^{-6} sein. Deshalb wird die zu untersuchende Lösung so lange neutralisiert, bis die Reaktion mit Kongopapier nicht mehr und mit Lackmus noch sauer ist. Für die Untersuchung von Arzneimitteln haben die Indicatorpapiere eine Bedeutung bei der Identifikation. Starke Mineralsäuren reagieren mit Methylviolettpapier sauer, mäßig starke mit Kongopapier und sehr schwache mit Lackmus- oder Azolitminpapier sauer. Starke Basen reagieren mit Curcuma- oder Tropäolin-0-, mäßig starke Basen mit Phenolphthalein- und sehr schwache Basen mit Lackmus- oder Azolitminpapier sauer In der quantitativen Analyse werden die Reagenspapiere nicht viel verwendet, sie sind dazu im allgemeinen auch nicht zu empfehlen (1). In stark gefärbten Flüssigkeiten, wie in Fruchtsäften, Wein u. a., kann man keine Indicatorlösung verwenden, mit den Papieren erhält man jedoch gewöhnlich ebenfalls einen unscharfen Umschlag. Besonders ist dies der Fall, wenn die zu titrierende Lösung noch eine Pufferwirkung hat, wenn das Papier schon anfängt, die Farbe zu ändern. In diesen Fällen kann man die Titration besser nach anderen Verfahren ausführen [mit der Wasserstoffelektrode oder konduktometrisch oder spektroskopisch (2). Auch für die Bestimmung von schwachen Säuren (wie Essigsäure) neben starken Säuren sind Indicatorpapiere nicht zu empfehlen. Nach der Vorschrift von GLASER (3) erhält man einen unscharfen Umschlag.

2. Empfindlichkeit der Indicatorpapiere. Die Empfindlichkeit von Reagenspapieren hängt von verschiedenen Umständen ab, welche wir unten näher besprechen werden. Zu bemerken ist, daß die Empfindlichkeit immer kleiner ist als die der Indicatorlösungen, wenn man sie mit starken Säuren oder Basen bestimmt. Wenn man Puffermischungen gebraucht, zeigt das Reagenspapier jedoch dieselbe Empfindlichkeit wie die entsprechende Indicatorlösung.

a) Art des Papiers. Geleimtes Papier wird im allgemeinen die Reaktion schärfer anzeigen als Filtrierpapier, weil der aufgebrachte Flüssigkeitstropfen sich nicht so stark verteilt, so daß die Reaktion auf einem kleineren Raum eintritt. Wenn man gefärbte Flüssigkeiten prüfen will, ist Filtrierpapier vorzuziehen, zumal wenn die Farbe der Flüssigkeit und die einer der Indicatorformen gleich sind. Das Papier verursacht durch seine Capillarwirkung eine Trennung in Farbstoff und farblose

Flüssigkeit, wenn der Farbstoff nämlich basischen Charakter hat. In diesem Falle sehen wir die Reaktion am Rande des Tropfens deutlicher hervortreten. Die Empfindlichkeit des geleimten Papiers ist viel geringer als die des Filtrierpapiers, wie KOLTHOFF (4) untersucht hat. Die Ursache ist wahrscheinlich, daß geleimtes Papier wenig Farbstoff aufnimmt. Die Empfindlichkeit einiger geleimter Papiere findet man in untenstehender Tabelle (+ bedeutet schwache Reaktion; — keine Reaktion).

Empfindlichkeit des geleimten Papiers.

Indicator	10^{-3} n-HCl	5×10^{-4} n-HCl
Kongo	+	—
Dimethylamidoazobenzol . . .	—	—
Lackmus (sehr schwach gefärbt	+	—

b) Art und Vorbehandlung des Filtrierpapiers. Wegen des kolloiden Charakters vieler Indicatoren wurde untersucht, ob die Vorbehandlung des Papiers mit verschiedenen Reagenzien, wie Salzsäure, Aluminiumchlorid, Natronlauge, von Einfluß auf die Empfindlichkeit war. Nach der Behandlung mit Salzsäure oder Aluminiumchlorid wurde so lange ausgewaschen, bis das Wasser nicht mehr sauer gegen Methylrot reagierte; wenn mit Lauge behandelt war, wurde ausgewaschen, bis das Wasser gegen Phenolphthalein nicht mehr alkalisch reagierte. Die so vorbehandelten Papiere, wozu verschiedenartige Filtrierpapiere verwendet wurden, sind mit Kongo-, Dimethylgelb-, Azolitmin- und Phenolphthaleinlösung (s. sub 4) behandelt worden. Es zeigte sich sodann, daß die Vorbehandlung praktisch ohne Einfluß auf die Empfindlichkeit ist, wenn man von reinem Papier ausgeht. Wenn dies nicht der Fall ist, ist Behandlung mit Salzsäure ausreichend. Auch die Art des Filtrierpapiers ist von geringer Bedeutung, am empfindlichsten wurde das Papier von SCHLEICHER und SCHÜLL „für Capillaranalyse" befunden. Jedoch ist der Unterschied so gering, daß man praktisch wenig auf die Art des Papiers zu achten braucht.

c) Konzentration des Indicators im Papier. Ebenso wie bei der Reaktion mit Indicatorlösungen hat auch bei den Papieren die Konzentration einen großen Einfluß auf die Empfindlichkeit. Wenn wir eine Indicatorsäure HJ betrachten, ist einfach abzuleiten (vgl. Kapitel III), daß

$$[\text{H}^\cdot] = \frac{[\text{HJ}]}{[\text{J}']} \text{K}_{\text{HJ}}.$$

Im Falle von Kongosäure stellt [HJ] die Konzentration der blauen Form vor und [J'] die der roten. Wenn wir zwei Kongopapiere vergleichen, von denen das eine eine zehnmal größere Kongorotkonzentration enthält als das andere, so wird bei derselben [H˙] das eine Papier auch eine zehnmal größere Konzentration [HJ] enthalten. Wenn die Säure, d. h. die blaue Form, empfindlich neben J' nachweisbar ist, so wird das konzentriertere Kongopapier auch empfindlicher gegen Säure sein als das verdünntere. Allgemein gilt letzteres natürlich nicht, es hängt nämlich von der Empfindlichkeit ab, mit welcher die saure Form neben der basischen nachweisbar ist. Für Indicatorbasen gelten dieselben Betrachtungen. Das Gesagte gilt natürlich nur dann, wenn die Papiere aus reinen Indicatorlösungen bereitet sind. Dies ist z. B. bei blauem und rotem Lackmuspapier n i c h t der Fall. Blaues Lackmuspapier enthält einen Überschuß an Base, rotes Lackmuspapier an Säure. Es ist also selbstverständlich, daß diese Papiere bis zu bestimmter Farbstoffkonzentration die H˙ oder OH' um so empfindlicher anzeigen, aus um so verdünnteren Lackmuslösungen sie hergestellt sind. Auch gilt dies noch etwas für violettes Lackmuspapier, weil letzteres immer noch geringe Mengen von Ampholyten enthält.

Den Einfluß der Kongorotkonzentration auf die Empfindlichkeit des Papiers findet man in folgender Tabelle.

Konzentration der Kongolösung, mit welcher das Papier durchtränkt wurde	0,01 n-HCl	0,005 n-HCl	0,001 n-HCl	0,0005 n-HCl	0,0002 n-HCl	0,0001 n-HCl
1% Kongo . . .	+++ stark blauer Flecken	+++ stark blauer Flecken	+++ Flecken	+	+	−
0,1% ,, . . .	+++ stark blauer Flecken	+++	++ blauer Kreis, in der Mitte rot	+	+ schwach	−
0,01% ,, . . .	+	+	+	−	−	−
0,001% ,, . . .	−	−	−	−	−	−

Aus der Tabelle ergibt sich, daß man das empfindlichste Kongopapier erhält, wenn das Filtrierpapier mit 0,1 oder 1 proz. Kongorotlösung durchtränkt wird. Die Empfindlichkeit reicht dann noch bis 0,0002 n-HCl. Das 0,1 proz. Kongopapier ist am meisten zu empfehlen, weil die Farbänderung leicht zu sehen ist.

Bei Lackmus- und Azolitminpapier steigt die Empfindlichkeit, wenn die Konzentration des Indikators geringer wird. Dies ergibt sich auch aus folgender Tabelle. Das gewöhnliche Papier ist aus 1 proz. Lösungen bereitet.

Einfluß der Lackmus- oder Azolitminkonzentration auf die Empfindlichkeit des Papiers.

Art des Papiers	HCl-Konzentration				
	10^{-3} n	5×10^{-4}	2×10^{-4}	10^{-4}	5×10^{-5}
Blaues Lackmus 1%	++	—	—	—	—
„ „ 0,1%	+++	++	+	—	—
Violettes Lackmus .	+++	++	±	—	—
Azolitmin 1% . . .	+++	+++	++	+	—
„ 0,1% . . .	+++	+++	++	+	—

Art des Papiers	NaOH-Konzentration			
	10^{-3} n	4×10^{-4} n	2×10^{-4} n	10^{-4} n
Rotes Lackmus 1%	++	++	+	—
„ „ 0,1%	++	++	+	+
Violettes Lackmus .	++	++	+	—
Azolitmin 1% . . .	+++	+++	++	+
„ 0,1% . . .	+++	+++	++	+

Bei den Empfindlichkeitsbestimmungen mit Lauge soll man für die Verdünnung ganz reines, jedenfalls völlig kohlensäurefreies Wasser benutzen, sonst findet man eine viel geringere Empfindlichkeit, als in der Tat vorhanden ist.

Aus den Versuchen ergibt sich, daß das empfindlichste Reagens für starke Säuren und Basen Azolitminpapier ist, das aus 0,1 proz. Indicatorlösung bereitet ist. Man kann damit die Anwesenheit von 10^{-4} n-Salzsäure und Natronlauge nachweisen. Auch für die schwächeren Säuren und Basen ist es das beste Papier.

Für Methylviolettpapier gilt, wie gesagt, dasselbe wie für Lackmuspapier. Wenn es aus zu konzentrierten Lösungen bereitet ist, ist es fast nicht mehr brauchbar. Die Farbe des Papiers soll hellviolett sein; man erhält es so, indem man von einer 0,4 promill. Methylviolettlösung ausgeht. 0,01 n-Salzsäure färbt dieses Papier noch eben violett-blau, 0,1 n-HCl blaugrün und n-HCl gelbgrün.

Das Phenolphthaleinpapier verhält sich anders als die anderen Papiere. Es ist gleichgültig, ob das Papier vorbehandelt ist, der aufgesetzte Tropfen bleibt auf dem Papier liegen und diffundiert nicht oder nur sehr langsam. Für die Bereitung des Papiers wurde 1- und 0,1proz. alkoholische Phenolphthaleinlösung verwendet. Wahrscheinlich sind diese Konzentrationen noch so groß, daß der Indicator beim Trocknen in den Capillaren des Papiers auskrystallisiert. Weil nun der Tropfen einige Zeit liegen bleibt, dauert es verhältnismäßig lange, bevor die alkalische Reaktion wahrnehmbar ist. Schneller erhält man ein Ergebnis, wenn man mit einem Stäbchen die Berührung zwischen Flüssigkeit und Papier befördert. Das Phenolphthalein löst sich dann.

Die Reaktion spielt sich also im Tropfen ab und nicht im Papier; wir könnten sie also auch in einem Capillarrohre vor sich gehen lassen. Die Empfindlichkeit des Phenolphthaleinpapieres ist, wie man leicht verstehen kann, dieselbe wie die der Indicatorlösung. So gab eine 0,0001 n-Natronlaugelösung mit dem Papier noch eine schwache Rosafärbung. Der Vorteil des Phenolphthaleinpapiers ist, daß man nach dem Aufsetzen des Tropfens keine Capillarerscheinungen wahrnimmt, wodurch die Beurteilung viel schärfer wird. Erst nach einiger Zeit diffundiert der Tropfen, und dann verschwindet schließlich die rote oder rosa Farbe des Indicators.

Auch bei anderen Papieren spielt die Konzentration des Indicators eine Rolle. In der Tabelle am Ende dieses Kapitels (S. 272) findet man die geeignetste Konzentration an Indicatorlösung angegeben.

d) **Die Art der Reaktionsanstellung.** Gewöhnlich setzt man einen Tropfen der zu untersuchenden Lösung auf das Papier. Man kann letzteres auch in die Flüssigkeit hinein hängen. Viel Vorteil bietet das aber nicht; ich fand die Empfindlichkeit auf diese Weise immer geringer, als wenn man einen Tropfen auf das Papier setzte. Zudem soll man wegen der Capillarerscheinungen, infolge deren der Farbstoff diffundiert, schnell beobachten. Bei längerem Einhängen löst sich ein Teil des Farbstoffes, was durch Elektrolyte befördert wird [WALPOLE (5)].

e) Beschaffenheit der Lösung: Bis jetzt haben wir die Empfindlichkeit des Indicatorpapiers immer mit Lösungen von starken Säuren und Basen beurteilt. Die Empfindlichkeit ist, ausgenommen bei Phenolphthaleinpapier, immer geringer als die der zugehörigen Indicatorlösungen. Wenn wir z. B. eine 0,0001 n-Salzsäurelösung mit einer Mischung von etwa 90 ccm 0,1 n-Essigsäure und 10 ccm 0,1 n-Acetat vergleichen, so geben beide Flüssigkeiten mit Dimethylgelb ungefähr dieselbe Farbe. Beurteilt man jedoch auf Azolitminpapier, so reagiert die Essigsäure-Acetatmischung scheinbar viel stärker sauer als die Salzsäurelösung; hieraus ergibt sich also, daß ein Indicatorpapier die wirkliche Acidität oder die Wasserstoffionenkonzentration nicht gut anzeigt. Wenn auf irgendeine Weise Wasserstoffionen fortgenommen werden (durch Adsorption vom Papier oder durch Verunreinigung vom Indicator oder Papier), werden keine H-Ionen nachgeliefert. Die Flüssigkeit wird hierdurch neutralisiert. Wenn man jedoch mit einer Puffermischung arbeitet, haben Spuren von Verunreinigungen keinen Einfluß. Wenn man die Empfindlichkeit der Indicatorpapiere mit Puffermischungen beurteilt, findet man daher, daß diese dieselbe ist wie die der Indicatorlösungen. Bei starken Elektrolyten geben die Indicatorpapiere jedoch mehr einen Eindruck von der Titrieracidität als von der Wasserstoffionenkonzentration.

Ein Papier, das einigermaßen einen Eindruck sowohl von der H˙-Konzentration wie von der Titrieracidität gibt, ist Kaliumjodid-Jodatpapier. Jodid und Jodat reagieren miteinander nach der Gleichung:

$$5 J' + JO_3' + 6 H˙ \rightarrow 3 J_2 + 3 H_2O.$$

Die Reaktion ist eine Zeitreaktion, und die Geschwindigkeit ist sehr von der [H˙] abhängig. Aus der Gleichung ergibt sich, daß bei der Reaktion H˙-Ionen fortgenommen werden. Wenn wir also wieder 0,0001 n-HCl mit der Essigsäure-Acetatmischung gegen Jodid-Jodatpapier vergleichen, so werden beide Lösungen im ersten Augenblick dieselbe braune oder blaue Farbe geben.

Das mit dem Puffergemische behandelte Papier wird allmählich dunkler gefärbt werden, weil die fortgenommenen H'-Ionen nachgeliefert werden. Bei der Salzsäure ist dies nicht der Fall.

3. Die Bestimmung der H-Ionenkonzentration mit Indicatorpapieren. Wir haben schon auf der vorigen Seite gesehen, daß Indicatorpapiere mit Puffermischungen ungefähr das Umschlagsgebiet des betreffenden Indicators angeben. Bei Anwesenheit einer genügenden Menge von Regulatoren kann man dann auch den Wasserstoffexponenten ziemlich genau abschätzen. Auf Anregung von Professor SÖRENSEN hat Fräulein HEMPLE (6) dies versucht; sie fand Lacmoidpapier brauchbar zwischen den p_H 3,8—6,0. Ein Tropfen der zu untersuchenden Lösung wurde auf das Papier gebracht, dann wurde die Farbe mit der verglichen, welche Puffermischungen hervorbrachten. Die Genauigkeit geht ungefähr bis auf 0,2—0,5 p_H herab. HAAS (7) hat das Verfahren erweitert. Er gibt eine Vorschrift zur Bereitung von blauem und rotem Lacmoidpapier. Auf einige Streifen des Papiers bringt man einen Tropfen der zu untersuchenden Lösung. Zu gleicher Zeit macht man mit Puffermischungen von bekannter [H'] eine Reihe von Vergleichspapieren. Die Streifen werden langsam über Natronkalk (Kohlensäure muß ausgeschlossen werden) getrocknet. Während des Trocknens vergleicht man dann und wann die Farbe; die eigentliche Bestimmung geschieht, wenn die Papiere ganz trocken sind. Die Vergleichung der Farben geschieht von der Mitte des Tropfens ab, am Rande ist die Farbe wegen der Diffussion meistens verwischt. Durch Bedecken der Papiere mit gutem Paraffin kann man eine Reihe haltbarerer Vergleichspapiere herstellen. Außer Lacmoidpapier verwendet HAAS noch andere Indicatorpapiere:

Methylorangepapier . . . . . . für p_H = 2,4—3,8
Bromphenolblaupapier . . . . . ,, ,, = 3,4—4,6
Alizarinpapier . . . . ,, ,, = 4,0—6,0
Azolitminpapier . . . . ,, ,, = 6,2—8,0
Neutralrotpapier . . . . ,, ,, = 7,0—9,0

Die Genauigkeit des Verfahrens geht nach HAAS von 0,4 bis zu 0,2 p_H herab. Für die p_H-Bestimmung in kleinen Flüssig-

Art des Papieres	Konzentration d. Indicat.lösung	Anwendbar zwischen	Beobachtungszeit nach Aufbringen des Tropfens	Genauigkeit und Bemerkungen
Kongorot (gehärtetes Papier)	0,1%	$p_H = 2{,}5-4{,}0$	innerhalb 5 Min.	Ungefähr 0,2 p_H. Beim Eintrocknen wird der blaue Fleck wieder rot.
Methylorange	0,2%	$p_H = 2{,}6-4{,}0$	nach 2 Min.	Ungefähr 0,2 p, schnell beurteilt Kongopapier im allgemeinen besser, Einfluß der Verdünnung groß.
Alizarin (gehärtetes Papier)	0,1%	$p_H = 4{,}6-5{,}8$	„ 5 Min.	Ungefähr 0,2 bis 0,3 p
Blaues Lacmoidpapier		$p_H = 4{,}6-6{,}0$	„ 5—10 Min.	0,2—0,3 p_H.
Brillantgelbpapier	0,2%	$p_H = 6{,}8-8{,}5$	„ 5—60 „	0,2 p_H. Bei Anwesenheit von Borsäure (Puffermischung) darf man nicht eintrocknen lassen.
Rotes Lackmus		$p_H = 6{,}6-8{,}0$		0,2 p_H. Bei Anwesenheit von Borsäure nicht eintrocknen lassen.
Blaues Lackmus		$p_H = 6{,}0-8{,}0$	„ 5—60 „	
Azolitmin	1%	$p_H = 5{,}5-8{,}0$		
Phenolrotpapier	0,1%	$p_H = 7{,}0-8{,}2$	„ 2—30 „	0,2 p_H.
Kresolrotpapier	0,1%	$p_H = 7{,}6-9{,}0$	„ 2—30 „	0,2 p_H.
α-Naphtholphthalein (Capillarpapier)	0,2%	$p_H = 8{,}2-9{,}5$	„ 5 „	0,2 p_H.
Curcumapapier	0,1%	$p_H = 7{,}5-9{,}5$	„ 10 „	0,2 p_H. Bei Anwesenheit von Borsäure nicht eintrocknen lassen.
Thymolphthaleinpapier	0,1%	$p_H = 10-11$	„ 2 „	

keitsmengen kann das Verfahren mit Vorteil verwendet werden. **Jedoch soll man mit der Anwendung vorsichtig sein.**

Ich habe das Verfahren zur p_H-Bestimmung mit Indicatorpapieren ebenfalls untersucht. Die Ergebnisse seien hier nur kurz mitgeteilt. Im Gegensatz zu HAAS fand ich, daß man den Tropfen im allgemeinen nicht eintrocknen lassen darf, denn die Farbe wird dann sehr undeutlich, und geringe Unterschiede sind auf diese Weise schwer zu erkennen. Weiter ist es am besten, den Tropfen nicht mit einem Glasstäbchen, sondern mit einer Capillare auf das Papier zu bringen. So kann man mit 10—20 cmm Flüssigkeiten auskommen. Im allgemeinen ist es am besten, gehärtetes Papier zu verwenden; auch Filtrierpapier von SCHLEICHER und SCHÜLL für Capillaranalyse ist oft für den Zweck sehr geeignet. Von großer Bedeutung ist auch die „Intensität" der Pufferwirkung. Wenn z. B. eine Phosphatmischung von $p_H = 7,0$ zehnmal verdünnt und die Farbe auf rotem Lackmuspapier beurteilt, so ist die unverdünnte Lösung scheinbar viel stärker alkalisch als die verdünnte Lösung. Es ist zu empfehlen, als Vergleichslösungen immer Puffermischungen anzuwenden, deren Pufferwirkung ungefähr dieselbe ist wie die der zu untersuchenden Lösung. Dann geht die Genauigkeit des Verfahrens bis auf ungefähr 0,2 p_H. Für die schnelle Untersuchung von Blutserum und Harn dürfte das Verfahren von Bedeutung sein. Wenn die zu untersuchende Lösung sehr leicht flüchtige Säuren enthält (z. B. Kohlensäure) und die Menge der nicht flüchtigen Säuren vernachlässigt werden kann, ist das Verfahren nicht zu verwenden.

Auf Einzelheiten kann nicht eingegangen werden [vgl. KOLTHOFF (8)]. In der Tabelle auf S. 244 sind Indicatorpapiere angegeben, welche nach meinen Befunden gut verwendbar sind.

4. Die Capillarerscheinungen bei Reagenspapieren. Die Capillarerscheinungen im Filtrierpapier sind schon oft untersucht worden. Bei Anstellung von Reaktionen auf Indicatorpapieren nimmt man sie ebenfalls wahr, besonders dann, wenn man sich der Empfindlichkeitsgrenze des Papiers nähert. Wenn man einen Tropfen 0,001 n-HCl auf Kongopapier setzt, bleibt der Kern des diffundierenden Tropfens rot, also alkalisch, um ihn herum bildet sich ein Kreis, der sauer reagiert, dann folgt noch ein Wasserkreis. Bei Dimethylgelb-, Azolitmin-, Lackmus- und anderen Papieren kann man gleiche Erscheinungen wahrnehmen. Das Verhältnis zwischen den Radien des Wasser- und Säurekreises ist auf eine bestimmte Weise abhängig von der Wasserstoffionenkonzentration [s. HOLMGREN und andere Literatur (9)]. Die Erklärung der Kreisbildung ist folgende: Das ganze Stück Papier ist bis zum sauren Kreise sauer; in der Mitte jedoch so wenig, daß die [H˙] nicht groß genug ist (wenn wir Kongopapier als Beispiel nehmen), die blaue Kongosäure zu bilden. Beim Aufsetzen des Tropfens diffundiert das Wasser am schnellsten, dann folgen die schnell beweglichen H-Ionen. So wird auf eine bestimmte Entfernung von der Mitte der Konzentrationsunterschied mit der ursprünglichen Lösung so groß, daß die Menge der adsorbierten H-Ionen genügend ist, um die saure Form des Indicators zu bilden. Es bildet sich dann der saure Kreis, der weiter als chemisches Filter wirkt und nur Wasser durchläßt.

Auch infolge anderer Ursachen können Capillarerscheinungen auftreten. So färbt eine Lösung von Ammoniumacetat rotes sowie blaues Lackmuspapier violett. Indes erkennt man, daß der Tropfen in der Mitte mehr blau und am Rande mehr rot ist. Das Ammoniak wird also vom Papier stärker festgehalten als die Essigsäure. Viel stärker sind die beschriebenen Erscheinungen, wenn man die Reaktion mit Bleiacetat anstellt. Auf einige Entfernung von der Mitte des Tropfens bildet sich zuerst ein blauer Kreis (Adsorption von Bleihydroxyd), um ihn herum diffundiert die Essigsäure, wodurch ein roter Kreis entsteht. Durch diese Erscheinungen läßt sich der Widerspruch erklären, der zwischen den verschiedenen Arzneibüchern über die Reaktion von Bleiacetat besteht. Mit Lackmuspapier kann man bei diesem Salze die Reaktion nicht genau feststellen; letzteres soll mit Hilfe von Methylrotlösung geschehen. Bei hydrolytisch gespaltenen Salzen, wie Natriumacetat oder Ammoniumchlorid, läßt sich die alkalische oder saure Reaktion leicht mit Indicatorpapieren nachweisen.

5. Die Bereitung der Papiere. Nach GLASER bereitet man die Indicatorpapiere auf folgende Weise: Starkes, weißes Filtrierpapier wird mit Salzsäure und Ammoniak gereinigt, dann mit destilliertem Wasser ausgewaschen und getrocknet. Nach GLASER eignet sich das Papier von SCHLEICHER und SCHÜLL Nr. 595 hierzu am besten. Das getrocknete Papier tränkt man mit der Indicatorlösung. Wenn man weißes, geleimtes Papier verwendet — wozu gutes Briefpapier sich am besten eignet —, wird letzteres mit der Lösung bestrichen. Die feuchten Papiere werden dann getrocknet, was am besten geschieht, indem man das Papier wie Wäsche auf Schnüren aufhängt und durch häufigeres Umhängen dafür sorgt, daß der Farbstoff sich möglichst gleichmäßig verteilt. Das Trocknen hat in Räumlichkeiten zu geschehen, welche gegen alkalische oder saure Dämpfe geschützt sind.

Blaues Lackmuspapier kann am besten nach der Vorschrift von GLASER (3) (S. 112) hergestellt werden, indem man Lackmuskuchen erst mit Alkohol auskocht. Der Rückstand wird getrocknet und mit kaltem Wasser ausgezogen. Zur Bereitung des blauen Papiers wird Filtrierpapier mit der wässerigen Lösung getränkt und dann getrocknet. Zur Entfernung des freien Alkalis wird mit Wasser ausgewaschen, was am besten auf einer Glasplatte geschieht. (Besser kann man, bevor man das Papier mit der Lösung tränkt, den Überschuß an Alkali mit Säure fortnehmen.)

Rotes Lackmuspapier bereitet man nach GLASER aus der sauren Tinktur oder indem man das blaue Papier in verdünnte Schwefelsäure taucht und diese mit destilliertem Wasser auswäscht. Besser kann man es jedoch aus der wässerigen Lösung, mit welcher man auch das blaue Papier herstellt, bereiten. Dies wird auch von FRESENIUS und GRÜNHUT (10) angegeben. Die wässerige Lackmuslösung wird so lange mit Schwefelsäure versetzt, bis die Farbe eben rot ist. Das Papier wird mit dieser Lösung getränkt. FRESENIUS und GRÜNHUT kochen die angesäuerte Lösung eine Viertelstunde unter Ersatz des verdampfenden Wassers. Schlägt hierbei der rote Farbenton wieder in Violett oder Blau um, so stellt man ihn mit Schwefelsäure wieder her und fährt damit fort, bis der gewünschte Farbton erreicht ist. Besser als rotes und blaues Lackmuspapier kann man das violette verwenden, mit dem man sowohl die saure als auch die alkalische Reaktion anzeigt. Die obengenannte wässerige Lösung des gereinigten Lackmus wird mit Säure auf den richtigen Farbton eingestellt, dann wird das Papier mit der Lösung getränkt. Für die Herstellung von den anderen Indicatorpapieren geht man von Lösungen von reinen Präparaten aus.

Für die Herstellung eines hochempfindlichen Kongopapieres gibt F. W. HORST (12) folgende Vorschrift. Der Kongofarbstoff

Empfindlichkeitstabelle der Indicatorpapiere.

Art des Indicators	Konzentration d. Indicatorlösung, mit der das Papier getränkt wurde	Empfindlichkeit gegen HCl	Empfindlichkeit gegen NaOH	Bemerkungen
Hämatoxylin . .	0,2%	0,2 bis 1 n		von gelb nach kirschrot; sehr schön
Methylviolett. .	0,4⁰/₀₀	10^{-2} n		mit 10^{-2} n-HCl blau; 10^{-1} n-HCl blaugrün; n-HCl grüngelb
Methanilgelb . .	0,2%	5×10^{-3} n		gelb — rot alk. sauer
Tropäolin 00 . .	0,2%	4×10^{-3} n		
Dimethylgelb. .	0,2%(Alkohol)	4×10^{-4} n		
Kongo	0,1% (Wasser)	2×10^{-4} n		
Blaues Lackmus	1%	10^{-3} n		
,, ,,	0,1%	2×10^{-4} n		
Violettes Lackm.	1%	4×10^{-4} n	5×10^{-5}	
Azolitmin . . .	1%	10^{-4} n	5×10^{-5}	
Rotes Lackmus	1%		2×10^{-4}	
,, ,,	0,1%		10^{-4}	
α-Naphtholphthalein . .	0,1%		5×10^{-5}	
Brillantgelb . .	1%		10^{-5}	gelb — rotbraun ↓ ↓ sauer alkalisch
Phenolrot . . .	0,1%		5×10^{-5}	gelb — rot ↓ ↓ sauer alkalisch
Kresolrot . . .	0,1%		5×10^{-5}	gelb — purpurrot
Phenolphthalein	1%		5×10^{-5}	
,,	0,1%		10^{-4}	
Curcuma . . .	0,2%		10^{-3}	gelb — rotbraun ↓ ↓ sauer alkalisch
Thymolphthalein	0,1%		10^{-3}	farblos —blau
Tropäolin 0. . .	0,2%		3×10^{-3}	gelb × rotbraun ↓ ↓ sauer alkalisch

muß zuerst gereinigt werden. Man löst 1 g Rohfarbstoff in 30—35 cm heißem Wasser, läßt kurze Zeit stehen, damit die schwer löslichen Kalk- und Magnesiasalze und andere unlösliche Bestandteile sich absetzen, filtriert durch Glaswolle, macht wieder so heiß wie möglich und gibt unter Rühren langsam kleine Portionen gesättigter Kochsalzlösung zu, bis gerade die Krystallisation des Farbstoffes beginnt (etwa 20 ccm Salzlösung). Die Krystalle werden heiß abgenutscht und mit heißer 10%iger Salzlösung gewaschen.

Den so gereinigten Farbstoff löst man wieder in heißem Wasser (etwa 0.3%), und fällt die Lösung unter stetigem Rühren mit Salzsäure. Dekanthieren, absaugen. Die Farbsäure löst man in heißem Wasser unter Zugabe von Ammoniak, hält die Lösung möglichst kochend heiß (etwa 0.1%) und zieht Streifen Filtrierpapier guter Qualität durch die Lösung.

Die gefärbten Streifen werden sofort nach dem Herausnehmen mit kaltem destillierten Wasser abgespritzt. Empfindlichkeit bis $^1/_{4000}$ N Salzsäure.

Alle Indicatorpapiere sollen vor Luft und Licht geschützt aufbewahrt werden. Licht entfärbt die meisten Papiere.

6. Die Empfindlichkeitsgrenze von Indicatorpapieren. Die Empfindlichkeit ist nur von denjenigen Indicatorpapieren angegeben, die praktisch gut verwendbar sind. So habe ich Versuche mit Lacmoid — p-Nitrophenol 1% und 0,1% — Neutralrot-, Methylrotpapier u. a. gemacht, doch waren die Farbänderungen nicht scharf erkennbar.

Die obigen Indicatorpapiere sind aus gewöhnlichem Filtrierpapier hergestellt. Die Konzentration der Indicatorlösung, mit welcher das Papier getränkt war, ist in nebenstehender Tabelle angegeben (S. 248).

Literaturverzeichnis zum siebenten Kapitel.

1. GILLESPIE und HURST: Soil science Bd. 6, S. 219. 1918; s. auch GILLESPIE und WISE: Journ. of the Americ. chem. soc. Bd. 40, S. 796. 1918.
2. Über Titration mit der Wasserstoffelektrode vgl. JOEL H. HILDEBRAND: Journ. of the Americ. chem. soc. Bd. 35, S. 847. 1913. — MICHAELIS, L.: Die Wasserstoffionenkonzentration. 1914. — PRIDEAUX, E. B. R.: The Theory and Use of Indicators. London 1917. — CLARK, W. M.: The Determination of Hydrogen Ions. Baltimore 1922, wo mehrere Literatur angegeben ist. Über die konduktometrische Titration vgl. KOLTHOFF: Zeitschr. f. anorg. Chem. Bd. 111, S. 1, 97, 155. 1920, wo andere Literatur angegeben ist. Für die spektroskopische Beobachtung des Umschlags vgl. TINGLE: Journ. of the Americ. chem. soc. Bd. 40, S. 873. 1918; Journ. Soc. chem. Ind. Bd. 37, S. 117. 1918; Chem. Zentralbl. 1919, II, S. 469. — GAUTIER und COURSAGET: Cpt.

rend. des seances de la soc. de biol. Bd. 81, S. 733. 1918. — GAUTIER: ebenda Bd. 82, S. 999. 1919; Chem. Zentralbl. 1919, II, 39; 1919, IV, 1025.
3. GLASER, FRITZ: Indicatoren der Acidimetrie und Alkalimetrie. Wiesbaden 1901.
4. KOLTHOFF: Pharmac. Weekbl. Bd. 56, S. 175. 1919.
5. WALPOLE: Journ. of biol. chem. Bd. 7, S. 260. 1913.
6. HEMPLE: Cpt. rend. trav. Lab. Carlsberg Bd. 13, S. 1. 1917.
7. HAAS: Journ. of biol. chem. Bd. 38, S. 49. 1919.
8. KOLTHOFF: Pharmac. Weekbl. Bd. 58, S. 962. 1921.
9. Capillarerscheinungen in Papier: vgl. GOPPELSROEDER: Neue Capillar- und capillaranalytische Unters. Verhandl. d. Ges. dtsch. Naturforsch. u. Ärzte. Basel 1907. — OSTWALD, WO.: Kolloid. Zeitschr., Suppl.-Heft II, S. 20. 1908. — FREUNDLICH: Capillarchemie S. 156. — LUCAS: Kolloid. Zeitschr. Bd. 23, S. 15. 1918 und später. — SCHMIDT, HANS: Kolloid. Zeitschr. Bd. 13, S. 146. 1913; Journ. of biol. chem. Bd. 7, S. 231. 1913; Bd. 24, S. 49. 1919. — HOLMGREN: Biochem. Zeitschr. Bd. 14, S. 181. 1908. — KRULLA: Zeitschr. f. physikal. Chem. Bd. 66, S. 307. 1909. — SKRAUP: Monatsh. f. Chem. Bd. 30, S. 773. 1909; Bd. 31, S. 754, 1067. 1910; Bd. 32, S. 353. 1911. — MALARSKI: Kolloid. Zeitschr. Bd. 23, S. 113. 1918.
10. FRESENIUS und GRÜNHUT: Zeitschr. f. analyt. Chem. Bd. 59, S. 233. 1920.
11. Über den Nachweis von Säuren in Papier, vgl. SCHLEICHER, A., und RÖSSLER, B.: Der Papierfabrikant Bd. 19, S. 205. 1924.
12. HORST, F. W.: Zeitschr. f. angew. Chem. Bd. 38, S. 947. 1925.

Achtes Kapitel.

Die Theorie der Indicatoren.

1. Die Theorien über den Farbumschlag. Über die Frage, welche chemischen Veränderungen am Indicator vor sich gehen, die die Farbänderung verursachen, gibt es zwei Auffassungen: die Ionentheorie oder die Theorie von WILHELM OSTWALD (1) und die **chromophore** oder chemische Theorie, die gegenwärtig gewöhnlich die Theorie von HANTZSCH genannt wird. Abgesehen von diesen zwei Theorien hat WOLFGANG OSTWALD (2) einen neuen Gesichtspunkt hervorgehoben. Er behauptete nämlich, daß der Farbumschlag von einer Änderung im Dispersitätsgrade des Indicators begleitet sei. Aus den Untersuchungen von KRUYT und KOLTHOFF (3) u. a. geht aber hervor, daß dies nicht immer der Fall ist, so daß die Theorie von WOLFGANG OSTWALD nicht allgemeine Gültigkeit besitzt. Selbst wenn sich der Dispersitätsgrad mit der Farbe ändern sollte, so würde die Änderung des Dispersitätsgrades noch keine „U r s a c h e" von der Farbänderung sein, sondern nur auf eine Erscheinung hinweisen, die damit parallel läuft; außerdem ist nicht einzusehen, warum nur Wasserstoff- und Hydroxylionen einen so großen Einfluß auf die Farbe und den Dispersitätsgrad haben sollen. Wir können bei der Besprechung der Theorien der Indicatoren die Auffassung von WOLFGANG OSTWALD außer acht lassen[1]). Es bleiben also noch die Theorien von W. OSTWALD und von HANTZSCH zu besprechen. Nach W. OSTWALD sind die Indicatoren schwache Säuren oder schwache Basen, von denen die nichtdissoziierte Form eine andere Farbe besitzt als die Ionen; mit anderen Worten: OSTWALD schreibt den Farbumschlag eines Indicators dem Übergange in die Ionenform, und umgekehrt, zu. Wenn man daher eine Indicatorsäure HJ betrachtet, so ist dieselbe in wässeriger Lösung wie folgt gespalten:

$$HJ \rightleftarrows H^{\cdot} + J',$$

$$\frac{[H^{\cdot}][J']}{[HJ]} = K_{HJ},$$

$$\frac{[J']}{[HJ]} = \frac{K_{HJ}}{[H^{\cdot}]}.$$

$\frac{[J']}{[HJ]}$ bedeutet nun nichts anderes als das Mengenverhältnis der alkalischen und der sauren Form.

Hier wird also direkt angegeben, wie sich die Farbe ändert, wenn [H$^{\cdot}$] größer oder kleiner wird (vgl. Kap. III). Der große Vorteil der Auffassung von OSTWALD ist daher der, daß wir nun quantitativ den Farbumschlag der Indicatoren untersuchen können. Wenn auch die ursprüngliche Auffassung von OSTWALD nicht ganz richtig ist, so ist doch die obenstehende abgeleitete Gleichung stets anwendbar, in dem Falle natürlich, daß der Indicator sich wie eine einbasische Säure verhält. OSTWALD selbst war bemüht, seine Theorie annehmbarer zu gestalten.

---

[1]) Über ein neues Indicatorprinzip mit „Trübungsindicatoren" vgl. die wertvolle Untersuchung von KARL NAEGELI Koll. Beih. Bd. 21, S. 306. 1926.

Er weist darauf hin, daß alle Salze von gefärbten Anionen und farblosen Kationen oder umgekehrt dieselbe Farbe besitzen (z. B. Permanganate, Chromate u. dgl.). In einigen Fällen wurden aber Abweichungen gefunden. Bei Kupfer und Kobaltsalzen verschwinden diese Anomalien beim Verdünnen. In der stärkeren Lösung sind komplexe Ionen anwesend, die beim Verdünnen in einfache Ionen gespalten werden. Eine genaue Untersuchung, die OSTWALD an 300 Salzen anstellte, bestätigte seine Theorie anscheinend vollständig. Daß die elektrische Ladung für die Farbe ausschlaggebend ist, wird nach ihm noch durch die sog. „Ionenisomerie" bestätigt, die darin besteht, daß dieselben Stoffe mit verschiedenen Ladungen, wie Ferro und Ferri, Manganat und Permanganat usw., auch eine verschiedene Farbe besitzen.

Trotzdem sind sehr viele Einwände gegen die Theorie von OSTWALD gemacht worden, worüber man eine Übersicht in der Monographie von THIEL (4) finden kann. Da viele Einwände übertrieben sind, will ich nur einzelne mit einigen Bemerkungen anführen:

a) Wenn man zu Phenolphthalein wenig Lauge zufügt, wird die Lösung rot, durch mehr Lauge wird sie wieder farblos. Diese Anomalie läßt sich jedoch auch nach OSTWALD durch die Bildung von anderen Ionen erklären.

b) Das feste Salz von Phenolphthalein ist rot. Nun behauptet man, daß nicht anzunehmen sei, daß das feste Salz auch noch dissoziiert ist, so daß es gemäß der Auffassung von OSTWALD farblos sein müßte. Dasselbe gilt vom festen Salz des p-Nitrophenols. p-Nitrophenol ist in saurer Lösung farblos, in alkalischer gelb. Das feste Salz müßte, da es nicht dissoziiert ist, farblos sein, während es in Wirklichkeit gelb ist (vgl. hierzu S. 256 und S. 264). Nach den heutigen Anschauungen über den Aufbau von Salzen fällt dieser Einwand jedoch fort.

c) Der schwerste Einwand gegen die Auffassung von OSTWALD liegt darin, daß einzelne Farbumschläge deutlich Zeitreaktionen sind; dies ist u. a. bei Tropäolin 000 [MANDA (5)], Hämatein [SALM und FRIEDENTHAL (6)] und Phenolphthalein[1]) [WEG-

---

[1]) Der langsame Farbumschlag von Phenolphthalein ist einem Kohlensäuregehalt der Lösung zuzuschreiben. Arbeitet man mit kohlensäurefreien Lösungen, dann ist der Farbumschlag scharf, und die Farbe geht beim Stehen nicht mehr zurück.

SCHEIDER (7)] der Fall. Wenn der Umschlag allein dem direkten Übergang der ungespaltenen Säure in die dissoziierte Form zuzuschreiben wäre, müßte der Umschlag stets sofort eintreten, da Ionenreaktionen stets augenblicklich verlaufen. Der langsame Umschlag deutet also darauf hin, daß molekulare Reaktionen im Spiele sind.

d) HANTZSCH (8) und HANTZSCH und ROBERTSON (9) untersuchten die Beziehungen zwischen dem BEERschen Gesetze und der Konzentration von gefärbten Elektrolyten. Bei gefärbten Salzen stimmte das BEERsche Gesetz vollkommen, obwohl sie die Konzentrationen soviel wie möglich änderten. Aber auch in nichtwässerigen Lösungen, wie in Methylalkohol, Äthylalkohol, Pyridin, Aceton, Amylalkohol, konzentrierter Schwefelsäure, wurden einzelne Stoffe untersucht, und auch für diese Lösungen war das BEERsche Gesetz vollgültig. Wenn nun die Ionen eine andere Farbe hätten als die nichtdissoziierte Verbindung, dann dürfte das nicht der Fall gewesen sein, da sich besonders in nichtwässerigen Lösungen die Dissoziation stark mit der Konzentration ändert. Sie haben also gezeigt, daß die Ionen und die undissoziierte Verbindung dieselbe Farbe haben. Dieser Schluß stimmt jedoch nicht mit Untersuchungen überein, die in Amerika von H. C. JONES und Mitarbeitern ausgeführt worden sind.

Aus den Beispielen geht aber hervor, daß die Theorie von OSTWALD in ihrer einfachen Form nicht länger als Erklärung des Indicatorumschlages angesehen werden kann. Sie ist denn auch gegenwärtig durch die chromophore Theorie verdrängt worden, obgleich ich sofort darauf aufmerksam machen will, daß diese Theorie allein noch keine Erklärung des Indicatorumschlages gibt, sondern nur auf eine Tatsache hinweist, die zugleich mit dem Farbumschlag auftritt.

2. Die chromophore Theorie. Der Ursprung der chromophoren Theorie geht auf BERNTHSEN (10) und FRIEDLÄNDER (11) zurück, die ungefähr gleichzeitig und unabhängig voneinander angaben, daß Phenolphthalein, das in saurer Lösung farblos ist und die Konstitution eines Lactons besitzt, in alkalischer Lösung ein rotes Salz bildet, das nicht von einem Phenol abgeleitet ist, sondern eine chromophore Chinongruppe enthält. Der Farbumschlag ist hier von einer Konstitutionsänderung begleitet. Später haben hauptsächlich HANTZSCH und seine Schüler diese Theorie weiter ausgearbeitet und ermittelt, daß bei jeder Farbänderung auch die Konstitution sich ändert und daß bei unveränderter Konstitution auch die Farbe beständig bleibt. Indessen sei darauf hingewiesen, daß der völlig scharfe Beweis in vielen Fällen noch nicht geliefert worden ist, da der Nachweis der Konstitutionsänderung zuweilen von sehr vielen Schwierigkeiten begleitet ist.

Besonders bei Nitroparaffinen und Nitrophenolen ist die Beziehung zwischen Farbe und Konstitution durch HANTZSCH und seine Schüler nachgewiesen worden. Diese Stoffe sind in alkalischer Lösung gelb gefärbt, in saurer farblos. Nun wiesen HANTZSCH u. a. beim Phenylnitromethan nach, daß die Bildung des Salzes aus der Säure und umgekehrt der Säure aus dem Salze eine langsame Zeitreaktion ist. Wenn eine Lösung des Salzes mit der äquivalenten Menge Säure versetzt wurde, blieb die Farbe stark gelb, während die Leitfähigkeit groß war. Dies letztere wies darauf hin, daß eine starke Säure in der Lösung vorhanden war. Je länger man nun die Lösung stehen ließ, desto schwächer wurde die gelbe Farbe, und gleichzeitig nahm die Leitfähigkeit ab, bis die Farbe schließlich sich nicht mehr änderte und die Leitfähigkeit konstant blieb. Die starke Säure war also in einen neutralen Stoff (oder möglicherweise in eine schwache Säure) übergegangen, mit anderen Worten, wir haben hier einen Fall der Bildung einer pseudo-Säure aus der aci-Verbindung. Man nennt nämlich eine starke Säure, die aus einem Stoffe, der selbst keine oder nur eine sehr schwache Säure ist, durch molekulare Umwandlung entsteht, eine aci-Verbindung. Die abgeleiteten Salze und Ester heißen aci-Salze und aci-Ester. Der Stoff, woraus die aci-Verbindung entstanden ist, heißt eine pseudo-Säure. In derselben Weise spricht man von pseudo-Basen und baso-Verbindungen.

Die aci-Verbindung von Phenylnitromethan geht also in saurer Lösung langsam in die pseudo-Verbindung über. Gleichzeitig ändert sich die Farbe von gelb bis beinahe farblos.

HANTZSCH zeigte nun, daß die aci-Verbindung die folgende allgemeine Konstitution besitzt:

$$ORN{<}^O_{OH}$$

aci-Verbindung, gelb,

während die pseudo-Verbindung die folgende Konstitution hat:

$$RNO_2OH$$

pseudo-Verbindung, farblos.

Es ergab sich nun, daß in saurer Lösung die aci-Verbindung nicht vollständig in die pseudo-Verbindung umgesetzt, sondern daß schließlich ein Gleichgewicht zwischen beiden Stoffen gebildet wird:

$$\text{aci} \rightleftarrows \text{pseudo oder}$$

$$ORN{<}^O_{OH} \rightleftarrows RNO_2OH$$

gelb   farblos.

Wenn man Lauge zusetzt, wird die aci-Verbindung in das aci-Salz übergeführt, wobei also das Gleichgewicht nach links verschoben wird und die Farbe mehr gelb wird.

Hieraus geht hervor, daß beim Übergang in die Salzform keine Ionen der farblosen pseudo-Verbindung gebildet werden, sondern daß die erstere in die aci-Verbindung umgelagert werden muß, und daß von dieser letzteren die gefärbten Ionen gebildet werden.

HANTZSCH hat ferner noch Beweise geliefert, daß es diese aci- und pseudo-Verbindung wirklich gibt, indem er von beiden Ester ableitete, die im ersten Falle gelb, im zweiten Falle farblos waren.

So hat HANTZSCH auch die Beziehungen zwischen pseudo-Basen und baso-Verbindungen aufgeklärt. Wenn man ein Salz von Krystallviolett alkalisch macht, erscheint die Farbe violett, während die Leitfähigkeit groß ist. Wenn man die Lösung stehen läßt, wird sie farblos, und die Leitfähigkeit hat bis zu einem Niedrigstwert abgenommen. Die baso-Verbindung, die eine starke Base und violett gefärbt ist, hat wieder eine andere Konstitution als die farblose pseudo-Verbindung:

pseudo-Krystallviolettbase, farblos; in Lösung fast neutral.   baso-Verbindung, violett; in Lösung stark alkalisch.

3. Der Farbumschlag der Indicatoren nach der chromophoren Theorie.

p-Nitrophenol: Den Farbumschlag von p-Nitrophenol müssen wir uns nach obiger Theorie also wie folgt vorstellen:

$$C_6H_4OHNO_2 \rightleftarrows \underbrace{OC_6H_5N{\diagup{O}\atop\diagdown{OH}} \rightleftarrows OC_6H_5N{\diagup{O}\atop\diagdown{O'}}}_{\text{gelb}} + H^{\cdot}.$$

farblos

Mit Natronlauge ändert das Gleichgewicht sich dann nach rechts.

Phenolphthalein: Als Muster der Phthaleine wird hier Phenolphthalein genommen, die anderen verhalten sich beinahe ebenso.

Das Phenolphthalein selbst ist farblos und besitzt eine Lactonform. Beim Übergange in die Salzform bildet sich unter Änderung der Konstitution eine Chinonverbindung. Wenn man aber sehr viel Lauge zufügt, wird die Chinonverbindung wieder in eine farblose Phenolcarbonsäure übergeführt. Dies wird durch die folgenden Formeln dargestellt:

Lacton: farblos, sauer.   Chinon: rot, schwach alkalisch.   Carbonsäure: farblos, stark alkalisch.

Wenn wir bei geringer Alkalität arbeiten, haben wir es praktisch allein mit dem Gleichgewicht zwischen der Lacton- und Chinonform zu tun. Diese letztere verhält sich nun wieder als starke Säure. Durch den Laugenzusatz wird das chinoide Salz gebildet, und das Gleichgewicht wird zugunsten der roten Komponente verschoben. [Siehe über die Konstitution auch die Untersuchungen von ACREE und Mitarbeitern (1917; 1918; 1919).]

Über die Theorie bezüglich der Farbänderungen der Sulfophthaleine vgl. W. M. CLARK 1922.

Dimethylamidoazobenzol: Als Muster aus der Reihe der Azoindicatoren wird hier Dimethylamidoazobenzol genommen, das in alkalischer Lösung gelb und von azoider Struktur, in saurer Lösung rot ist und dann eine chinoide Struktur hat. Es bestehen indessen viele andere Formeln, besonders vom Methylorange, die hier jedoch nicht besprochen werden sollen. Im einfachsten Falle können wir den Farbumschlag durch folgende Formeln darstellen:

$$\langle\rangle N=N\langle\rangle-N(CH_3)_2 + H_2O \rightleftarrows \langle\rangle-\underset{H}{N}-N=\langle=\rangle=N\langle^{(CH_3)_2}_{OH}$$

azoide F.: gelb: chinoide F.: rot:
sehr schwache Base   starke Base
oder neutral

Wenn man also eine alkalische Lösung von Dimethylamidoazobenzol ansäuert, wird das Gleichgewicht nach rechts verschoben, da die chinoide Verbindung in die Salzform übergeführt wird.

4. Eine neue Definition der Indicatoren. Aus dem Obenstehenden geht deutlich hervor, daß wir die einfache Erklärung von OSTWALD nicht länger als richtig ansehen dürfen. Nach der anderen Seite hin können wir allein durch die Änderung der Konstitution nicht so einfach die Beziehung zwischen der Farbe (also dem Verhältnis der sauren und alkalischen Form) und der Wasserstoffionenkonzentration angeben. Von STIEGLITZ (12) ist nun eine Verbindung zwischen der Ionentheorie und der chromophoren Theorie hergestellt worden, woraus hervorgeht, daß man dennoch die Beziehung zwischen dem Farbgrade und der Wasserstoffionenkonzentration berechnen kann, wenn man die Gleichung von OSTWALD anwendet. Doch auch er verwirft als Erklärung des Umschlages die Theorie von OSTWALD, weil diese an sich natürlich noch keine Erklärung der **Farbänderung** gibt, und nimmt die chromophore dafür an. Das entspricht nicht ganz meiner Ansicht. Die chromophore Theorie gibt keine **Erklärung des Umschlages, sondern weist auf eine Erscheinung hin, die gleichzeitig mit der Farbänderung verläuft. Zugleich mit der Farbänderung ändert sich auch die Konstitution, doch ist diese an sich nicht die Ursache der Farbänderung**

Mit dieser Behauptung soll den schönen Untersuchungen von HANTZSCH, die für den organischen Chemiker von großer Bedeutung sind, kein Abbruch getan werden. Doch ist die Konstitutionsänderung nicht als Ursache dafür anzusehen, daß sich die Farbe verändert. Obwohl man die Farbenänderung bequem, die Konstitutionsänderung aber schwierig wahrnehmen kann, verlaufen beide Erscheinungen vollständig gleichzeitig. Wenn man umgekehrt die Änderung der Konstitution eines Indicators bequem wahrnehmen könnte und die Farbänderung aber schwierig, so dürfte man letztere doch noch nicht als Ursache der Zustandsänderung des Indicators ansehen. Zudem ist nach der HANTZSCHschen Auffassung nicht einzusehen, warum die Wasserstoffionen den Umschlag eines Indicators beherrschen.

Wir kommen also zu der Frage: Wodurch wird der Farbumschlag eines Indicators beherrscht? — Die Antwort hierauf lautet einfach: **Durch das Gleichgewicht, das zwischen der aci- oder ionogenen Form und der pseudo- oder normalen Form besteht.**

Wenn wir wieder von dem Beispiel p-Nitrophenol ausgehen, dann besteht in wässeriger Lösung ein Gleichgewicht zwischen der aci- und der pseudo- Form, wie es durch folgende Gleichung dargestellt wird:

$$\text{normal} \rightleftarrows \text{aci}.$$

Bei eingetretenem Gleichgewicht gilt folgende Beziehung:

$$\frac{[\text{aci}]}{[\text{normal}]} = K \quad \ldots \ldots \ldots \quad (1)$$

$$[\text{aci}] = K \times [\text{normal}] \quad \ldots \quad (2)$$

Die aci-Verbindung verhält sich als starke Säure und wird durch Lauge in das Salz übergeführt:

$$\text{aci} \rightleftarrows \text{H}^{\cdot} + \text{A}',$$

$$\frac{[\text{H}^{\cdot}] \times [\text{A}']}{[\text{aci}]} = \text{K}_{\text{aci}} \quad \ldots \ldots \quad (3)$$

Dieses K_{aci} stellt also die Dissoziationskonstante der aci-Säure dar. Aus der Gleichung (2) folgt nun, daß die Konzentration der aci-Säure gleich $\text{K} \times [\text{normal}]$ ist, mit anderen Worten:

$$\frac{[\text{H}^{\cdot}] \times [\text{A}']}{[\text{normal}]} = \text{K}_{\text{aci}} \times \text{K} = \text{K}_{\text{HJ}} \quad \ldots \quad (4)$$

Aus der Gleichung (4) folgt, daß

$$\frac{[\text{A}']}{[\text{normal}]} = \frac{\text{K}_{\text{HJ}}}{[\text{H}^{\cdot}]}.$$

Indessen bedeutet das Verhältnis $\dfrac{[\text{A}']}{[\text{normal}]}$ bei p-Nitrophenol nicht das der Endkonzentration der gelben zur alkalischen Form, weil die freie ungespaltene Säure [aci] ebenfalls gelb ist.

Die gesamte Konzentration der gelben Form ist also $[\text{A}'] + \text{K} \times [\text{normal}]$. Wenn nun die Gesamtkonzentration des Indicators [HJ] ist, dann ist $[\text{normal}] = [\text{HJ}] - [\text{A}'] - [\text{aci}]$. Bei einer bestimmten $[\text{H}^{\cdot}]$ ist das Verhältnis der Konzentration der gelben zur farblosen Form

$$\frac{[\text{A}'] + \text{K}\,[\text{normal}]}{[\text{normal}]} = \frac{[\text{A}'] - \text{K}\{[\text{HJ}] - [\text{A}'] - [\text{aci}]\}}{[\text{HJ}] - [\text{A}'] - [\text{aci}]} = \frac{\text{K}_{\text{HJ}}}{\text{H}^{\cdot}}.$$

Wenn die aci-Säure so stark ist, daß wir annehmen können, daß sie vollständig gespalten ist, können wir die gewöhnliche Gleichgewichtsgleichung

$$\text{normal} \rightleftarrows \text{H}^{\cdot} + \text{aci}'$$

schreiben. Die abgeleitete Gleichung, die die Färbung beherrscht, erscheint dann einfach.

Verwickelter wird die Sache, wenn die normale Form sich ebenfalls merkbar als Säure verhält, also auch merkbar ein Salz bildet. Wir haben dann zwei Säuren:

$$\text{HA} \rightleftarrows \text{H}^{\cdot} + \text{A}', \qquad \frac{[\text{H}^{\cdot}] \times [\text{A}']}{[\text{HA}]} = \text{K}_{\text{HA}}.$$

$$\text{HJ} \rightleftarrows \text{H}^{\cdot} + \text{J}', \qquad \frac{[\text{H}^{\cdot}] \times [\text{J}']}{[\text{HJ}]} = \text{K}_{\text{HJ}}.$$

Aus diesen beiden Gleichungen ist abzuleiten, daß bei gleicher [H˙] die folgende Beziehung besteht:

$$\frac{[A']}{[HA]} \times K_{HJ} = \frac{[J']}{[HJ]} \times K_{HA}.$$

Wenn nun [HJ] die Konzentration der aci-Form, [HA] die der pseudo-Form darstellt, dann ist die Konzentration der gelben Form $[J'] + [HJ]$. Die Konzentration der farblosen Form ist $[A'] + [HA]$. Außerdem ist $[HJ] = K\,[HA]$. Dann ist

$$[J'] = \frac{K \times [HA] \times K_{HJ}}{[H˙]}.$$

Die Gesamtkonzentration der gelben Form ist also

$$\frac{K\,[HA] \times K_{HJ}}{[H˙]} + K\,[HA].$$

Die einfachere auf S. 259 abgeleitete Gleichung (4) stellt die gewöhnliche Gleichung gemäß der Ostwaldschen Erklärung dar, nur ist K_{HJ} nicht die **wahre**, sondern die **scheinbare** Dissoziationskonstante des Indicators, da sie das Produkt der wahren Dissoziationskonstante und der Gleichgewichtskonstante zwischen der normalen und aci-Form ist. Diese Gleichgewichtskonstante liegt bei p-Nitrophenol sehr zugunsten der normalen Verbindung, so daß p-Nitrophenol scheinbar eine sehr schwache Säure ist. Bei o-Nitrophenol ist das Verhältnis günstiger, so daß dieses sich bereits als stärkere Säure verhält. Bei Pikrinsäure ist demgegenüber das Verhältnis bereits so groß, daß in wässeriger Lösung viel von der aci- oder ionogenen neben der pseudo-Verbindung bestehen kann. Sie verhält sich also als ziemlich starke Säure. Mit der zunehmenden scheinbaren Dissoziationskonstante muß die Stärke der Gelbfärbung der wässerigen Lösungen ebenfalls zunehmen, da in der Lösung dann auch mehr von der aci-Form anwesend ist. Das ist auch tatsächlich der Fall. Pikrinsäure ist in wässeriger Lösung stark gelb, dagegen in organischen Ausschüttelungsmitteln farblos, also in der Pseudoform anwesend.

Auf dieselbe Weise, wie es bei p-Nitrophenol geschehen ist, können wir auch die Beziehungen zwischen der Farbe und der Wasserstoffionenkonzentration bei Phenolphthalein und

Eine neue Definition der Indicatoren.

ähnlichen Indicatoren ableiten. Hier besteht in wässerigen Lösungen ein Gleichgewicht zwischen der Lactonverbindung L und der Chinonverbindung Ch.

$$L \rightleftarrows Ch,$$

$$\frac{[Ch]}{[L]} = K,$$

$$[Ch] = K \times [L] \quad \ldots \ldots \quad (5)$$

Die Chinonverbindung ist nun wieder in die Ionen gespalten:

$$Ch \rightleftarrows Ch' + [H^{\cdot}],$$

$$\frac{[H^{\cdot}] \times [Ch']}{[Ch]} = K_{Ch} \quad \ldots \ldots \quad (6)$$

(Wahre Dissoziationskonstante.)

Nun folgt aus (5), daß $[Ch] = K \times [L]$, also

$$\frac{[H^{\cdot}] \times [Ch']}{K \times [L]} = K_{Ch}.$$

$$\frac{[H^{\cdot}] \times [Ch']}{[L]} = K_{Ch} \times K = K_{HJ} \quad \ldots \quad (7)$$

Auch hier zeigt sich wieder, daß die Dissoziationskonstante des Indicators eine **scheinbare** ist und aus der wahren Dissoziationskonstante und der Gleichgewichtskonstante zwischen der aci- und der pseudo-Verbindung zusammengesetzt wird. In wässeriger Lösung liegt das Gleichgewicht zwischen L und Ch so ungünstig, daß die Lösung für unser Auge farblos ist. Durch Verschiebung des Gleichgewichts mit Lauge tritt die rote Farbe auf.

Der Umschlag von Dimethylgelb u. dgl. wird von den folgenden Gleichungen beherrscht:

$$\underset{\text{gelb}}{Azo} \rightleftarrows \underset{\text{rot}}{Chinoid}$$

$$\frac{[Ch]}{[Azo]} = K,$$

$$[Ch] = K \times [Azo] \quad \ldots \ldots \quad (8)$$

$$Ch \rightleftarrows Ch^{\cdot} + OH',$$

$$\frac{[Ch^{\cdot}] \times [OH']}{[Ch]} = K_{Ch} \quad \ldots \ldots \quad (9)$$

(Wahre Dissoziationskonstante.)

Aus (8) und (9) folgt, daß

$$\frac{[\text{Ch}'] \times [\text{OH}']}{K \times [\text{Azo}]} = K_{\text{Ch}}$$

oder

$$\frac{[\text{Ch}'] \times [\text{OH}']}{[\text{Azo}]} = K_{\text{Ch}} \times K = K_{\text{IOH}}.$$

(Scheinbare Dissoziationskonstante.)

Die abgeleiteten Gleichungen stimmen also in den verschiedenen Fällen vollständig mit der von OSTWALD überein; die Unterschiede sind allein:

a) Die abgeleiteten Dissoziationskonstanten sind die Produkte der wahren Dissoziationskonstante und der Gleichgewichtskonstante zwischen der aci- (oder baso-) und der pseudo-Verbindung. Doch kann man ruhig die so abgeleitete scheinbare Dissoziationskonstante als Maßstab für die Stärke der Indicatorsäure oder -base ansehen. Es sind ja, wie nach den Untersuchungen der letzten Jahre wahrscheinlich gemacht ist, die meisten Dissoziationskonstanten scheinbar, sie stellen nicht die wahren Konstanten dar. Wenn wir uns z. B. die Dissoziationskonstante der Kohlensäure ansehen, dann ist diese:

$$\frac{[\text{H}'] \times [\text{HCO}_3']}{[\text{H}_2\text{CO}_3]} = K_{\text{H}_2\text{CO}_3} \quad \ldots \ldots \quad (10)$$

Nun nimmt man an, daß $[\text{H}_2\text{CO}_3]$ gleich der gesamten Kohlensäurekonzentration ist. Das ist unrichtig, weil der größte Teil als Anhydrid CO_2 anwesend ist. H_2CO_3 und CO_2 stehen miteinander im Gleichgewicht, mit anderen Worten

$$[\text{H}_2\text{CO}_3] = K \times [\text{CO}_2].$$

Wenn wir diesen Wert in die Gleichung (10) einsetzen, finden wir, daß

$$\frac{[\text{H}'][\text{HCO}_3']}{[\text{CO}_2]} = K_{\text{H}_2\text{CO}_3} \times K = K' = 3 \times 10^{-7}.$$

Diese $K' = 3 \times 10^{-7}$ nennen wir nun die Dissoziationskonstante von Kohlensäure. In Wirklichkeit ist es die scheinbare Dissoziationskonstante. Die wahre Dissoziationskonstante ist viel größer, weil das Gleichgewicht zwischen CO_2 und H_2CO_3 sehr zugunsten von CO_2 liegt. Das Verhältnis $\dfrac{[\text{CO}_2]}{[\text{H}_2\text{CO}_3]}$ ist etwa

100, so daß die wahre Dissoziationskonstante der Kohlensäure ungefähr 100 mal größer ist als die scheinbare, also etwa 3×10^{-5}.

Dasselbe ist bei Ammoniak der Fall. Auch hier rechnen wir stets mit einer scheinbaren Dissoziationskonstante, da wir annehmen, daß alles nichtdissoziierte Ammoniak als NH_4OH anwesend sei, wobei wir nicht das Gleichgewicht

$$NH_4OH \leftrightarrows NH_3 + H_2O$$

in Rechnung setzen. Die wahre Dissoziationskonstante von Ammoniak wird also viel größer sein als die, mit der wir stets arbeiten.

Nach den Auffassungen von SNETHLAGE (13) ist es sogar fraglich, ob nicht alle Dissoziationskonstanten scheinbar und aus der wahren Dissoziationskonstante und der Gleichgewichtskonstante zwischen der ionogenen und der pseudo-Form zusammengesetzt sind.

Dies letztere wird u. a. durch eine Untersuchung, die HANTZSCH mit Essigsäure und deren Derivaten angestellt hat, bestätigt; daraus folgt nämlich, daß die Ester und Salze eine verschiedene Konstitution besitzen, während mit großer Wahrscheinlichkeit zu schließen ist, daß in der wässerigen Lösung der Essigsäure ein Gleichgewichtszustand besteht zwischen zwei Formen, deren eine die Konstitution des Esters, die andere die des Salzes besitzt. Auch hier haben wir also ein Gleichgewicht:

$$\frac{\text{Ionogen}}{\text{Pseudo}} = K.$$

Wenn man also annimmt, daß alle nichtdissoziierte Essigsäure in wässeriger Lösung nur in einer Form anwesend sei, begeht man einen Fehler, da man dann den Gleichgewichtszustand zwischen der ionogenen und der pseudo-Form nicht in Rechnung setzt. Die wahre Dissoziationskonstante der Essigsäure ist also viel größer als die, mit der wir immer rechnen.

b) Eine zweite Abweichung von der OSTWALDschen Erklärung besteht darin, daß nach meiner Erklärung die Ionen nicht dieselbe Konstitution zu haben brauchen wie die ungespaltenen Säuren.

Wir kommen also zu einer neuen Definition der Indicatoren, und zwar zu folgender:

Indicatoren sind scheinbar schwache Säuren oder Basen, deren ionogene oder aci- (resp. baso-) Form eine andere Farbe und Konstitution besitzt als die pseudo- oder normale Verbindung.

An Hand dieser Erklärung können wir also die bei Indicatoren stattfindenden Reaktionen ohne Bedenken durch folgende Gleichungen darstellen

$$HJ \leftrightarrows H^{\cdot} + J',$$
$$JOH \leftrightarrows J^{\cdot} + OH',$$

worin J' und $J^{\cdot}$ eine andere Konstitution besitzen als HJ und JOH.

In den obenstehenden Gleichungen ist also angenommen worden, daß die aci- oder baso-Verbindungen so stark seien, daß sie als völlig gespalten anzusehen sind, mit anderen Worten

$$\text{Pseudo-Säure} \leftrightarrows Aci\!\!<_{Aci'}^{H^{\cdot}}.$$

Wenn wir nun berücksichtigen, daß die Dissoziationskonstante den scheinbaren Wert liefert, können wir auch schreiben:

$$\text{Pseudo} \leftrightarrows H^{\cdot} + Aci',$$
$$\frac{[H^{\cdot}] \times [Aci']}{[\text{Pseudo}]} = K_{HJ}.$$

Dasselbe gilt auch für die Indicatorbasen.

Die neue Definition verstößt nun auch nicht mehr gegen die Tatsache, daß der Umschlag von Indicatoren eine langsame Zeitreaktion ist; in der Erklärung ist ja enthalten, daß ein Gleichgewicht zwischen der ionogenen und normalen Form besteht. Es ist nun sehr wohl möglich, daß das Gleichgewicht zwischen den beiden Formen sich langsam einstellt.

Überdies wird durch diese Definition erklärt, warum das feste Salz des Phenolphthaleins rot ist und das feste Salz des p-Nitrophenols gelb. Die Salze haben ja durchaus die Konstitution und demgemäß auch die Farbe der ionogenen Form, einerlei ob sie völlig oder teilweise dissoziiert sind. Das stimmt auch mit der Untersuchung von HANTZSCH (8) und HANTZSCH und ROBERT-

SOHN (9), wie zu Beginn dieses Kapitels erwähnt, überein, nämlich daß das BEERsche Gesetz bei gefärbten Salzen bei jeder Konzentration gültig ist. Denn die nichtdissoziierten Moleküle der Salze sind ionogen und haben dieselbe Farbe und Konstitution wie die Ionen.

Daß das Phenolphthalein durch ein Übermaß an Lauge wieder farblos wird, tut der Erklärung ebenfalls keinen Abbruch, da wir es hier mit zwei Gleichgewichten zu tun haben, nämlich

$$\frac{[\text{Lacton}]}{[\text{Chinon}]} = K_1, \quad \frac{[\text{Chinon}]}{[\text{Carbonsäure}]} = K_2.$$

Durch ein Übermaß an Lauge wird das Gleichgewicht langsam nach der Carbonsäure hin verschoben.

Der einzige Unterschied mit der alten Erklärung von OSTWALD besteht also darin, daß wir nicht sagen dürfen, daß die Ionen eine andere Farbe besitzen als die pseudo-Verbindung, sondern die ionogene Form. Hier schließt sich dann die chromophore Theorie an, die besagt, daß die ionogene Form auch eine andere Konstitution als die Normalform besitzt.

Primär ist indessen das Gleichgewicht

$$\text{Pseudo} \rightleftarrows \text{Ionogen},$$

das den Umschlag des Indicators beherrscht.

Zusammenfassend können wir also sagen, daß nach der neuen Definition die im dritten Kapitel abgeleiteten Gleichungen vollkommen richtig sind und daß auch kein Widerspruch mit der HANTZSCHschen Auffassung mehr besteht.

Literaturverzeichnis zum achten Kapitel.

1. OSTWALD, WILHELM: Die wissenschaftlichen Grundlagen der analytischen Chemie.
2. OSTWALD, WOLFGANG: Kolloid. Zeitschr. Bd. 10, S. 97, 132. 1912; Bd. 24, S. 67. 1919; Kolloidchem. Beih. Bd. 10, S. 179. 1919; Bd. 12, S. 92. 1920; vgl. auch LÜERS: Kolloid. Zeitschr. Bd. 27, S. 123. 1920. — WIEGNER: Mitt. f. Lebensm.-Hyg. Bd. 11, S. 216. 1920.
3. KRUYT, H.R. und KOLTHOFF: Kolloid. Zeitschr .Bd. 21, S. 22. 1917; auch PRIDEAUX: The Theorie and use of indicators.
4. THIEL: Der Stand der Indicatorenfrage. Samml. Herz 1911, S. 43.
5. HANDA: Ber. d. Dtsch. Chem. Ges. Bd. 42, S. 3182. 1909.
6. SALM en FRIEDENTHAL: Zeitschr. f. Elektrochem. Bd. 13, S. 127. 1907.
7. WEGSCHEIDER: Zeitschr. f. Elektrochem. Bd. 14, S. 512. 1908.

8. Hantzsch: Zeitschr. f. physikal. Chem. Bd. 72, S. 362. 1910.
9. Hantzsch und Robertson: Ber. d. Dtsch. Chem. Ges. Bd. 41, S. 4328. 1908.
10. Bernthsen: Chemiker-Zeit. 1892, S. 1956.
11. Friedländer: Ber. d. Dtsch. Chem. Ges. Bd. 32, S. 575. 1899; vgl. auch Thiel, A.: Zeitschr. f. physikal. Chem. Bd. 100, S. 479. 1923. — Birge, A. F. und S. F. Acree: Journ. of the Americ. chem. soc. Bd. 41, S. 1031. 1919.
12. Stieglitz: Journ. of the Americ. chem. soc. Bd. 25, S. 1112. 1903.
13. Snethlage: Chem. Weekbl. Bd. 15, S. 168. 1918.
14. Hantzsch: Ber. d. Dtsch. Chem. Ges. Bd. 50, S. 1413. 1917.

Tabelle I.
Das Ionenprodukt (Dissoziationskonstante) von Wasser bei verschiedenen Temperaturen.

Temperatur	1	2	3	4
0°	$0{,}12 \times 10^{-14}$	$0{,}14 \times 10^{-14}$	—	$0{,}089 \times 10^{-14}$
18°	$0{,}59 \times$ —	$0{,}72 \times$ —	$0{,}74 \times 10^{-14}$	$0{,}46 \times$ —
25°	$1{,}04 \times$ —	$1{,}22 \times$ —	$1{,}27 \times$ —	$0{,}82 \times$ —
50°	$5{,}66 \times$ —	$8{,}7 \times$ —	—	—
100°	$58{,}2 \times$ —	$74 \times$ —	—	$48{,}0 \times$ —

1. KOHLRAUSCH und HEYDWEILLER (umgerechnet von HEYDWEILLER): Ann. d. Physik (4) Bd. 28, S. 512. 1909.
2. LORENZ und BÖHI: Zeitschr. f. physikal. Chem. Bd. 66, S. 733. 1909.
3. MICHAELIS: Die Wasserstoffionenkonzentration 1914, S. 8.
4. NOYES und Mitarbeiter, NOYES: The electrical conductivity of aqueous solutions. Carnegie Institution 1907. — KANOLT: Journ. of the Americ. chem. soc. Bd. 29, S. 1414. 1907. — SÖRENSEN, S. P. L.: Cpt. rend. du Lab. de Carlsberg Bd. 8, S. 31. 1909. — NOYES, KATO und SOSMANN: Zeitschr. f. physikal. Chem. Bd. 73, S. 20. 1910; vgl. auch FALES und NELSON: Journ. of the Americ. chem. soc. Bd. 37, S. 2769. 1915. — BEANS und OAKES: Ibid. Bd. 42, S. 2116. 1920.

Tabelle II.
Der mittlere Dissoziationsgrad (Aktivitätskoeffizient) von Salzen bei 18° (für die Berechnung des Hydrolysegrades).

Konzentration in Normalität	Uniunivalent	Unibivalent
0,0001 n	0,99	0,98
0,0005 ,,	0,98	0,97
0,001 ,,	0,97	0,96
0,005 ,,	0,95	0,92
0,01 ,,	0,93	0,88
0,05 ,,	0,89	0,80
0,1 ,,	0,85	0,75
0,2 ,,	0,83	0,71
0,5 ,,	0,79	0,64
1,0 ,,	0,75	0,58

Tabelle III.

Die Dissoziationskonstanten der wichtigen Säuren und Basen.

Nähere Bezeichnung	Temp.	Konstante	Säureexponent	Untersucht von
Anorganische Säuren.				
Arsenige Säure	25°	6×10^{-10}	9,22	WOOD
Arsensäure, 1. Stufe	25°	5×10^{-3}	2,30	LUTHER
Borsäure	25°	$6,6 \times 10^{-10}$	9,18	LUNDEN
Kohlensäure	18°	$3,04 \times 10^{-7}$	6,52	WALKER und CORMACK
2. Stufe	18°	6×10^{-11}	10,22	AUERBACH und PICK
Phosphorsäure	25°	$1,1 \times 10^{-2}$	1,96	ABBOTT und BRAY
2. Stufe	25°	$1,95 \times 10^{-7}$	6,7	,, ,, ,,
3. ,,	25°	$3,6 \times 10^{-13}$	12,44	,, ,, ,,
2. ,,	25°	$5,9 \times 10^{-7}$	6,23	PRIDEAUX und WARD
3. ,,	25°	$1,0 \times 10^{-12}$	12,00	,, ,, ,,
Pyrophosphorsäure	25°	$1,4 \times 10^{-1}$	0,85	ABBOTT und BRAY
2. ,,	25°	$1,1 \times 10^{-2}$	1,96	,, ,, ,,
3. ,,	25°	$2,9 \times 10^{-7}$	6,54	,, ,, ,,
4. ,,	25°	$3,6 \times 10^{-9}$	8,44	,, ,,
Salpetrige Säure	25°	4×10^{-4}	3,40	BLANCHARD
Schwefelsäure, 2. Stufe	25°	$1,7 \times 10^{-2}$	1,77	JELLINEK
		$3,2 \times 10^{-2}$	1,50	NOYES en STEWART
		$3,0 \times 10^{-2}$	1,48	KOLTHOFF
Schweflige Säure	18°	$1,7 \times 10^{-2}$	1,77	KERP und BAUER
2. Stufe	15°	$1,0 \times 10^{-7}$	7,00	KOLTHOFF
Schwefelwasserstoff	18°	$5,7 \times 10^{-8}$	7,24	WALKER und CORMACK
2. Stufe		$1,2 \times 10^{-15}$	14,92	KNOX
Wasserstoffperoxyd	25°	$2,4 \times 10^{-12}$	11,62	JOYNER
Organische Säuren.				
Aliphatische Säuren.				
Äpfelsäure	25°	4×10^{-4}	3,46	WALDEN (6)
2. Stufe	18°	9×10^{-6}	5,05	KOLTHOFF
Ameisensäure	18°	$2,05 \times 10^{-4}$	3,69	,,
		2×10^{-4}		AUERBACH und ZEGLIN
Bernsteinsäure	25°	$6,55 \times 10^{-5}$	4,18	JONES
2. Stufe	18°	$5,9 \times 10^{-6}$	5,23	KOLTHOFF
n-Buttersäure	25°	$1,53 \times 10^{-5}$	4,82	JONES
Citronensäure	25°	$8,2 \times 10^{-4}$	3,09	WALDEN
		$4,1 \times 10^{-5}$	4,39	HASTINGS und VAN SLYKE
2. Stufe	18°	5×10^{-5}	4,30	KOLTHOFF
3. ,,	18°	$1,8 \times 10^{-6}$	5,74	,,
		$3,2 \times 10^{-6}$	5,50	HASTINGS und VAN SLYKE
Cyanwasserstoff	25°	$7,2 \times 10^{-10}$	9,14	MADSEN

Tabelle III.

Nähere Bezeichnung	Temp.	Konstante	Säureexponent	Untersucht von
Essigsäure	25°	$1{,}86 \times 10^{-5}$	4,73	Lunden
Fumarsäure	25°	$1{,}01 \times 10^{-3}$	3,00	Jones
2. Stufe	18°	5×10^{-5}	4,30	Kolthoff
Glykokoll	25°	$3{,}4 \times 10^{-10}$	9,37	Winkelblech
Glykolsäure	25°	$1{,}52 \times 10^{-4}$	3,82	Ostwald (1)
Isobuttersäure	25°	$1{,}48 \times 10^{-5}$	4,83	Jones
Maleinsäure	25°	$1{,}54 \times 10^{-2}$	1,81	,,
2. Stufe	18°	8×10^{-7}	6,10	Kolthoff
Malonsäure	25°	$1{,}63 \times 10^{-3}$	2,79	Jones
2. Stufe	18°	3×10^{-6}	5,52	Kolthoff
Milchsäure	25°	$1{,}55 \times 10^{-4}$	3,81	,,
Oxalsäure	25°	$3{,}8 \times 10^{-2}$	1,42	Chandler
2. Stufe	18°	$3{,}5 \times 10^{-5}$	4,46	Kolthoff
Propionsäure	25°	$1{,}4 \times 10^{-5}$	4,85	White und Jones
Pyroweinsäure	25°	$8{,}7 \times 10^{-5}$	4,06	,, ,, ,,
Traubensäure	25°	1×10^{-3}	3,00	Ostwald; Walden; White und Jones
Trichloressigsäure	18°	$1{,}3 \times 10^{-1}$	0,88	Drucker
Valeriansäure	25°	$1{,}6 \times 10^{-5}$	4,80	Francke; Drucker
Weinsäure	25°	$9{,}7 \times 10^{-4}$	3,01	Ostwald; Walker (a)
2. Stufe	18°	9×10^{-5}	4,05	Kolthoff

Aromatische Säuren.

Nähere Bezeichnung	Temp.	Konstante	Säureexponent	Untersucht von
Benzoesäure	25°	$6{,}86 \times 10^{-5}$	4,16	Jones
Diäthylbarbitursäure	25°	$3{,}7 \times 10^{-8}$	7,43	Wood
Gallussäure	25°	4×10^{-5}	4,40	Ostwald (2)
Hippursäure	25°	$2{,}38 \times 10^{-4}$	3,62	Jones
Camphersäure	25°	$2{,}67 \times 10^{-5}$	4,37	Jones
2. Stufe		$2{,}5 \times 10^{-6}$	5,60	Kolthoff
o-Phthalsäure	25°	$1{,}26 \times 10^{-3}$	2,90	Jones
2. Stufe		8×10^{-6}	5,10	Kolthoff
Phenol	25°	$1{,}3 \times 10^{-10}$	9,89	Walker (2)
Pikrinsäure	25°	$1{,}6 \times 10^{-1}$	0,80	Rothmund u. Drucker
Saccharin	18°	$2{,}5 \times 10^{-2}$	1,40	Kolthoff
Salicylsäure	25°	$1{,}06 \times 10^{-3}$	2,97	Jones
2. Stufe	20°	$3{,}6 \times 10^{-14}$	13,44	Kolthoff (2)
Sulfanilsäure	25°	$6{,}2 \times 10^{-4}$	3,21	Winkelblech
		$6{,}55 \times 10^{-4}$	3,18	Jones
Zimtsäure	25°	$3{,}68 \times 10^{-5}$	4,43	,,

Tabelle III.

Basen.

Nähere Bezeichnung	Temp.	Konstante	Basexponent	Untersucht von

Anorganische Basen.

Ammoniak	$18°$	$1,75 \times 10^{-5}$	$4,76$	LUNDEN
Hydrazin	$25°$	3×10^{-6}	$5,52$	BREDIG
Fe(OH)$_2$	$25°$	$6,8 \times 10^{-10}$		WHITMAN, RUSSELL, DAVIS:

Organische Basen.
Aliphatische Basen.

Äthylamin	$25°$	$5,6 \times 10^{-4}$	$3,25$	BREDIG
Diäthylamin	$25°$	$1,26 \times 10^{-3}$	$2,90$	,,
Dimethylamin	$25°$	$7,4 \times 10^{-4}$	$3,13$	,,
Glykokoll	$25°$	$2,7 \times 10^{-12}$	$11,57$	WINKELBLECH
Methylamin	$25°$	$5,0 \times 10^{-4}$	$3,30$	BREDIG
Triäthylamin	$25°$	$6,4 \times 10^{-4}$	$3,19$	,,
Trimethylamin	$25°$	$7,4 \times 10^{-5}$	$4,13$	,,

Aromatische Basen.

Anilin	$25°$	$4,6 \times 10^{-10}$	$9,34$	LUNDEN
Novocain	$15°$	$7,1 \times 10^{-6}$	$5,15$	KOLTHOFF
o-Phenetidin	$20°$	$4,6 \times 10^{-10}$	$9,34$	VELEY (1)
p-Phenetidin	$15°$	$2,2 \times 10^{-9}$	$8,66$	,,

Heterocyclische Basen.

Aconitin	$15°$	3×10^{-8}	$7,52$	VELEY (2)
,,	$15°$	$1,3 \times 10^{-6}$	$5,88$	KOLTHOFF (3)
Apomorphin	$15°$	$1,0 \times 10^{-7}$	$7,0$	,,
Atropin	$15°$	$4,5 \times 10^{-5}$	$4,35$	KOLTHOFF (3)
Brucin	$15°$	$7,2 \times 10^{-4}$	$3,14$	VELEY (2)
,,	$15°$	$9,2 \times 10^{-7}$	$10,04$	KOLTHOFF (3)
2. Stufe	$15°$	$2,52 \times 10^{-11}$	$11,60$	VELEY (2)
2. ,,	$25°$	2×10^{-12}	$5,7$	KOLTHOFF (3)
Cevadin	$15°$	$7,2 \times 10^{-6}$	$8,15$	,,
Chinolin	$15°$	$1,6 \times 10^{-9}$	$9,8$	VELEY (2)
,,	$15°$	$3,2 \times 10^{-1}$	$6,5$	KOLTHOFF (3)
Chinidin	$15°$	$2,4 \times 10^{-7}$	$6,62$	VELEY (2)
,,	$15°$	$3,7 \times 10^{-6}$	$5,43$	KOLTHOFF (3)
2. Stufe	$15°$	$3,2 \times 10^{-10}$	$9,50$	VELEY
2. ,,	$15°$	$1,0 \times 10^{-10}$	$10,0$	KOLTHOFF (3)

Tabelle III.

Nähere Bezeichnung	Temp.	Konstante	Baseexponent	Untersucht von
Chinin	15°	$2{,}2 \times 10^{-7}$	6,66	VELEY
,,	15°	$1{,}08 \times 10^{-6}$	5,97	KOLTHOFF (3)
2. Stufe	15°	$3{,}3 \times 10^{-10}$	9,48	VELEY
2. ,,		$1{,}3 \times 10^{-10}$	9,89	BIDDLE
2. ,,	15°	$1{,}35 \times 10^{-10}$	9,88	KOLTHOFF (3)
Cinchonin	15°	$1{,}6 \times 10^{-7}$	6,43	VELEY (2)
,,	15°	$1{,}4 \times 10^{-6}$	5,85	KOLTHOFF (3)
,,	15°	$1{,}1 \times 10^{-10}$	9,92	
2. Stufe	15°	$3{,}3 \times 10^{-10}$	9,48	VELEY
2. ,,	15°	$5{,}1 \times 10^{-11}$	9,29	BIDDLE
Chinchonidin	15°	$1{,}6 \times 10^{-6}$	5,80	KOLTHOFF (3)
2. Stufe	15°	$8{,}4 \times 10^{-11}$	10,08	,,
Cocain	15°	$2{,}5 \times 10^{-7}$	6,60	VELEY (2)
,,	15°	$2{,}6 \times 10^{-6}$	5,59	KOLTHOFF (3)
Codein	15°	1×10^{-7}	7,0	WEISE und LEVY
,,	15°	9×10^{-7}	6,05	KOLTHOFF (3)
Colchicin		10^{-14}	14,0	WEISE und LEVY
,,	15°	$4{,}5 \times 10^{-13}$	12,35	KOLTHOFF (3)
Ecgonin	15°	6×10^{-12}	11,22	,,
Emetin	15°	$1{,}98 \times 10^{-6}$	5,70	VELEY (2)
,,	15°	$1{,}7 \times 10^{-6}$	5,77	KOLTHOFF (3)
2. Stufe		5×10^{-7}	5,30	WEISE und LEVY
2. ,,	15°	$2{,}3 \times 10^{-7}$	6,64	KOLTHOFF (3)
Hydrastin	15°	$1{,}0 \times 10^{-7}$	7,0	VELEY (2)
,,	15°	$1{,}7 \times 10^{-8}$	7,77	KOLTHOFF (3)
Isochinolin	15°	$3{,}6 \times 10^{-10}$	9,44	VELEY (2)
Coffein	40°	$4{,}1 \times 10^{-14}$	11,39	WOOD
Coniin	25°	$1{,}3 \times 10^{-3}$	2,89	BREDIG
,,	15°	8×10^{-4}	3,1	KOLTHOFF (3)
Morphin	15°	$6{,}8 \times 10^{-7}$	6,17	,,
Narcein	15°	2×10^{-11}	10,7	,,
Narkotin	15°	$7{,}9 \times 10^{-8}$	7,10	VELEY (2)
,,	15°	$1{,}5 \times 10^{-8}$	7,83	KOLTHOFF (3)
Nicotin	15°	7×10^{-7}	6,16	,,
2. Stufe	15°	$1{,}4 \times 10^{-11}$	10,86	,,
Papaverin	15°	9×10^{-8}	7,05	VELEY
,,	15°	$8{,}15 \times 10^{-9}$	8,09	KOLTHOFF (3)
Physostigmin	15°	$7{,}6 \times 10^{-7}$	6,12	,,
,,	15°	$5{,}7 \times 10^{-13}$	12,24	,,
Piperazin	25°	$6{,}4 \times 10^{-5}$	4,19	BREDIG
2. Stufe	15°	$3{,}7 \times 10^{-9}$	8,43	KOLTHOFF (3)
Piperidin	25°	$1{,}6 \times 10^{-3}$	2,80	BREDIG

Tabelle III.

Nähere Bezeichnung	Temp.	Konstante	Baseexponent	Untersucht von
Piperin		$1{,}0 \times 10^{-14}$	14,0	WEISE und LEVY
,, ...	18°	$5{,}8 \times 10^{-13}$	12,22	KOLTHOFF (3)
Pilocarpin	15°	$1{,}0 \times 10^{-7}$	7,00	VELEY
,, ...	15°	7×10^{-8}	7,15	KOLTHOFF (3)
2. Stufe	15°	$4{,}2 \times 10^{-11}$	10,39	VELEY
2. ,, ...	15°	2×10^{-13}	12,7	KOLTHOFF (3)
Pyridin	25°	$2{,}3 \times 10^{-9}$	8,64	LUNDEN
,, ...	15°	$1{,}25 \times 10^{-9}$	8,90	KOLTHOFF (3)
Solanin	15°	$2{,}2 \times 10^{-7}$	6,66	,,
Spartein		$1{,}0 \times 10^{-2}$	2,00	WEISE und LEVY
,, ...	15°	$5{,}7 \times 10^{-3}$	2,24	KOLTHOFF (3)
2. Stufe		10^{-6}	6,0	WEISE und LEVY
2. ,, ...	15°	$3{,}1 \times 10^{-10}$	9,5	KOLTHOFF (3)
Strychnin	15°	$1{,}43 \times 10^{-7}$	6,85	VELEY
,, ...	15°	$1{,}0 \times 10^{-6}$	6,0	KOLTHOFF (3)
2. Stufe	15°	6×10^{-11}	10,22	VELEY
2. ,, ...	15°	2×10^{-12}	11,7	KOLTHOFF (3)
Thebain	15°	9×10^{-7}	6,05	,,
Theobromin	40°	$4{,}8 \times 10^{-14}$	13,32	WOOD
Theophillin	25°	$1{,}9 \times 10^{-14}$	13,72	,,
,, ...		$1{,}2 \times 10^{-14}$	13,92	WEISE und LEVY

Literatur: Anorganische Säuren und Basen.

WOOD: Journ. of the chem. soc. (London) Bd. 93, S. 411. 1908.
LUTHER: Zeitschr. f. Elektrochem. Bd. 13, S. 297. 1907.
LUNDEN: Journ. de Chim. Phys. Bd. 5, S. 574. 1907.
WALKER und CORMACK: Journ. of the chem. soc. (London) Bd. 27, S. 5. 1900.
AUERBACH und PICK: Arb. a. d. Reichs-Gesundheitsamte Bd. 38, Heft 2. 1911.
AUERBACH und ZEGLIN: Zeitschr. f. physikal. Chem. Bd. 103, S. 178. 1923.
ABBOTT und BRAY: Journ. of the Americ. chem. soc. Bd. 31, S. 729, 760. 1909.
BLANCHARD: Zeitschr. f. physikal. Chem. Bd. 41, S. 681. 1902; Bd. 51, S. 122. 1905.
HASTINGS und VAN SLYKE: Journ. of biol. chem. Bd. 53, S. 259. 1922.
JELLINEK: Zeitschr. f. physikal. Chem. Bd. 76, S. 257. 1911.
KERP und BAUER: Arb. a. d. Reichs-Gesundheitsamte Bd. 26, S. 299. 1907.
KOLTHOFF: Zeitschr. f. anorg. Chem. Bd. 109, S. 69. 1920; für Schwefelsäure: Rec. Trav. Chim. Bd. 43, S. 216. 1924.
JOYNER: Zeitschr. f. anorg. Chem. Bd. 77, S. 103. 1912.
BREDIG: Zeitschr. f. physikal. Chem. Bd. 13, S. 191, 322. 1894.
KNOX: Transact. Farad. soc. Bd. 43. 1908.
NOYES en STEWART: Journ. of the Americ. chem. soc. Bd. 32, S. 1133. 1910.
PRIDEAUX, E. B. R. und WARD, R. T.: Journ. Chem. Soc. Bd. 125, S. 423. 1924 (Phosphorsäure); Bd. 125, S. 69. 1924 (Borsäure).

Tabelle III. 273

WHITMAN, W. G.: RUSSELL und DAVIS: Journ. of the Americ. chem. soc. Bd. 47, S. 70. 1925 (Ferrohydroxyd).

Organische Säuren und Basen.

BIDDLE: Journ. of the Americ. chem. soc. Bd. 37, S. 2092. 1915.
BREDIG: Zeitschr. f. physikal. Chem. Bd. 13, S. 191, 289. 1894.
CHANDLER: Journ. of the Americ. chem. soc. Bd. 30, S. 694. 1908.
DRUCKER: Zeitschr. f. physikal. Chem. Bd. 49, S. 563. 1904.
FRANKE: Zeitschr. f. physikal. Chem. Bd. 16, S. 463. 1895.
JONES und Mitarbeiter: Amer. Chem. Journ. Bd. 44, S. 159. 1910; Bd. 46, S. 56. 1912.
KOLTHOFF: Zeitschr. f. anorg. Chem. Bd. 111, S. 50. 1920; Rec. Trav. Chim. Bd. 42, S. 971. 1923 (Salicylsäure); Biochem. Zeitschr. Bd. 162, S. 289. 1925 (Alkaloide).
LUNDEN: Journ. de Chim. Phys. Bd. 5, S. 145. 1907.
MADSEN: Zeitschr. f. physikal. Chem. Bd. 36, S. 290. 1901.
OSTWALD: Zeitschr. f. physikal. Chem. (1) Bd. 3, S. 170; (2) S. 241; (3) S. 369; Tabelle 418—422.
ROTH: Ber. d. Dtsch. Chem. Ges. Bd. 33, S. 2032. 1908.
ROTHMUND und DRUCKER: Zeitschr. f. physikal. Chem. Bd. 46, S. 827. 1903.
VELEY: Journ. of the chem. soc. (London) Bd. 93, S. 652, 2122. 1908; Bd. 95, S. 1, 758. 1909.
WALDEN: Zeitschr. f. physikal. Chem. Bd. 8, S. 433. 1891; Bd. 10, S. 563, 638. 1892; Ber. d. Dtsch. Chem. Ges. Bd. 29, S. 1699. 1896.
WEISE und LEVY: Journ. de Chim. Phys. Bd. 14, S. 261. 1916.
WHITE und JONES: Journ. of the Americ. chem. soc. Bd. 44, S. 197. 1910.
WINKELBLECH: Zeitschr. f. physikal. Chem. Bd. 36, S. 546. 1901.
WOOD: Journ. of the chem. soc. (London) Bd. 89, S. 1831. 1906.
Dissoziationskonstanten verschiedener organischer Basen vgl. PRING, J. N.: Transact. Farad. Soc. Bd. 19, S. 705. 1924; BOURGEAUD, M. M. und DONDELINGEN, A.: Bull. Soc. Chim. Bd. 37, S. 277. 1925.

Tabelle IV.
Das Umschlagsgebiet von Indicatoren.

Indicator	Umschlagsgebiet in p_H	Saure – alkalische Farbe	Indicatormenge in 10 ccm
m-Kresolsulfophthalein	0,5 – 2,5	gelb – purpur	1 – 4 Tr 0,5 °/₀₀
Methylviolett	0,1 – 1,5	gelb – blau	3 – 8 ,, 0,5°/₀₀
,,	1,5 – 3,2	blau – violett	1 – 4 ,, 0,5°/₀₀
Methanilgelb	1,2 – 2,3	rot – gelb	3 – 5 ,, 1 °/₀₀
Thymolsulfophthalein	1,2 – 2,8	rot – gelb	2 – 5 ,, 1 °/₀₀
Tropäolin 00	1,3 – 3,2	rot – gelb	1 – 3 ,, 1 °/₀₀
Benzopurpurin	1,3 – 5,0	blauviolett – orange	1 – 3 ,, 0,5°/₀₀
β-Dinitrophenol	2,4 – 4,0	farblos – gelb	1 – 4 ,, 1 °/₀₀
α-Dinitrophenol	2,8 – 4,4	farblos – gelb	1 – 4 ,, 1 °/₀₀
Dimethylgelb (= Dimethylaminoazobenzol)	2,9 – 4,0	rot – gelb	2 – 5 ,, 1 °/₀₀
Methylorange	3,1 – 4,4	rot – orangegelb	1 – 3 ,, 1 °/₀₀
Tetrabromphenolsulfophthalein	3,0 – 4,6	gelb – blau	2 – 5 ., 1 °/₀₀
Kongorot	3,0 – 5,2	blauviolett – rot	1 – 5 ,, 1 °/₀₀
Alizarin-Natrium	3,7 – 5,2	gelb – violett	1 – 5 ,, 1 °/₀₀
Resasurin	3,8 – 6,5	orange–dunkelviolett	1 – 5 ,, 1 °/₀₀
γ-Dinitrophenol	4,0 – 5,4	farblos – gelb	1 – 5 ,, 1 °/₀₀
Tetrabrom-m-Kresolsulfophthalein	4,0 – 5,6	gelb – blau	2 – 5 ,, 1 °/₀₀
Isopicraminsäure	4,1 – 5,6	rosa – gelb	1 – 5 ,, 0,5°/₀₀
Methylrot	4,2 – 6,3	rot – gelb	2 – 4 ,, 2 °/₀₀
Lackmoid	4,4 – 6,4	rot – blau	1 – 5 ,, 2 °/₀₀
p-Nitrophenol	5,0 – 7,0	farblos – gelb	3 – 20 ,, 4 °/₀₀
Dichlorophenolsulfophthalein	5,0 – 6,6	gelb – rot	2 – 5 ,, 1 °/₀₀
Dibromokresolsulfophthalein	5,2 – 6,8	gelb – purpur	1 – 4 ,, 1 °/₀₀
Dibromthymolsulfophthalein	6,0 – 7,6	gelb – blau	1 – 4 ,, 1 °/₀₀
Neutralrot	6,8 – 8,0	rot – gelb	2 – 4 ,, 1 °/₀₀
m-Nitrophenol	6,8 – 8,4	farblos – gelb	5 – 10 ,, 3 °/₀₀
Azolitmin (Lackmus)	5,0 – 8,0	rot – blau	10 – 20 ,, 2 °/₀₀
Phenolsulfophthalein	6,8 – 8,0	gelb – rot	1 – 4 ,, 1 °/₀₀
Rosolsäure	6,9 – 8,0	braun – rot	1 – 4 ,, 1 °/₀₀
Diortho-hydroxystyrilketon	7,3 – 8,7	gelb – grün	1 – 5 ,,0,5 °/₀₀
o-Kresolsulfophthalein	7,2 – 8,8	gelb – purpurrot	1 – 4 ,, 1 °/₀₀
Brillantgelb	7,4 – 8,5	gelb – rotbraun	1 – 3 ,, 1 °/₀₀
α-Naphtholphthalein	7,3 – 8,7	rosa – blau	2 – 5 ,, 1 °/₀₀
Tropäolin 000	7,6 – 8,9	braungelb – rosarot	1 – 5 ,, 1 °/₀₀
m-Kresolsulfophthalein	7,6 – 9,2	gelb – purpur	2 – 5 ,, 1 °/₀₀

Tabelle IV.

Indicator	Umschlagsgebiet in p_H	Saure — alkalische Farbe	Indicatormenge in 10 ccm
Curcumin	7,8— 9,2	gelb — rotbraun	1— 5 Tr 1 $^0/_{00}$
Thymolsulfophthalein	8,0— 9,6	gelb — blau	1— 4 ,, 1 $^0/_{00}$
Phenolphthalein	8,2—10,0	farblos — rot	3—10 ,, 1 $^0/_{00}$
α-Naphtholbenzein	9,0—11,0	gelb — blau	1— 5 ,, 0,5$^0/_{00}$
Thymolphthalein	9,3—10,5	farblos — blau	3—10 ,, 1 $^0/_{00}$
Alizaringelb	10,1—12,1	gelb — lila	5—10 ,, 1 $^0/_{00}$
Salicylgelb	10,0—12,0	schwachgelb — orangebraun	1— 4 ,, 1 $^0/_{00}$
Tropäolin 0	11,0—13,0	gelb — orangebraun	5—10 ,, 1 $^0/_{00}$
Alizarinblau S	11,0—13,0	grün — blau	1— 5 ,, 0,5$^0/_{00}$
Poirriers Blau	11,0—13,0	blau — violettrosa	1— 5 ,, 1 $^0/_{00}$
Nitramin	11,0—13,0	farblos — orangebraun	1— 3 ,, 1 $^0/_{00}$

Namenverzeichnis.

*Nur diejenigen Autoren sind hier erwähnt, welche auch im Text genannt sind.
Für weitere Literatur vgl. man die Übersichten am Ende jedes Kapitels.*

ABELEN, J. 228, 235.
ACREE, S. F. 150, 200, 257.
AIRILA, Y. 169, 201.
ALVINE, E. VAN 157, 158, 200.
ARON, H. 72, 104.
ARRHENIUS, O. 210, 222, 232.
— S. 1, 39, 187.
ATKINS, W. R. G., und C. F. A. PANTIN 149.
AUERBACH, FR. 3, 130, 206, 210, 229, 230.

MC BAIN, J. W. 132.
BAKER, T. T., und DAVIDSOHN 75.
— — und D. D. VAN SLYKE 225, 235.
BARRATT, J. O. W. 216, 230.
BECKURTS, H. 117.
BERNTHSEN, A. 253, 266.
BEST und MC LEOD 228, 235.
BIEHLER, W. 175, 201.
BISHOP, R., KITTREDGE und J. H. HILDEBRAND 94, 105.
BJERRUM, N. IV, 2, 17, 40, 51, 53, 54, 56, 59, 104, 106, 109, 131, 159.
BLUM, W. 149, 200, 220, 231.
BOCREE, A. R. vgl. TIZARD.

BORDAS, F., und F.TONPLAIN 203, 229.
BRAUN, K. 93, 105.
BREDIG, G. 50, 56.
BRESLAU, E. VIII, 165, 166, 201.
BREWSTER, J. F., und W. G. RAINES 226, 227, 235.
BRIGHTMAN, C. L., BEACHEM und ACREE 184, 201.
BRODE, W. R. 171, 172.

CARR, F. H. 110, 131.
CHABOT 110, 131.
CHEADLE, F. M. 228, 235.
CLARK, W. M. IV, 73, 74, 104, 167, 173, 179, 229, 237, 257.
— — und LUBS VI, 59, 62, 72, 104, 110, 135, 136, 138, 139, 142, 143, 153, 171, 179, 200, 223, 237.
MC CLENDON, J. F. 60, 104, 183, 201.
MC CLENDON und SHARP 223, 224, 234.
COHEN, A. 61, 72, 104, 110, 131.
— BARNETT VII, 61, 73, 75, 104, 161, 162.
COHN, E. J., CATHCART und HENDERSON 226, 235.
— R. 93, 105.

MC COY, H. N. 81, 93, 105, 118, 119, 132.
CRAY, F. M., und G. M. WESTRIP 103.
CULLEN, E., und A. B. HASTINGS 207.

DAWSON, L. R. 203, 229.
DEBYE und HÜCKEL 2.
DENHAM, H. G. 216, 230.
DERNBY, K. G. 46, 56.
DEVARDA, A. 225, 235.
DODGE, F. O. 139, 200.
DONNAN, F. G. 177.

ECKWEILLER, H., und NOYES und FALK 46, 56.
EULER, H. VON, und SVANBERG 46, 56, 220, 231.

FABRIAN, F. W. 228, 235.
FALES, H. A., und J. M. NELSON 203, 229.
FAURHOLT 132.
FELS, B. 24, 41.
FELTON, L. D. 152, 200.
FENGER, F., und WILSON 228, 235.
FRANCHIMONT, A. P. 72.
FRESENIUS, W., und L. GRÜNHUT 247, 250.
FRIEDENTHAL, H. 4, 40, 177, 201.
FRIEDLÄNDER 253, 266.

Namenverzeichnis.

GILLESPIE, L. J. 155, 156, 200.
— — und LEWIS 222, 233.
GIRIBALDO, D. 5.
GLASER, FR. 70, 71, 104, 237, 246, 247, 250.
GOLDSCHMIDT, F. 93, 105.
GRABOWSKI, J. 68.
GYEMANT, A., vgl. MICHAELIS.

HAAS, A. R. C. 243, 250.
HALBAN, VON, und L. EBERT 182.
HALLSTRÖM, J. A. 131.
HANTZSCH, A. IV, 56, 90, 250, 251, 253, 254, 255, 266.
— und ROBERTSON 253, 264, 266.
HARNED, H. S. 3.
HARRIS, L. J. 46, 56.
HATFIELD, W. D. 157, 200, 211, 230.
HEMPEL, J. 224, 234, 243, 250.
HENDERSON, L. J. 175, 201.
HICKMANN, K. C. D., und LINSTEAD 110, 131.
HILDEBRAND, J. H. 93, 105, 148, 200.
HINTZ, E., und L. GRÜNHUT 210, 230.
HIRSCH, E. F. 229.
— F. J. 173.
— R. 93, 105.
HOLMBERG, B. 46, 56.
HOLMES, W. C. 173.
— — und SNYDER 161, 162.
HOLMGREN, I. 246, 250.
HORST, F. W. 247, 250.
HOTTINGER, R. 71, 105.

HÜCKEL 3.
HUDIG, J., und C. MEYER 222, 233.
HUNTER, A., und BORSOOK 46, 56.
HURWITZ, S. H., MEYER und OSTENBERG 164, 201.

MC ILVAINE, F. C. 149, 150, 200.

JAHRISCH, A. 193.
JAUMAIN, D. 192.
JESSEN-HANSEN, H. 225, 235.
JOHNSTON, J. 47, 56, 130.
JONES, H. E. 253.
JUNG, A. 221.

KANITZ, A. 46, 56.
KARLSSON, K. G. 220, 231.
KIRSCHNIK, C. 110, 131.
KLING, A., und A. LASSIEUR 203, 229.
KOHLRAUSCH und HEYDWEILLER 2, 40, 87.
KOLTHOFF, I. M. 5, 41, 65, 66, 94, 97, 98, 105, 121, 122, 126, 130, 132, 137, 138, 147, 148, 159, 167, 169, 170, 178, 181, 188, 189, 194, 200, 201, 203, 211, 216, 222, 229, 231, 238, 250.
KÖNIG, J. 209, 230.
KRANTZ, J., und GORDON 228, 236.
KRUYT, H. R., und KOLTHOFF 250, 265.
KÜSTER, F. W. 51, 56, 132.

LA MER, V. K., CAMPBELL und SHERMAN 223, 234.
LEHMANN, G. 32.
LEPPER, E. H., und C. J. MARTIN 184.
LEVENE, P. A., und SIMMS 46, 48, 56.
LEVY, R. L., und CULLEN 227, 235.
LIZIUS, J. L. 110, 131.
LORENZ, R., und BÖHI 87.
LUBS, H. A., und W. M. CLARK 61, 104.
LUNDEN, H. 40, 46, 56.
LUNGE, G. 132, 141, 200.
LUTHER, R. 110, 131.

MACHT, D. I., und SHOHL 227, 235.
MANDA 252, 265.
MASSINK, A. 201, 208, 229.
MELDOLA, R., und HALE 70, 105.
MEYER, R., und O. SPRENGLER 93, 105.
MICHAËLIS, L. VIII, 24, 41, 46, 48, 50, 56, 62, 76, 103, 135, 157, 165, 167, 169, 191, 195, 200, 208, 210, 220, 229, 230.
— — und NAKASHUNA 48, 56.
— — und P. RONA 46, 56, 201.
— — und DAVIDSOHN 47, 56.
— — und GYEMANT A. 63, 76, 90, 103, 161, 162, 169, 200.
— — und MIZUTANI VIII, 98, 103, 105, 196, 197, 199, 201.
— — und R. KRÜGER 76, 104, 161, 181, 200.

Namenverzeichnis.

Mizutani vgl. Michaëlis.
Moerk, F. X. 110.
Morres, W. 224, 235.
Mulford 228, 235.

Naegeli, K. 251.
Nakashuna vgl. Michaëlis.
Noyes, A. A. 2, 21, 22, 88, 89, 105, 107, 108, 131, 214, 230.
— H. M. 40, 56.

Olszewski, W. 203, 229.
Ostwald, Wilhelm IV, 56, 93, 250, 251, 252, 265.
— Wolfgang 250, 251, 265.

Palitzsch, S. 66, 104, 135, 137, 147, 192, 200, 204.
Paul, T. 47, 56, 226, 235.
Prideaux, E. B. R. IV, 63, 104, 132, 206.
— — und A. T. Ward 151.
Pring, J. N. 103.

Ramage, W. D., und R. C. Milles 184, 201.
Regnier, J. 228, 235.
Reverdin, F. 72, 104.
Richter, A. 91, 129, 132, 188.
Ringer, W. E. 137, 138, 149, 200, 209, 230.
Rippel, A. 228, 235.
Romburgh, P. van 72, 104.
Rosenstein, L. 82, 104.
Roy, L. 228, 238.
Rupp, E., und R. Loose 66, 103.

Salm, F. 60, 102, 177, 211, 230.
— — und Friedenthal 252, 265.
Saunders, J. T. 154, 155, 185, 186, 188, 201, 206.
Schmatolla, O. 93, 104.
Scholtz 93, 104.
Schoorl, N. V, 8, 9, 40, 41, 76, 85, 104, 112, 132, 140.
Schultz und Julius 63.
Sieverts, A., und Fritzsche 132.
Simms, H. S. 33, 56.
Slyke, D. D. van V, 25, 30, 41, 136, 149, 150.
Snethlage, H. C. S. 263, 266.
Snyder, E. F. 161.
Sörensen, S. P. L. 4, 24, 32, 40, 43, 45, 48, 56, 60, 63, 104, 135, 136, 137, 138, 139, 141, 143, 144, 145, 147, 148, 174, 177, 181, 182, 191, 193, 200, 217, 243.
— — und Sv. Palitzsch 68, 104, 181, 182, 183, 201, 209, 230.
Stern, H. T. 179, 203, 229.
Stieglitz, J. 263, 266.
Szyskowski, Bohdan von 181, 201.

Tague, E. L. 46, 47, 56.
Tainter, M. L. 228, 235.
Thiel, A. IV, 33, 65, 93, 104, 174, 252, 265.
— — und R. Strohecker 132.

Thiel, A., Dassler und Strohecker 174.
— — und Wülfken 174.
Tillmans, J. 204, 229.
Tizard, H. T., und Bocree 39, 41, 91, 105, 126, 132, 216, 230.
Turrentine, J. W., und H. G. Tanner 227, 235.

Verschaffelt, M. J. E. 8, 40.
Veley, V. H. 230.
Vlès, F. 173.

Waddell, J. 93, 105.
Walbum, L. E. 55, 56, 137, 142, 143, 200.
Walker, J. 43, 56.
— und Aston 46, 56.
Walpole, G. S. 135, 175, 176, 200, 201, 242, 250.
Wegscheider, R. 20, 40, 103, 252, 265.
Wells, R. C. 184, 201.
Wilke, E. 132.
Williams, J. R., und Swett 228, 235.
Wilson, J. A., Copeland und Heisig 210, 230.
— — und Daub 221, 232.
— — und Kern 221, 232.
Windisch, W., Dietrich und Kolbach 164, 201.
Winkelblech, K. 46, 56.
Wolman, A., und F. Hannan 206, 229.
Wood, J. K. 47, 56.

Sachverzeichnis.

Acetat, Titration mit N-Säure 131.
Aciverbindungen 254.
Acidität, reelle 13.
Aktivität 2.
Aktivitätskoeffizient 3.
Alaun:
  Beurteilung auf Reinheit 219.
Alizarin 69.
Alizarinpapier 243, 244.
Alizarinprobe 225.
Alizarinblau 69.
Alizaringelb 67.
Alizarinsulfosäurenatrium:
  Eigenschaften 69.
  Einfluß von Alkohol 97.
  Einfluß von Aceton 104.
  Salzfehler 190.
  Eiweißfehler 192.
Alkalibicarbonat:
  Beurteilung auf Reinheit 217.
Alkalicarbonat:
  Beurteilung auf Reinheit 217.
Alkohol:
  Einfluß bei p_H-Messung 195.
Aluminiumhydroxyd:
  Fällung und p_H 220.
Aluminiumsulfat:
  Beurteilung auf Reinheit 219.
Alkaloide:
  Titration 134.
  Dissoziationskonstanten 270.
  Salze der 228, 235.
Ammonia:
  Titration neben Pyridin 126.
  Titration mit Essigsäure 126.
  Konstante in Alkohol 198.
  Scheinbare Dissoziationskonstante 263.
Ammoniumacetat (Hydrolyse) 19, 219.

Ammoniumchlorid (Hydrolyse) 17.
  auf Indicatorpapier 246.
Ammoniumformiat (Hydrolyse) 20, 219.
Ammoniumsalze:
  Titration mit N-Lauge 131.
m-Aminobenzoesäure [H˙] 44.
Ampholyte 24, 41, 56, 220.
  Dissoziationskonstanten von 46, 47, 54.
  Pufferkapazität von 26.
  Reaktion von 43.
Ameisensäure:
  Konstante in Alkohol 197.
Anilin:
  Titration von 117.
  Konstante in Alkohol 198.
Arsensäure:
  Titration 133.
Asparaginsäure [H˙] 45.
Ausschütteln des Indikators 175.
Azoindicatoren:
  Theorie des Umschlags 257, 261.
Azolithmin:
  Eigenschaften 71.
  Einfluß von Alkohol 97.
  Salzfehler 186, 188.
  Einfluß der Temperatur bei p_H-Messung 194.
Azolithminpapier 240, 243, 244, 248.
  Bereitung 240, 248.

Basen, Titration (vgl. Säuren und Dissoziationskonstanten) 134.
Basoverbindungen 254.
BEERsches Gesetz 253.
Benzoesäure:
  Konstante in Alkohol 197.
Benzopurpurin:
  Eigenschaften 68.

Benzylalkohol:
Stabilität 227, 235.
Bernsteinsäure (vgl. Puffergemische, Reinheit) 141.
Bicarbonat:
Reaktion 120.
in Wasser 206.
Biphosphat (vgl. Puffergemische und Ursubstanzen, Reinheit) 139.
Biphthalat (vgl. Puffergemische und Ursubstanzen, Reinheit) 139.
Bier 222, 234.
Bleiacetat:
auf Reinheit 219.
Reaktion auf Indicatorpapier 246.
Borax (vgl. Puffergemische), Reinheit 140, 141.
Borsäure (vgl. Puffergemische und Ursubstanzen), Reinheit 140.
Titration 131.
Bodenuntersuchung 222, 232, 234.
Brauerei 234.
Brillantgelb 189.
Brillantgelbpapier 244.
Bromchlorphenolblau 62.
Bromkresolpurpur:
Einfluß von Alkohol 97.
Einfluß von Aceton 104.
Salzfehler 185, 188, 190.
Einfluß der Temperatur bei p_H-Messung 194.
Bromphenolblau 75.
Einfluß von Alkohol 100.
Einfluß von Aceton 104.
Salzfehler 186, 188, 190.
Einfluß der Temperatur bei p_H-Messung 194.
Einfluß von Alkohol bei p_H-Messung 196.
Bromphenolblaupapier 243.
Bromthymolblau:
Einfluß von Aceton 104.
Salzfehler 185, 186, 188, 190.
Brot 225, 234.

Capillarerscheinungen in Papier 145.

Carbonate, Titration mit Säure, 119, 128 (vgl. auch Puffergemische).
Chlorphenolrot 75.
Salzfehler 190.
Citronensaft 224, 234.
Citronensäure:
Titration neben Borsäure 125 (vgl. auch Puffergemische), Reinheit 141.
Cocain, anästhetische Wirkung 228, 235.
Colorimetrische Bestimmung von [H˙] vgl. Wasserstoffionenkonzentration und p_H.
Colorimeter:
nach GILLESPIE 157.
nach VAN ALVINE 157.
nach KOLTHOFF 160.
nach WALPOLE 175.
Curcumapapier 244, 248.
Curcumin:
Eigenschaften 67.
Einfluß von Alkohol 97, 99.
Einfluß der Temperatur auf p_H-Messung 194.

Dibromdichlorphenolsulfophthalein 62.
Dibromorthokresolsulfophthalein 62 (vgl. Bromkresolpurpur).
Dibromphenolsulfophthalein 62.
Dibromthymolsulfophthalein 62 (vgl. Bromthymolblau).
Dichlorphenolsulfophthalein 62 (vgl. Chlorphenolrot).
Dichromatismus der Indicatoren 74.
Digitalisinfusionen 228.
Dimethylamidoazobenzol (vgl. Dimethylgelb).
Dimethylgelb 61, 64.
Einfluß der Konzentration auf Farbe 85.
Einfluß der Temperatur auf Intervall 91.
Einfluß von Alkohol 99.
Einfluß von Aceton 194.

Sachverzeichnis.

Dimethylgelb 61, 64.
Salzfehler 188.
Einfluß der Temperatur auf p_H-Messung 194.
Einfluß von Alkohol auf p_H-Messung 196.
Dimethylgelbpapier 238, 248.
β-Dinitrophenol 162.
Dissoziationskonstante 167.
Salzfehler 191.
Einfluß der Temperatur bei p_H-Messung 195.
Einfluß von Alkohol bei p_H-Messung 199.
α-Dinitrophenol 163.
Dissoziationskonstante 167.
Salzfehler 191.
Einfluß der Temperatur bei p_H-Messung 195.
Einfluß von Alkohol bei p_H-Messung 199.
γ-Dinitrophenol 163.
Dissoziationskonstante 167.
Salzfehler 191.
Einfluß von Alkohol bei p_H-Messung 195.
Einfluß der Temperatur bei p_H-Messung 199.
Diorthohydroxystyrilketon 72.
Dissoziationsgrad 7, 268.
Dissoziationskonstante:
von Ampholyten 46, 47, 54.
von Basen 6, 13.
von Indicatoren 162, 167.
von Säuren 6, 13.
von Wasser 2.
von zweibasischen Säuren 10.
Liste von 268.
Einfluß von Alkohol 197, 198.
Einfluß von Aceton 103.
Bedeutung bei Titrationen 114.
Experimentelle Bestimmung 211.
Scheinbare 258.
Wahre 260.
DONNAN-Gleichgewicht 177.
Dyalysemethode für p_H-Bestimmung 176, 222.

Eiweiß 191.
Emulsionen 228.
Entfärbung und p_H 227.
Essigsäure:
Titration 116.
neben Borsäure 125.
mit Ammonia 126.
Dissoziationskonstante in Aceton 103.
Dissoziationskonstante in Alkohol 197.
mit Natriumacetat, Puffergemisch 135.
Ester:
Höchstbeständigkeit 219.

Farbgrad 162, 199.
Farbumschlag-Theorie 256.
Ferrichlorid:
auf Reinheit 219.
Ferrosulfat:
auf Reinheit 219.
Fruchtsäfte 222, 223, 224, 234.

Gefärbte Lösungen:
Bestimmung des p_H 174.
Gelatin 221, 231.
Gerbevorgang und p_H 221, 232.
Gleichgewicht bei Indicatorformen 258.
Glycerophosphorsäure:
Titration 134.
Glykokoll:
vgl. Puffergemische und Ursubstanzen.
Dissoziationskonstante in Aceton 103.
Dissoziationskonstante in Alkohol 198.
Reinheit 141.

Haferkrankheit 222.
Harnsäure:
Löslichkeit und p_H 221.
Hydrionometer 166.

Hydrolyse 14.
  Salze von schwachen Säuren bzw. schwachen Basen 15.
  Salze von schwachen Säuren und schwachen Basen 17.
  Saure Salze 17.
  bei höheren Temperaturen 22.
Hydrolysefehler 180.
Hydrolysekonstante 15.
  Experimentelle Bestimmung 215.
Hydrolisierungsgrad 15.

Indicatoren:
  Begriffserklärung 56.
  Umwandlungsintervall 57 (vgl. auch Umwandlungsintervall nach Sörensen 61; nach Clark und Lubs 62, 72; nach Michaelis 63, 76, 162).
  Adsorptionsspektrum 75.
  Die wichtigsten Eigenschaften der 63, 76.
  Dichromatismus der 74.
  Einteilung der 76.
  Einfarbige 78.
  Zweifarbige 84.
  in Neutralisationsanalyse 104.
  Mischungen von 109, 110.
  Titrierexponent 106.
  Geeignete Konzentration bei Titrationen 111.
  bei der colorimetrischen Bestimmung 151.
  Indicatorexponent 82.
  Dissoziationskonstante 162, 167.
  Reaktion von 178.
  Neutralisierte 73, 179.
  Theorie 250.
    chromophore 253.
    ionogene 257.
    Definition 258.
Indicatorpapiere:
  Anwendung 236.
  Empfindlichkeit 237.
  Empfindlichkeitstabelle 248.
  Capillarerscheinungen 245.
  Bereitung 246.

Indicatorpapiere:
  Anwendung bei Bestimmung des p_H 243.
Insulin 228.
Ionenisomerie 252.
Ionenprodukt von:
  Wasser 2, 267.
  in Aceton 102.
Isoelektrischer Punkt 45.
Isopikraminsäure 70.

Kaliumacetat:
  p_H der Lösung 216.
Kaliumantimonyltartrat:
  p_H der Lösung 217.
Keilmethode zur Bestimmung des p_H 159.
Kohlensäure:
  Titration von 118, 129, 133.
Kolloidfehler 193.
Komparator (gefärbte Lösungen) 176.
Kongopapier 238, 239, 244.
  Bereitung 239, 247, 248.
Kongorot:
  Eigenschaften 68.
  Einfluß von Alkohol 98.
  Salzfehler 186, 188.
Konstanten:
  in Alkohol 197.
  in Wasser 204.
  scheinbare Dissoziationskonstante 262.
m-Kresolpurpur 62.
  Einfluß von Aceton auf Intervall 104.
Kresolrot:
  Einfluß der Temperatur auf Intervall 89.
  Einfluß von Aceton 104.
  Salzfehler 183, 184, 189, 195, 196, 198.
Kresolrotpapier 244, 248.
m-Kresolsulfophthalein 62 (vgl. Kresolrot).
m-Kresolsulfophthalein 62 (vgl. m-Kresolpurpur).

Kupfersulfat:
Beurteilung auf Reinheit 218.

Lackmoid:
Eigenschaften 70.
Einfluß von Alkohol 97.
Eiweißfehler 192.
Einfluß der Temperatur auf p_H-Messung 194.
Lackmoidpapier 243, 244.
Lackmosol 69.
Lackmus:
Einfluß von Alkohol 94.
Lackmuspapier 238, 240, 244, 248.
Bereitung 240, 247, 248.
Löslichkeit von Elektrolyten in Zusammenhang mit p_H 220.

Methanilgelb 61, 64.
Salzfehler 182.
Methylgrün:
Eigenschaften 61, 64.
Salzfehler 182.
Methylorange:
Eigenschaften 65.
Einfluß der Temperatur auf Intervall 91.
Einfluß von Alkohol 98, 99.
Einfluß von Aceton 104.
mit Indigocarmin (Mischindicator) 110.
mit Xylen-Cyanol F. T. (Mischindicator) 110.
Salzfehler 188, 190.
Kolloidfehler 193.
Einfluß der Temperatur auf p_H-Messung 194.
Einfluß von Alkohol auf p_H-Messung 196.
Methylorangepapier 243, 244, 248.
Bereitung 248.
Methylrot:
Eigenschaften 65.
Einfluß der Temperatur auf Intervall 89.
Einfluß von Alkohol 97.
Einfluß von Aceton 104.

Methylrot:
Reaktion verdünnter Lösungen 178.
Salzfehler 188, 190.
Eiweißfehler 192.
Einfluß der Temperatur auf p_H-Messung 194.
Methylviolett 61, 63.
Einfluß der Temperatur auf Intervall 92.
Einfluß von Alkohol 98, 99.
Salzfehler 182.
Methylviolettpapier 240, 248.
Bereitung 248.
Mikrocolorimetrische Bestimmung von p_H 152.
Milch:
Eiweißfehler in 193.
Bedeutung von p_H 224, 225, 234.
Milchsäure:
Konstante in Alkohol 197.
Mischindicatoren 110.
Monochloressigsäure:
Dissoziationskonstante in Aceton 103.

Nahrungs- und Genußmittel 222, 234.
1-Naphthol-2-Natriumsulfonatindophenol 173.
Naphtholblau 190.
α-Naphtholphthalein:
Eigenschaften 68.
Einfluß von Alkohol 96.
Salzfehler 183, 184.
Einfluß der Temperatur bei p_H-Messung 194.
α-Naphtholphthaleinpapier 244, 248.
Natriumarsenat:
auf Reinheit 217.
Natriumglycerophosphat:
auf Reinheit 218.
Natriumkaliumtartrat:
auf Reinheit 217.
Natriumphosphat:
auf Reinheit 217.

Natriumpyrophosphat:
  auf Reinheit 217.
Natriumsalicylat:
  auf Reinheit 218.
Natriumsulfophenylat:
  auf Reinheit 218.
Natriumcarbonat Reinheit 140, vgl.
  Puffergemische.
Neutralisationsanalyse:
  Grundlage der 1.
  Anwendung der Indicatoren 104.
  starke Säuren mit starken Basen 32, 110.
  schwache Säuren mit starken Basen 32, 113.
  starke Säuren mit schwachen Basen 32, 117.
  mehrbasische Säuren 37, 118.
  Mischungen von Säuren 37, 122.
  schwache Säuren mit schwachen Basen 35, 126.
  gebundene Säure 127.
  gebundenes Alkali 127.
  mit N-Säuren oder Basen 130.
  von Ampholyten 49.
  in Alkohol 94.
  von Kohlensäure 118.
  von Phosphorsäure 121.
  Übersicht:
    Titration von Säuren 133.
    Titration von Basen 134.
    Titration von Alkaloiden 134.
Neutralisationskurven 32.
  von Ampholyten 49.
  einer starken Säure mit starker Base 32.
  einer schwachen Säure mit starker Base 33.
  einer schwachen Säure mit schwacher Base 35.
  zwei Säuren nebeneinander 37.
  in Alkohol 94.
  von Kohlensäure 121.
  von Phosphorsäure 121.
Neutralisationsverhältnis 38.
Neutralrot:
  Eigenschaften 66.

Neutralrot:
  Einfluß von Alkohol 96.
  Salzfehler 183, 188, 190.
  Einfluß der Temperatur bei p_H-Messung 194.
Nitramin:
  Allgemeine Eigenschaften 67, 72.
  Einfluß der Temperatur auf Intervall 87.
  Einfluß von Alkohol 99.
  Salzfehler 189.
  Einfluß der Temperatur bei p_H-Messung 194.
  Einfluß von Alkohol bei p_H-Messung 196.
Nitrophenol-m 76, 163.
  Dissoziationskonstante 167, 195, 199.
  Säurefehler 181.
  Salzfehler 191.
  Einfluß der Temperatur bei p_H-Messung 195.
  Einfluß von Alkohol bei p_H-Messung 199.
Nitrophenol-p 76, 163.
  Einfluß der Konzentration auf Farbe 82.
  Einfluß der Temperatur auf Intervall 90.
  Einfluß von Alkohol 94, 97.
  Dissoziationskonstante 167, 195, 199.
  Salzfehler 183, 188, 191.
  Eiweißfehler 191.
  Einfluß der Temperatur bei p_H-Messung 195.
  Einfluß von Alkohol bei p_H-Messung 199.
  Theorie 256, 258.

Orthokresolsulfophthalein 62 (vgl. Kresolrot).

Papier:
  Beurteilung 250.
Pharmazie:
  Bedeutung von p_H 227.

Phenolphthalein:
Eigenschaften 68, 163.
Einfluß der Konzentration auf Farbe 81.
Einfluß der Temperatur auf Intervall 88.
Einfluß von Alkohol 94, 95, 99.
Farbgrad und p_H 169.
Säurefehler 180.
Salzfehler 183, 184, 189, 190, 191.
Einfluß von Alkohol bei p_H-Messung 196, 199.
Einfluß der Temperatur bei p_H-Messung 194, 195.
Theorie des Umschlags 257, 265.
Phenolphthaleinpapier 241, 248.
Bereitung 241, 248.
Phenolrot:
Einfluß der Temperatur auf Intervall 89.
Einfluß von Alkohol 96.
Einfluß von Aceton 104.
Salzfehler 184, 185, 186, 188, 190.
Einfluß der Temperatur bei p_H-Messung 194.
Phenolrotpapier 244, 248.
Phenolsulfophthalein 62 (vgl. Phenolrot).
Phenylalanin [H˙] 44.
Phosphat:
primäres (vgl. Biphosphat).
sekundäres: Reinheit 139 (vgl. Puffergemische).
Phosphorsäure:
Titration 121, 133.
neben Borsäure 125.
Konstante in Alkohol 197.
Phthalsäure:
Wasserstoffionenkonzentration 12.
Dissoziationskonstanten in Aceton 103.
Proteinfehler (vgl. Wasserstoffionenkonzentration).
Pseudobasen 255.
Pseudosäuren 254.
Puffergemische:
Allgemeine Eigenschaften 23.

Puffergemische:
Zusammensetzung der 133.
Ursubstanzen der 134—141.
für colorimetrische Messung des p_H 135.
Biphosphat-Natron (nach CLARK und LUBS) 136, 138, 143, 146.
Biphthalat-Salzsäure (nach CLARK und LUBS) 136, 138, 142.
Biphthalat-Natron (nach CLARK und LUBS) 136, 138, 142.
Borax-Salzsäure (nach SÖRENSEN) 138, 142, 144.
Borax-Natron (nach SÖRENSEN) 136, 142, 147.
Borax-Borsäure (nach PALITSCH) 147.
Borsäure-Natron (nach CLARK und LUBS) 143.
Borsäure-Soda (nach ATKINS und PANTIN) 149.
Borsäure - Phosphorsäure - Phenylessigsäure (PRIDEAUX und WARD) 151.
Bernsteinsäure-Borax (nach KOLTHOFF) 138, 147.
Biphosphat-Borax (nach KOLTHOFF) 148.
Biphosphat-sec. Phosphat (nach SÖRENSEN) 143.
Carbonat-Salzsäure (nach KOLTHOFF) 136, 148.
Citronensäure mit Phosphat (MC ILVAINE) 150.
Citrat-Salzsäure (nach SÖRENSEN) 134—141, 145.
Citrat-Natron (nach SÖRENSEN) 145.
Glykokoll-Salzsäure (nach SÖRENSEN) 144.
Glykokoll-Lauge (nach SÖRENSEN) 145.
Sec. Phosphat-Lauge (nach RINGER) 148.
Temperaturkoeffizient 137, 144, 145.
Pufferindex 25.

Pufferkapazität 25, 146, 149.
Pyridin:
Konstante in Alkohol 198.
Pyrophosphorsäure:
Titration 122, 133.

Reagenspapiere (vgl. Indicatorpapiere).
Reaktion (Definition) 3, 5.
von Säuren und Basen 6, 211.
von Salzen (vgl. Hydrolyse) 14.
in einem Gemisch einer schwachen Säure mit ihrem Salze 23.
von Ampholyten 42.
auf Indicatoren 77.
von Indicatorlösungen 178.
von Wasser 179, 202.
von Seewasser 182, 209.
Regulatoren 23.
Resazurin 70.
Rosolsäure:
Eigenschaften 69.
Einfluß von Alkohol 94, 96.
Einfluß von Aceton 104.

Salicylgelb:
Farbgrad und p_H 169.
Einfluß der Temperatur auf p_H-Messung 195.
Salze:
Hydrolyse von 14 (vgl. Hydrolyse).
innere Salze 51.
Untersuchung auf sauer oder basisch reagierende Verunreinigungen 76, 163, 216.
Salzfehler 181, 209.
bei sehr geringem Elektrolytgehalt 183, 189.
Salicylsäure:
Konstante in Alkohol 197.
Salvarsan 228, 235.
Säuren:
Liste der Dissoziationskonstanten 13, 268.
Dissoziationskonstante in Alkohol 197.

Säuren:
Pufferkapazität von 26.
Titration (vgl. Neutralisationsanalyse).
Bestimmung der Dissoziationskonstante 211.
Pseudosäuren 254.
Säureexponent 6.
Säurefehler bei p_H-Bestimmung 177.
Schweflige Säure:
Titration 134.
Seife:
Bestimmung von p_H 193.
Sterilisation und p_H 227, 228, 235.

Temperatur:
Einfluß bei p_H-Messung 194.
Tetrabrom-m-Kresolsulfophthalein 62 (vgl. Bromkresolblau).
Tetrabromphenolsulfophthalein 62 (vgl. Bromphenolblau).
Thymolblau:
Einfluß der Temperatur auf Intervall 89, 91.
Einfluß von Alkohol 99, 100.
Einfluß von Aceton 104.
Salzfehler 185, 186, 188, 190.
Einfluß von Alkohol bei p_H-Messung 196.
Einfluß der Temperatur bei p_H-Messung 194.
Thymolphthalein:
Eigenschaften 69.
Einfluß der Konzentration auf Farbe 82.
Einfluß der Temperatur auf Intervall 87.
Einfluß von Alkohol 95, 99, 196.
Thymolphthaleinpapier 244, 248.
Thymolsulfophthalein 62 (vgl. Thymolblau).
Titrationen (vgl. Neutralisationsanalyse):
potentiometrisch, konduktometrisch, spektrometrisch 237, 249.
Titrierexponent 106.

Titrierfehler 114.
Tropäolin 0:
  Eigenschaften 61, 67.
  Einfluß von Alkohol 99.
  Salzfehler 186, 189.
Tropäolin 0-Papier 248.
Tropäolin 00:
  Eigenschaften 61, 64.
  Einfluß der Temperatur auf Intervall 91.
  Einfluß von Alkohol 98, 99.
  Salzfehler 188.
  Einfluß der Temperatur auf p_H-Messung 194.
  Einfluß von Alkohol auf p_H-Messung 196.
Tropäolin 00-Papier 248.
Tropäolin 000 61, 67.

Überschuß bei Titrationen 105, 106, 111.
Umwandlungsintervall von Indicatoren 57.
  Tabellen von 61, 62, 63, 92, 274.
  Einfluß der Konzentration des Indicators 78.
  Einfluß der Temperatur 85, 92, 194.
  Einfluß von Alkohol 92, 195.
  Einfluß von Aceton 103.
  Theorie 250 (vgl. auch Indicatoren und Wasserstoffionenkonzentration).
Universalpuffer 151.
Ursubstanzen:
  Beurteilung für Herstellung der Pufferlösungen 135, 142.

Vergleichslösungen bei der colorimetrischen Bestimmung:
  Chromat-Bichromat 164, 167.
  Kobaltnitrat-Eisenchlorid 170.
Vitamine und p_H 223, 234.

Wasser:
  Ionenprodukt 2, 40, 267.
  in Aceton 103.

Wasser:
  Reaktion von:
    destilliertem Wasser 179, 202, 229.
    Meerwasser 182, 209, 229.
    neutralem Wasser 179, 202, 229.
    Trinkwasser 203, 229.
    Mineralwasser 209, 230.
    Abwasser 210, 230.
Wasserstoffexponent 4.
Wasserstoffionenkonzentration:
  in Ampholyten 42.
  in Säuren und Basen 6.
  in 0,1-n-Lösung von Säuren 13, 212.
  in Salzen 15.
  bei Neutralisationen (vgl. Neutralisationskurven).
  in Pufferlösungen (vgl. Puffergemische).
  colorimetrische Bestimmung der 135.
  Pufferlösungen für 135, 142.
  Bestimmung der: 151
    nach GILLESPIE 155:
    nach MICHAELIS 161:
    nach VAN ALVINE 157:
    in gefärbten Lösungen 174:
    in ungepufferten Lösungen 177.
  Kolloidfehler 193.
  Praktische Bedeutung der 202.
  Messung ohne Pufferlösungen 155.
  Einfluß der Temperatur bei Messung 167, 169, 194.
  Einfluß der Salze bei Messung 181, 189.
  Einfluß von Alkohol bei Messung 195, 199.
  Einfluß von Eiweiß bei Messung 191.
  Messung mit Indicatorpapieren 243.
  Genauigkeit der Messung 154, 155.
  mikrocolorimetrische Bestimmung 152, 200.
  Keilmethode 160.

Wasserstoffionenkonzentration:
  spektrophotometrische Bestimmung 171.
  Dyalysemethode 176.
  Säurefehler 177.
  Hydrolysefehler 180.
  Wein 222, 226, 234.
Weinsäure:
  Wasserstoffionenkonzentration 12.
  Titration neben Borsäure 125.
  Beurteilung der Reinheit 213.
Weizen 226.

Xylenolblau 71.

p-Xylenolsulfophthalein 62 (vgl. Xylenolblau).

Zinkchlorid:
  auf Reinheit 218.
Zinksulfat:
  auf Reinheit 218.
Zinksulfophenylat:
  auf Reinheit 218.
Zucker 226, 235.
Zwitterionen 51, 54, 55.
  im Gleichgewicht mit den neutralen Molekülen 55.

MIX
Papier aus verantwortungsvollen Quellen
Paper from responsible sources
FSC® C105338

If you have any concerns about our products,
you can contact us on
ProductSafety@springernature.com

In case Publisher is established outside the EU,
the EU authorized representative is:
**Springer Nature Customer Service Center GmbH
Europaplatz 3, 69115 Heidelberg, Germany**

Printed by Libri Plureos GmbH
in Hamburg, Germany